根据体型及颜色等特点索引的一览表

●具有特殊形状及体征的鱼

豹鲂鮄科（P76）

角鱼科（P75）

鲫科（P115）

松毬鱼科（P50）

的鲷科（P51）

海蛾鱼科（P52）

剃刀鱼科（P54）

海龙科（P55）

翻车鲀科（P373）

●肉较多且身体切面呈○○○▯形状的鱼

圆鳍鱼科（P266）

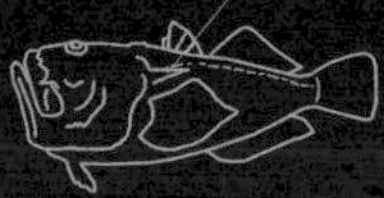

螣科（P272）

狗母鱼科（P37）

杜父鱼科（P266）

鼠鱚科（P296）

喉盘鱼科（P294）

牛尾鱼科(P75)

拟鲈科(P267)

●鳍呈凹凸锯齿状的鱼

鲉科（P64）

真裸皮鲉科（P73）

毒鲉科（P73）

绒皮鲉科（P74）

●嘴部周边有多条胡须的鱼

鳗鲇科（P37）

鲇鱼科（P40）

须鲷科（P137）

辞典式专业索引

海水鱼大图鉴

〔日〕加藤昌一◎著　　王　晗◎译

中国友谊出版公司

目录

专栏

根据鱼的生活环境采取特殊的拍摄技巧

从海洋的中间层接近鱼类很容易惊吓到它们。

从海底接近鱼类，则不容易惊吓到它们。

由于小巧轻便、价格合理的相机的普及，任何人都可以轻松地将相机带入海中拍摄。你想着“我也要拍下漂亮的鱼类照片”。于是兴致勃勃地买了相机、潜入海中，结果鱼都跑了，压根没拍到好照片。拍到的只是跟你一起下水的同伴或是海底的风景，你一定很失望吧！为什么在海中很难拍到鱼类的好照片呢？这是因为，海底，是一个特殊的摄影环境。

首先，在海中游来游去的鱼就像陆地上的野生动物一样，它们与能够被人们驯服为宠物的动物不同，一旦靠近，它们就会视你为敌人，然后逃跑。因此，拍摄野生动物，有一定的难度。

比如说我们要拍野猫。大家会怎么做呢？直接拿着相机靠近它吗？如果这样，一旦你们视线相遇，它立刻就会逃跑，更别说拍照了。所以我们一般会在它的必经之地埋伏好，或者找到它午睡的地方去拍它的睡颜。

如果要拍摄鱼类，你要先了解它的生活环境和方式，然后制定拍摄方案。只有这样做，你才有可能接近它。

首先，让我来教给大家接近鱼类的四个基本原则。

不能从上方靠近

像高体鰤和纺锤鰤这样会季节洄游的食肉鱼，它们会从上方集体捕食其他的小鱼。因此，小鱼对从其上方来的物体警惕性极高。即便你对它没有敌意，只要你从上方接近它，它就会视你为敌人，拍摄自然也就无法进行了。

为了不惊吓到对方，最好从离它稍远的地方到达水底，再沿着水底爬行，一点一点地接近它。但是，有的地方为了防止珊瑚礁被破坏，是禁止到达水底的。如果遇到这种情况，就在接近水底的地方向前游动，请一定遵守当地的法规。

将浮力补给装置和干式潜水服里的空气全部放掉

如果浮力补给装置里的空气很满，拍摄时整个身体就会变得很轻，相机也会开始摇晃。拍摄来回游动的鱼已经很不容易了，如果你自己还在晃，不仅会把鱼儿跟丢，还会因为摇晃幅度过大而吓到鱼儿。

到达海底之后，第一件事就是要将浮力补给装置和干式潜水服里的空气全部放掉，使浮力为负。

放掉浮力补给装置里的空气。

你接近鱼类的速度一定要慢于它们移动的速度

请想象一下，在一个月黑风高的夜晚，你独自一人在一条小道上行走，听到从背后渐渐逼近的脚步声。此时，如果对方与你行走的速度差不多，尚且松一口气；如果对方用明显快于你的速度在你后方行走，你是什么感觉？你一定很害怕自己将会遭受袭击吧！鱼类也是如此。

鱼类如果感觉到你在用快于它的速度接近它，就会感到危险，于是逃走。所以，请大家务必用与鱼儿游动同等的速度接近它。

拍摄时一定要固定身体

大家有没有过这样的经历，在非常近的距离拍摄时，身体失去了平衡，上半身开始摇晃，于是赶紧挪动相机。这样一来，不仅鱼儿会被吓跑，飞起来的小石子也会跑到镜头前。只要你把自己的身体固定住，就能防止这种事情发生。固定拍摄还有另一个好处，那就是很容易让鱼儿进入取景器的正中央。

在有波浪或者水流湍急的地方，身体很容易移动，这时就需要你用脚夹住岩礁，或者用脚撑在海底，同时用手肘或是空着的一只手臂使身体型成一个固定的三脚架。

但是，我们之前也提到过，有些海域为了防止珊瑚礁被破坏，禁止人类到达海底。如果遇到这种情况，你首先要记住在海底时身体彻底固定的感觉。即便在悬浮的状态下，只要照着这个感觉去做，身体也不会摇晃，很不可思议吧！基本原则就是这些，下面我们根据鱼的种类不同，再具体讲一讲每一类的拍摄技巧。

让整个身体变成相机的三脚架。

不能骑在珊瑚礁上，请务必遵守当地的法规！

●光鳃鱼篇

光鳃鱼的幼鱼可爱漂亮。虽然成年光鳃鱼的色彩淡雅朴素，但是幼鱼有很多色彩鲜艳的品种。幼鱼的警惕性很高，一旦靠近，它们就会躲起来。那么怎样做才能把它们拍好呢？下面给大家介绍光鳃鱼幼鱼的两种主要生活状态。

第一种：成年之后，生活在海洋中间层的光鳃鱼

这一类主要是体型较大的光鳃鱼，如黄金光鳃鱼、长棘光鳃鱼。它们的幼鱼喜欢生活在礁石后面和礁石间的缝隙里。面前有浮游生物游过时，它们会迅速游出去，大口将其吃掉，再返回原处。长约3厘米的幼鱼在最大直径为30厘米的海域内活动。体型越小的鱼警惕性越高，活动范围也越小。这个活动范围被称为“领地”。幼鱼在自己的领地内生活，一旦察觉到危险，就会躲起来，在确认外面安全之前，绝不会出来。

下面以长棘光鳃鱼的幼鱼为例说明应该如何拍摄。很多长棘光鳃鱼都会将礁石表面凹进去的部分作为自己领地内的安全区域。首先要提醒大家的是，在拍摄时，不能因为它体型非常小，就在离礁石非常近的地方寻找它。因为突然闯入它的领地会吓到它。

正确的做法是：在离它稍远的地方观察它什么时候会移动。找准时机，慢慢游到离它较近的地方，确认它的安全区域。这时光鳃鱼就会感受到危险，开始在安全区域附近游动，然后停在某个地方，但会保持随时能逃回安全区域的姿势。确认好它的安全区域并知道它会逃向哪里后，先离开它。它也会松一口气，认为危险已经排除，便会放心地朝自己的正前方游去。

下面这一步是关键。这次你从安全区域内部接近它。这时幼鱼为了摆脱你，会一个劲儿地往外游，但是游了一段距离后，发现你没有追过来，又会往回游。你要抓住这个机会，赶紧按下快门。不过要注意的是：如果你追得太紧，它可能会为了摆脱你而舍弃这块安全区域，直接跑到自己的领地之外，再也不回来了。谁也无法预测跑出领地外的幼鱼会跑到哪里，这样就无法拍摄了。

一旦察觉到危险，幼鱼就会躲进礁石表面的洞穴里。

第二种：成年之后，生活环境与幼鱼时期基本相同的光鳃鱼

体型较小的鱼和生活在珊瑚礁区域的鱼属于这一类。这种鱼成年后，生活环境与幼鱼时期基本相同，每条鱼都在固定的领地内生活。它们的领地非常狭小，它们就在领地内部，按照既定的轨迹迅速游动。这类鱼无论体型大小，警惕性都非常高，一旦察觉到危险，便会一溜烟地逃到礁石或者珊瑚礁的缝隙里，一时半会儿都不会出来。

属于这一类的有：黑鳍光鳃雀鲷和史氏金翅雀鲷等体型较小的鱼，以及黑带椒雀鲷和珠点棘雀鲷等生活在珊瑚礁区域的鱼。找到这些鱼很容易，但要接近它们就非常难了。因此，在拍摄之前要充分观察。

下面以珠点棘雀鲷的幼鱼为例讲解如何拍摄这类鱼。首先观察它的活动模式。它是按照一定的轨迹不断地循环游动，只要观察一段时间，就可以掌握它停下的位置和藏身的位置。

相机固定在它会停下来休息的地方，等待它的到来。珠点棘雀鲷警惕性极高，很可能躲到藏身之处很久都不出来。这时一定要戒骄戒躁，目光一刻也不能离开相机的取景器，时刻准备抓拍。等一会儿它出来了，一定不要移动相机，只需在原地等待它游到这个位置，然后迅速按下快门即可。如果等了很长时间它都不出来，那很可能是因为相机离它的领地太近了，把相机放得稍远一点，静静等待即可。

如果调了位置它还是不出来，那便只能放弃了。改为拍摄警惕性相对较低的光鳃鱼的幼鱼才是上策。

埋伏在它停下来休息的地方，它一出现，立刻按下快门。

向下方游动的金拟花鮨。

了解它们向下游的路线之后，也能拍到有趣的照片。

抓拍其舞动时变成婚姻色的瞬间。

●花鲷篇

很多花鲷的色彩都明艳美丽，不少人想拍到漂亮的花鲷。花鲷一般生活在海底岩礁的侧面和下坡的位置，或在珊瑚礁的中间层，要想抓拍它们非常困难。雄性花鲷在繁殖期身体会变成特有的婚姻色，很多人都想拍到这种颜色，但它游动的速度很快，要赶上它非常难。

这里以金拟花鮨为例。金拟花鮨一般是几十条或几百条群居在海底岩礁侧面的中间层。它们的生活范围很广，一般在中间层游动，捕食浮游生物，但一旦察觉到危险，就会一齐游向岩礁的根部或海底，最后藏到岩礁的缝隙里。乍一看它们像是在绕着岩礁根部随意地游动，其实它们游动的范围和位置是固定的，雄性会在雌性的上一层游动。甚至在雄性的内部位置也是有规律的，厉害的雄性会游在更上层或者海水流动更好的海域，因为这里有利于产卵。

现在大家都知道，金拟花鮨生活在海洋的中间层，要想拍好它们很难。如果能让它们游到相对靠近海底的地方，拍摄起来就轻松多了。

要想让它们向下游，可以让它们感受到一点危险。但要把握好这个度，不要吓得它们躲到海底岩礁的缝隙里不出来了。可以把身体固定在海底岩礁的侧面，一边观察，一边慢慢靠近。或者把目标锁定为在下方游动的金拟花鮨。因为一般来说，在上方游动的鱼比较厉害，而在下方游动的鱼在群体中的地位较弱，活动范围也相对较小，拍摄起来会更容易一些。

不过，要想拍雄性金拟花鮨在繁殖期的婚姻色，这招就不奏效了。因为雄性一旦感受到危险，它的婚姻色就会消失，而且在下方的雄性原本就很少会变成婚姻色。所以在进入它们的领地之前，要先锁定拥有最美婚姻色的目标，再从海底岩礁的侧面慢慢地接近它。拍摄时尽量躲在岩礁的侧面，最好完全隐藏在岩礁后面。

●虾虎鱼篇

虾虎鱼是出了名的种类繁多海水鱼。我们潜水员拍到的也不过是其中的冰山一角。本书以潜水员感兴趣的3类虾虎鱼为例介绍拍摄方法。它们是“悬浮的虾虎鱼”“紧贴岩礁根部的虾虎鱼”以及“与虾生活在一起的虾虎鱼”。

悬浮的虾虎鱼

（喷射机就属于这一类）

这一类中的金头虾虎、大口线塘鳢、华丽线塘鳢和喷射机都是摄影师喜欢拍摄的对象。

“啊，就是这个镜头！”但当你忙着对准相机取景器的时候，虾虎鱼已经跑了，相信大家都有过这样的体验吧。一般来说，它们的洞穴就在它们悬浮之处的正下方，一旦感受到危险，马上就会逃回洞里。这一点与光鳃鱼的幼鱼十分相似。我们在光鳃鱼篇中也提到过，要拍摄这类鱼，首先要慢慢地靠近，确认它们领地的位置。

虾虎鱼如果觉察到有危险存在，就会立刻移动到自己领地的上方，然后停下。确定它们领地的位置后，先离开，使它们放松警惕，然后再靠近领地。如果你能比虾虎鱼离它们的领地还近，那就再好不过了。因为想要返回领地的虾虎鱼，必须要先接近你。

悬浮在洞穴上方的华丽线塘鳢（紫雷达）。

但是，如果你找到它的时候，它已经在领地上悬浮着，而且不打算离开领地，那么上面讲的方法就不管用了。这时要采取别的作战方法。这种类型的虾虎鱼大多是成对生活的。它们吃食、逃跑都在一起，只有在进入洞穴时，才会一前一后。

后进去的那一条已经进入了警戒状态，需要十分小心。请架好相机，做好随时按下快门的准备，同时一点一点地接近它。虽然照片里只能捕捉到一条鱼儿的身影，但只要你不再靠近，就可以抓拍数张，然后从这些照片里选出满意的就可以了。

紧贴岩礁根部的虾虎鱼

在双鳞塘鳢、矶塘鳢、莫桑比克腹瓢虾虎鱼中，有很多漂亮的品种。很多都是体长3厘米左右的小鱼，一旦靠近，它们立刻就会隐藏起来，很难拍摄。

这里以双鳞塘鳢为例。很多双鳞塘鳢都会在岩壁突出的表面或者其周边生活。它们一般静止在某处，偶尔会为了捕捉飘过来的浮游生物而游向上方。一旦感觉到危险，便会躲进附近的洞穴或岩礁缝隙中。

它们的警惕性很高，无论是动作、声音，还是光，它们都很敏感。因此，从开始寻找双鳞塘鳢时起，就要十分小心。先从岩礁根部侧面的暗处开始寻找。只要感受到一点点光，双鳞塘鳢就会产生戒备。因此，一定要迅速移动手电筒。

找到双鳞塘鳢之后，在离它1米远的地方将身体固定，摆好闪光灯、调整焦距和光圈等，做好随时按下快门的准备。在你接近它的过程中，注意一定不要让相机或者手臂碰到岩礁。一边看着相机确认鱼儿在镜头里，一边慢慢地靠近。在靠近的过程中，请保持相机的位置不变。另外，在拍摄时，自己呼吸吐出的泡泡会漂向相机，也会吓跑鱼儿，你就只能拍到自己吐出的泡泡了。所以，吐气时不要摆动身体，仅把头部转过去，向后吐气，防止泡泡出

不改变姿势，扭头吐气。

现在镜头里。在最接近它的时候，先屏住呼吸再按下快门。

与虾一起生活的虾虎鱼

短脊鼓虾会挖洞穴，由于一直生活在黑暗的洞穴里，所以眼睛退化，看不清楚，但是触角相当发达。但在有危险时更需要眼睛，触角根本派不上用场。因此，短脊鼓虾常与虾虎鱼一起生活，让虾虎鱼为自己放哨。而虾虎鱼正好不会挖洞穴，这样的合作可以说实现了共赢。

那么下面我们就来拍摄短脊鼓虾和虾虎鱼共同生活的画面吧。

我们要先找到虾虎鱼。在离它稍远的地方观察一会儿，就可以找到它藏身的洞穴了。再继续观察一会儿，就能看到短脊鼓虾进出洞穴的画面了。

只要观察得仔细一点，就会发现短脊鼓虾是按照两三条固定的路线将沙子搬出洞穴的，而这其中一定有一条是短脊鼓虾最常走的，请记住这条路线以及虾虎鱼的位置。然后你要找到一个位置，使你与短脊鼓虾和虾虎鱼的距离相同。这个位置是能够同时对准短脊鼓虾和虾

请保持双膝着地的较低姿势。

虎鱼的最佳位置。

找到这个位置后，你需要在距离这个位置大概2米远的地方着地，到达海底时请使用双膝跪地的姿势，然后慢慢地移动膝盖接近它们。如果感觉自己快倒了，吸一口气，浮力增加就能再次立起来。当到达选好的位置后，吐气以减少浮力，保持平衡。请尽量保持肘部快要触到海底的姿势缓慢前行。

一定不能双肘和双膝同时着地爬行。因为这样会扬起海底的泥沙，使视线模糊，爬行也会变得更加艰难。

通过魔法三角形确定拍摄位置，拍到两者都完美的照片。

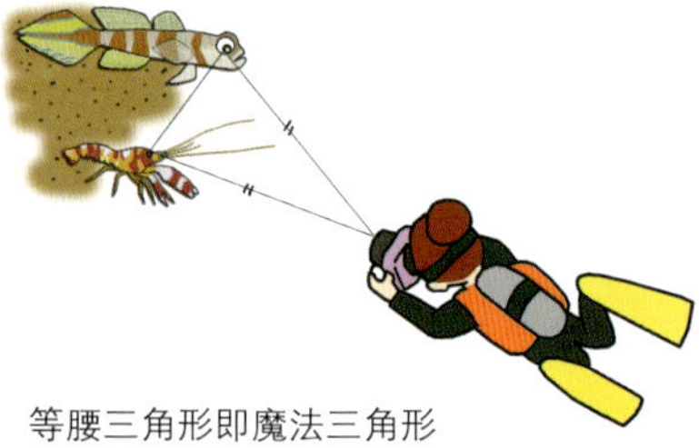

等腰三角形即魔法三角形

当虾出来挖沙子时，是你接近它们的最佳时机。而当虾不见了，只留下虾虎鱼时，就要停止靠近。反复进行这个过程，可以让你在距离它们很近的地方拍到很好的照片。

如果虾不再出来挖沙子了，就说明你已经到达离它们最近的地方了。如果这时你还要继续靠近它们，就会连虾虎鱼也躲起来。所以正确的做法是：在离这个临界点稍微远一点的地方，将相机的镜头对准虾虎鱼的眼睛，静待虾出来即可。这时，你、虾和虾虎鱼三者的位置正好构成一个等腰三角形，所以只要虾出来，你就能同时拍到它们两个。

让自己养成悬浮在水中也能固定下来的习惯。

●隆头鱼篇

很多隆头鱼无论在幼年时期，还是成年之后，色彩都很鲜艳，因此有许多人为之倾倒。但它游动的速度实在太快了，要想拍好它，真的非常困难。

大多数隆头鱼是一条雄性和多条雌性群居。当然，平时它们各自生活，一到繁殖期，就会群居。但也有很多终生保持群居生活的品种。无论以何种模式生活，它们都有自己的领地，在自己的安全区域内活动。隆头鱼的幼鱼有两种类型，一种是独居，一种是群居。独居的幼鱼为了不被敌人发现会一直不动，群居的幼鱼会集体行动以确保安全。

无论在幼鱼时期，还是成年之后，很多隆头鱼都属于会到处游动的类型。这就要求拍摄者一直保持适当的浮力，悬浮在水中拍摄。因此，新手潜水员和刚开始从事水中摄影的摄影师都不会选择拍摄隆头鱼。对于新手潜水员来说，首先要做的是积累经验，使自己能够在水中保持适当的浮力。如果之前没有水中摄影的经验，首先要练习拍摄静止在水中的物体，使自己的身体在水中可以悬浮固定。

拍摄成年隆头鱼的技巧

“啊，好漂亮的隆头鱼！”这时你看到的一般是一条雄性隆头鱼。它喜欢到处游动，最后消失在某处，但其实它也只是在自己的领地周边游动而已。当然，隆头鱼的种类不同，领地的大小也不一样，但无论是哪一种，最终都会回到自己的领地。在繁殖期，如果你发现了一条雄性隆头鱼，一定要仔细观察它的周围，因为它的周围一定聚集着许多雌性隆头鱼。

你只需要摆好拍摄装置，静待雌性隆头鱼出现即可。我们都知道，在拍摄时，摄影师保持身体不动是很重要的，但由于隆头鱼在不断游动，因此，我们也要做好随时游动的准备。一般情况下，雄性会游到雌性的身边。我们要先确定雄性隆头鱼游动的方向，再游到它的前面，等待它迎面而来。要将镜头对准它，保证它始终能出现在镜头中。这里起决定作用的，是你能不能用适当的浮力使身体一直保持固定的状态。说实话，能够拍到隆头鱼的机会就那么几次，而且稍纵即逝。如果你不小心错失了其中的一次机会，一定要保持冷静，不要去追它。在原地保持不动，静待它回来即可。有过几次经验之后，你就能够拍出令人满意的照片了。

拍摄幼年隆头鱼的技巧

背景同化型

鳃斑盔鱼和露珠盔鱼的幼鱼在伊豆半岛的洄游季节非常受游客欢迎。它们大多生活在岩礁上的洞穴里不怎么出来。身体的颜色和条纹会变得和背景同色，以防被敌人发现。抓拍这类隆头鱼，最重要的就是你靠近它的速度。那么应该以怎样的速度靠近它呢？如果鱼儿原本一动不动，你靠近时它们突然开始动了，那就说明你的速度过快了。应该慢慢地靠近，以免让鱼儿感到危险而开始游动。

另外，它们对光也非常敏感。在拍摄时尽量不要使用闪光灯。现在有些数码相机在稍暗地方的拍摄效果也很好。

拍摄幼年隆头鱼的技巧

翩翩起舞型

下面介绍如何拍摄会在海里翩翩起舞的幼鱼，如花尾连鳍鱼。只要稍微观察一段时间，你就会发现，感觉到危险时，它们游得快，觉得安全时，它们游得慢。拍摄这类鱼的关键与上面讲到的背景同化型鱼一样，要慢慢地靠近，切忌惊动它们。

但是，在拍摄这类鱼时，你不能固定自己的身体，而是要保持悬浮状态，让自己随时都可以灵活移动。而拍摄成年隆头鱼的技巧是，保持适当的浮力，在拿着相机的同时，保持身体平衡。

现在的数码相机性能越来越好，有的单反照相机操作也很简单，可以轻松地拍出好照片。但是，相机的性能再好，如果不了解你的模特，也就是鱼儿，也拍不出好的照片。虽然每种鱼的生活方式各异，但是只要记住“知己知彼，百战不殆”，最终一定能够找到拍摄的窍门。

让我们铭记“首先要细心观察”的原则，然后拍出美丽的照片吧！

即便是高速游动的隆头鱼，在鱼鳍全部张开的时候也会保持静止，这是抓拍的绝佳时机！

●本书特色

日本近海是生物的宝库。这里栖息的海洋生物占地球上所有海洋生物种类的14.6%，这个数字与澳大利亚近海并列世界第一。日本近海有4000余种鱼类。潜水能看到的只是其中很少的一部分，但这一部分的数字也相当庞大。

想必各位都数不清自己到底看到过多少种鱼，又拍到了多少吧。本书从潜水能够看到的鱼中选择了1000种进行详细介绍。因为介绍的种类有限，所以我们尽可能地丰富其幼年、成年、雌性、雄性以及不同色彩品种的照片，希望大家读完之后，对海水鱼能有更深的了解。

另外，为了让大家分辨出各种鱼的细微差别，图片都配有解说。基本上大家只要将插图和图下的解说对照着看，即便不看旁边对该品种的专门介绍，在视觉上也能基本了解它的特征。

●科属特征一览表

下面我们来看一下扉页（黑色的纸）上的科属图片一览表吧。大家看了表中鱼的体型、鳍的形状、颜色以及大致的特征之后，可以直接翻到属于这一科的页面阅读。

请参照扉页内容确认各种鱼的外观特征及大小。图片能比文字更直观地呈现出鱼的生活环境、生存状态及其食性。请结合图片和解说，判断它们各属于哪一科。

●阅读示例

●鱼类各部分的名称

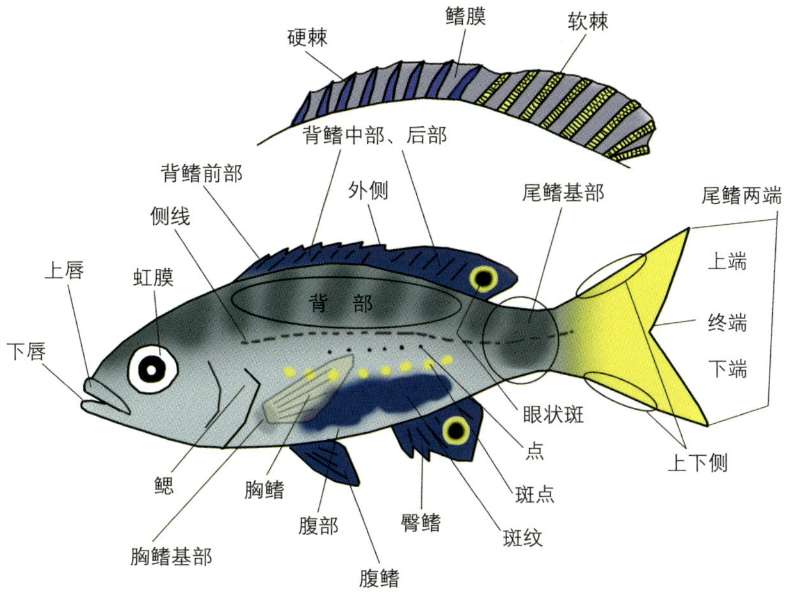

●专有名词解释

本书用简单的语言并配以图片介绍各种鱼类。一些专有名词请参照以下释义。

硬棘：鳍的组成部分，头尖且硬。

软棘：鳍的组成部分，头软且钝。

鳍刺：硬棘和软棘的总称。

鳍膜：鳍刺与鳍刺之间相连的膜。

虹膜：瞳孔周围的薄膜。

侧线：穿过鱼身中央的线，感受水压和水流变化的器官。

标准中文名：与学名相对应的中文名称。

学名：国际上采用的标准名称。学名统一由属名和种名组成，并统一用拉丁文。

sp.：species的略称。用来标记不明物种以及没有学名的物种。像"sp.1""sp.2"这样在学名后面标有数字的，只是为了区分同属的其他物种，并不是学名的一部分。

ad.：adult的略称。成年鱼。

yg.：young的略称。幼鱼。

nup.：nuptial coloration的略称。婚姻色。

♂：雄性。

♀：雌性。

婚姻色：许多鱼在繁殖期会出现鲜艳的颜色，尤其是雄鱼。待繁殖季节一过，鲜艳的颜色就会消失，这种色彩被称为婚姻色。不仅仅是雄性对雌性求爱的时候会出现婚姻色，雄性之间争夺领地的时候也会显现出这种颜色。

雌雄同体：即在同一个生物体中，雌性和雄性性状都明显的现象。动物同时具有两性腺体。

雄性先熟：雌雄同体的生物，先是雄相发达，然后出现雌相的现象。

雌性先熟：雌雄同体的生物，先是雌相发达，然后出现雄相的现象。

一次雄：雌性先熟的鱼类中，作为雄性出生的个体。这种个体的数量很少。

二次雄：雌性先熟的鱼类中，作为雌性出生、长大之后变为雄性的个体。

胎生：动物的受精卵在雌性动物的子宫里发育成熟并生产的过程叫胎生。与人类的生产方式相同。

卵胎生：是指动物的卵在母体内发育成新的个体后才产出母体的生殖方式。但发育时所需的营养仍依靠卵黄提供，与母体没有物质交换关系，或只在胚胎发育的后期才与母体进行气体交换和物质交换的一种生殖方式。

育儿袋：海龙科的很多物种都有育儿袋，育儿袋是专门用来育儿的器官。在腹沟或者育儿袋里可以培育鱼卵和幼鱼。

雪卡毒素中毒：这是一种由热带和亚热带的浮游生物携带的病毒，鱼类捕食这些浮游生物，便会在体内积累这些毒素。人吃了这些鱼就会引起食物中毒。

季节洄游鱼：很多鱼都有随着洋流漂游，在不同地方生存的能力。本书将在不同环境间周期性定向往返移动的鱼类称为"季节洄游鱼"。

●各种图标的含义

生活环境的大致区域

沿岸：参照图1的沿岸与外洋。

外洋：参照图1的沿岸与外洋。

表层：参照图1的沿岸与外洋。

岩礁：参照图2的岩礁。在本书中指日本南部沿岸的岩礁。

珊瑚礁：参照图3、图4的珊瑚礁。

内湾：大部分被陆地包围的平稳海域。

河流：在本书中主要指河口周边的区域。

咸淡水域：淡水与海水混杂的水域。

潮水洼地：退潮后也仍积有海水的岩礁低洼处。也叫“潮间带水坑”。

（栖息的水深）

较浅处：水深5米以内的海域。

较深处：水深30米以上的海域。

具体的生活环境

暗处：洞窟、洞穴、岩石阴暗面、根部侧面等光线照不到的地方。

中间层：参照图2的岩礁及图3、图4的珊瑚礁。

沙底：参照图2的岩礁及图3、图4的珊瑚礁。岩石及珊瑚呈粒状堆积的地方。

沙砾底：参照图3的珊瑚礁。混着石子及死珊瑚砾的沙底。

沙泥底：由砂和泥构成的地方。

岩屑堆：参照图3的珊瑚礁。大小不一的石子及死珊瑚杂乱堆积的地方。

乱石带：参照图2的岩礁。由表面光滑易移动的石头堆积而成的地方。

流藻：随着洋流在海面漂浮的各种各样的海草和海藻。

树状团扇藻类：参照图4的珊瑚礁。

海鸡冠珊瑚类：参照图2的岩礁。

日本角珊瑚类：参照图2的岩礁。

柳珊瑚类：参照图3的珊瑚礁。

日本海齿花类：与海星相近的品种。外形酷似蕨类。

海葵类：参照图3的珊瑚礁。在嘴巴周围有许多有毒的触手。

海胆类：参照图2的岩礁。棘皮动物的一种。身体中有刺。

海绵：参照图2的岩礁、图3的珊瑚礁。

珊瑚：指造礁珊瑚和蜂巢珊瑚中的一种。

藻层：参照图2的岩礁、图3的珊瑚礁。海草和海藻的群落。大叶藻层（海草密布的地方）、马尾藻层（海藻密布的地方）。

红树林：生长于热带、亚热带河口的咸淡水域的树林。

巢穴：利用穿孔贝壳及龙介虫类的孔做的容身之处。

（生活类型）

游动性：在海洋中层或近水底处游动。

着底性：在水底或附着在腔肠动物、海藻上生活。

（生活状态）

独居：平时单独生活。

结对：平时成对生活。

小规模群居：几条到十几条一起生活。

大规模群居：数十条以上一起生活。

共生：两种生物在一起互利共生。

●分布

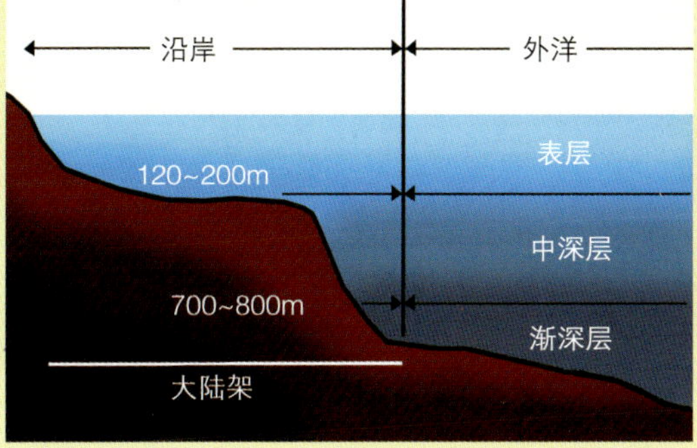

图1 沿岸与外洋

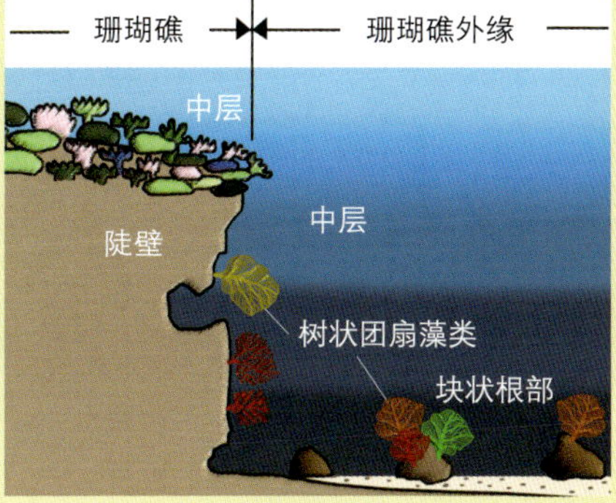

图2 珊瑚礁

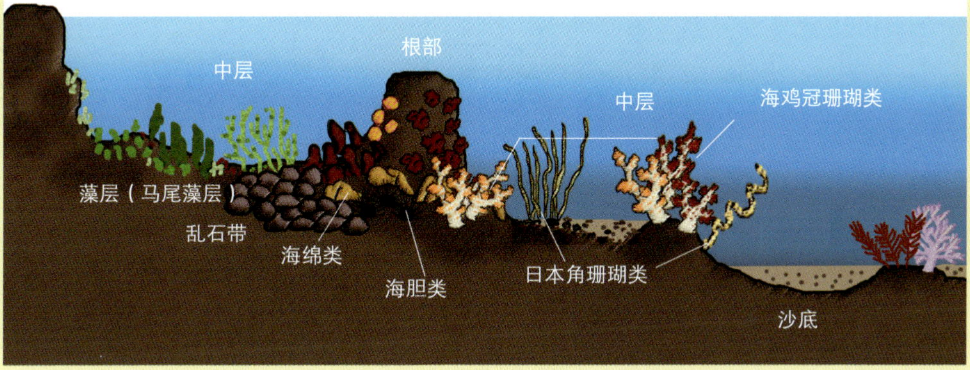

图3 岩礁

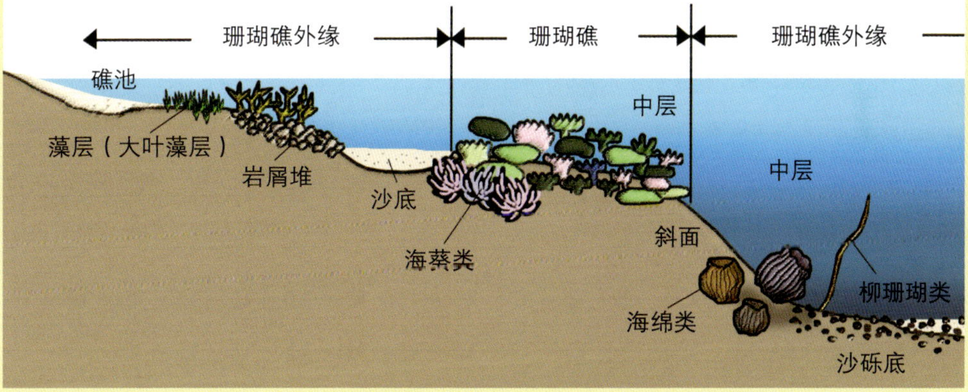

图4 珊瑚礁

●内文中鱼类实拍照片下方文字解说

照片下方分别为雌雄、幼鱼、成年鱼、拍摄地、水深、体长、拍摄者等信息。没有写明拍摄者名字的，均由加藤昌一拍摄。水深是拍摄者的仪器记录的深度。体长是拍摄者目测的。照片下方没有写明拍摄地的，均在八丈岛拍摄。

●内文中手绘插图下方文字解说

为了区分各种鱼类，除了介绍外形之外，还应介绍鱼的内部结构、各种器官的构造及功能。但是此书只介绍了潜水员用来确认和区分种类的重要特征。

伊豆大岛
水深12m　长1m
星野修

异齿鲛科

日本异齿鲛

Heterodontus japonicus

岩手县~九州南岸的太平洋沿岸，新潟县~九州南岸的日本海、东海沿岸，伊豆大岛，小笠原群岛；朝鲜半岛，中国大陆及台湾地区。

日本异齿鲛常见于水深100米处的岩礁以及海藻茂密的海底。以壳硬的蝾螺等贝类、海胆、甲壳类生物为主食。日本异齿鲛背部长有很尖锐的棘，这是因为如果它们被日本须鲨或者日本扁鲨吞食，就会因为棘太硬而被吐出来，从而起到防卫的作用。

屋久岛　水深8m　长1.5m　原崎森

须鲨科

日本须鲨

Orectolobus japonicus

日本南部的太平洋沿岸，九州北岸，屋久岛，奄美大岛，琉球群岛；朝鲜半岛，中国大陆及台湾地区，越南，菲律宾群岛北部。

日本须鲨主要栖息在水深200米左右的岩礁、沙泥底及珊瑚礁的斜面附近。它们埋伏在海底的岩礁中，捕食甲壳类、鲛、鳐等鱼类。由于体型扁平，身上有迷彩色花纹，因此较易隐藏。

高知县甲浦
水深8m　长1m
齐藤尚美

被海藻环绕的卵　高知县甲浦
水深8m　长15cm　齐藤尚美

须鲨科

条纹斑竹鲨

Chiloscyllium plagiosum

高知县、长崎县；朝鲜半岛，中国，泰国湾~爪哇海，菲律宾群岛中部~苏拉威西岛，马德拉斯，马达加斯加，南非开普敦海。

平时栖息在较深水域的岩礁地区，所以很难见到。到了繁殖季节，会游到水深10米以内的珊瑚礁下或岩礁表面的低洼处。每年4~5月，会在高知县甲浦港的港口聚集。卵生。

鲸鲨科

豹纹鲨

Stegostoma fasciatum

新潟县佐渡，千叶县馆山湾，土佐湾，宫古列岛；中国大陆及台湾地区，印度尼西亚半岛，马来群岛，澳大利亚沿岸，新喀里多尼亚，印度，红海，波斯湾，毛里求斯群岛，马达加斯加，非洲东海岸。

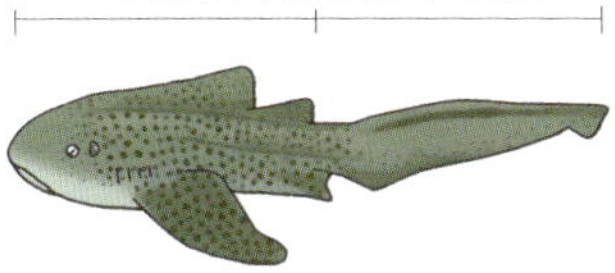

在日本，豹纹鲨经常静静地生活在珊瑚礁区域里有岩礁的沙地上。豹纹鲨性格比较沉稳，喜夜间活动，主要以贝类和甲壳类为食。卵生。

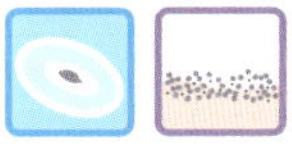

斯米兰群岛　水深15m　长2m　仲谷顺五

鲸鲨科

鲸鲨

Rhincodon typus

热带、温带海域。

鲸鲨是世界上最大的鱼类。张开大口捕食浮游生物，是一种不伤害人类的鲨鱼。

马尔代夫
水深5m　长5m　永野健司

马尔代夫　水深5m　长5m　永野健司

锥齿鲨科

沙虎鲨

Carcharias taurus

伊豆诸岛，小笠原群岛，相模湾~九州南岸的太平洋沿岸，琉球群岛；中国大陆及台湾地区，太平洋中部和东部除外的温带和热带海域。

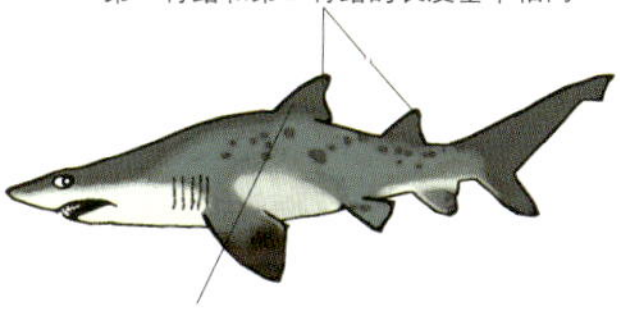

沙虎鲨喜欢白天在洞穴里休息，夜晚出来活动，主要以鱼类和甲壳类为食。在日本常见于小笠原群岛。

小笠原　水深25m　长1.8m　南俊夫

八丈岛　水深30m　长3m

长尾鲨科

浅海长尾鲨

Alopias pelagicus

新潟县~长崎县的日本海和东海沿岸，青森县~九州南岸的太平洋沿岸，八丈岛，琉球群岛；朝鲜半岛，中国，菲律宾群岛，印度~太平洋的亚热带和热带海域。

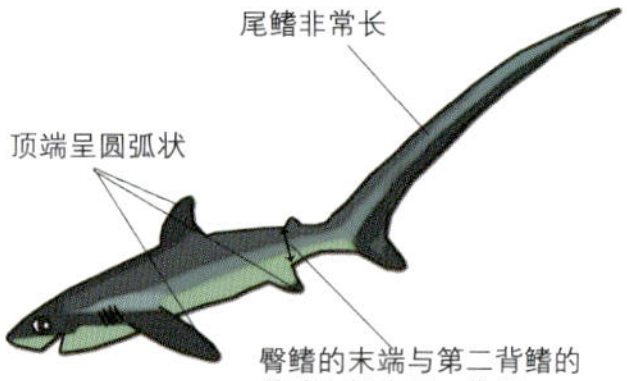

多栖息于外海水域、沿岸岩礁水域的下层。在八丈岛水温较低的冬季和春季，在潜水区可以看到冷水区有很多浅海长尾鲨。它们会突然闯入一群银带鲱或细鳞圆鲹中，摇摆着长长的尾鳍吓唬它们，等它们受到惊吓后再趁机捕食。

伊豆半岛
水深24m　长1.2m
石田根吉

伊豆半岛
水深25m　长10cm　石田根吉

被腔肠动物包围的卵

猫鲨科

阴影绒毛鲨

Cephaloscyllium umbratile

北海道以南的太平洋沿岸，新潟县~长崎县的日本海和东海沿岸，冲绳群岛；朝鲜半岛，中国大陆及台湾地区。

多栖息于近海水深15米以上的岩礁区域和近海沙泥底区。在伊豆半岛的富户，2~4月可以看到阴影绒毛鲨。卵生，常在1~5月产卵。

伊豆半岛　水深20m　长80cm　中野诚志

皱唇鲨科

皱唇鲨

Triakis scyllium

青森县~九州南岸的日本海、东海和太平洋沿岸、八丈岛；朝鲜半岛南岸和西岸，渤海，黄海，中国大陆及台湾地区，彼得大帝湾。

栖息于大陆架或岛屿棚的底栖性鱼类，经常出现在河口区域或港湾浅水域，特别是有藻类覆盖的沙泥底，能在低盐度地区生存。在伊豆半岛东部的春天，可以经常看到皱唇鲨在浅礁之间或者海藻之间睡觉。

真鲨科

黑尾真鲨

Carcharhinus amblyrhynchos

广泛分布于日本南部及热带和亚热带海域的沿岸至外海水域。

西太平洋　水深15m　长2.5m

在西太平洋，黑尾真鲨常见于面向外海的珊瑚礁外缘的中间部分。相对来说，攻击性较小，不会伤害人类，但最好不要接近它为好。

真鲨科

灰三齿鲨

Triaenodon obesus

小笠原群岛，琉球群岛；印度，太平洋。

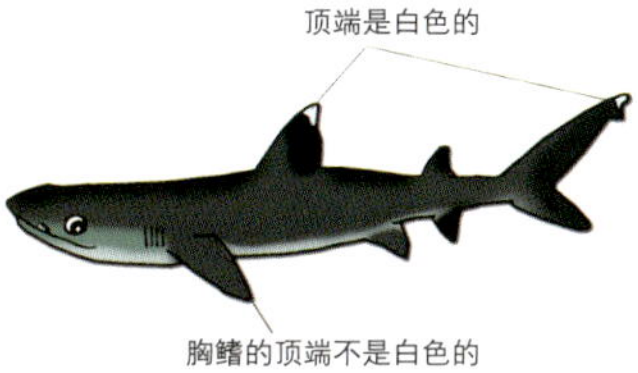

西太平洋　水深10m　长2.5m

白天喜欢在洞穴、珊瑚礁之间的缝隙中休息，夜间出来捕鱼。主要生活在日本南部的珊瑚礁里。虽然没有攻击性，但最好不要趁它不注意时接近它。

真鲨科

乌翅真鲨

Carcharhinus melanopterus

琉球群岛；中国大陆及台湾地区，印度~太平洋的热带和亚热带海域（含波斯湾和红海），地中海。

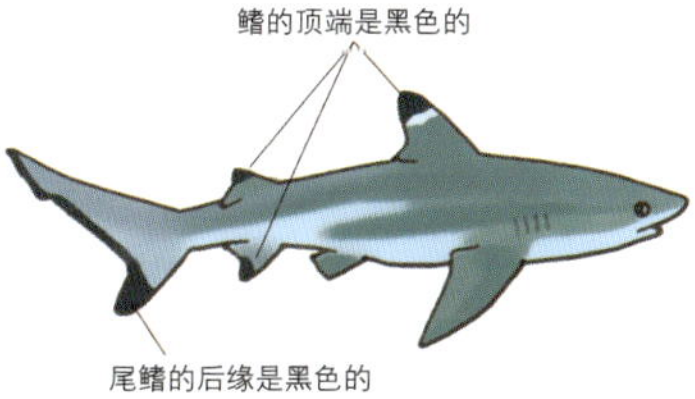

巴厘岛　水深10m　长2.5m

生活在珊瑚礁附近的浅水区。体型较小，对人类的威胁很小。

八丈岛 水深15m 长2.5m

真鲨科

丝鲨

Carcharhinus falciformis

鹿岛滩，房总半岛东岸，八丈岛，琉球群岛；中国台湾和香港地区，热带和亚热带海域。

丝鲨广泛分布于从外海表层到水深500米左右的水域。虽然丝鲨的外形特征是两个背鳍之间有一条隆起的线，但在实际拍摄时很难确认，而且与丝鲨的背鳍和胸鳍的相对位置相同，仅凭这一点判断，很可能错把蔷薇白眼鲛和枪头真鲨当成丝鲨。在拍摄照片时遇到的捕鱼者表示，在这一带没有见过蔷薇白眼鲛和枪头真鲨，因此可以判断在这片海域看到的都是丝鲨。

巴荣纳岩 水深18m 长1.5m

真鲨科

加拉帕戈斯鲨鱼

Carcharhinus galapagensis

八代海，八丈岛，小笠原群岛；热带和亚热带海域。

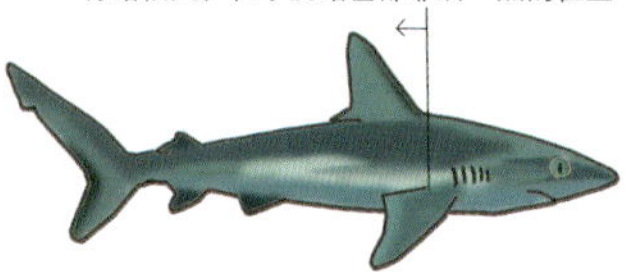

虽然名字叫加拉帕戈斯鲨鱼，但是并不是只有在加拉帕戈斯群岛才有，在其他热带海域的海岛均可看见。仅根据照片判断是否为这种鲨鱼十分困难。

八丈岛 水深10m 长3m

双髻鲨科

路氏双髻鲨

Sphyrna lewini

新潟县~九州南岸的日本海和东海沿岸，琉球群岛，小笠原群岛青森县至九州南岸的太平洋沿岸；朝鲜半岛，中国大陆及台湾地区，菲律宾群岛，温带和热带海域。

主要栖息在从水面到水深280米的沿岸海域。由于头部长得像榔头，也有竟为“榔头鲛”的英文别称。在日本近海，分布有这类鲨鱼中的三种，但是这种是最常见的。用T形的头部捕食鲛和鳐。

八丈岛 水深10m 长3m

角鲨科

丰胴棘鲛

Squalus mitsukurii

津轻海峡~岛根县隐岐岛的沿岸海域，宫城县~丰后水道的太平洋沿岸，八丈岛，小笠原群岛，琉球群岛；朝鲜半岛，中国，夏威夷群岛，温带和亚热带海域（澳大利亚沿岸除外）。

第一背鳍的前端不是白色的

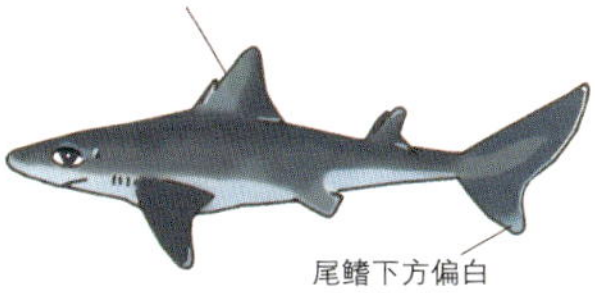

尾鳍下方偏白

这是一种深海鱼，主要栖息在大陆架斜面上部和水深100~500米的海山附近。在八丈岛水温较低的季节，可以在潜水区看到游上来的丰胴棘鲛。第一背鳍和第二背鳍上有非常硬的棘。

八丈岛　水深50m　长1.2m

琵琶鲨科

日本扁鲨

Squatina japonica

北海道的日本海沿岸，岩手县~九州南岸的日本海、东海和太平洋沿岸，濑户内海，长崎县五岛，冲绳群岛；朝鲜半岛，中国大陆及台湾地区，彼得大帝湾。

体型像鳐一样扁平

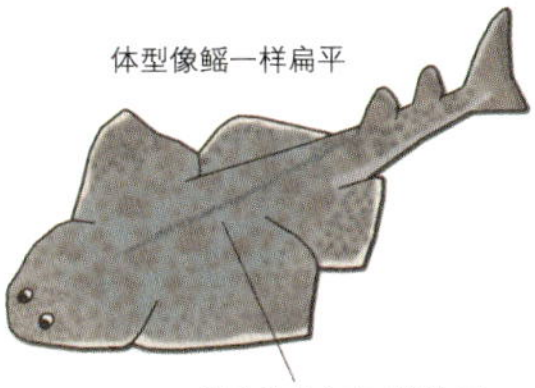

沿身体中心有1根骨刺

常浅埋于水深100米左右的泥沙中，头部露出，静待鱼类到来，然后捕食。因此，不要用手拂沙。在伊豆半岛的春季和夏季，在潜水区也能看到日本扁鲨。

伊豆半岛　水深25m　长1m　片野猛

锯鲨科

日本锯鲨

Pristiophorus japonicus

积丹半岛~九州南岸的日本海和东海沿岸，青森县~九州的太平洋沿岸，伊豆诸岛，小笠原群岛，琉球群岛；朝鲜半岛，中国大陆及台湾地区。

锯状吻

1对鲸须

栖息于水深100~800米的沙泥质海底。锯状吻的下部有很多带小孔的感应器官，可以通过微弱的电流感知到藏在砂中的甲壳类。在潜水时很少能看到日本锯鲨。

伊豆半岛　水深25m　长1.2m　小野笃司

伊豆半岛 水深26m 长40cm 片野猛

犁头鳐科

薛氏琵琶鲼

Rhinobatos schlegelii

日本南部的太平洋沿岸，八丈岛，新潟县~九州南岸的日本海和东海沿岸，冲绳群岛；中国大陆及台湾地区，越南，阿拉伯海。

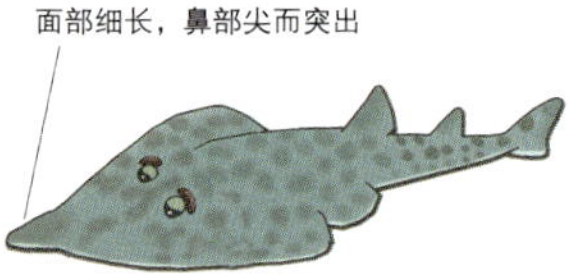

栖息于水深100米以上的沙泥底。在伊豆半岛每年的8~12月，在水深25米左右处的沙底可以看到它们。这一品种在八丈岛春天的冷水区很少见。

八丈岛 水深18m 长60cm

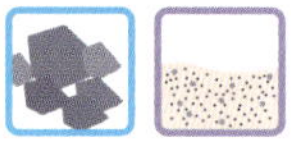

汤氏团扇鳐科

汤氏团扇鳐

Platyrhina tangi

日本南部的太平洋沿岸，八丈岛，九州西岸；朝鲜半岛，中国大陆及台湾地区。

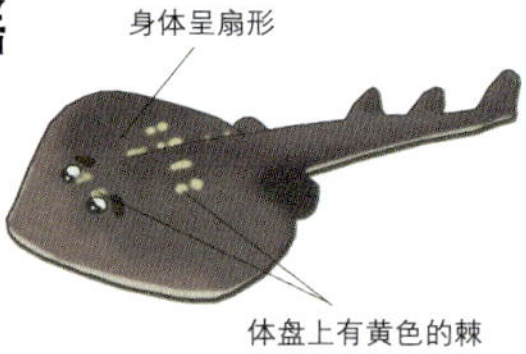

栖息于沿岸岩礁附近的沙底。在八丈岛冬季和春季的冷水团来临时，汤氏团扇鳐开始繁殖，它们会在水深10米左右的浅沙地聚集。这张照片记录下了非常珍贵的一幕。为了交配，雄性紧紧咬住雌性的两腋，等待交配的时机。

雄性紧紧咬住雌性的两腋，等待交配的时机

八丈岛 水深18m 长60cm 水谷知世

爱媛县爱南町 水深12m 长25cm 平田智法

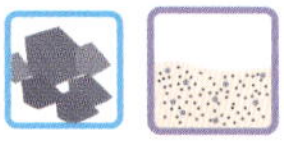

双鳍电鲼科

日本电鲼

Narke japonica

若狭湾~九州南岸的日本海和东海沿岸，福岛县~九州南岸的太平洋沿岸；朝鲜半岛，中国大陆及台湾地区。

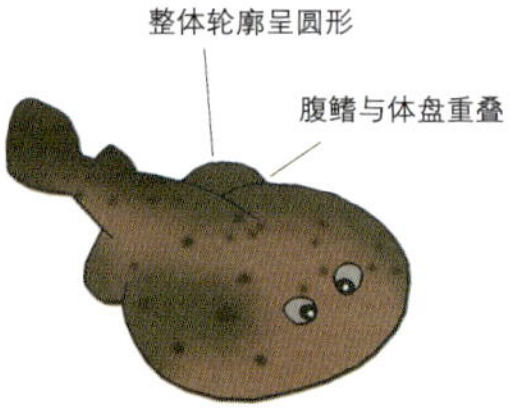

栖息于沿岸的浅沙地。在伊豆半岛的初春时节会经常见到它。体内有发电器官，可以发出60V左右的弱电压以捕获小鱼。

鳐科

黄扁魟

Urolophus aurantiacus

新潟县佐渡~九州南岸的日本海和东海沿岸、日本南部的太平洋沿岸，八丈岛，琉球群岛；朝鲜半岛，中国大陆及台湾地区。

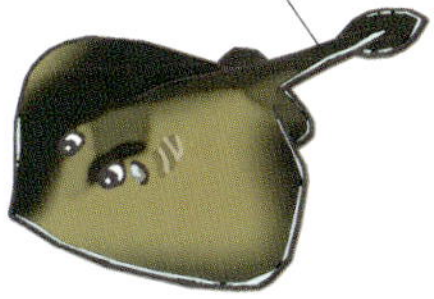

多栖息于日本本州岛沿岸，常见于沙底的温带种。除了捕食之外，其他时间基本藏在沙子里。卵生，产卵期为夏季，一胎多卵。

八丈岛　水深15m　长60cm

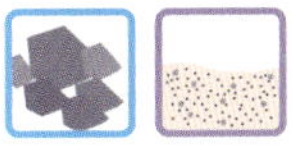

魟科

赤魟

Dasyatis akajei

北海道~九州南岸的日本海、东海和太平洋沿岸，小笠原群岛；朝鲜半岛，中国大陆及台湾地区，泰国湾，彼得大帝湾，奥尔加湾。

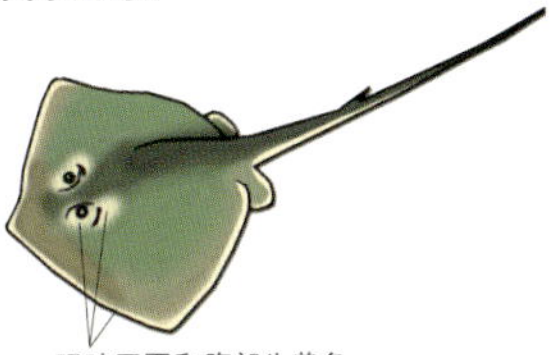

赤魟属温带种，常见于日本南部沿岸。在伊豆水深约15米的沙底可以经常见到。其尾部有有毒的棘，但是，只要你不碰它，它就不会主动刺你。卵胎生，交配之后，雌性在体内孵卵。在体内发育的幼鱼会在春季或夏季产出，产出时已与成年鱼一样大小。

爱媛县爱南町　水深10m　长50cm　平田智法

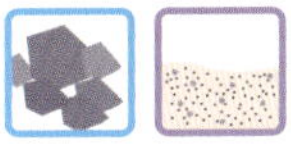

魟科

古氏新魟

Neotrygon kuhlii

北海道，日本南部的太平洋沿岸，若狭湾，八丈岛，小笠原群岛，琉球群岛；朝鲜半岛，中国大陆及台湾地区，印度~西太平洋（含红海和汤加群岛）。

广泛分布于日本沿岸，南方较多。喜食藏在砂中的甲壳类和贝类，经常可以看到它们刨砂找食的情景。

八丈岛　水深15m　长70cm

八丈岛　水深18m　长1m

魟科

松原魟

Dasyatis matsubarai

北海道南岸~日向滩的太平洋沿岸，新潟县佐渡~长崎县的日本海和东海沿岸，伊豆诸岛；朝鲜半岛，彼得大帝湾。

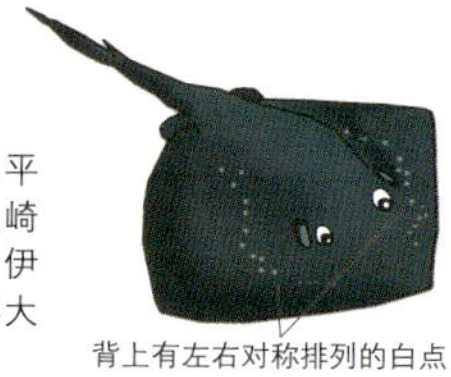

人们经常将松原魟与同属的牛土魟弄混。但是除了1925年在三河湾捕获第一只牛土魟的记载之外，再也没有其他关于牛土魟的记载。

松原魟喜欢生活在亚寒带至温带水温偏低的较深沿海区域。在八丈岛冬季冷水团来临的时节，在海洋的中间层能看到由几十条松原魟组成的群体。

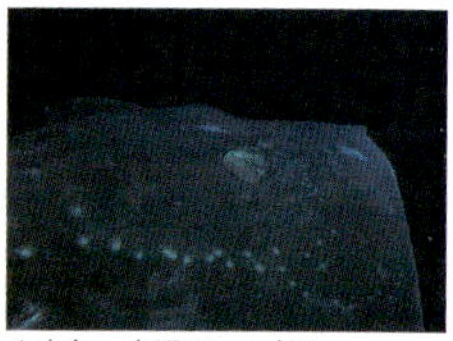

八丈岛　水深18m　长2m

八丈岛　水深2m　长1.5m

魟科

迈氏条尾魟

Taeniura meyeni

日本南部的太平洋沿岸、伊豆诸岛、小笠原群岛、琉球群岛；印度~西太平洋（直至新几内亚岛东岸），密克罗尼西亚，加拉帕戈斯群岛，罗德里格斯岛。

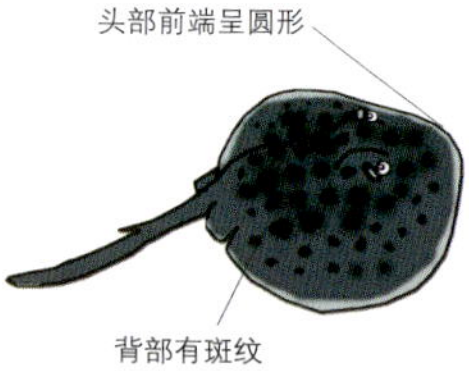

主要栖息于珊瑚礁及岩礁周边的沙底，常藏在沙子之中。在魟科中属于性情比较粗暴的，有些迈氏条尾魟只要潜水员一接近它，它就会张开毒刺威胁潜水员，这时最好不要妄自靠近。

八丈岛　水深25m　长60cm
水谷知世

小笠原　水深5m　长1.5m　南俊夫

鲼科

双吻前口蝠鲼

Manta birostris

青森县和日本南部的太平洋沿岸，琉球群岛，小笠原群岛；热带和亚热带海域。

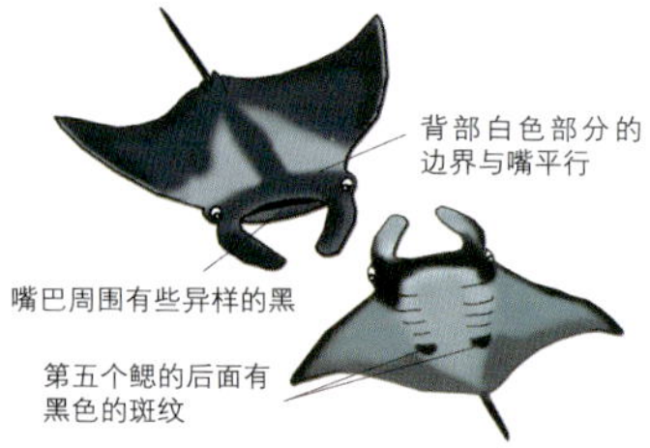

因为双吻前口蝠鲼喜欢生活在外海离海岸稍远的地方，所以潜水员不太容易遇见它们。在日本的小笠原或大东群岛小的离岛附近可以见到双吻前口蝠鲼。

鲼科

阿氏前口蝠鲼

Manta alfredi

高知县，琉球群岛；印度、太平洋和大西洋东部的热带海域。

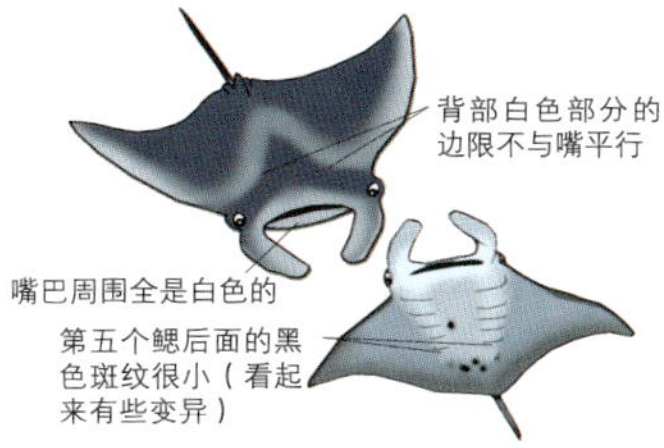

很喜欢在沿岸地区生活，在固定的海域群居。在八重山群岛和庆良间诸岛等地，潜水员看到的多是这种鱼。

马尔代夫　水深2.5m　长5m　永野健司

鲼科

纳氏鹞鲼

Aetobatus narinari

新潟县寺泊，纪伊半岛~九州南岸的太平洋沿岸，琉球群岛；中国大陆及台湾地区，印度~西太平洋，敦贺群岛，夏威夷群岛，大西洋的热带和亚热带海域。

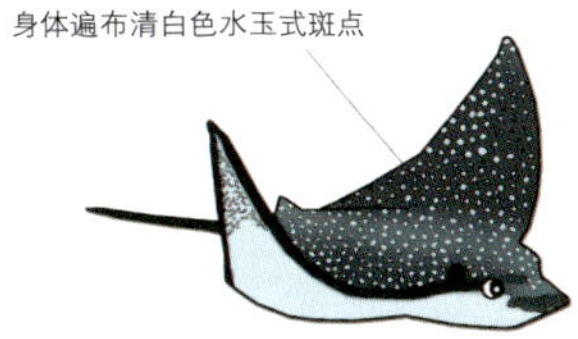

在外海的表层到底层的海域内独居或群居。在塞班岛，一到冬天，就能在特定的地方看到成群的纳氏鹞鲼。

塞班岛　水深10m　长2m

海鳝科

塞舌尔高眉鳝

Anarchias seychellensis

千叶县~和歌山县的太平洋沿岸，小笠原群岛；印度~太平洋（含红海、波利尼西亚岛；中国台湾地区~印度尼西亚除外）。

在水深15米以内的岩礁区和及岩石下常年可见。在伊豆海洋公园是普通品种。眼睛上方有2个点，像“高高的眉毛”。

伊豆半岛　水深12m　长20cm　山本敏

八丈岛　水深15m　长80m

海鳝科

虎纹鞭尾鳝

Scuticaria tigrina

八丈岛，屋久岛，口永良部岛，冲绳群岛；中国台湾地区，西印度洋，泛太平洋（澳大利亚沿岸除外）。

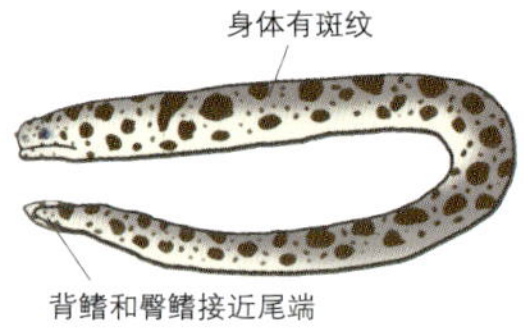

稀有物种，喜夜间活动，白天多躲藏在岩石底部，很少见到。

八丈岛　水深15m　长60m

海鳝科

雪花蛇鳝

Echidna nebulosa

伊豆诸岛，小笠原群岛，和歌山县~九州南岸的太平洋沿岸，屋久岛，琉球群岛，南大东岛；中国台湾地区，印度~太平洋。

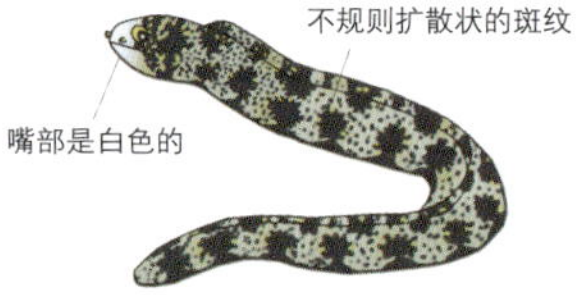

常见于礁池、内湾、海水洼等浅水区。根据性别不同，雪花蛇鳝的牙齿可分为两种类型。无论雄性，还是雌性，牙齿都是白色的，但是成年雄性的雪花蛇鳝在其两颚的顶端附近还有犬齿状的牙齿。

八丈岛　水深15m　长90cm

海鳝科

苔纹勾吻鳝

Enchelycore lichenosa

相模湾~高知县的太平洋沿岸，伊豆诸岛，小笠原群岛，奄美群岛；中国台湾地区，科隆群岛。

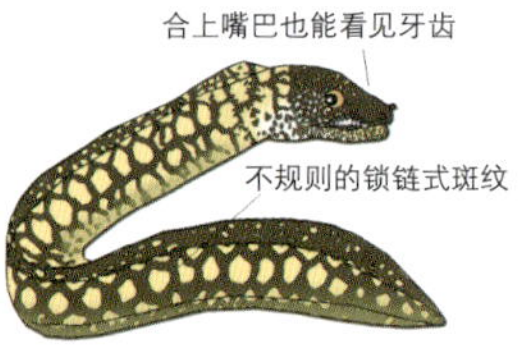

常见于沿岸浅礁处，温带种。身体上不规则的斑纹像苔藓一样，因此而得名。

海鳝科

斑点裸胸鳝

Gymnothorax meleagris

日本南部的太平洋沿岸，八丈岛，小笠原群岛，屋久岛，琉球群岛；中国台湾地区，印度~太平洋。

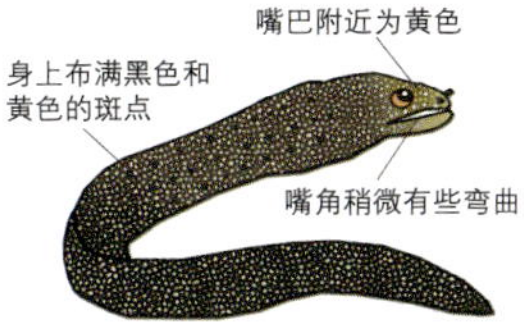

在温带的沿岸岩礁和亚热带的珊瑚礁地区都可以生存。常见于水深10米以内的浅水区。身体的颜色以及身体上斑点的颜色会随环境的改变而改变。有黑色的斑点、白色的斑点、清楚的斑点和模糊的斑点等不同类型的斑点。

八丈岛　水深5m　长40cm

海鳝科

条纹裸海鳝

Gymnomuraena zebra

八丈岛，小笠原群岛，屋久岛，琉球群岛；中国台湾地区，印度~太平洋（含红海）。

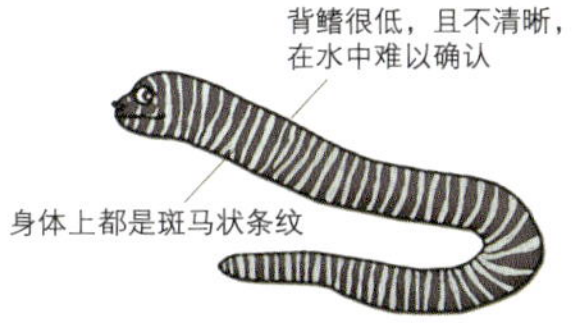

主要栖息于珊瑚礁的浅层。经常躲在岩洞里，不常出来。

吕宋岛　水深6m　长60cm　水谷知世

海鳝科

细斑裸胸鳝

Gymnothorax fimbriatus

八丈岛，小笠原群岛，高知县柏岛，屋久岛，琉球群岛；中国台湾地区，南海，印度~太平洋（夏威夷群岛和约翰斯顿岛除外）。

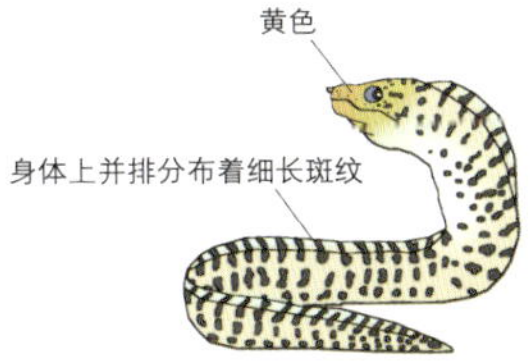

主要栖息于浅珊瑚礁，幼鱼也会栖息在河流入海口处。在八丈岛潮水较小的时候，能够在浅岩礁处看到它们。

八丈岛　水深8m　长60cm

八丈岛　水深12m　长80cm

海鳝科

黄边裸胸鳝

Gymnothorax flavimarginatus

八丈岛，小笠原群岛，高知县柏岛，屋久岛，琉球群岛；中国台湾地区，印度~泛太平洋。

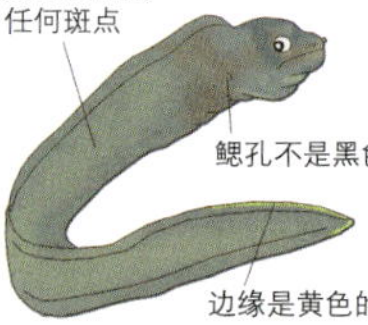

常见于浅岩礁处。虽然长得和爪哇裸胸鳝很像，但是它的鳃孔上没有黑斑，凭这一点可以分辨出来。

八丈岛　水深3m　长25cm

伊豆半岛　水深50m　长80cm　小林裕

海鳝科

锯齿裸胸鳝

Gymnothorax prionodon

千叶县~高知县的太平洋沿岸，山口县日本海沿岸，琉球群岛；朝鲜半岛，中国台湾地区，澳大利亚东岸和东北岸，新西兰。

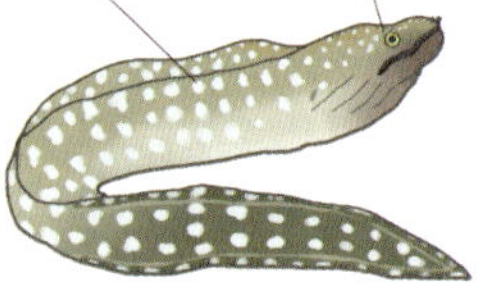

在伊豆半岛水深40米以下的岩礁带常年可见。

吕宋岛　水深8m　长80cm

海鳝科

爪哇裸胸鳝

Gymnothorax javanicus

小笠原群岛，屋久岛，琉球群岛；中国台湾地区，印度~太平洋。

体型很大，常见于浅层的珊瑚礁处。在某些区域，其体内会含有雪卡毒素。

海鳝科

淡网纹裸胸鳝

Gymnothorax pseudothyrsoideus

和歌山县~九州南岸的太平洋沿岸，山口县日本海沿岸，冲绳岛；中国台湾地区，西太平洋，安达曼海。

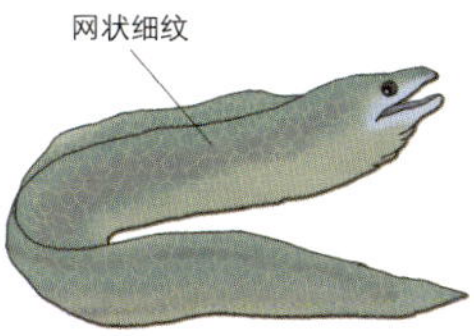

栖息于岩礁、珊瑚礁内湾的沙泥底。随着体长的增加，黄色的网纹会变得越来越模糊，长为成鱼后，灰褐的底色会变成一块块多边形的深色斑。稀有物种。

串本
水深5m　长40cm
参木正之

海鳝科

裸犁裸胸鳝

Gymnothorax nudivomer

八丈岛，高知县，奄美大岛，屋久岛，冲绳岛；中国，印度~太平洋（含红海）。

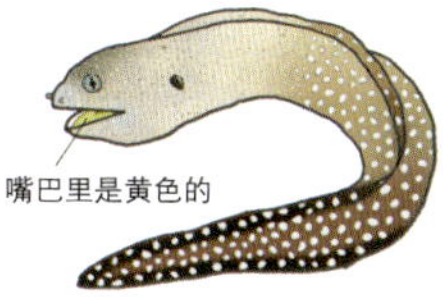

栖息在水深100米左右的地方。偶尔在水深30米处也能看见。

八丈岛　水深45m　长1m

海鳝科

蠕纹裸胸鳝

Gymnothorax kidako

日本本州岛的太平洋沿岸，岛根县~九州南岸的日本海和东海沿岸，八丈岛，屋久岛，奄美群岛，庆良间群岛；朝鲜半岛，中国台湾地区。

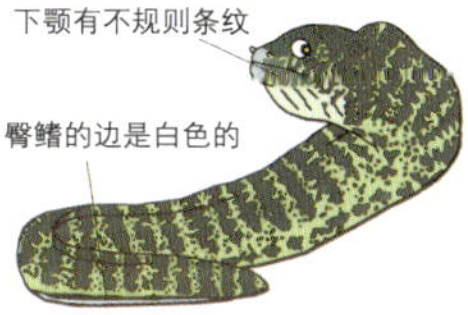

常见于温带水域的沿岸岩礁处。在琉球群岛极为少见。有的地方捕食此品种，各地有不同的叫法。此品种在日本有个小名叫“Kidado”，来自其在神奈川县三崎与长崎地区的地方名，意为性情粗暴。

八丈岛　水深12m　长70cm

八丈岛　水深15m　长30cm

海鳝科

云纹裸胸鳝

Gymnothorax chilospilus

八丈岛，小笠原群岛，高知县柏岛，屋久岛，奄美群岛，琉球群岛；中国台湾地区，印度~太平洋。

体型较小，常见于浅珊瑚礁。外形与幼年蠕纹裸胸鳝相似，但其嘴角有白点，依此可以分辨。

八丈岛　水深15m　长1.2m

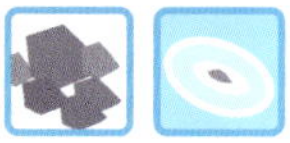

海鳝科

魔斑裸胸鳝

Gymnothorax isingteena

日本南部的太平洋沿岸，八丈岛，屋久岛，琉球群岛；中国台湾地区，澳大利亚沿岸除外的西太平洋。

体型较大，分布较广。从内湾的较浅海域到沿岸岩礁处，从珊瑚礁的浅层到深海海域都有分布。

八丈岛　水深15m　长1.2m

塞班岛　水深15m　长1.2m

海鳝科

白口斑点裸胸鳝

Gymnothorax chlorostigma

小笠原群岛，和歌山县串本，屋久岛，琉球群岛；中国台湾地区，印度~太平洋。

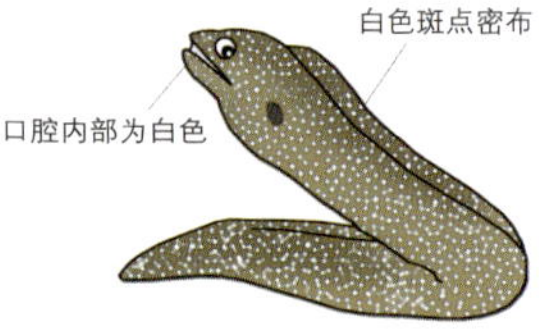

常见于浅珊瑚礁。外形与魔斑裸胸鳝及斑点裸胸鳝较为相似，但此品种口腔内部为白色，依此可以辨认。

海鳝科

黄体裸胸鳝

Gymnothorax melatremus

八丈岛，小笠原群岛，和歌山县串本，屋久岛，琉球群岛；中国台湾地区，印度~太平洋。

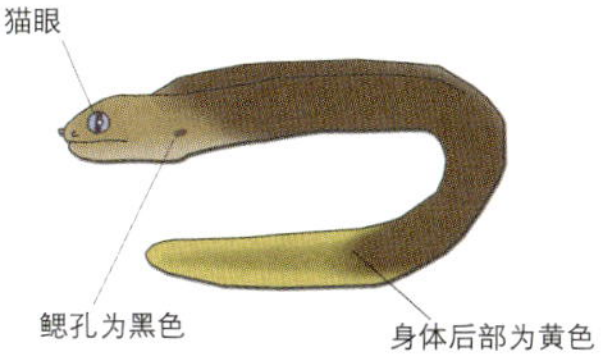

主要栖息于位于潮水流通较好区域内的珊瑚和岩礁外缘斜面的低洼处、岩壁突出处及隙缝中。偶见于珊瑚礁区域。体型较小。

八丈岛　水深18m　长25cm

海鳝科

密点裸胸鳝

Gymnothorax thyrsoideus

八丈岛，小笠原群岛，日本南部的太平洋沿岸，屋久岛，琉球群岛；中国，东印度洋~太平洋（夏威夷群岛除外）。

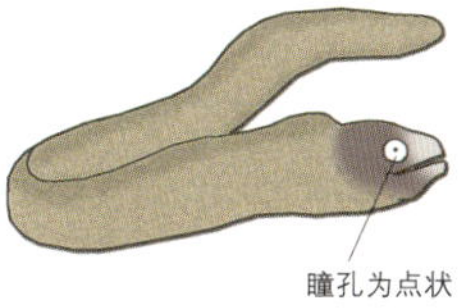

主要栖息于浅珊瑚礁及浅岩礁。在八丈岛，密点裸胸鳝多栖息于水深10米以内的岩礁侧面的裂缝处。

八丈岛　水深8m　长40cm

海鳝科

豹纹勾吻鳝

Enchelycore pardalis

日本南部的太平洋沿岸，伊豆诸岛，小笠原群岛，屋久岛，奄美大岛，伊江岛；朝鲜半岛，中国台湾地区，印度~太平洋（澳大利亚沿岸除外）。

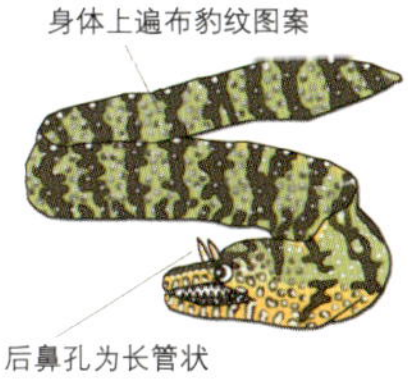

温带品种，生活在冲绳岛以南的沿岸岩礁处。虽然性情凶猛，但是不招惹它，它不会无故伤人。

八丈岛　水深21m　长50cm

雄性　八丈岛
水深25m
长90cm

海鳝科

大口管鼻鳝

Rhinomuraena quaesita

和歌山县~九州南岸的太平洋沿岸，伊豆诸岛，小笠原诸岛，屋久岛，琉球群岛；中国台湾地区，印度~太平洋（夏威夷群岛除外）。

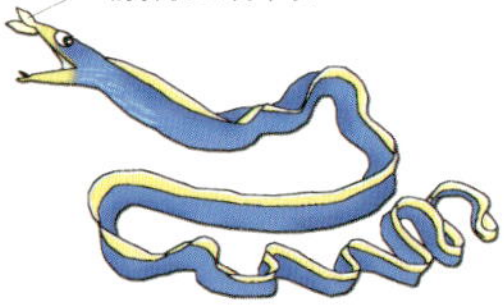

主要栖息于珊瑚礁的外缘斜面和岩礁的裂缝中。雄性先熟型的品种成年后，性别会发生转换。此外，幼鱼全身都呈黑色，长大之后，雄相鱼身体会变为蓝色。转变为雌相鱼时，身体会由蓝逐渐变黄，直至全身呈黄色。不过很少能捕捉到雌相鱼观察。

雌性　吕宋岛　水深15m
长90cm　小林岳志

幼鱼　八丈岛
水深25m　长70cm

八丈岛　水深12m　长70cm

蛇鳗科

黑斑花蛇鳗

Myrichthys maculosus

和歌山县~高知县的太平洋沿岸，伊豆诸岛，小笠原群岛，屋久岛，琉球群岛；中国台湾地区，南海，印度~太平洋（夏威夷群岛除外）。

生活于沿岸浅岩礁的裂缝或缝隙处，白天躲藏在石缝里或潜伏在沙地中，夜晚才出外活动觅食。以前，因身体表面黑斑的排列方式与豹纹花蛇鳗不同而与其分开来，后经专家调查，被归为一类。

伊豆半岛　水深20m　长50cm　山本敏

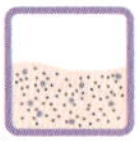

蛇鳗科

黑丽蛇鳗

Callechelys kuro

伊豆半岛~高知县的太平洋沿岸；中国台湾地区。

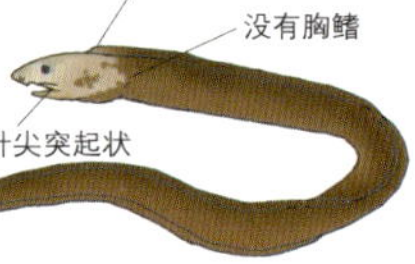

主要栖息在内湾处水深20米左右的沙底。在大濑崎的夏季很常见。

蛇鳗科

黄尾无鳍蛇鳗

Apterichtus flavicaudus

日本南部的太平洋沿岸，八丈岛；太平洋中部和西部的热带海域。

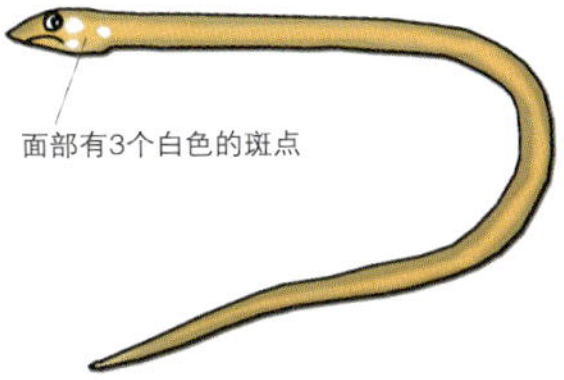

栖息于沿岸较浅的沙底处。常年藏于沙底，只露个头出来，嘴巴一张一合。

八丈岛　水深25m　长50cm

蛇鳗科

大吻沙蛇鳗

Ophisurus macrorhynchos

北海道以南的各地沿岸；朝鲜半岛，中国。

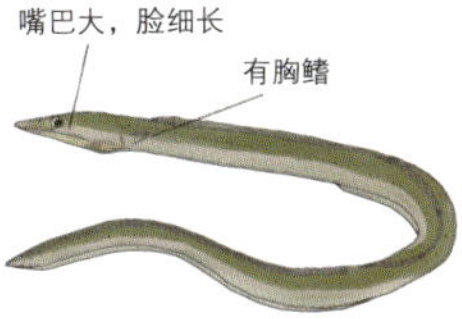

栖息在水深20米左右的沙泥地至水深500米的广阔水域。在大濑崎常年可见，普通品种。

伊豆半岛　水深20m　长60cm　小林裕

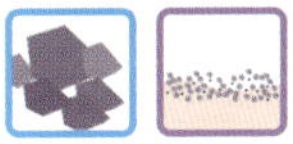

蛇鳗科

半环平盖鳗

Leiuranus semicinctus

八丈岛，和歌山县~高知县的太平洋沿岸，屋久岛，琉球群岛；中国台湾地区，印度~太平洋。

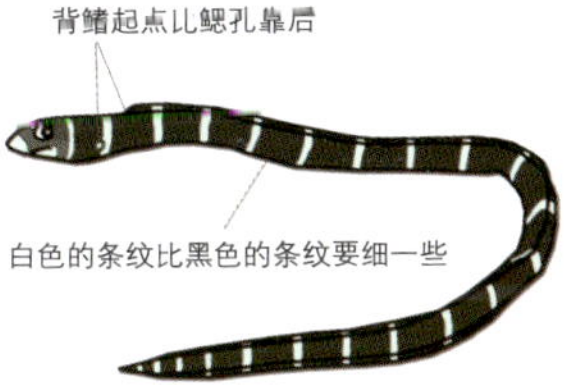

偶尔可以在沿岸岩礁周边的沙泥底见到。

八丈岛　水深12m　长55cm

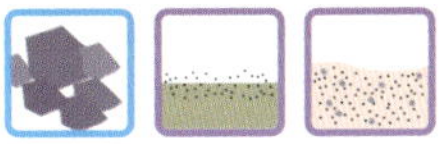

八丈岛
水深30m　长1.2m

蛇鳗科

亨氏短体蛇鳗

Brachysomophis henshawi

八丈岛，口永良部岛；太平洋中部和西部，阿拉伯海。

游动时的全身图

八丈岛
水深30m　长1.2m

主要栖息在水深30米以内的潮水流通较好区域。藏于沙地之中，平常只会露出头部。色彩丰富，有鲜艳的橙色和较薄的白釉色。与同属的鳄形短体蛇鳗外形相似，通过眼睛后部向下凹陷的特征可以区分。

八丈岛　水深18m　长70cm

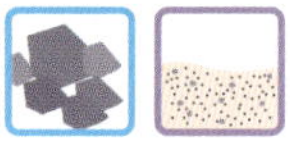

糯鳗科

白锥体糯鳗

Ariosoma anago

神奈川县以南的日本南部太平洋沿岸，伊豆诸岛，小笠原群岛；东海，东印度群岛。

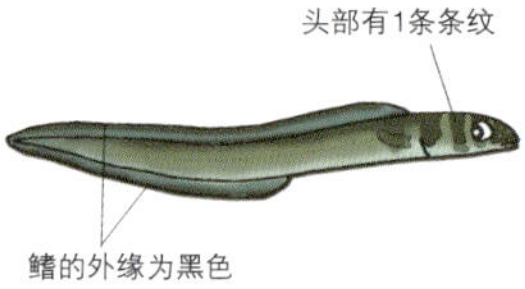

主要栖息于浅海的沙泥区域，白天藏沙中，只露出头部。夜间出来捕食小鱼、甲壳类、贝类、头足类以及沙蚕等小动物。

八丈岛
水深5m　长1.2m

糯鳗科

日本康吉鳗

Conger japonicus

青森县~九州南岸的太平洋沿岸，京都府~长崎县的日本海沿岸和东海沿岸，八丈岛，屋久岛；朝鲜半岛，中国大陆及台湾地区。

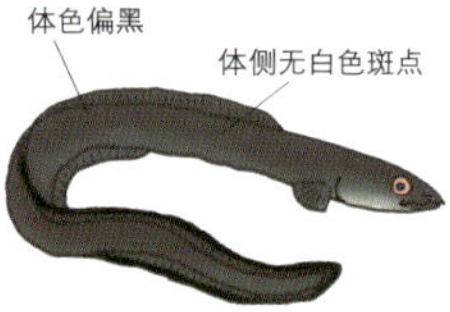

天草
水深5m　长50cm
中野诚志

主要栖息在潮水流通较好区域的较浅岩礁和乱石带区域。喜夜行，白天多躲在洞穴里。主要以小鱼为食。外形与同属的暗康吉鳗很相似。但暗康吉鳗主要栖息在沙底，体色偏褐色，而日本康吉鳗主要栖息在岩礁处，体色为黑色，以此可以分辨它们。

糯鳗科

花园鳗

Heteroconger hassi

日本南部的太平洋沿岸，八丈岛，小笠原群岛，屋久岛，琉球群岛；中国台湾地区，印度~太平洋（直至莱茵群岛；夏威夷群岛除外）。

八丈岛　水深25m　长40cm

在潮水流通较好区域的沙地群居，从沙子里露出半个身子，捕食浮游生物。伸出半个身子出来捕食的样子很像庭院里的草木，因此得名花园鳗。

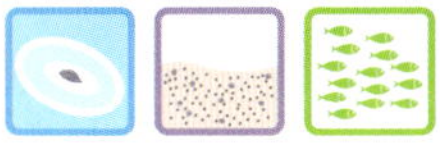

糯鳗科

黄金花园鳗

Gorgasia preclara

高知县柏岛，奄美大岛，伊江岛；菲律宾群岛，关岛，西岱岛，新几内亚东部~珊瑚海。

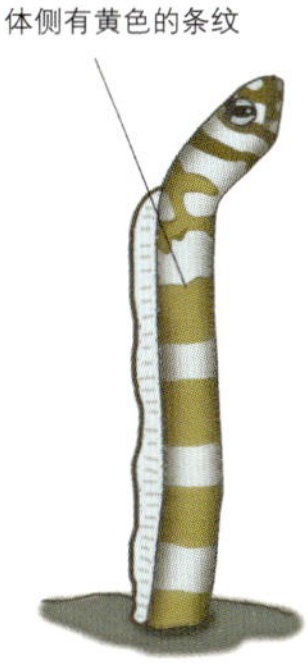

主要栖息于珊瑚礁的沙底。警觉性很强，潜水员一靠近便会马上躲入砂中。

柏岛
水深45m　长30cm
西村欣也

糯鳗科

日本园鳗

Gorgasia japonica

八丈岛，八丈小岛；中国台湾和海南岛地区，新西兰北岛。

在日本，只能在八丈岛和八丈小岛见到。在八丈岛，它们群居在潮水流通较好区域的水深10~40米的沙底。

八丈岛　水深30m　长1m

八丈岛　水深30m　长1m

糯鳗科

中国台湾园鳗

Gorgasia taiwanensis

伊豆半岛，高知县柏岛，西表岛；中国台湾地区，西岱岛。

在水深14~22米的沙底群居。从沙子里露出半个身子，捕食来往的浮游生物。

伊豆半岛
水深10m　长30cm
西村欣也

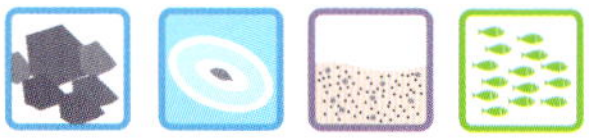

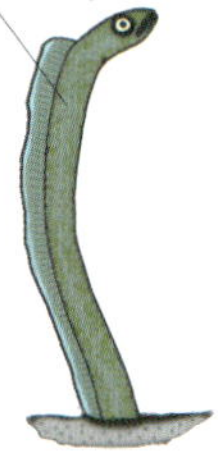

八丈岛　水深5m　长5cm

鲱科

日本银带鲱

Spratelloides gracilis

日本南部，伊豆诸岛，琉球群岛；朝鲜半岛，中国台湾地区，印度~太平洋。

在沿岸海域群居生活。在日本近海，每年的4~11月是产卵期，这时它们会大量涌向岸边一起产卵。寿命很短，一般只有半年到一年。

八丈岛　水深1m　长10cm

鳀科

日本鳀鱼

Engraulis japonica

北海道~九州南岸的太平洋、日本海和东海沿岸，八丈岛；朝鲜半岛，堪察加半岛，渤海，黄海，东海，中国台湾和香港地区，菲律宾，苏拉维西岛。

广泛群居于内湾沿岸和海面区域。是海鸟、海洋哺乳类动物及大型肉食鱼类的捕食对象。寿命短，一般为2~3年。

鳗鲇科

日本鳗鲇

Plotosus japonicus

日本南部的太平洋沿岸，伊豆诸岛，琉球群岛。

栖息于浅岩礁处。初夏繁殖。平时喜成群活动，但在繁殖期是成对活动的，在岩壁的侧面及下部挖洞作为自己的洞穴。背鳍上有毒棘，但是迄今为止，没有潜水员被刺伤过。喜夜行。

八丈岛　水深15m　长21cm

八丈岛　水深10m　长23cm

八丈岛　水深15m　长21cm

狗母鱼科

细蛇鲻

Saurida gracilis

八丈岛，小笠原群岛，相模湾~屋久岛的太平洋沿岸，琉球群岛；中国台湾地区，印度~太平洋。

主要栖息于内湾或岩礁和珊瑚礁之间的沙地。独居，常藏于沙地中，不易见到。

幼鱼
八丈岛　水深8m　长4cm

八丈岛　水深10m　长25cm

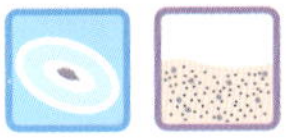

狗母鱼科

大头花杆狗母

Trachinocephalus trachinus

岩手县~九州南岸的太平洋沿岸，新潟县~九州南岸的日本海和东海沿岸，八丈岛，小笠原群岛，琉球群岛；朝鲜半岛，中国大陆及台湾地区，东太平洋除外的温带和热带海域。

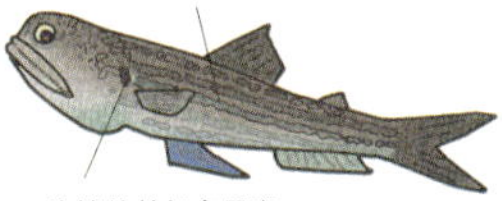

主要栖息在水深20~100米水域的沙泥底。常藏于砂中，捕食小鱼。

幼鱼
八丈岛　水深6m　长8cm

串本　水深23m　长20cm　谷口胜政

八丈岛　水深15m　长15cm

狗母鱼科

射狗母鱼

Synodus jaculum

八丈岛，小笠原群岛，相模湾~高知县的太平洋沿岸，屋久岛，琉球群岛；中国台湾地区，印度~西太平洋（红海、波斯湾除外）。

主要栖息于潮水流通较好区域的岩礁到珊瑚礁外缘的海域。比起同属的其他种类，此品种经常蹦出海面。

八丈岛　水深15m　长30cm

狗母鱼科

江斑狗母鱼

Synodus ulae

日本南部的太平洋沿岸，伊豆诸岛，小笠原群岛，岛根县~九州西北岸的日本海和东海沿岸，奄美大岛；中国台湾地区，夏威夷群岛。

独居，主要栖息在浅岩礁的沙底，繁殖期成对活动。捕食活跃在海洋中层的小鱼。在繁殖期，雄性喜欢跟在雌性后面行动。

八丈岛　水深18m　长30cm

伊豆半岛　水深45m　长10cm　名仓盾

拟丝鳍鳚科

拟毛背鱼

Pseudotrichonotus altivelis

相模湾，骏河湾，伊豆诸岛，高知县柏岛，东海。

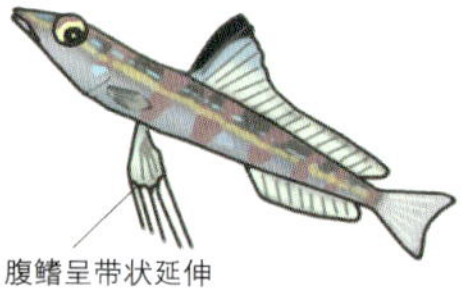

主要栖息在水深30~50米岩礁处的沙底。到达海底时，会用伸长的呈带状的胸鳍前端支撑着整个身体。

草鲹科

草鲹

Velifer hypselopterus

日本本州的各地沿岸；韩国，阿曼海，马达加斯加。

主要栖息于大陆架、大陆斜面及海岭处。这张照片拍的是一条混入浮游生物里的幼鱼。由此可以推测，草鲹在幼鱼时期，是与漂浮的海藻和浮游生物一起生活的。

八丈岛　水深3m　长5cm

草鲹科

棘鳍后旗月鱼

Metavelifer multiradiatus

千叶县~高知县的太平洋沿岸，伊豆诸岛，冲绳岛；夏威夷群岛，南纬20度以南的澳大利亚沿岸，新西兰，莫桑比克。

主要栖息于大陆架、大陆斜面及海岭处。在八丈岛，一到冷水团来临的季节，它就会游到水深20米附近的海域。

八丈岛　水深30m　长25cm

稚鳕科

虾夷须稚鳕

Physiculus maximowiczi

北海道，青森县津轻海峡沿岸，岩手县~三重县的太平洋沿岸，八丈岛，山形县~山口县的日本海沿岸；中国台湾地区。

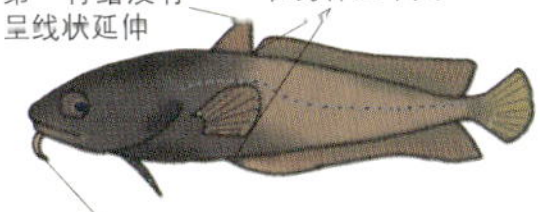

主要栖息于沿岸大陆架附近。波林（1989年）将其与日本须稚鳕归为同一种，但是它们的各种特质和生存环境都不同，最好将它们分为两个不同的种。

八丈岛　水深18m　长15cm

八丈岛　水深18m　长28cm

鼬鱼科

多须鼬鱼

Brotula multibarbata

日本南部的太平洋沿岸，八丈岛，新潟县~长崎县的日本海沿岸，屋久岛，琉球群岛；中国台湾地区，印度~太平洋（复活节岛除外）。

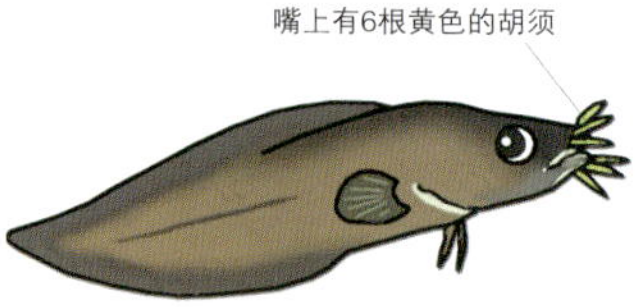

大部分鼬鱼科的鱼类都栖息于深海，唯独此品种是例外，栖息于较浅的岩礁区域，属于潜水能到达的深度。白天多躲在洞窟、裂缝、洞穴等暗处，晚上出来活动。

伊豆半岛　水深22m　长60cm　名仓盾

鮟鱇科

黄鮟鱇

Lophius litulon

北海道~九州南岸的太平洋、日本海和东海沿岸；朝鲜半岛，中国，日本海北部。

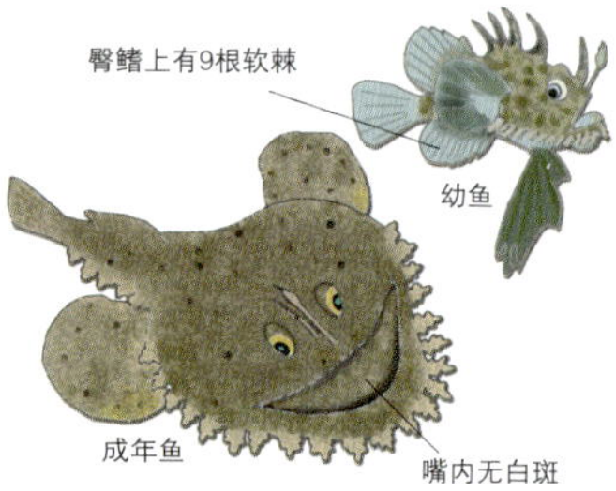

栖息于水深25~560米的沙泥底。此品种在大濑崎的繁殖期为冬季至次年春季，繁殖期内多在较浅处活动，很多潜水员会在这个时期观察它们。很多尚未到达海洋底部的幼鱼都是在3~4月被发现的。外形与同属的鮟鱇十分相似，很难辨别。不同之处在于，此品种臀鳍上软棘的条数为8~9条，而鮟鱇臀鳍上软棘的条数为6~7条。只要能拍出清晰的照片，数数臀鳍上软棘的条数，就能区分这两个品种。

伊豆半岛
水深33m　长70cm
西村欣也

快要到达海洋底部的幼鱼　伊豆半岛
水深4m　长10cm
川原晃

浮游期的幼鱼　日本青海岛
水深1m　长4cm
和泉裕二

躄鱼科

裸躄鱼

Histrio histrio

日本各地；除东太平洋以外的温带和热带水域。

八丈岛　水面　长15cm

附着在沿岸流向海洋的浮藻上。一般情况下，此品种一生都附着在浮藻上生活。但是在八丈岛，有人在浅水域或潮水洼地见过长3厘米以下的幼鱼。

躄鱼科

条纹躄鱼

Antennarius striatus

北海道~九州南岸的日本海和东海沿岸，宫城县~九州南岸的太平洋沿岸，伊豆诸岛，小笠原群岛，九州西岸，奄美群岛；济州岛，中国大陆及台湾地区，印度~西太平洋（红海、波斯湾除外），夏威夷群岛，社会群岛。

八丈岛　水深15m　长10cm

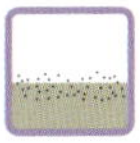

栖息于沿岸岩礁周边的沙底及沙泥底。有白色、奶油色、黄色、黑色系等一系列品种。大多数体侧都没有斑纹，也有个别的个体全身都有线状的突起。

伊豆半岛
水深7m　长3cm　常见真纪子

躄鱼科

钱斑躄鱼

Antennarius nummifer

日本南部的太平洋沿岸，伊豆诸岛、小笠原群岛；印度~太平洋，东大西洋。

八丈岛　水深5m　长6cm

据记载，此品种主要栖息于沿岸的岩礁区域水深293米的海域。但是在水深15米以内的岩石根部和裂缝处，以及海绵中也经常见到。多栖息于日本本州太平洋沿岸的温带水域。

八丈岛　水深2m　长1.5cm

八丈岛　水深16m　长30cm

躄鱼科

康氏躄鱼

Antennarius commerson

山口县，日本南部的太平洋沿岸，伊豆诸岛，小笠原群岛，屋久岛，琉球群岛；中国台湾地区，印度~西太平洋，萨摩亚群岛，夏威夷群岛，塔希提岛，东太平洋（含巴拿马、哥伦比亚海域）。

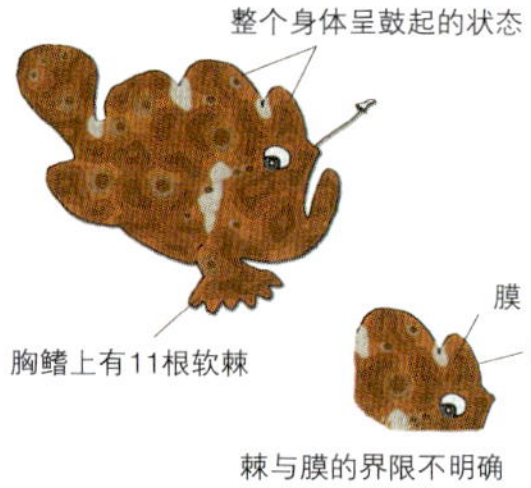

体型较大，常见于沿岸的浅岩礁和珊瑚礁区域。喜欢紧挨着海绵。色彩丰富，有白色、奶油色、橙色、褐色等颜色。很多体侧都没有斑纹。

八丈岛　水深15m　长10cm

八丈岛　水深15m　长8cm

八丈岛　水深12m　长6cm

八丈岛　水深12m　长12cm

躄鱼科

白斑躄鱼

Antennarius pictus

山口县，伊豆诸岛，日本南部的太平洋沿岸，屋久岛，琉球群岛；济州岛，中国台湾地区，印度~太平洋（含红海）。

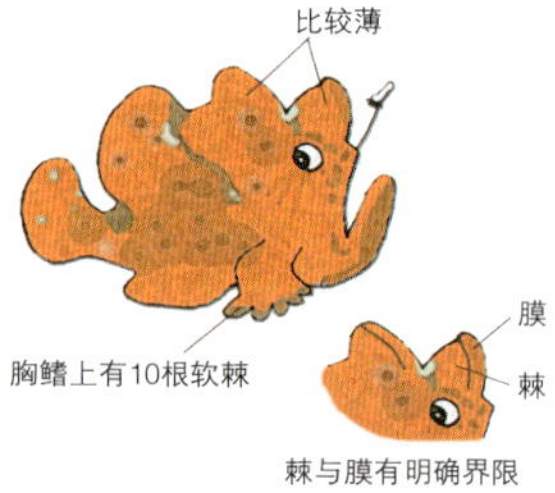

八丈岛　水深15m　长6cm

八丈岛　水深15m　长5cm

八丈岛　水深6m　长12cm

主要栖息于沿岸的浅珊瑚礁外缘的岩礁区域。体积越小的白斑躄鱼越喜欢挨着海绵。色彩丰富，有红色、黄色、橙色、紫色、白色等颜色。体侧多有斑纹。

躄鱼科

大斑躄鱼

Antennarius maculatus

伊豆诸岛，日本南部的太平洋沿岸，屋久岛，琉球群岛；毛里求斯群岛，马尔代夫群岛，斯米兰群岛，新加坡和菲律宾群岛~所罗门群岛的西太平洋，夏威夷群岛，塔希提岛。

主要栖息于沿岸的浅岩礁和珊瑚礁区域。在伊豆半岛等温带水域有很多大斑躄鱼的幼鱼，被认为是季节洄游鱼。有白红、黑红、黄红这3种色彩类型。

八丈岛　水深15m　长4cm

八丈岛　水深18m　长12cm

八丈岛　水深10m　长5cm

躄鱼科

歧胸躄鱼

Antennarius scriptissimus

山口县，伊豆诸岛，日本南部的太平洋沿岸，琉球群岛；菲律宾群岛，新西兰，留尼汪岛。

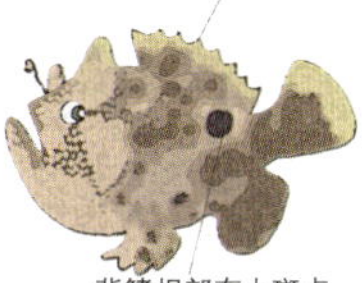

体型较大，常见于沿岸水深30米以上的岩礁斜面处。较稀有。以褐色的色彩和斑马式的美丽条纹而著称。

八丈岛　水深50m　长30cm

八丈岛　水深40m　长30cm

躄鱼科

细斑躄鱼

Antennarius coccineus

日本本州的太平洋沿岸，八丈岛，琉球群岛；中国台湾地区，印度~泛太平洋（含红海）。

常见于岩壁突出处的侧面和裂缝处。稀有物种。色彩丰富，红色系和奶油色系均有。

八丈岛　水深15m　长6cm

八丈岛　水深10m　长15cm

八丈岛　水深10m　长4cm

躄鱼科

蓝道氏躄鱼

Antennarius randalli

日本南部的太平洋沿岸，伊豆诸岛，小笠原群岛，琉球群岛；中国台湾地区，泛太平洋。

主要栖息于水深较浅海域的岩石下或珊瑚礁旁的小石块下。体色以奶油色和褐色为主，色彩较为朴素。

八丈岛　水深1m　长5cm

躄鱼科

驼背躄鱼

Antennarius dorehensis

八丈岛，琉球群岛；中国台湾地区，印度~西太平洋（红海~泰国大陆沿岸和澳大利亚大陆沿岸除外）。

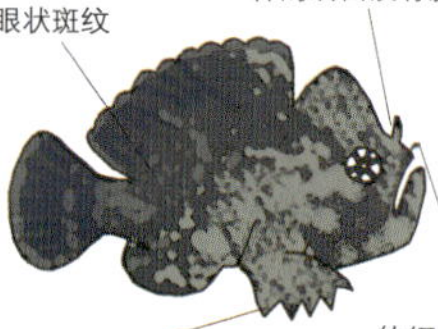

稀有品种，生活在退潮后也仍积有海水的珊瑚礁低洼处。

八丈岛　水深20m　长7cm

躄鱼科

手躄鱼属中的一种

Antennatus sp.

八丈岛，奄美大岛；菲律宾。

常见于岩石下及较浅水域的珊瑚石砾处。其头部的颜色和形状酷似珊瑚石砾，便于隐藏。头部没有躄鱼特有的钓饵（头部突出的部分，弯曲成钩状，形同鱼饵，用来诱捕小鱼）。

八丈岛　水深20m　长5cm

八丈岛　水深6m　长4cm

棘茄鱼科

棘茄鱼

Harieutaca stellata

日本本州各地沿岸；朝鲜半岛，中国大陆及台湾地区，印度~西太平洋。

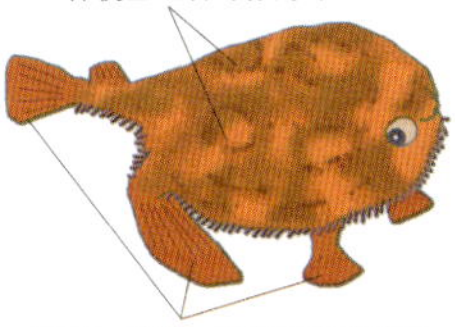

伊豆半岛　水深12m　长25cm　石田根吉

主要栖息于水深100米左右混着贝壳的沙底。从春季到初夏，在较浅的海域也能见到棘茄鱼，但是出现的概率很小。大多数情况下，它们都躲在砂纹里。移动时，会用发达的胸鳍当作“桨”向前划行。

伊豆半岛　水深10m　长25cm　中野诚志

八丈岛　水深60m　长25cm

金眼鲷科

掘氏拟棘鲷

Centroberyx druzhinini

八丈岛，小笠原群岛，神奈川县~高知县的太平洋沿岸，琉球群岛；北部湾，苏禄海，西印度洋。

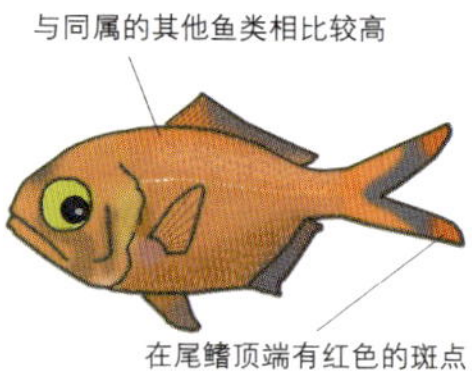

主要栖息于水深100~300米的沿岸区域。在八丈岛冷水团来临时，有时会在60米深的水域看到它们。同属的其他鱼类的背鳍有4根棘，而掘氏拟棘鲷有5~7根。泪骨处没有棘。

巴荣纳岩　水深18m　长25cm

金鳞鱼科

凸颌锯鳞鱼

Myripristis berndti

小笠原群岛，屋久岛，奄美大岛，琉球群岛；中国台湾地区，印度~太平洋（阿拉伯海、孟加拉湾、复活节岛除外），东太平洋热带岛屿区域。

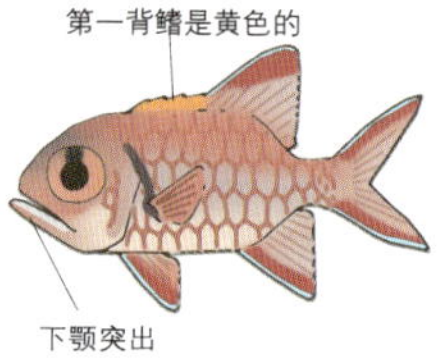

群居于珊瑚礁的洞窟和洞穴等较暗的地方。这是一种比高知锯鳞鱼生活地更偏南方的鱼类，在日本本州是很稀有的物种。

石垣岛　水深5m　长25cm　多罗尾拓也

金鳞鱼科

赤锯鳞鱼

Myripristis murdjan

小笠原群岛，和歌山县串本，屋久岛，琉球群岛；济州岛，中国台湾地区，印度~西太平洋（含红海）。

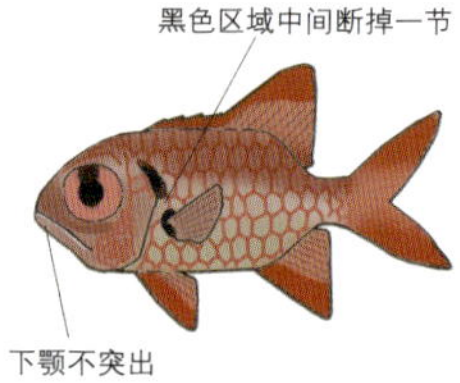

常栖息于珊瑚礁和岩礁的洞窟和洞穴等较暗的地方，与高知锯鳞鱼和凸颌锯鳞鱼混居在一起。在八丈岛发现过与此品种酷似、但是还没有被记载的鱼类，因此有必要再调查考证。

金鳞鱼科

焦黑锯鳞鱼

Myripristis adusta

高知县，琉球列岛；中国台湾地区，印度~太平洋（夏威夷群岛除外）。

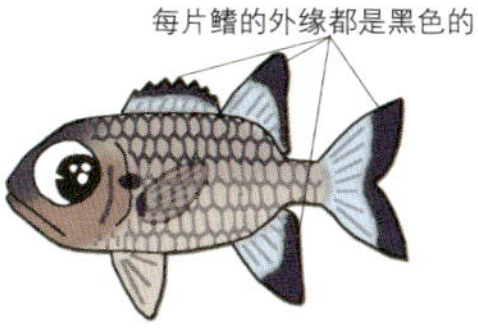

主要生活在潮水流通较好区域的珊瑚礁的斜面和大陆架斜面的裂缝和洞穴里。

帕劳　水深18m　长20cm

金鳞鱼科

黄鳍锯鳞鱼

Myripristis chryseres

骏河湾以南的太平洋沿岸，八丈岛，小笠原群岛，琉球列岛；印度~太平洋。

主要栖息于水深30米以上的较深岩礁区。在有些地区，黄鳍锯鳞鱼的数量较少。这些鱼或单独居住，或群居于岩礁的裂缝或洞穴等较暗的地方。

八丈岛　水深45m　长20cm

八丈岛　水深30m　长20cm

金鳞鱼科

柏氏锯鳞鱼

Myripristis botche

和歌山县~九州南岸的太平洋沿岸，八丈岛，小笠原群岛，屋久岛，琉球群岛；中国台湾地区，印度~西太平洋。

主要生活在水深25米处的沙砾及混有沙子的岩礁和珊瑚礁区的外缘。可能是因为它的生活区域固定，在潜水区很少见到。

八丈岛　水深30m　长20cm

八丈岛　水深12m　长18cm

金鳞鱼科

高知锯鳞鱼

Myripristis kochiensis

日本南部的太平洋沿岸，八丈岛。

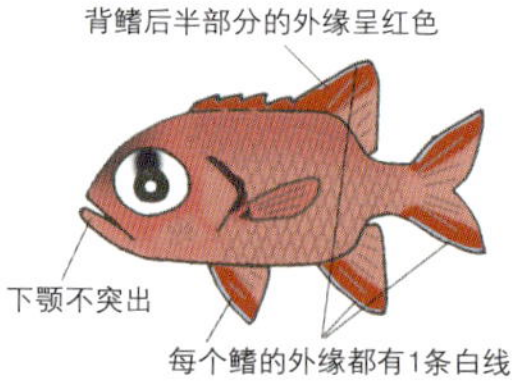

主要群居在岩礁侧面、洞穴等较暗的地方。外形与凸颌锯鳞鱼相似，区别在于此品种下颚圆且不突出，前背鳍为红色，但是很难区分。在琉球群岛以外的地方，比如日本南部的太平洋沿岸看到的基本都是此品种。

八丈岛　水深12m　长15cm

金鳞鱼科

赤鳃松毬

Myripristis vittata

和歌山县~高知县的太平洋沿岸，八丈岛，小笠原群岛，琉球群岛；中国台湾地区，印度~太平洋。

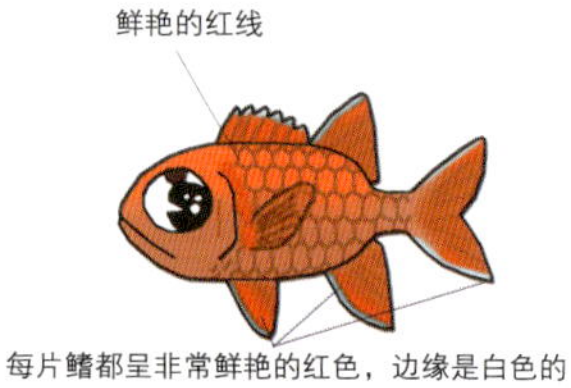

主要栖息于珊瑚礁和岩礁下的洞穴中，以及大的裂缝等暗的地方。

八丈岛　水深15m　长30cm

金鳞鱼科

少鳞棘首鲷

Pristilepis oligolepis

伊豆诸岛，小笠原群岛，相模湾，爱媛县爱南，屋久岛；澳大利亚。

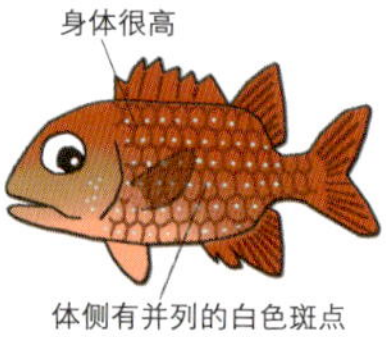

主要栖息于水深30米以上海域的岩礁的裂缝和洞穴处。

金鳞鱼科

黑鳍新东洋鳂

Neoniphon opercularis

八丈岛，琉球群岛；中国台湾地区，印度~太平洋（红海、夏威夷群岛、复活节岛除外）。

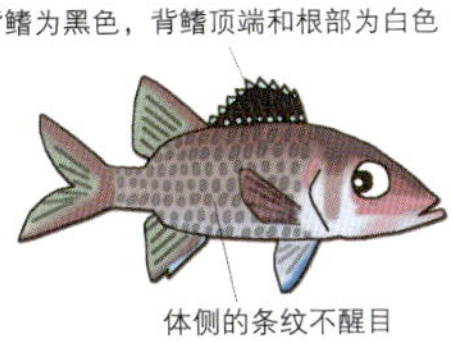

主要生活在洞穴、裂缝等较暗的地方。外形与莎姆金鳞鱼相似，区别在于此品种体侧没有清晰醒目的横带。

八丈岛　水深5m　长25cm

金鳞鱼科

黑点棘鳞鱼

Sargocentron melanospilos

八丈岛，小笠原群岛，和歌山县以南的太平洋沿岸，屋久岛，琉球群岛；中国台湾地区，印度~西太平洋。

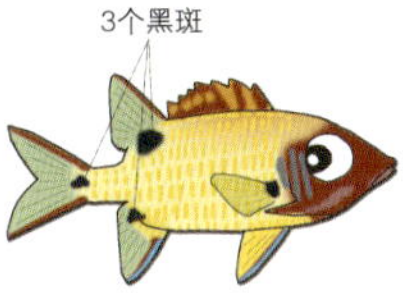

主要栖息于潮水流通较好区域的岩礁斜面的裂缝等暗处。在八丈岛水深30米左右的海域，可以看到它们单独或者成对地与银带棘鳞鱼一起游动。

八丈岛　水深35m　长20cm

金鳞鱼科

银带棘鳞鱼

Sargocentron ittodai

日本南部的太平洋沿岸，伊豆诸岛，小笠原群岛，琉球群岛；中国台湾地区，印度~太平洋（夏威夷群岛除外）。

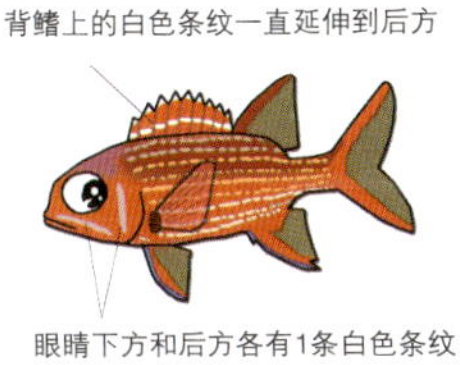

主要栖息于浅岩礁的裂缝、洞穴、洞窟等较暗的地方。

八丈岛　水深8m　长18cm

柏岛　水深10m　长20cm　西村直树

金鳞鱼科

棘金鳞鱼

Sargocentron spinosissimum

神津岛，小笠原群岛，相模湾~屋久岛的太平洋沿岸，五岛列岛；济州岛，中国台湾地区，瓦胡岛。

白天喜欢躲在岩礁岩壁平坦处的裂缝、缝隙、洞窟等较暗的地方，夜间较活跃。外形与银带棘鳞鱼相似，但此品种胸鳍根部没有黑斑，可以以此区分。

八丈岛　水深6m　长35cm

金鳞鱼科

尖吻棘鳞鱼

Sargocentron spiniferum

八丈岛，小笠原群岛，和歌山县以南的太平洋沿岸，屋久岛，琉球群岛；中国台湾地区，印度~太平洋。

主要栖息于岩礁及珊瑚礁的低洼处、洞穴等较暗的地方。在有些海域数量较多，能看到它们成群游动。在金鳞鱼科里是体型最大的鱼。

八丈岛　水深25cm　长6cm

松毬鱼科

日本松毬鱼

Monocentris japonica

北海道以南，八丈岛，琉球群岛；朝鲜半岛，中国大陆及台湾地区，印度~西太平洋。

主要栖息在较深岩礁斜面和根部的裂缝、洞穴等较暗的地方。幼鱼更喜欢生活在较浅水域的暗处。在其下颚的发光体中有与其共生的费氏弧菌。

八丈岛　水深45m　长15cm

灯眼鱼科

灯眼鱼

Anomalops katoptron

千叶县小凑，八丈岛，琉球群岛；中国台湾地区，太平洋中部和西部。

这对灯眼鱼正在用光交流

宿务岛 水深30m 长20cm

宿务岛
水深30m 长20cm

在日本，灯眼鱼一般生活在较深的海域，所以难以见到。在宿务岛和巴布亚新几内亚等地能在较浅海域见到它们。眼睛下方有发光细菌与其共生。它们通过控制发光体的开关来与同伴交流。

灯眼鱼科

菲律宾颊灯鲷

Photoblepharon palpebratum

冲绳岛；宿务岛，菲律宾，关岛，马绍尔群岛，加罗林群岛，库克群岛，澳大利亚西北部，新喀里多尼亚。

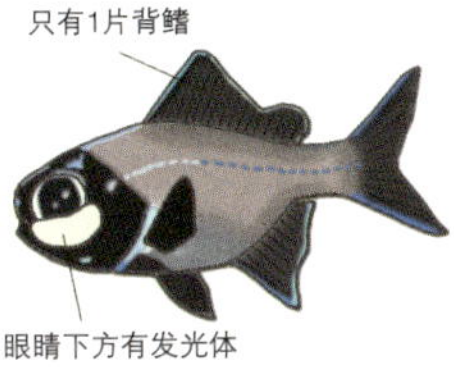

宿务岛 水深30m 长20cm

2013年在冲绳有关于菲律宾颊灯鲷的记录，这是日本最早的关于该物种的记录。可以通过眼下的膜控制发光体的打开或熄灭，以此寻找食物或和同伴交流。

的鲷科

云纹雨印鲷

Zenopsis nebulosa

北海道~九州南岸的太平洋、日本海和东海沿岸，八丈岛；朝鲜半岛，中国台湾地区，南海，毛伊岛~光孝海山，澳大利亚，豪勋爵岛，新喀里多尼亚，新西兰。

八丈岛 水深5m 长7cm

主要栖息于水深40~800米混有贝类的沙底。幼鱼多生活在水深100米以内的海域。右侧的照片是在5米深的海湾内发现的个体，可能是被海水冲到较浅的海域来的。

海鲂科

海鲂

Zeus faber

伊豆半岛　水深23m　长25cm　原多加志

北海道以南；朝鲜半岛，中国大陆及台湾地区，南非沿岸全线~太平洋。

主要栖息于水深100~200米混有贝类海域的沙底。繁殖期是冬季至次年春季。幼鱼生活在较浅的海域，随着体型的增大，逐渐移居到更深的水域。

日本青海岛　水深12m　长6cm
和泉裕二

海蛾鱼科

宽海蛾鱼

Eurypegasus draconis

八丈岛　水深15m　长6cm

日本南部，伊豆诸岛，小笠原群岛，屋久岛；中国台湾地区，印度~太平洋（夏威夷群岛除外）。

可在沿岸的较浅沙地处见到单独或者成对行动的宽海蛾鱼。它经常潜伏在海底的沙子里，较难发现，但是在甲壳类和浮游生物聚集的沙地低洼处和外缘区域，能发现很多宽海蛾鱼。

八丈岛　水深15m　长2cm

管口鱼科

中华管口鱼

Aulostomus chinensis

灰色种　八丈岛　水深10m　长55cm

相模湾以南的太平洋沿岸，伊豆诸岛，小笠原诸岛，若狭湾，屋久岛；中国台湾地区，印度~泛太平洋。

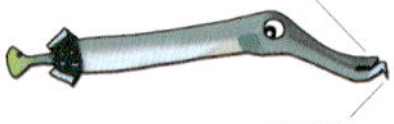

嘴巴呈喇叭状打开，可以把大鱼吸进来吃掉。常混在体型较大的鮨科鱼和隆头鱼中捕食小鱼。在八丈岛，中华管口鱼经常突然闯入蝴蝶鱼群里，这样可以较易捕食到受到惊吓的小鱼。

黄色种　八丈岛　水深15m
长60cm

夜色种　八丈岛　水深5m
长50cm

烟管鱼科

棘烟管鱼

Fistularia commersonii

北海道以南，八丈岛，小笠原群岛，屋久岛，琉球群岛；济州岛，中国大陆及台湾地区，印度~西太平洋，夏威夷群岛，大西洋。

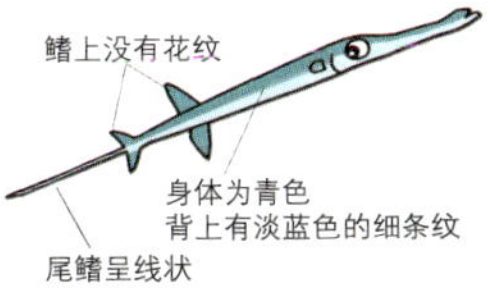

主要栖息于水深100米左右、岩礁和珊瑚礁的中间层，独居。用细长的嘴巴吸食小鱼。捕食多耙银带鲱。

八丈岛　水深15m
长70cm

八丈岛　水深10m　长60cm

烟管鱼科

鳞烟管鱼

Fistularia petimba

北海道以南，八丈岛，小笠原群岛，屋久岛，琉球群岛；朝鲜半岛，中国大陆及台湾地区，印度~泛太平洋。

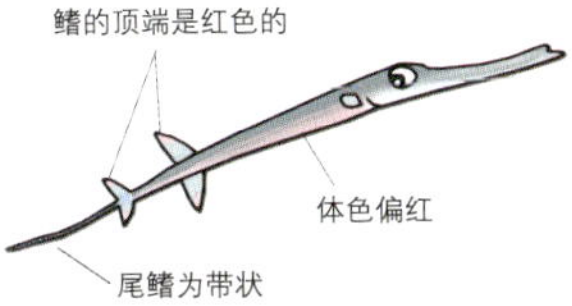

主要生活在深海里，因此潜水的时候不能经常看到它们。右边的照片是在八丈岛冷水团来临的季节，水温持续保持在13℃的罕见情况下，在水深10米左右的海域拍摄到的。

八丈岛　水深10m　长80cm

玻甲鱼科

条纹虾鱼

Aeoliscus strigatus

八丈岛，相模湾以南的太平洋沿岸，屋久岛，琉球群岛；中国台湾地区，西太平洋。

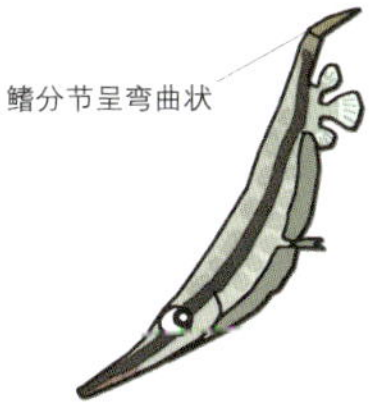

群居于浅珊瑚礁周边的沙底。一般情况下，头部向下呈悬浮状态，一旦觉察到危险，头便朝向前方开始游动。

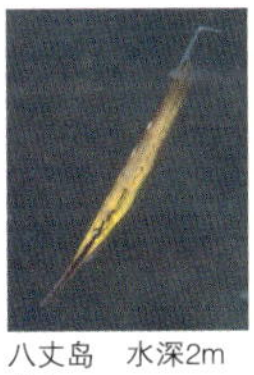
八丈岛　水深2m
长4cm

吕宋岛　水深5m　长10cm

吕宋岛　水深5m　长10cm

玻甲鱼科

玻甲鱼

Centriscus scutatus

和歌山县串本，高知县，冲绳；中国大陆及台湾地区，印度~西太平洋。

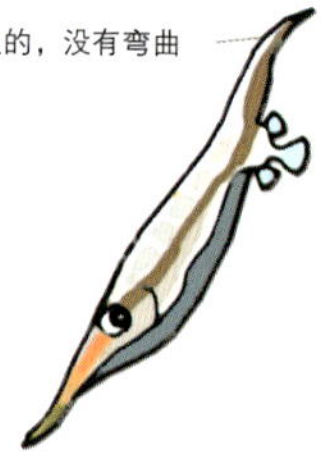

群居于浅海内湾的沙底、沙泥底以及乱石带区域。

八丈岛　水深14m　长8cm和7cm

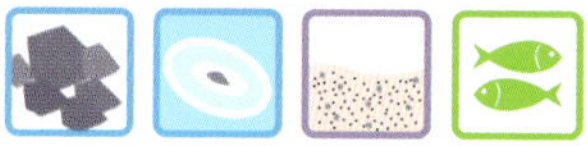

剃刀鱼科

蓝鳍剃刀鱼

Solenostomus cyanopterus

日本南部的太平洋沿岸，山口县的日本海沿岸，伊豆诸岛，小笠原群岛，屋久岛，琉球群岛；中国台湾地区，印度~西太平洋。

主要生活在岩礁、珊瑚礁附近的海藻和枯叶堆积的沙地上。多是成对行动。体色丰富，颜色与体态可与周围海藻融为一体。雌性蓝鳍剃刀鱼的腹鳍很大，可作为育儿囊使用，守护幼鱼直到孵化完毕。

八丈岛
水深16m　长10cm 9cm

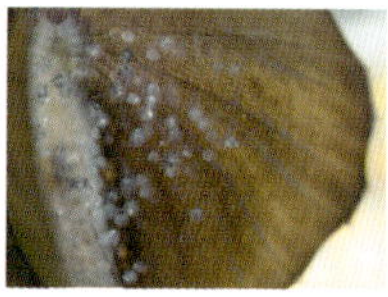

位于大腹鳍内侧的卵　八丈岛

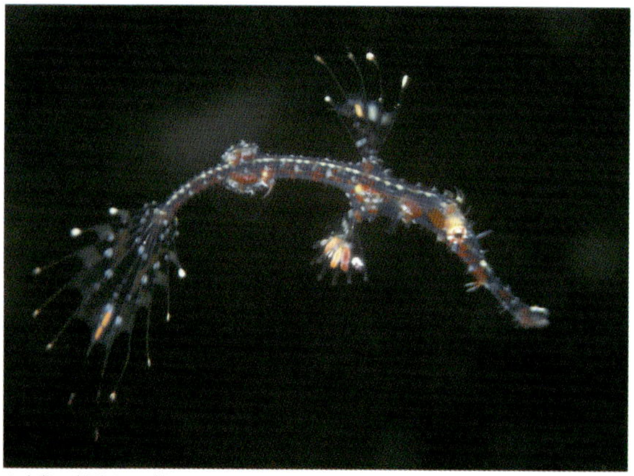

八丈岛　水深10m　长6cm

剃刀鱼科

细吻剃刀鱼

Solenostomus paradoxus

日本南部的太平洋沿岸，伊豆诸岛，屋久岛，琉球群岛；中国台湾地区，印度洋，西太平洋。

比蓝鳍剃刀鱼的生活范围更广。它们生活在海胆、海胆花、海鸡冠、柳珊瑚的附近。

吕宋岛
水深6m　长10cm和6cm

海龙科

舒氏海龙

Syngnathus schlegeli

北海道~九州南岸的太平洋、日本海和东海沿岸，八丈岛；朝鲜半岛，中国。

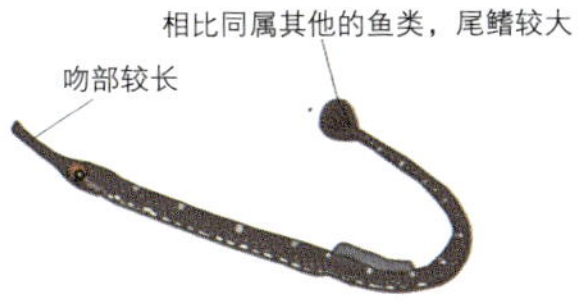

主要栖息于水深较浅处的藻场、大叶藻及其周边的沙底。细长的身体很适合隐藏在海藻中。独居，行动活跃。身体的颜色根据周边环境的不同，可分为褐色、绿色、不规则斑纹等，富于变化。

八丈岛　水深15m　长8cm

海龙科

班氏环宇海龙

Cosmocampus banneri

伊豆诸岛，小笠原群岛，琉球群岛；中国台湾地区，印度~西太平洋（含红海），马绍尔群岛。

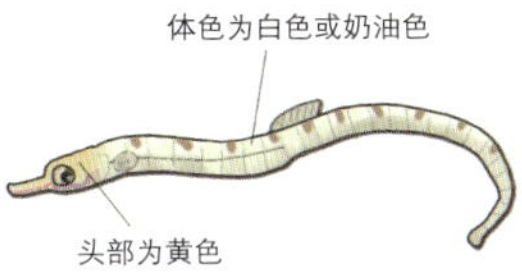

主要栖息于较浅海域的岩礁处和珊瑚礁区域的岩石下。稀有品种。

八丈岛　水深10m　长8cm

海龙科

哈氏刀海龙

Solegnathus hardwickii

高知县柏岛、冲岛；中国台湾和香港地区，澳大利亚西北和东北岸。

在日本为稀有物种，只能在高知县和冲岛的部分地方见到。主要栖息于水深100米以内的沙泥底。在柏岛，通常可以在水深40米左右的鞭柳珊瑚附近看到它们。它的外形很像鞭柳珊瑚科的腔肠动物。因外形被划在海龙科，但因其没有尾鳍，也可视为海马亚科。

柏岛
水深65m　长35cm
茑木伸明

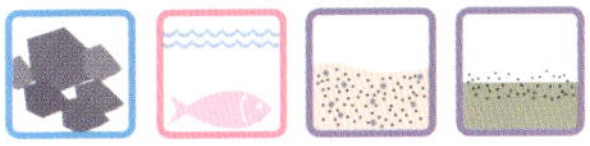

伊豆半岛
水深2m　长6cm
道罗英夫

海龙科

冠海马

Hippocampus coronatus

青森县以南，伊豆大岛；朝鲜半岛南部，渤海，黄海。

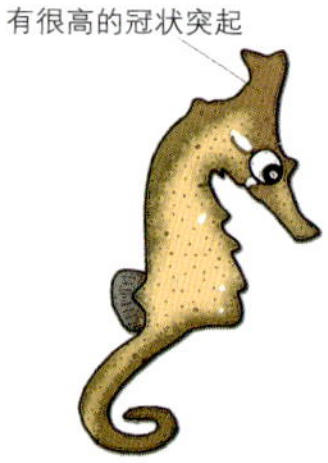

主要栖息于浅岩礁的藻场。繁殖期是春季至夏季。雌性在雄性的育儿囊中产卵，直到完全孵化。

民都洛岛　水深10m　长12cm
水谷知世

海龙科

刺海马

Hippocampus histrix

日本南部的太平洋沿岸，伊豆诸岛，琉球群岛；中国台湾地区，印度~太平洋。

附着在20米以上的岩礁及沙底的柳珊瑚和海藻上。

吕宋岛　水深15m　长10cm
官地淳子

八丈岛　水深35m　长13cm

海龙科

克氏海马

Hippocampus kelloggi

八丈岛，日本南部的太平洋沿岸，能登半岛至山口县的日本海沿岸，屋久岛，奄美大岛；朝鲜半岛，中国大陆及台湾地区，印度~西太平洋。

常见于内湾的岩礁浅层及潮水流通较好区域的岩礁、沙底及沙砾底区域。偶尔在河流的咸淡水域也能见到，生活范围很广。

八丈岛　水深16m　长5cm

海龙科

三斑海马

Hippocampus trimaculatus

北海道的太平洋沿岸，日本南部的太平洋沿岸，八丈岛，山口县的日本海沿岸，九州西岸，琉球群岛；朝鲜，中国大陆及台湾地区，东印度~西太平洋的热带海域。

八丈岛　水深10m　长12cm

附着在浅岩礁的藻场和柳珊瑚上。图片里的鱼就攀附在悬浮的海藻枝上。它可能是将悬浮的海藻作为一种移动的手段而攀附其上。

海龙科

巴氏豆丁海马

Hippocampus bargibanti

日本南部的太平洋沿岸，伊豆诸岛，小笠原群岛，琉球群岛；太平洋西部。

红色种
腹部有卵的雄性
八丈岛
水深30m　长3cm

黄色种　腹部有卵的雄性
八丈岛　水深45m　长3cm

八丈岛　水深25m
长2.5cm

主要栖息在水深30米以上的潮水流通较好区域岩礁和珊瑚礁外缘的斜面和陡坡上的树状团扇藻上。它会根据所栖息的树状团扇藻的颜色改变自己身体的颜色，从而达到隐藏的目的，因此十分难发现它们。

海龙科

海马属的一种

Hippocampus sp.

伊豆半岛，伊豆大岛，小笠原群岛，串本，柏岛。

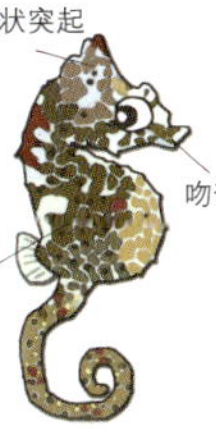

八丈岛　水深15m　长2.5cm

主要栖息在岩礁的侧面，特别是在光滑的岩石表面，可以看到此物种单独依附在又小又细的红藻上面。

八丈岛　水深6m　长2.5cm

八丈岛　水深7m　长2.6cm

海龙科

细尾海马

Acentronura (Acentronura) gracilissima

日本南部的太平洋沿岸，伊豆诸岛，小笠原群岛，冲绳县；中南半岛南岸。

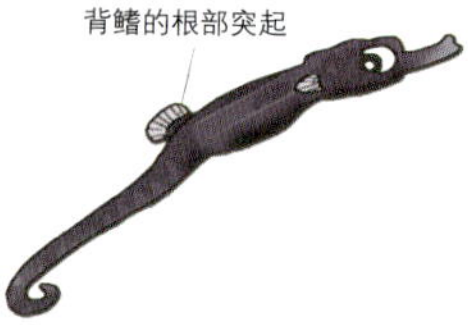

主要栖息于浅岩礁红藻多的地方。八丈岛的细尾海马多附着在与海藻形状类似的海绵身上。

八丈岛
水深6m
长12cm

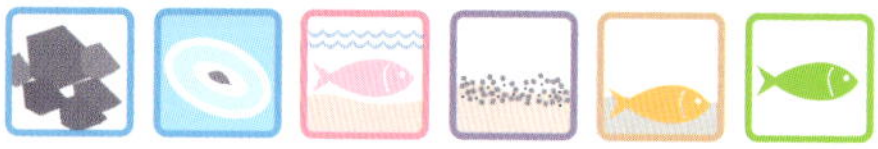

海龙科

红鳍海龙

Corythoichthys haematopterus

日本南部的太平洋沿岸，伊豆诸岛，新潟县与山口县的日本海沿岸，琉球群岛；中国台湾地区，印度~西太平洋。

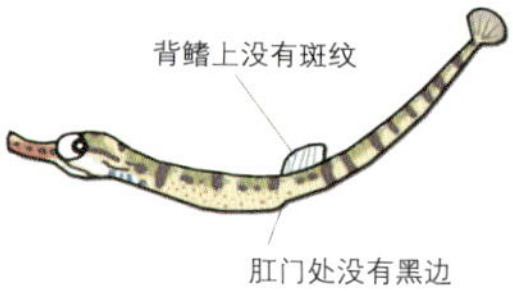

主要栖息于浅岩礁和珊瑚礁区域的砂石底部以及平坦的岩场。其外形与黄带冠海龙相似，但是黄带冠海龙的背鳍上稀疏地散布着斑点，且肛门附近为黑色，可以依此区分。黄带冠海龙的照片非常稀有，故本书没有刊登。

伊豆大岛　水深35m　长10cm

海龙科

头带棘环海龙

Maroubra yasudai

伊豆半岛，伊豆大岛。

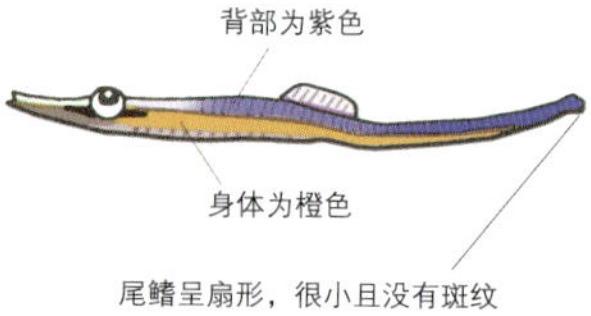

主要栖息于水深60米以内的浅岩礁底部的侧面、裂缝处、岩架及洞穴中。是日本特有的品种，只生活在伊豆半岛和伊豆大岛。

海龙科

日本海龙

Doryrhamphus (Dunckerocampus) japonicus

日本南部的太平洋沿岸，伊豆诸岛，小笠原群岛，山口县日本海沿岸，长崎县野母崎，琉球群岛；济州岛，中国台湾地区，印度尼西亚。

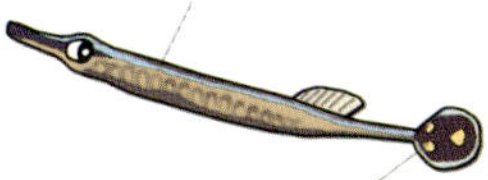

主要栖息于水深10米以内的岩礁及珊瑚礁根部侧面的裂缝和洞穴里。可以帮助海鳝清理身体。

肚子里装满了卵
八丈岛　水深10m　长12cm

八丈岛
水深6m　长12cm

海龙科

蓝带海龙

Doryrhamphus (Dunckerocampus) excisus

日本南部的太平洋沿岸，八丈岛，屋久岛，琉球群岛；中国台湾地区，印度~太平洋。

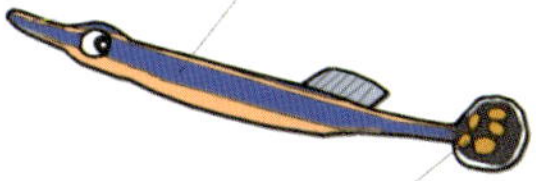

主要栖息于岩礁和珊瑚礁根部侧面的裂缝和洞穴深处。可以帮助海鳝清理身体。生活在比日本海龙更浅的海域。

八丈岛
水深3m　长8cm

海龙科

短尾粗吻海龙

Trachyrhamphus bicoarctatus

伊豆诸岛，小笠原群岛，日本南部的太平洋沿岸，琉球群岛；中国台湾地区，印度~西太平洋。

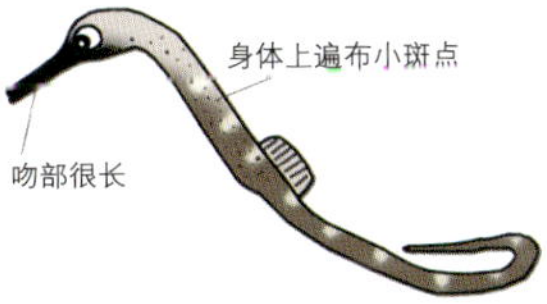

主要栖息于水深40米以内岩礁周边的沙砾底、沙底和岩盘等混有小砂粒的地方。

八丈岛　水深10m　长25cm

八丈岛
水深10m　长8cm

海龙科

横带海龙

Phoxocampus diacanthus

伊豆诸岛，屋久岛，琉球群岛；中国台湾和香港地区，东印度~太平洋的热带海域。

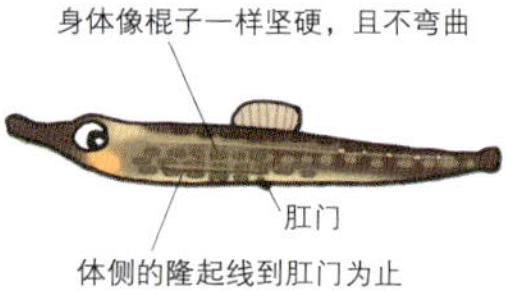

主要栖息于岩礁和珊瑚礁的浅层水域。在八丈岛是稀有物种，在水深10米以内的乱石带和岩石的斜面处可见。

八丈岛　水深15m　长15cm

海龙科

斑节海龙

Doryrhamphus (Dunckerocampus) naia

八丈岛，相模湾以南的太平洋沿岸，奄美大岛，琉球群岛；东印度洋~太平洋中部和西部。

主要栖息于水深20米左右，潮水流通较好区域的岩礁根部的裂缝或洞穴深处。独居或成对生活。

吕宋岛
水深15m　长10cm
水谷知世

海龙科

黑环海龙

Doryrhamphus (Dunckerocampus) dactyliophorus

相模湾以南的太平洋沿岸，屋久岛，山口县日本海沿岸，琉球群岛；中国台湾地区，太平洋中部和西部。

主要栖息于珊瑚礁周边的裂缝或洞穴深处。独居或成对生活。

鲻科

鲻鱼

Mugil cephalus

北海道~九州南岸的日本海、东海、太平洋沿岸，伊豆诸岛，小笠原群岛，屋久岛，琉球群岛；西非除外的所有海域。

八丈岛　水深6m　长30cm

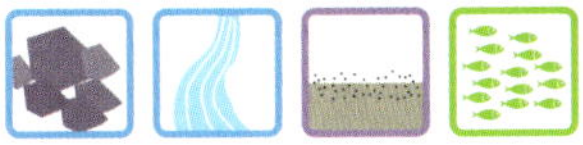

群居在内湾岩礁的沙泥底。有时在河流中也能看到幼鱼。在八丈岛有泉水喷出的咸淡水域的潮水洼地处，也能看到鲻鱼的幼鱼。

八丈岛　水深1m　长6cm

颌针鱼科

鳄形圆颌针鱼

Tylosurus crocodilus crocodilus

津轻海峡~九州南岸的日本海、东海、太平洋沿岸，伊豆诸岛，小笠原群岛，屋久岛，琉球群岛；朝鲜半岛，中国台湾地区，东太平洋除外的热带和温带海域。

主要栖息于沿岸的水面附近。在水面上捕食水面以下的小鱼。在八丈岛，你可以经常看到它们捕食在浅岩礁上集体产卵的隆头鱼。

八丈岛　水深2m　长80cm

平鲉科

褐菖鲉

Sebastiscus marmoratus

北海道以南，伊豆诸岛；朝鲜半岛，中国大陆及台湾地区。

独居于岩礁和海藻多的水底。活动范围小。水温较低的冬季繁殖。为卵胎生，雄性与雌性交尾，在雌性体内受精，在腹中将小鱼孵化到一定程度再产出。

八丈岛　水深16m　长25cm

伊豆半岛　水深20m　长18cm　石野昇太

平鲉科

白斑菖鲉

Sebastiscus albofasciatus

岩手县~九州的太平洋沿岸，新潟县~九州的日本海和东海沿岸，屋久岛；济州岛，中国台湾和香港地区。

主要栖息于水深110~210米的岩礁区域，集中生活在150米左右的水域，有时在潜水区也能看到它们的身影。

伊豆半岛
水深30m　长15cm
名仓盾

平鲉科

焦氏平鲉

Sebastes joyneri

函馆，青森县~九州南岸的日本海沿岸，青森县~高知县柏岛的太平洋沿岸；郁陵岛，中国大陆及台湾地区。

主要栖息于水深15米以上的岩礁区域。单独或成群在潮水流通较好区域的岩礁侧面的中层活动。

幼鱼
八丈岛
水深30m　长5cm

伊豆半岛
水深8m　长15cm
石田根吉

平鲉科

无备平鲉

Sebastes inermis

北海道~长崎县的日本海沿岸，岩手县，八丈岛，相模湾~宫崎县的太平洋沿岸；朝鲜半岛。

幼鱼
八丈岛　水深8m　长4cm
加藤昌一

主要栖息于沿岸的马尾藻层、大叶藻层和岩礁区域周边的沙底。在八丈岛，到了冷水团来临的季节，有时可以看到此品种的幼鱼。身体背部呈偏红色、橙色等鲜明的颜色，两眼之间的头部有不规则的暗色斑纹。胸鳍上通常有15根软棘。

平鲉科

日本平鲉

Sebastes ventricosus

石川县~长崎县的日本海和东海沿岸，岩手县，八丈岛，相模湾~高知县的太平洋沿岸。

主要栖息于沿岸的岩礁等靠近外洋的区域。在八丈岛，到了冷水团来临的季节，有时可以看到该品种的幼鱼。身体背部的颜色呈深青色，两眼之间的头部没有斑纹。胸鳍上通常有16根软棘。

幼鱼
八丈岛
水深8m　长4cm

伊豆半岛　水深8m　长15cm　石田根吉

平鲉科

陈氏平鲉

Sebastes cheni

青森县~九州西北岸的日本海和东海沿岸，东北地区的太平洋沿岸，八丈岛，相模湾~三重县的太平洋沿岸，濑户内海，有明海；朝鲜半岛。

主要栖息于沿岸的岩礁海域及内湾。在佐渡岛人工放置的锚索周围，以及日本角珊瑚等腔肠动物较多的地方，常见陈氏平鲉。普通种。

幼鱼
八丈岛
水深8m　长4cm

佐渡岛　水深14m　长20cm　中村宏治

平鲉科

汤氏平鲉

Sebastes thompsoni

北海道~相模湾的太平洋沿岸，八丈岛，北海道~对马的日本海沿岸；朝鲜半岛。

主要栖息于水深100米左右的岩礁海域。图片上的鱼是在八丈岛冷水团来临时的浅海拍到的。

八丈岛　水深12m　长5cm

伊豆半岛　水深1m　长20cm　山本敏

平鲉科

厚头平鲉

Sebastes pachycephalus

青森县津轻海峡~宫崎县的太平洋沿岸，北海道~九州西北岸的日本海和东海沿岸。

主要栖息于浅岩礁水域。白天多在岩石阴暗面，鲜少活动。卵胎生。身体为灰色、褐色等，色彩丰富，有些身体上有红色或黄色的斑纹。

色彩斑斓
伊豆半岛
水深5m　长20cm
齐藤尚美

伊豆半岛
水深22m　长20cm
西村欣也

鲉科

盔蓑鲉

Ebosia bleekeri

日本南部的太平洋沿岸，富山湾，九州西北岸；济州岛，中国台湾地区。

主要栖息于水深100~235米的沙底。在大濑崎的1~3月，盔蓑鲉会从深海海域游到相对较浅一点的海域。它们不会来回游动，而是单独悬浮在水里。雄性头部的乌纱帽状的头顶骨要更发达一些。

八丈岛　水深8m　长6cm

鲉科

小口鲉

Scorpaena miostoma

日本南部，伊豆诸岛；朝鲜半岛南部，中国台湾地区。

栖息在浅岩礁区的岩石缝隙之间、根部侧面等处，独居，一动不动，与岩石融为一体。该品种与斑点鲉外形相似，但是比后者嘴巴小。在水里发现它们时，无法将二者放在一起比较嘴巴的大小，故难以区分。

鲉科

安汶狭蓑鲉

Pteroidichthys amboinensis

静冈县富户，和歌山县串本，土佐湾，西表岛；中国台湾地区，塞班岛，安汶岛，新几内亚，新喀里多尼亚，斐济岛，沃利斯及富图纳群岛，马克萨斯群岛，金奈，红海。

主要栖息于水深10~30米粉砂质的沙底、藻场等处。基本不活动，多为独居。雄性头部乌纱帽状的头顶骨更发达。

伊豆半岛 水深24m 长4cm 铃木崇弘

鲉科

莫桑比克圆鳞鲉

Parascorpaena mossambica

相模湾以南的太平洋沿岸，伊豆诸岛，屋久岛，琉球群岛；中国台湾和香港地区，中西部太平洋，南非东海岸。

主要栖息于岩礁及珊瑚礁周边根部低洼处、岩石的旁边及下方。

八丈岛 水深5m 长10cm

鲉科

黄斑鳞头鲉

Sebastapistes cyanostigma

八丈岛，小笠原群岛，高知县柏岛，屋久岛，琉球群岛；中国台湾地区，印度~太平洋的热带海域。

栖息于浅珊瑚礁、造礁珊瑚的枝干之间，独居。

八丈岛 水深15m 长4cm

八丈岛　水深18m　长12cm

鲉科

尖头拟鲉

Scorpaenopsis oxycephala

日本南部的太平洋沿岸，八丈岛，屋久岛，琉球群岛；济州岛，中国大陆及台湾地区，东印度~西太平洋。

栖息于潮水流通较好区域的岩礁及珊瑚礁根部的低洼处、乱石和岩屑堆里，独居。因头部很尖，故得名“尖头拟鲉”。

幼鱼　八丈岛　水深16m　长4cm

八丈岛　水深18m　长30cm

鲉科

须拟鲉

Scorpaenopsis cirrosa

日本南部的太平洋沿岸，秋田县以南的日本海沿岸，屋久岛，伊豆诸岛，琉球群岛；济州岛，中国台湾和香港地区。

栖息于岩礁及珊瑚礁根部的低洼处，乱石带和岩屑堆里。在八丈岛，一到隆头鱼的繁殖期，很多须拟鲉就会聚集到一起，捕食正在产卵的隆头鱼。

八丈岛　水深8m　长18cm

鲉科

魔拟鲉

Scorpaenopsis neglecta

日本南部的太平洋沿岸，八丈岛，山口县日本海沿岸，屋久岛，奄美大岛，琉球群岛；中国台湾地区，南海，西太平洋。

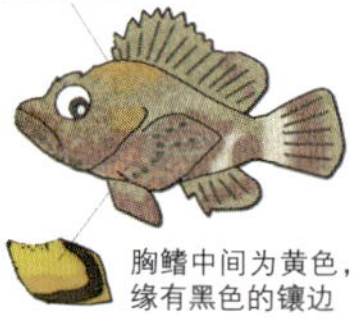

栖息于内湾浅处的沙砾底、沙泥底、岩屑堆等地，独居。平时隐藏在石头里一动不动，但是一旦觉察到危险，就会展开黄色的胸鳍不停地摆动，以此吓跑对方。

幼鱼　八丈岛
水深20m　长3cm

鲉科

短翅小鲉

Scorpaenodes parvipinnis

八丈岛，屋久岛，加计吕麻岛，濑底岛，伊江岛；中国台湾地区，印度~太平洋（直至马克萨斯群岛）。

从眼睛后方到体侧中央为白色

鳃下方没有斑点

主要栖息于珊瑚礁和岩礁区域的岩穴等较暗的地方。在八丈岛，主要生活在内湾水深1米左右的洞穴深处，为稀有物种。体色丰富多变，有红褐色、深棕色等。照片里的短翅小鲉体色为浅棕色。

八丈岛　水深2m　长5cm

鲉科

日本小鲉

Scorpaenodes evides

日本本州，伊豆诸岛，小笠原群岛，屋久岛；中国台湾地区，印度~太平洋。

体侧有横跨身体两侧的白色区域

鳃的下方有斑点

栖息于浅岩礁根部侧面的裂缝或是海绵的周围，也栖息于潮水洼地中，独居。

身上有白色区域的个体
八丈岛　水深8m　长5cm

八丈岛　水深6m　长4cm

鲉科

翱翔蓑鲉

Pterois volitans

日本南部，伊豆诸岛，小笠原群岛，琉球群岛；中国台湾地区，东印度~西太平洋、大西洋。

体侧没有鳞状斑纹

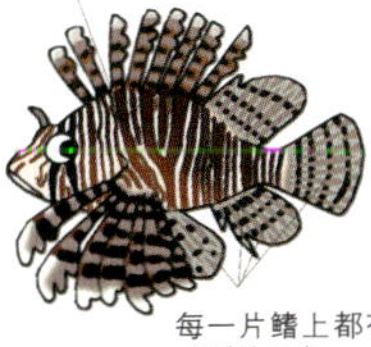

每一片鳍上都有成列的黑点

独居或多条一起生活在岩礁及珊瑚礁根部周围、乱石带、沙砾底、岩屑堆等地。直到骏河湾的太平洋沿岸，都很少见到该物种。但是在琉球群岛以南的珊瑚礁海域很常见。背鳍有剧毒。

幼鱼　八丈岛
水深9m　长4cm

八丈岛　水深18m　长30cm

屋久岛
水深25m
长20cm
原崎森

鲉科

少棘簑鲉

Pterois paucispinula

日本南部的太平洋沿岸，屋久岛，冲绳岛；印度、西太平洋。

主要栖息于水深60米以内的珊瑚礁及岩礁区域、乱石带和柳珊瑚的周围。在屋久岛，此品种常栖息于水深18米以上的海域。触须蓑鲉则多生活在更浅的海域。

爱媛县爱南町　水深15m　长20cm　平田智法

鲉科

龙须蓑鲉

Pterois lunulata

北海道以南，八丈岛，爱媛县爱南；朝鲜半岛，中国台湾地区，西太平洋。

独居或群居于岩礁的根部、乱石带、沙底等区域，常呈悬浮状态。温带种，在琉球群岛等地的珊瑚礁区很难见到。背鳍有剧毒。

八丈岛　水深8m　长12cm

鲉科

花斑短鳍蓑鲉

Dendrochirus zebra

日本南部的太平洋沿岸，八丈岛，小笠原群岛，屋久岛，琉球群岛；济州岛，中国台湾地区，印度~太平洋。

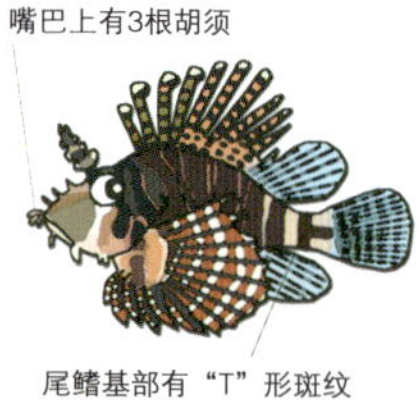

主要独居于岩礁及珊瑚礁的根部侧面、乱石带、岩屑堆、海绵周围、珊瑚下方等区域。一般情况下静止不动，游动时，会像龙须蓑鲉一样呈悬浮状态。

幼鱼　八丈岛
水深15m　长4cm

鲉科

触须蓑鲉

Pterois antennata

日本南部的太平洋沿岸，伊豆诸岛，小笠原群岛，山口县日本海沿岸，屋久岛，琉球群岛；中国台湾地区，印度~太平洋（莱恩群岛、夏威夷群岛除外）。

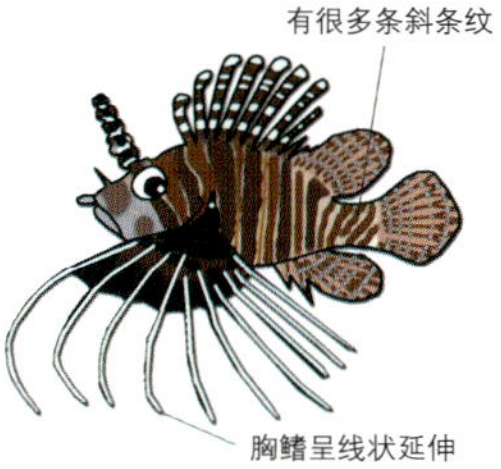

栖息于岩礁、珊瑚礁根部的裂缝处、低洼处和岩石阴面，独居。一般情况下静止不动，游动时，会像龙须蓑鲉一样呈悬浮状态。背鳍有剧毒。

八丈岛　水深15m　长15cm

鲉科

辐纹蓑鲉

Pterois radiata

日本南部的太平洋沿岸，伊豆诸岛，屋久岛，琉球群岛；中国台湾地区，印度~太平洋（红海、夏威夷群岛除外）。

栖息于潮水流通较好区域的浅岩礁及珊瑚礁根部侧面的暗处、岩壁突出处和浅层等区域，独居。背鳍有剧毒。

八丈岛　水深12m　长12cm

鲉科

双斑短鳍蓑鲉

Dendrochirus biocellatus

八丈岛，纪伊半岛以南的太平洋沿岸，琉球群岛；中国台湾地区，印度洋，中西部太平洋（夏威夷群岛除外）。

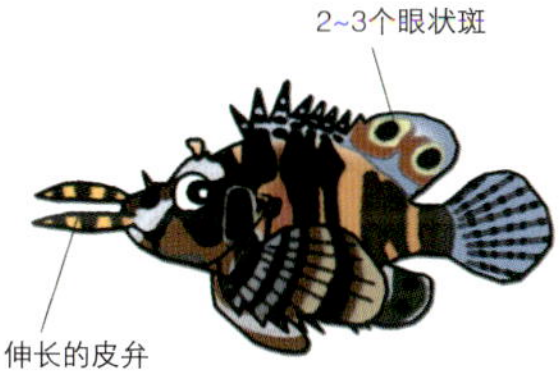

主要隐藏于岩礁及珊瑚礁根部侧面的裂缝和洞穴深处。从傍晚到夜晚活动活跃，捕食虾、蟹等甲壳类生物。背鳍有剧毒。

八丈岛　水深10m　长14cm

八丈岛　水深6m　长10cm

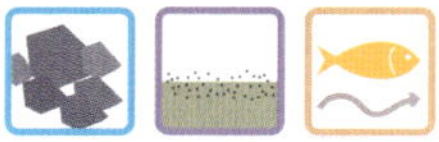

鲉科

短鳍蓑鲉

Dendrochirus brachypterus

日本南部的太平洋沿岸，伊豆诸岛，山口县日本海沿岸，屋久岛，琉球群岛；印度~太平洋。

栖息于水深10~15米的沙泥底、岩屑堆等地，独居。背鳍有剧毒。

八丈岛　水深16m　长12cm

鲉科

异眼吻鲉

Rhinopias xenops

相模湾以南的太平洋沿岸，伊豆诸岛；澳大利亚东北部，夏威夷群岛。

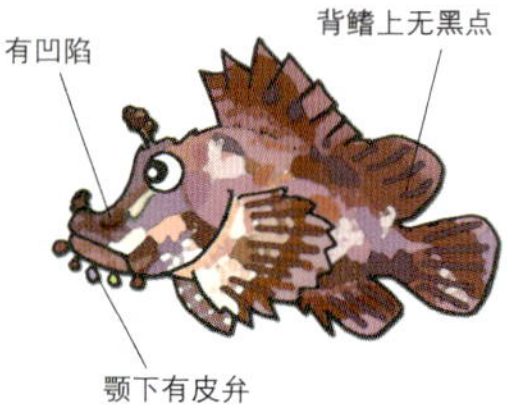

栖息于潮水流通较好区域、较深的岩礁斜面、岩石阴面、海藻周围等地，独居。成长过程中会定期脱皮。体色以褐色居多。稀有物种。

柏岛
水深17m　长25cm
西村直树

鲉科

前鳍狭体鲉

Rhinopias frondosa

相模湾以南的太平洋沿岸，伊豆诸岛；印度至太平洋海域，南非。

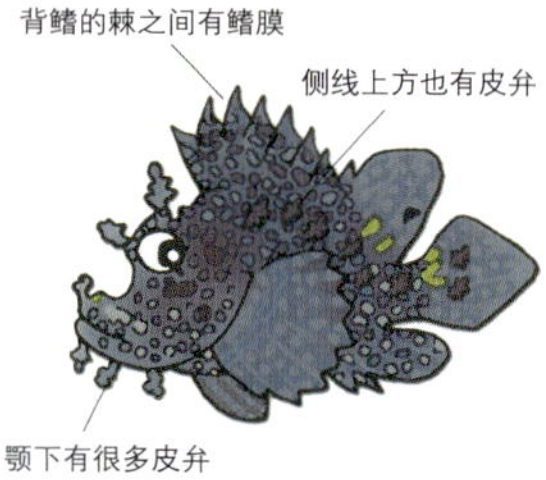

栖息于较深的岩礁斜面，独居。成长过程中会定期脱皮。体色有红色、紫色等，色彩丰富。

鲉科

埃氏吻鲉

Rhinopias eschmeyeri

千叶县馆山，和歌山县南部界，高知县柏岛；越南，澳大利亚东海岸，毛里求斯群岛，留尼汪岛，塞舌尔岛。

柏岛　水深28m　长30cm　山本章弘

主要栖息于水深20~30米、周围有沙地的岩礁处。多生活在海藻和软珊瑚周围。以前普遍认为，在日本只有和歌山县南部界有此品种，后来在高知县幡多郡大月町柏岛和千叶县馆山市坂田也发现了此品种。稀有物种，色彩丰富，有橙色、紫色等鲜艳的颜色。

柏岛
水深24m　长12cm
山本章弘

千叶县馆山
水深12m　长16cm
小野均

鲉科

三棘带鲉

Taenianotus triacanthus

高知县以南的太平洋沿岸，伊豆诸岛，小笠原群岛，屋久岛，琉球群岛；中国台湾地区，印度~太平洋，科隆群岛。

八丈岛　水深15m　长10cm

独居于珊瑚礁外缘根部周围的低洼处、岩石阴面等地。成长过程中会定期脱皮。色彩丰富，有黑褐色、茶褐色、黄色、红色等品种。

石垣岛
水深10m　长10cm
松下满俊

八丈岛
水深16m　长6cm
水谷知世

伊豆半岛　水深10m　长20cm　中村宏治

鲉科

异尾拟簑鲉

Parapterois heterura

日本南部的太平洋沿岸，兵库县~九州西岸的日本海和东海沿岸。

主要栖息于岩礁及珊瑚礁的沙泥底。背鳍有剧毒，请勿触摸。拟簑鲉属只有这一个品种。

串本
水深20m　长10cm
谷口胜政

富山县滑川
水深20m　长10cm
赤松悦子

鲉科

棱须蓑鲉

Apistus carinatus

茨城县~九州的太平洋沿岸，新潟县~九州的日本海和东海沿岸，屋久岛，小笠原群岛；朝鲜半岛，中国大陆及台湾地区，印度~西太平洋（含红海；直至澳大利亚东海岸）。

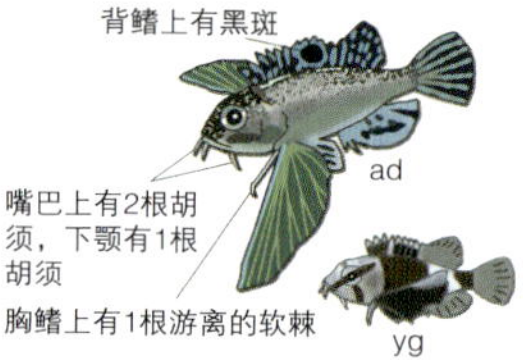

幼鱼　富山县滑川
水深20m　长1cm
赤松悦子

栖息于水深100米以内的水域，大多时间在水深30米左右的沙底或沙泥底。白天多躲藏在砂中。在日本滑川常年可见，为普通品种。繁殖期为每年3月，交配时雌性会潜入砂中，雄性在其上盘旋。

八丈岛　水深8m　长4cm

颊棘鲉科

斑点头棘鲉

Caracanthus maculatus

伊豆诸岛，小笠原群岛，高知县，琉球群岛；中国台湾地区，中西部太平洋。

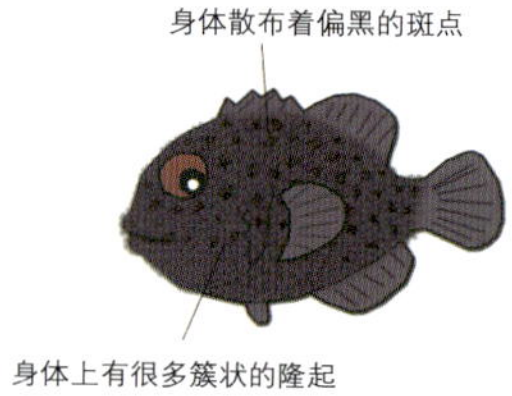

常见于鹿角杯形珊瑚或者珊瑚的缝隙之间。由于生活在珊瑚中间，为了不易被敌人发现，因此全身遍布小的隆起。

真裸皮鲉科

红鳍赤鲉

Hypodytes rubripinnis

青森县以南，伊豆诸岛；朝鲜半岛，中国台湾地区。

八丈岛　水深3m　长6cm

栖息于内湾的浅层岩屑堆、沙砾底、大叶藻层等地，独居。背鳍有剧毒。繁殖期为夏季。一到繁殖期，雄性就会变成鲜艳的红色，背鳍基部的黑色斑点会变成醒目的婚姻色。

真裸皮鲉科

背带长绒鲉

Ablabys taenianotus

静冈县以南的太平洋沿岸，伊豆诸岛，屋久岛，琉球群岛；中国大陆及台湾地区，印度~西太平洋。

独居于内湾岩礁周围的沙底及大叶藻层。在八丈岛，此品种常见于枯叶堆积处。体色为深棕色，看起来就像一片枯叶，可以很好地将自己隐藏起来。躲在大叶藻层里的背带长绒鲉多为绿色。

八丈岛　水深12m　长8cm

八丈岛
水深10m　长15cm

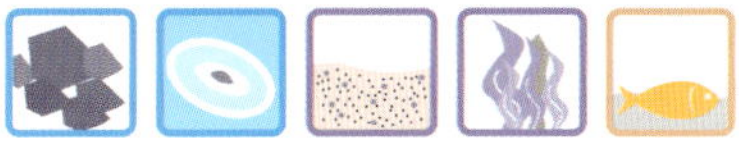

毒鲉科

玫瑰毒鲉

Synanceia verrucosa

八丈岛，小笠原群岛，屋久岛，琉球群岛；中国台湾地区，印度~太平洋（莱恩群岛、夏威夷群岛除外）。

八丈岛　水深12m　长17cm

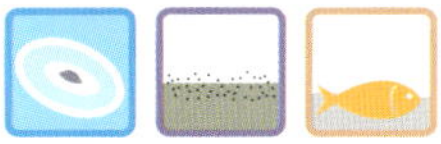

主要栖息于岩礁及珊瑚礁之间的沙泥底。基本保持不动，在原地捕食小鱼。背鳍有剧毒，被刺到可能会致命，一定要小心。

八丈岛　水深12m　长6cm

绒皮鲉科

绒皮鲉

Aploactis aspera

八丈岛，相模湾以南；中国大陆及台湾地区，澳大利亚沿岸，新喀里多尼亚。

生活在内湾岩礁周围的沙地和沙砾地的海藻和枯叶中。稀有物种。

八丈岛　水深15m　长6cm

绒皮鲉科

伊势可哥鲉

Cocotropus izuensis

伊豆半岛，八丈岛，房总半岛，山口县日本海沿岸。

栖息于内湾的海藻、枯叶、垃圾等堆积的沙砾和沙底，独居。前鳃盖上如果有5根刺就是伊势可哥鲉，有4根就是开田可哥鲉，但是拍照时不可能拍得那么清晰，因此将此品种与开田可哥鲉弄混的概率还是很大的。

八丈岛　水深15m　长12cm

绒皮鲉科

鹿儿岛副绒皮鲉

Paraploactis kagoshimensis

八丈岛，德岛县海部群，爱媛县宇和海，高知县柏岛，九州南岸，宫古岛；中国台湾和香港地区。

主要栖息于沿岸的浅岩礁水域。左图的照片也无法断定其是否为鹿儿岛副绒皮鲉。

新平鲉科

长鳍新平鲉

Neosebastes enthaxis

千叶县铫子~种子岛的太平洋沿岸，冲绳舟状海盆；中国台湾地区。

主要栖息于水深8~205米的岩礁区域。在伊豆半岛，到了春天，它们会从深海游上来，潜水时可以看到。稀有物种。

串本　水深20m　长10cm　铃木崇弘

角鱼科

棘黑角鱼

Chelidonichthys spinosus

北海道以南，八丈岛；朝鲜半岛，中国大陆及台湾地区。

主要栖息于水深25~600米的岩礁周围的沙泥底。如果你惊动到它，它会张开颜色鲜艳的胸鳍来吓唬你。雄性会用鱼鳔发出声音。

八丈岛　水深10m　长3cm

八丈岛　水深7m　长12cm

牛尾鱼科

落合氏眼眶牛尾鱼

Inegocia ochiaii

日本南部，八丈岛，屋久岛；济州岛，中国大陆及台湾地区。

主要栖息于岩礁附近的沙地。温带种。主要生活在水深200米左右的沙泥底，但有时也会游到潜水区等较浅的水域来。

八丈岛　水深15m　长60cm

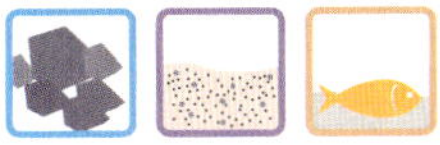

帕劳　水深5m　长50cm　水谷知世

牛尾鱼科

博氏孔牛尾鱼

Cymbacephalus beauforti

山口县日本海沿岸，八丈岛，琉球群岛；中国台湾地区，西太平洋。

主要栖息于浅珊瑚礁附近的沙底。在伊豆半岛和八丈岛，有时能看到它的幼鱼，但是一到冬天水温下降，它们就会消失。为季节洄游鱼。

八丈岛　水深7m　长8cm

豹鲂鮄科

东方豹鲂鮄

Dactyloptena orientalis

北海道南部西岸，日本本州，琉球群岛，小笠原群岛；朝鲜半岛，中国大陆及台湾地区，印度~太平洋。

主要栖息于从沿岸至大陆架的沙底和沙泥底。一旦感觉到危险，就会张开巨大的胸鳍不断扇动来吓唬对方。

八丈岛　水深10m　长4cm　仲谷顺五

发光鲷科

日本尖牙鲈

Synagrops japonicus

北海道~九州的太平洋沿岸，八丈岛，兵库县~九州西北岸的日本海和东海沿岸；中国台湾地区，印度~太平洋。

主要栖息于水深100~1000米的大陆架和海山的斜面。左图中的鱼是冷水团来临时被上涌的海水冲到较浅的湾内，才会被拍到的。从出现的场所、体型等因素可推断是日本尖牙鲈，但若要作为标本来研究，还需进一步考证。

鮨科

异臂花鮨

Caprodon schlegelii

相模湾以南的太平洋沿岸，日本西部的日本海沿岸，伊豆诸岛，小笠原群岛，琉球群岛；朝鲜半岛，中国台湾地区，澳大利亚，夏威夷群岛，智利。

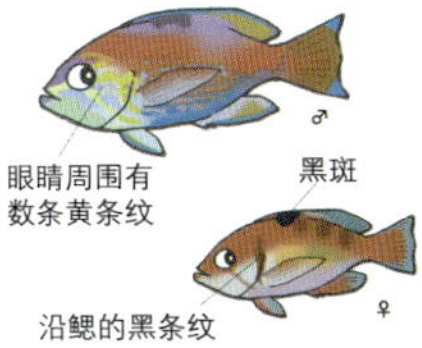

群居在水深40米以上、潮水流通较好区域的岩礁斜面。在八丈岛，一到春天冷水团来临季节，可以看到由超过百余只的异臂花鮨组成的鱼群。

雌性　八丈岛
水深60m　长25cm

雄性　八丈岛　水深60m　长30cm

鮨科

泥楼牙花鮨

Odontanthias borbonius

相模湾以南的太平洋沿岸，伊豆诸岛，小笠原群岛，琉球群岛；中国台湾地区，赤道以南的西印度洋，赤道以北的西太平洋。

虽然偶尔能在水深40米左右的海域见到泥楼牙花鮨，但它们原本生活在更深的岩礁区域，因此潜水时很难看到它们。

幼鱼　八丈岛
水深65m　长5cm

成年鱼　八丈岛　水深75cm　长15cm

鮨科

珠斑鮨

Sacura margaritacea

日本南部的太平洋沿岸，日本西部的日本海沿岸，伊豆诸岛，小笠原群岛；韩国，中国台湾地区。

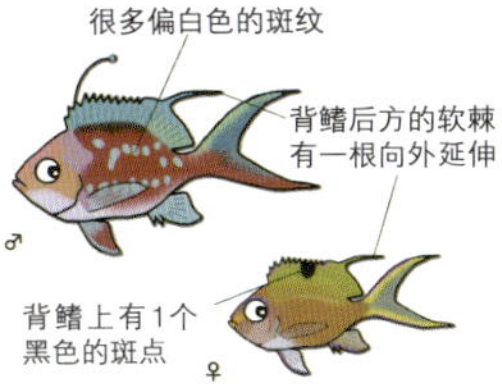

主要栖息于水深40米以上、潮水流通较好区域的岩礁斜面，数十只群居。出生后头一两年为雌性，可产卵，之后变成雄性，形成大的雄性群体。

雌性　八丈岛
水深45m　长6cm

雄性　伊豆大岛　水深60m　长10cm

静冈县沼津市
水深30m　长15cm
松下满俊

鮨科

姬鮨

Tasana niwae

富山县，岛根县，山口县，长崎县，相模湾~丰后水道的太平洋沿岸，琉球群岛；中国大陆及台湾地区，阿曼湾。

主要栖息于沿岸的沙泥底、水深17~120米的水域。在狮子浜的背点棘赤刀鱼和方头鱼生活的粉砂质地的沙泥底，可以看到姬鮨住在方头鱼的洞穴里。

串本
水深20m　长10cm
参木正之

雄性　八丈岛　水深72m　长10cm

鮨科

黄带拟姬鮨

Tosanoides flavofasciatus

伊豆诸岛，小笠原群岛，静冈县富户，和歌山县串本，冲绳舟状海盆；汤加海沟。

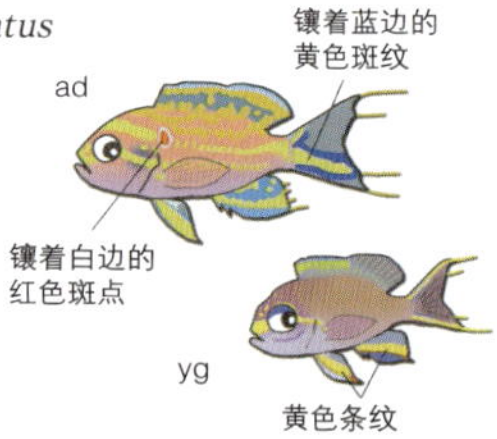

主要栖息于水深50米以上、潮水流通较好区域的岩礁斜面。独居或群居。幼鱼多为独居，隐藏在岩石根部。

雌性　八丈岛
水深65m　长6cm

成年鱼　伊豆大岛
水深50m　长8cm
星野修

鮨科

丝鳍拟姬鮨

Tosanoides filamentosus

相模湾，骏河湾，伊豆大岛，高知县。

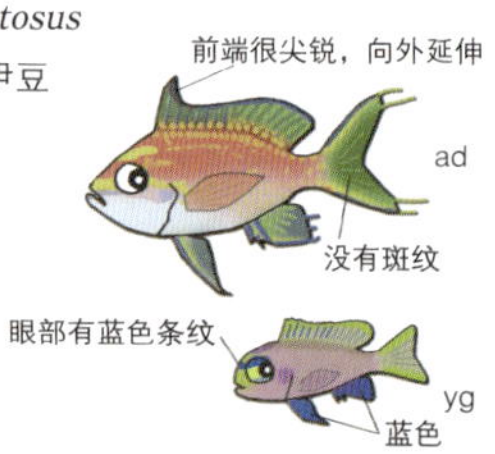

主要栖息于水深50米以上、潮水流通较好区域的岩礁斜面，独居或群居。幼鱼常独自隐藏在岩阴处。

幼鱼　伊豆大岛
水深40m　长3cm　星野修

鮨科

宽身花鲈

Serranocirrhitus latus

骏河湾至高知县的太平洋沿岸、伊豆诸岛、琉球群岛；中国台湾地区、西太平洋。

主要栖息于潮水流通较好区域的岩礁、珊瑚礁外缘的斜面，以及岩壁侧面的阴暗处。原本栖息于深海区，现在在有些稍浅一点的海域也能见到它们的身影。

幼鱼　八丈岛
水深45m　长3cm

成年鱼　八丈岛
水深25m　长10cm

鮨科

惠氏吕宋花鮨

Luzonichthys whitleyi

小笠原群岛；澳大利亚圣诞岛，洛亚尔提群岛，太平洋中部。

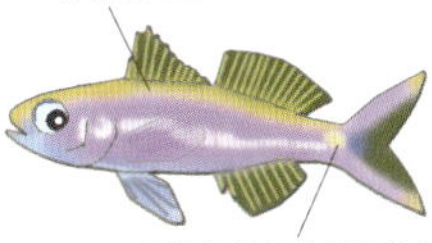

主要栖息于水深22~45米的珊瑚礁区域。在小笠原群岛水深35米左右的岩壁侧面发现过2只。在日本是十分稀有的物种。

小笠原　水深35m　长6cm　南俊夫

鮨科

大腹拟花鮨

Pseudanthias ventralis ventralis

伊豆诸岛，小笠原群岛，奄美群岛；太平洋中部和西部。

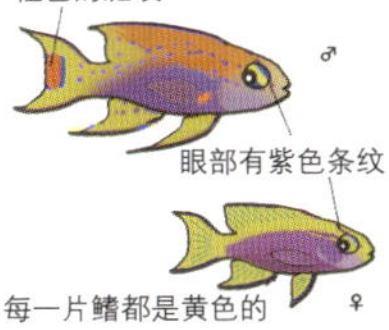

主要栖息于水深40米以上的珊瑚礁外缘斜面和岩壁侧面。独居或群居。在日本的小笠原群岛为稀有物种。

雌性　八丈岛
水深45m　长7cm

幼鱼　八丈岛　水深45m
长3cm　水谷知世

雄性　提尼安岛　水深40m　长8cm

雄性　大濑崎
水深45m　长6cm
小林裕

鮨科

双鳍吕宋花鮨

Luzonichthys waitei

伊豆诸岛，静冈县，高知县，山口县日本海沿岸；西印度洋，西太平洋。

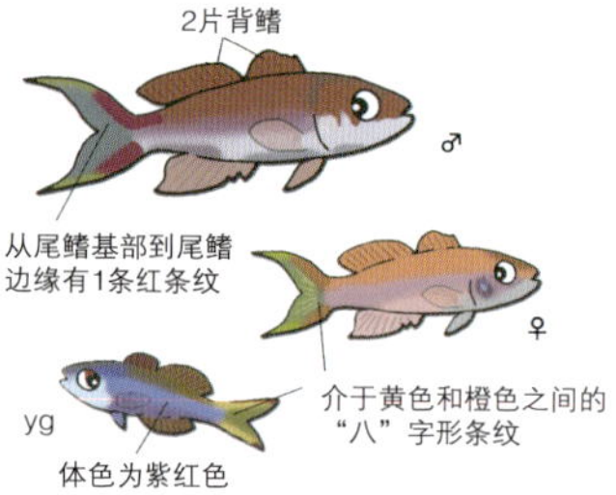

群居于潮水流通较好区域的岩礁、珊瑚礁外缘根部的侧面。今后的研究方向是，继续给这类鱼细分，有必要对大濑崎以外的双鳍吕宋花鮨进行详细的调查和研究。

雄性　吕宋岛　水深30m　长12cm

雌性　吕宋岛　水深30m　长10cm

幼鱼　吕宋岛　水深5m　长3cm

雄性　伊豆大岛
水深45m　长12cm

鮨科

长拟花鮨

pseudanthias elongatus

相模湾~高知县的太平洋沿岸，伊豆大岛，山口县日本海沿岸；韩国。

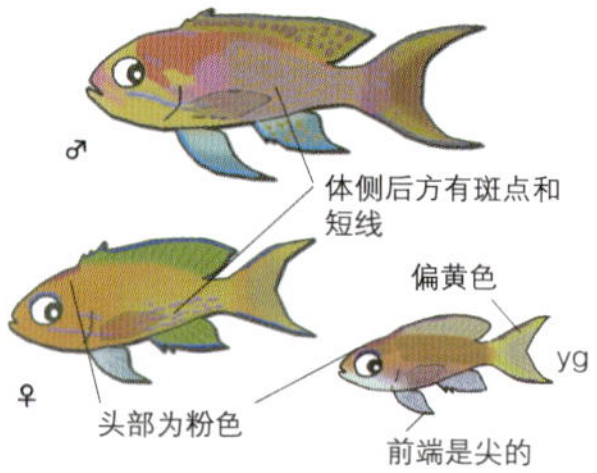

主要栖息于水深30米以上、潮水流通较好区域的岩礁斜面，群居。琉球群岛没有此品种。温带种。

雌性　伊豆大岛
水深40m　长8cm　片桐佳江

婚姻色　伊豆大岛
水深45m　长13cm　片桐佳江

幼鱼　八丈岛
水深45m　长3.5cm

鮨科

金拟花鮨

Pseudanthias squamipinnis

伊豆诸岛，小笠原群岛，相模湾~屋久岛的太平洋沿岸，山口县日本海沿岸，九州北岸的东海沿岸，琉球群岛；朝鲜半岛，中国大陆及台湾地区，印度~西太平洋。

群居于珊瑚礁、珊瑚礁外缘、岩礁根部周围。广泛栖息于日本南部的太平洋沿岸，越往南数量越多。在八丈岛是很常见的品种，经常能在潮水流通较好区域的岩礁处看到成百上千的金拟花鮨。

雄性　八丈岛　水深15m　长6cm

雌性　八丈岛
水深17m　长10cm

幼鱼　八丈岛
水深15m　长2.5cm

鮨科

侧带拟花鮨

Pseudanthias pleurotaenia

骏河湾~高知县的太平洋沿岸，伊豆诸岛，小笠原群岛，屋久岛，琉球群岛；中国台湾地区，西太平洋。

群居于潮水流通较好区域珊瑚礁外缘的斜面以及岩壁的侧面。在稍深的水域活动。在日本南部的太平洋沿岸很少见到，为季节洄游鱼。

雄性　吕宋岛
水深20m　长12cm

雌性　八丈岛
水深14m　长10cm

幼鱼　八丈岛
水深15m　长1.5cm

鮨科

红带拟花鮨

Pseudanthias rubrizonatus

日本南部的太平洋沿岸，伊豆大岛；中国台湾和香港地区，西太平洋。

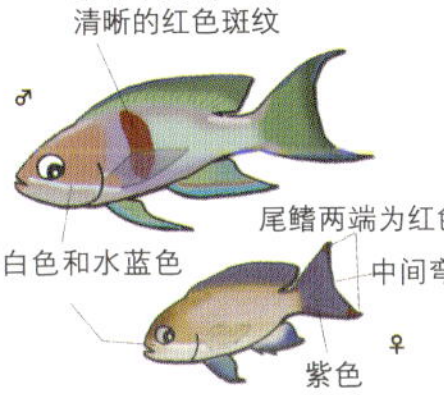

群居于水深30米以上的岩礁斜面。在日本樱岛，可以经常看到由几十条雄性或数百条雌性组成的鱼群。在樱岛之外的地方很少见到。在琉球群岛，至今没有关于此品种的记载。是“在日本，只在樱岛才有的花鮨”。

雌性　鹿儿岛县锦江湾
水深8m　长12m　和泉裕二

雄性　鹿儿岛县锦江湾
水深8m　长12m　和泉裕二

雄性　伊豆半岛
水深55m　长7cm　小林裕

鮨科

白带拟花鮨

Pseudanthias leucozonus

伊豆半岛，伊豆大岛。

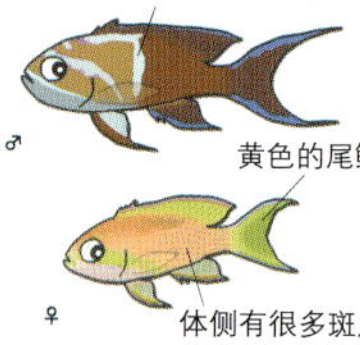

群居于水深40米以上、潮水流通较好区域的岩礁斜面。是只在伊豆半岛和伊豆大岛生活的花鮨。

雌性　伊豆大岛
水深45m　长6cm　大沼久志

雄性　伊豆半岛
水深55m　长7cm　小林裕

成年鱼　八丈岛
水深50m　长14cm

鮨科

条纹拟花鮨

Pseudanthias fasciatus

日本南部的太平洋沿岸，伊豆诸岛，山口县日本海沿岸，琉球群岛；中国台湾地区，西太平洋，南非。

群居于水深35米以上的潮水流通较好区域的岩礁斜面。条纹拟花鮨的特征是体侧有一条红色带状斑纹，雄性斑纹的颜色会在求爱时消失。

幼鱼　八丈岛
水深50m　长6cm

婚姻色　八丈岛
水深50m　长14cm

雄性　伊豆大岛
水深52m　长10cm

鮨科

红纹拟花鮨

Psendanthias rubrolineatus

伊豆半岛，伊豆大岛，小笠原群岛，高知县土佐清水，鹿儿岛县竹岛，吐噶喇列岛；新喀里多尼亚，澳大利亚西海岸。

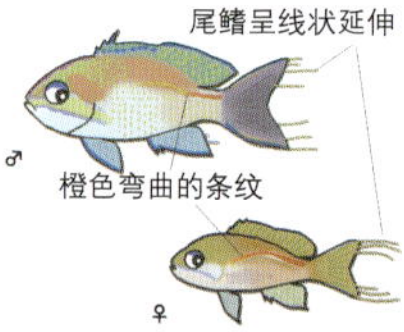

群居于潮水流通较好区域的岩礁斜面。常与条纹拟花鮨混合在一起游动。为深海鱼类，喜欢栖息于水深50米以上的深海海域。

雌性　伊豆大岛
水深58m　长8cm　片桐佳江

鮨科

拟花鮨属的一种

Pseudanthias sp.

日本南部的太平洋沿岸，伊豆诸岛，屋久岛，琉球群岛；西太平洋。

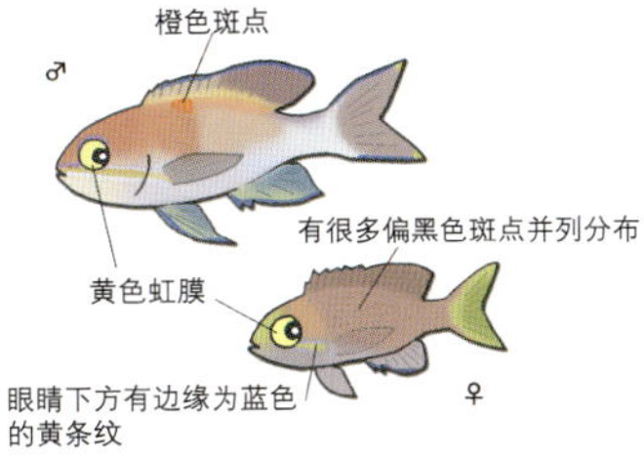

群居于珊瑚礁外缘的斜面。虽然在日本南部的太平洋海岸可以看到该品种的幼鱼及雌性鱼，但极可能是季节洄游鱼。

雄性　吕宋岛　水深50m　长12cm

婚姻色　吕宋岛
水深35m　长14cm

雌性　八丈岛
水深30m　长6cm

幼鱼　八丈岛
水深45m　长2.5m

鮨科

库伯氏拟花鲈

Pseudanthias cooperi

日本南部的太平洋沿岸，伊豆诸岛，小笠原群岛，琉球群岛；印度、太平洋。

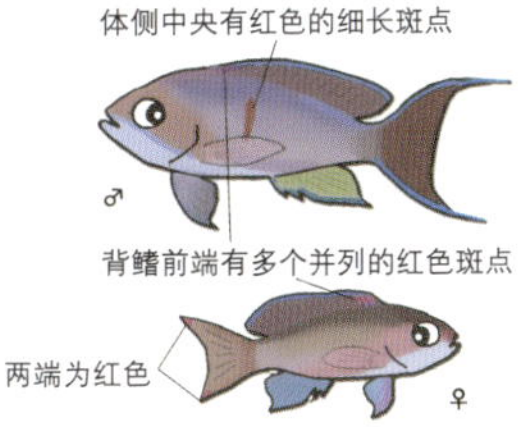

群居于潮水流通较好区域的岩礁和珊瑚礁外缘的斜面以及根部的侧面。多在水深30米左右的稍深海域活动。在八丈岛此品种较多，经常能见见数百只的鱼群。在较浅的海域也有，常与金拟花鮨混在一起。

雄性　八丈岛
水深30m　长10cm

婚姻色　八丈岛　水深30m　长10cm

雌性　八丈岛　水深28m　长8cm

幼鱼　八丈岛　水深6m　长2.5cm

鮨科

丝尾拟花鮨

Pseudanthias caudalis

八丈岛，小笠原群岛，伊豆半岛，高知县柏岛；中国台湾地区。

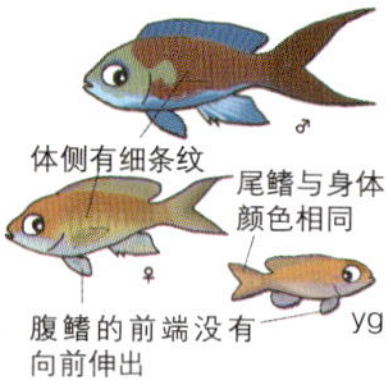

群居于水深35米以上、潮水流通较好区域的岩礁斜面。在日本的小笠原群岛可见，在其他地方为稀有物种。分布在日本的丝尾拟花鮨有两种婚姻色，有专家认为其中一种是其他品种的鱼。也有专家认为此种与分布在夏威夷群岛的汤氏拟花鮨是同一品种，因此还有待继续研究。

雄性　伊豆半岛
水深18m　长8cm　原多加志

雌性　八丈岛
水深35m　长7cm

幼鱼　八丈岛
水深35m　长2.5cm

鮨科

截尾花鮨

Pseudanthias hypselosoma

日本南部的太平洋沿岸，伊豆诸岛，小笠原群岛，琉球群岛；中国台湾地区，印度~西太平洋。

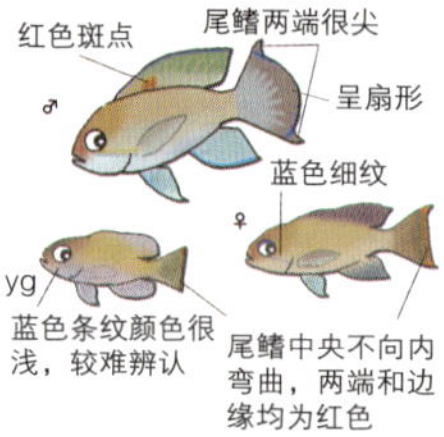

群居于珊瑚礁外缘的岩礁或在沙底的岩石周围。幼鱼和雌性在日本南部的太平洋沿岸是季节洄游鱼，很少见到。

雄性　吕宋岛　水深25m　长12cm

雌性　八丈岛
水深30m　长8cm

幼鱼　八丈岛
水深30m　长3cm

鮨科

伦氏拟花鮨

Pseudanthias randalli

八丈岛，高知县柏岛，琉球群岛；西太平洋。

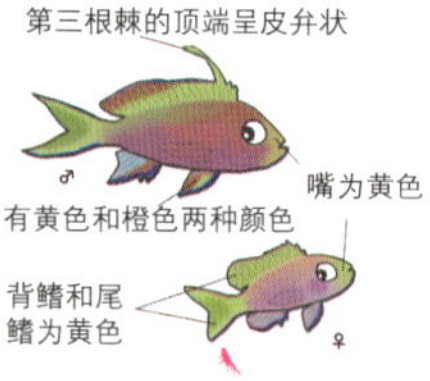

群居于潮水流通较好区域的岩礁斜面、珊瑚礁外缘的岩壁侧面等地，靠着岩礁根部生活。在日本，多栖息于水深50米以上的深海。

雄性　八丈岛
水深65m　长7cm

雌性　八丈岛
水深60m　长5cm

幼鱼　八丈岛
水深60m　长2.5cm

鮨科

双色拟花鮨

Pseudanthias bicolor

伊豆诸岛，小笠原群岛，日本南部的太平洋沿岸，屋久岛，琉球群岛；中国台湾地区，印度~太平洋。

群居于稍深的潮水流通较好区域，散布在岩礁和珊瑚礁外缘的岩石根部周边。

雌性　八丈岛
水深30m　长7cm

幼鱼　八丈岛
水深30m　长3cm

雄性　屋久岛
水深20m　长8cm
片桐佳江

鮨科

小吻拟花鮨

Pseudanthias parvirostris

伊豆大岛，相模湾，高知县柏岛，鹿儿岛县竹岛；西太平洋。

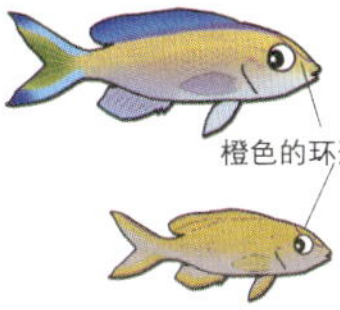

群居于水深35~60米、潮水流通较好区域的珊瑚礁外缘的岩壁下方或斜面上。可能因为此品种数量太少，所以常见它们与其他同科的鱼类在一起活动。因雄性头部的红带像日落时的光环，故又名“日落宝石”。

雌性　帕劳
水深45m　长6cm

雌性　帕劳　水深45m　长8cm

鮨科

刺盖拟花鮨

Pseudanthias dispar

琉球群岛；印度洋东部~太平洋中部和西部的热带海域。

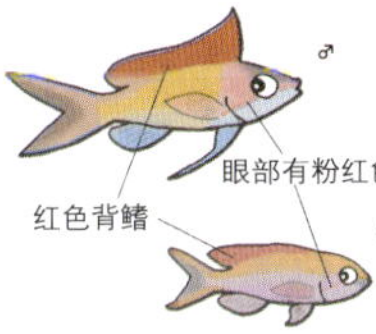

群居于潮水流通较好区域浅层的珊瑚礁外缘。

雌性　帕劳
水深6m　长7cm

幼鱼　石垣岛
水深5m　带下4cm　片桐佳江

雌性　帕劳　水深6m　长8cm

成年鱼　伊豆大岛
水深62m　长9cm

鮨科

黄点拟花鮨

Pseudanthias flavoguttatus

日本南部的太平洋沿岸，伊豆诸岛，小笠原群岛，琉球群岛；帕劳，巴厘岛，印度。

群居于潮水流通较好区域的岩礁斜面。幼鱼喜欢与金拟花鮨和细条纹天竺鲷生活在一起。主要栖息于水深30米以上的海域。

幼鱼　八丈岛
水深18m　长4cm

成年鱼　吕宋岛
水深40m　长10cm

鮨科

罗氏拟花鮨

Pseudanthias lori

八丈岛，骏河湾，琉球群岛；东印度~太平洋（夏威夷群岛、复活节岛除外）。

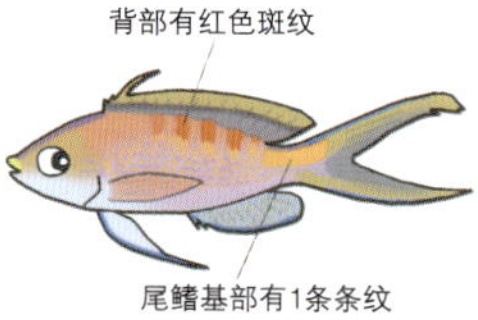

在日本主要栖息于水深40米以上的深海。群居于潮水流通较好区域的岩礁、珊瑚礁外缘的斜面及岩壁侧面等区域。

幼鱼　八丈岛
水深45m　长4.5cm

成年鱼　八丈岛
水深50m　长6cm

鮨科

史氏拟花鮨

Pseudanthias smithvanizi

八丈岛，冲绳群岛以南的琉球群岛；东印度洋~太平洋中部和西部的热带海域。

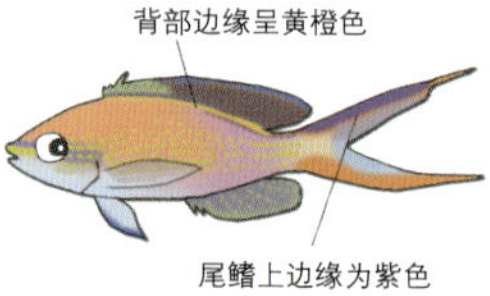

群居于潮水流通较好区域的岩礁斜面及珊瑚礁外缘岩壁的平坦处。在日本为深海种，主要栖息在水深40米以上的海域。

幼鱼　八丈岛
水深50m　长3cm

鮨科

厚唇拟花鮨

Pseudanthias pascalus

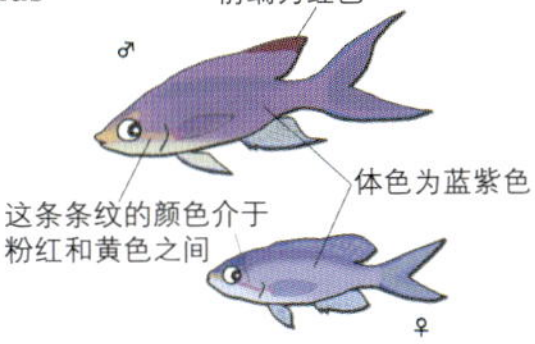

日本南部的太平洋沿岸，伊豆诸岛，小笠原群岛，屋久岛，琉球群岛；中国台湾地区，太平洋中西部（夏威夷群岛、复活节岛除外）。

在潮水流通较好区域的岩礁、珊瑚礁外缘附近大规模群居。幼鱼为日本南部太平洋沿岸的季节洄游鱼，每年都会出现。

雌性　八丈岛
水深18m　长6cm和8cm

雄性　八丈岛　水深15m　长12cm

鮨科

铃木氏暗澳鮨

Rabaulichthys suzukii

相模湾，骏河湾，高知县柏岛；菲律宾群岛。

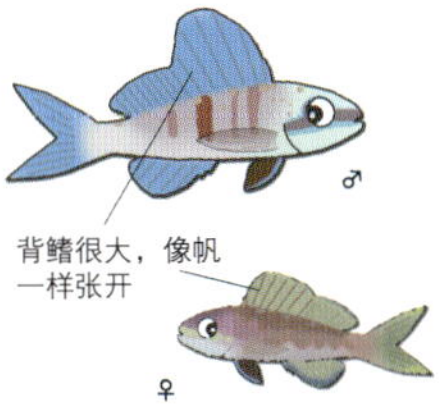

群居于水深10~20米、潮水流通较好区域的珊瑚礁外缘斜面处。经常与其他花鮨混在一起。为稀有物种。

雌性　柏岛　水深7m
长8cm　西村直树

婚姻色　柏岛　水深7m
长10cm　西村直树

雄性　柏岛
水深7m　长10cm
西村直树

鮨科

高棘棘花鮨

Plectranthias altipinnatus

伊豆诸岛，相模湾，和歌山县岩代，高知县柏岛，冲绳县伊江岛、久米岛。

栖息于水深40米以上、潮水流通较好区域的岩礁斜面的岩石阴暗面及岩石下方，独居。

八丈岛
水深50m　长6cm

八丈岛
水深15m　长4cm
水谷知世

鲉科

银点棘花鮨

Plectranthias longimanus

日本南部的太平洋沿岸，伊豆诸岛，小笠原群岛，屋久岛，琉球群岛；济州岛，中国台湾地区，西印度洋，西太平洋。

主要隐藏于岩礁、珊瑚礁外缘斜面或根部侧面的岩石阴暗面及裂缝中。

伊豆半岛
水深52m　长8cm
茑木伸明

鲉科

相模湾棘花鮨

Plectranthias sagamiensis

相模湾，伊豆大岛，骏河湾，冲绳县名护湾；帝汶海沿岸。

主要栖息于沿岸的岩礁、沙砾底，水深50~270米的水域。单独栖息于岩石根部或周围的沙地上。

八丈岛　水深45m　长8cm

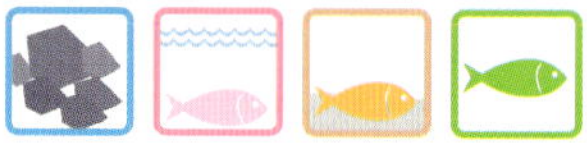

鲉科

佩氏棘花鮨

Plectranthias pelicieri

高知县柏岛，伊豆诸岛，琉球群岛；毛里求斯。

单独栖息于潮水流通较好区域的岩礁斜面的岩石下。是生活在水深35米以上海域的深海鱼。为稀有物种，只在几个固定的区域生活。

鮨科

驼背鲈

Cromileptes altivelis

日本南部的太平洋沿岸，小笠原群岛，山口县日本海沿岸，琉球群岛；中国台湾和香港地区，东印度~西太平洋。

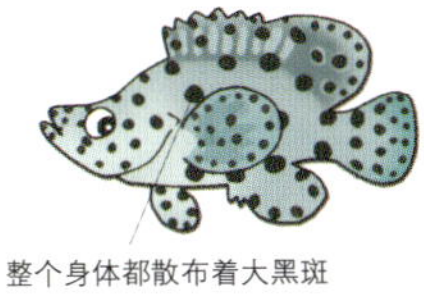

栖息于内湾的浅层珊瑚礁处，独居。幼鱼一般低着头，慢慢扭动着身体向前游动。

幼鱼　吕宋岛
水深15m　长5cm　小林裕

成年鱼　蓝碧岛　水深4m　长20cm　惣道敬子

鮨科

豹纹鳃棘鲈

Plectropomus leopardus

山口县，长崎县，相模湾~屋久岛的太平洋沿岸，伊豆诸岛，琉球群岛；朝鲜半岛，中国台湾和香港地区，西太平洋，加罗林群岛，马朱罗环礁，澳大利亚西北岸。

主要栖息于水深3~100米的沿岸岩礁及珊瑚礁的外缘区域。经常独自在海洋中层活动。

八丈岛
水深20m　长40cm

鮨科

侧牙鲈

Variola louti

日本南部的太平洋沿岸，伊豆诸岛，小笠原群岛，琉球群岛；中国大陆及台湾地区，印度~太平洋。

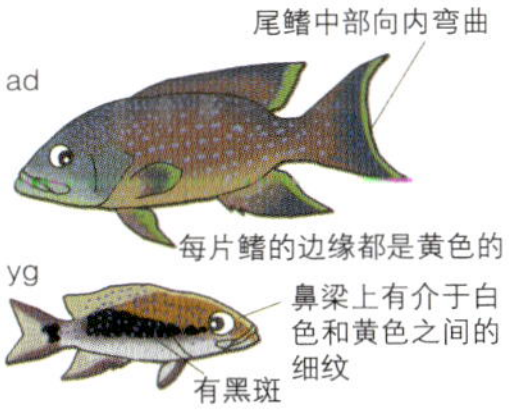

主要栖息于潮水流通较好区域的岩礁及珊瑚礁外缘。独居，游动活跃。

幼鱼　八丈岛
水深15m　长6cm

成年鱼　八丈岛　水深15m　长40cm

成年鱼　西表岛　水深15m　长25cm　水谷知世

鮨科

平滑鳃棘鲈

Plectropomus laevis

伊豆诸岛，小笠原群岛，和歌山县，高知县，屋久岛，琉球群岛；中国台湾地区，印度~太平洋。

栖息于珊瑚礁外缘的斜面处，独居。幼鱼喜欢伪装成有剧毒的横带扁背鲀来保护自己。

幼鱼　八丈岛
水深5m　长3cm

成年鱼　帕劳　水深18m　长30cm

鮨科

白边纤齿鲈

Gracila albomarginata

小笠原群岛，琉球群岛；中国台湾地区，印度~太平洋。

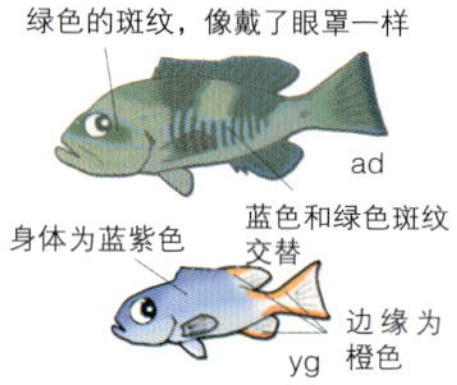

栖息于珊瑚礁外缘的斜面及岩壁平坦处，独居，游动活跃。幼鱼为紫红色，经常伪装成厚唇拟花鮨等花鮨类的鱼。

幼鱼　屋久岛　水深15m
长2cm　片桐佳江

塞班岛　水深12m　长25cm

鮨科

斑点九刺鮨

Cephalopholis argus

八丈岛，小笠原群岛，和歌山县~屋久岛的太平洋沿岸，琉球群岛；中国台湾地区，印度~太平洋。

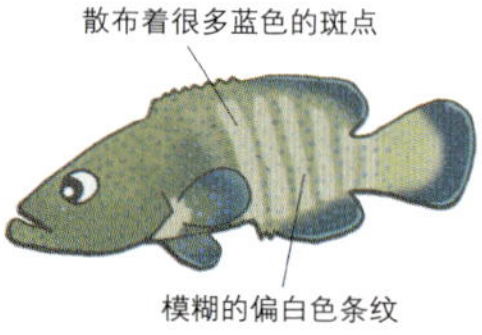

栖息于浅层珊瑚礁及珊瑚礁的外缘附近，独居。

鮨科

青星九棘鲈

Cephalopholis miniata

骏河湾~屋久岛的太平洋沿岸，八丈岛，小笠原群岛，琉球群岛；中国台湾地区，印度~太平洋。

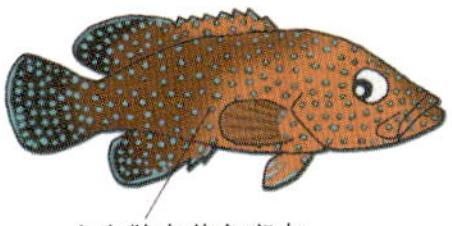

成年鱼　八丈岛　水深16m　长30cm

栖息于岩礁、珊瑚礁外缘根部周围，独居。幼鱼会伪装成金拟花鮨来保护自己。

幼鱼　八丈岛
水深12m　长3.5m

鮨科

六斑九刺鮨

Cephalopholis sexmaculata

八丈岛，小笠原群岛，土佐岛，屋久岛，琉球群岛；中国台湾地区，印度~太平洋。

主要栖息于珊瑚礁外缘的岩壁侧面，或在岩壁突出处附近的岩石缝隙之间游动。

八丈岛　水深13m　长25cm

鮨科

红九棘鲈

Cephalopholis sonnerati

伊豆诸岛，小笠原群岛，骏河湾~屋久岛的太平洋沿岸，琉球群岛；中国台湾和香港地区，印度~太平洋。

主要栖息在有花鮨和细条纹天竺鲷聚集的地方，以及有裂唇鱼等清洁鱼生活的区域。独居或成对居住。在八丈岛，主要生活在30米以上较深的海域。

八丈岛　水深35m　长45cm

八丈岛　水深10m　长25cm

鮨科

尾纹九刺鮨

Cephalopholis urodeta

伊豆诸岛，小笠原群岛，和歌山县串本，高知县柏岛，屋久岛，琉球群岛；中国台湾和香港地区，印度~太平洋。

栖息于浅岩礁、珊瑚礁、珊瑚礁外缘、礁池等多种环境中，独居。

八丈岛　水深21m　长20cm　石野昇太

鮨科

七带石斑鱼

Epinephelus septemfasciatus

北海道~九州南岸的日本海和东海沿岸，仙中国台湾~九州南岸的太平洋沿岸，伊豆诸岛，小笠原群岛，屋久岛，石垣岛；朝鲜半岛，中国大陆和香港地区。

主要栖息于沿岸的岩礁区域、水深4~300米的水域。体型越大，生活的水域越深。与同属的八带下美鮨外形极其相似，但是此品种从尾鳍向前数第二条带状斑纹中间是断开的，凭这一点可以区分这两种鱼。

八丈岛　水深15m　长25cm

鮨科

黑边石斑鱼

Epinephelus fasciatus

日本南部，伊豆诸岛，小笠原群岛，屋久岛，琉球群岛；朝鲜半岛，中国台湾和香港地区，印度~太平洋。

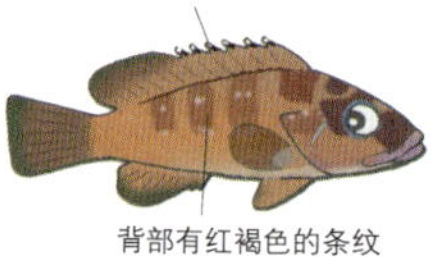

栖息于岩礁斜面和根部周围、珊瑚礁外缘等多种环境中，独居。

八丈岛
水深6m　长4cm

鮨科

褐石斑鱼

Epinephelus bruneus

日本本州岛，伊豆诸岛，小笠原群岛，屋久岛，琉球群岛；朝鲜半岛，中国大陆及台湾地区。

栖息于深岩礁斜面的根部周围，独居。潜水员如果侵入它们的领地，有时它们会出来观察敌人的样子，但是一般情况下，由于警惕性很强，它们会躲到洞穴或裂缝里完全不出来。年轻的褐石斑鱼多生活在较浅一些的水域。

日本青海岛　水深14m　长55cm　和泉裕二

鮨科

宽带长鲈

Liopropoma latifasciatum

骏河湾~爱媛县的太平洋沿岸，伊豆诸岛，奄美群岛，琉球群岛；韩国，中国台湾地区，帕劳。

栖息于潮水流通较好区域的岩礁斜面的岩棚、裂缝及洞穴等地，独居。警惕性很强，一旦察觉到危险，马上会躲到岩石缝隙中。

八丈岛　水深60m　长20cm

鮨科

六带线纹鱼

Grammistes sexlineatus

岩手县，相模湾~高知县的太平洋沿岸，屋久岛，琉球群岛，伊豆诸岛，小笠原群岛；中国台湾和香港地区，印度~太平洋。

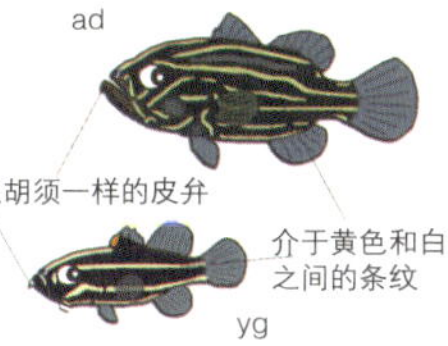

栖息于岩礁、珊瑚礁的根部侧面、岩石阴暗面及裂缝中，独居。一旦察觉到危险，体表就会分泌泡状的毒素，因此英文名也叫soap fish。

幼鱼　八丈岛
水深8m　长5cm

成年鱼　八丈岛
水深12m　长12cm

屋久岛　水深12m　长5cm　原崎森

鮨科

卡斑诺针鮨

Belonoperca chabanaudi

屋久岛，琉球群岛；中国台湾地区，印度~太平洋。

喜欢生活在岩棚、洞窟等暗的地方。独居，基本不动，呈悬浮状态。幼鱼为黄色。

幼鱼　帕劳
水深20m　长3cm
茑木伸明

宿务岛
水深18m　长25cm

鮨科

双带黄鲈鱼

Diploprion bifasciatum

佐渡岛以南的日本本州日本海沿岸，相模湾~九州南岸的太平洋沿岸，琉球群岛；济州岛，中国大陆及台湾地区，印度~太平洋。

栖息于稍深的岩礁及珊瑚礁外缘的斜面、岩壁平坦处等稍暗的地方。

成年鱼　吕宋岛
水深20m　长20cm

鮨科

斑点须鮨

Pogonoperca punctata

八丈岛，小笠原群岛，和歌山~九州南岸的太平洋沿岸，屋久岛，琉球群岛；中国台湾地区，东印度~太平洋。

常藏身于浅岩礁、珊瑚礁根部的侧面、裂缝等区域。由于此品种隐藏在乱石下面或岩石之间的缝隙深处，所以非常少见。

幼鱼　八丈岛
水深10m　长2.5cm

鮨科

多棘拟线鲈

Pseudogramma polyacantha

伊豆诸岛，小笠原群岛，屋久岛，琉球群岛；中国台湾地区，印度~太平洋。

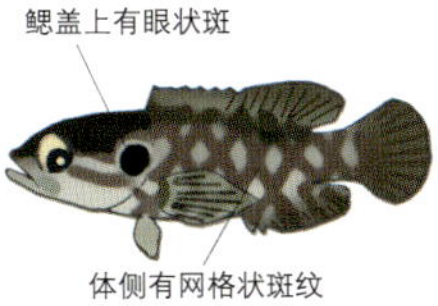

主要栖息于沿岸的岩礁和珊瑚礁、水深1~64米的水域。常隐藏于岩石缝隙中或是乱石之下。稀有物种。

八丈岛　水深15m　长5cm

鮨科

琉璃紫鲈

Aulacocephalus temminckii

伊豆诸岛，小笠原群岛，日本南部的太平洋沿岸；济州岛，中国台湾地区，印度~西太平洋。

主要栖息于岩礁、珊瑚礁斜面根部的侧面。它一旦感受到压力，体表就会分泌毒液。它被体型较大的鱼捕食时，体表分泌的毒液会使大型鱼将它从嘴里吐出来。

幼鱼　伊豆大岛
水深15m　长10cm
茑木伸明

八丈岛　水深25m　长12cm

美花鲈科

骏河蓝纹鲈

Grammatonotus surugaensis

静冈县富户，伊豆大岛，骏河湾沼津冲，土佐湾，大隈海峡。

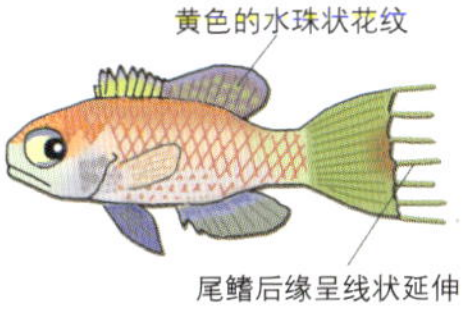

主要栖息于沿岸水深65~120米的岩礁、沙泥底和乱石带。右图中的鱼混在长拟花鮨和红纹拟花鮨之间。在日本近海生活的美花鲈科，只有骏河蓝纹鲈、美花鮨和大眼蓝纹鲈这三种。骏河蓝纹鲈与大眼蓝纹鲈外形十分相似，不过骏河蓝纹鲈的眼睛较小。

伊豆半岛
水深57m　长10cm
山本敏

成年鱼　八丈岛　水深60m　长20cm

愈齿鲷科

片山氏愈齿鲷

Symphysanodon katayamai

相模湾~高知县的太平洋沿岸，八丈岛；中国台湾地区，西太平洋，夏威夷群岛。

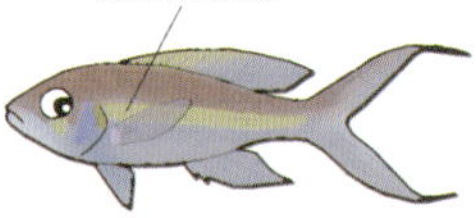

独居或群居于潮水流通较好区域水深40米以上的岩礁区域。在八丈岛的深海海域，常年可以见到，是很常见的品种。雌性和雄性颜色一样。

幼鱼　八丈岛
水深70m　长5cm

吕宋岛　水深5m　长5cm

拟雀鲷科

棕拟雀鲷

Pseudochromis fuscus

小笠原群岛，琉球群岛；中国台湾和香港地区，东印度~西太平洋。

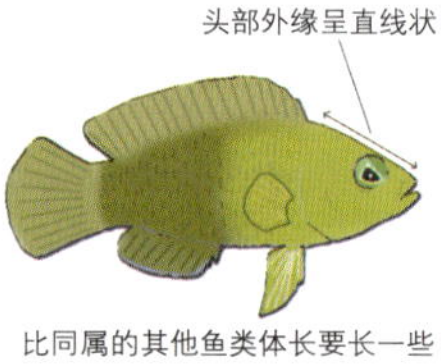

主要栖息于内湾的浅珊瑚礁和潮水洼地。独居，有时会从珊瑚砾中露个头出来，但是警惕性非常强，一旦靠近它，它马上就躲起来了。体色有黑色、深绿色等暗色和黄色等淡色。左图的照片是一只淡色系的鱼。

帕劳　水深6m　长5cm

拟雀鲷科

紫绣雀鲷

Pictichromis porphyreus

琉球列岛；太平洋中部和西部的热带海域。

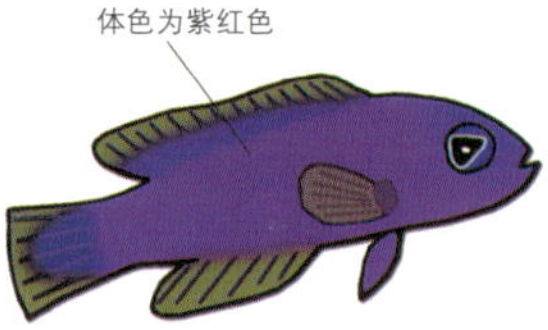

栖息于潮水流通较好区域的珊瑚礁外缘、岩壁平坦处、裂缝和洞穴等暗处，独居。警惕性很强，一旦靠近，它马上就会躲起来。在相机闪光灯的照射下，身体呈紫红色，平时在水中呈蓝色。

拟雀鲷科

马歇尔岛拟雀鲷

Pseudochromis marshallensis

八丈岛，小笠原群岛，琉球群岛；中国台湾地区，越南，东印度~西太平洋，马绍尔群岛，加罗林群岛。

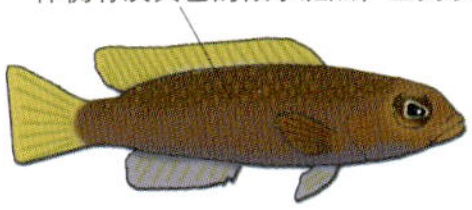

主要栖息于浅岩礁、珊瑚礁及潮水洼地。绕着岩架来回游动，警惕性很强，一旦靠近，它们马上就会隐藏起来。

八丈岛　水深8m　长5cm

鮗科

蓝氏燕尾鮗

Assessor randalli

琉球群岛；中国台湾地区。

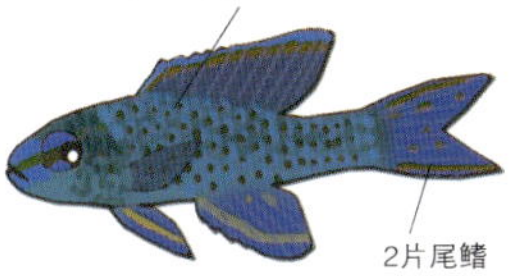

主要栖息于珊瑚礁外缘的岩壁平坦处或洞穴等较暗的地方。经常可以看到单独或成群的蓝氏燕尾鮗头向下悬浮在洞穴顶部。

石垣岛　水深8m　长5cm　惣道敬子

鮗科

丽鮗

Calloplesiops altivelis

八丈岛，和歌山县串本，琉球群岛；中国台湾地区，印度~太平洋（夏威夷群岛除外）。

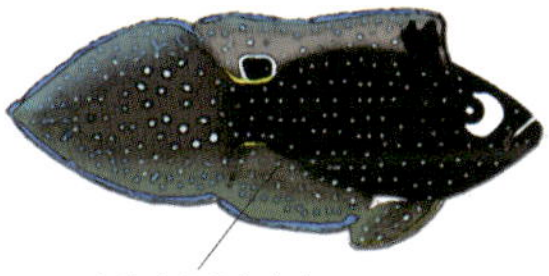

栖息于珊瑚礁下的洞穴和岩架下的暗处，独居。它经常把头埋进洞里，只露出尾鳍的一部分，看起来很像霉身裸胸鳝一张一合呼气的样子。研究人员认为，它是故意伪装成霉身裸胸鳝的样子以自保。

八丈岛　水深25m　长15cm

八丈岛
水深3m　长8cm

七夕鱼科

蓝线七夕鱼

Plesiops coeruleolineatus

伊豆诸岛，小笠原群岛，伊豆半岛~大分县，屋久岛，琉球群岛；中国台湾地区，印度~西太平洋（含红海），密克罗尼西亚，萨摩亚群岛。

主要栖息于潮水洼地和礁湖的石头下面。在八丈岛内湾的浅层乱石带可以见到它们。警惕性很强，基本不外出。

八丈岛　水深6m　长10cm

七夕鱼科

仲原氏七夕鱼

Plesiops nakaharae

伊豆大岛、八丈岛、相模湾～高知县的太平洋沿岸、冲绳线；中国台湾地区南部。

主要栖息于水深10米以内的岩礁区域。因为经常躲在岩石下面，所以潜水员很少看到它们。照片中的这只仲原氏七夕鱼正在岩石的顶部等待卵孵化。如果刚好遇到这种情况，就能在同样的地方观察它数日。

伊豆半岛　水深46m　长8cm　名仓盾

后颌鱼科

霍氏后颌鱼

Opistognathus hopkinsi

神奈川县三崎，伊豆半岛，岛根县隐岐，长崎县对马。

主要栖息于水深80米以上的沙砾底。它们自己会挖出垂直的洞穴，并在洞穴出入口处堆满小石子。

大眼鲷科

宝石大眼鲷

Priacanthus hamrur

相模湾至屋久岛的太平洋沿岸，八丈岛，琉球群岛；韩国，中国台湾和香港地区，印度~太平洋（夏威夷群岛除外），突尼斯。

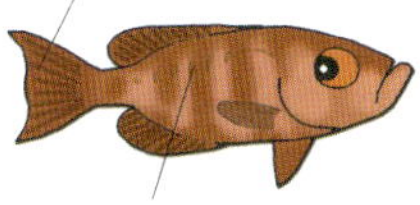

主要栖息于潮水流通较好区域的岩礁根部阴影处、珊瑚礁外缘等稍深一点的海域，独居或群居。在伊豆半岛，偶尔会看到其幼鱼，但是不会过冬，为季节洄游鱼。

八丈岛
水深15m　长25cm

八丈岛　水深18m　长25cm

大眼鲷科

黄鳍大眼鲷

Priacanthus zaiserae

伊豆诸岛，神奈川县~三重县的太平洋沿岸；钓鱼岛，菲律宾群岛夏扬岛。

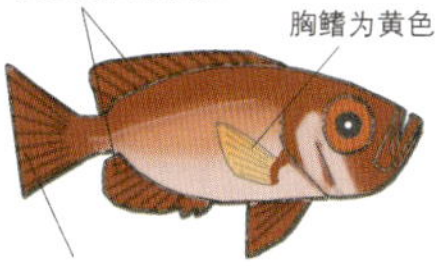

主要栖息于水深28~320米的水域。照片是在冷水团来临的季节，拍摄到的跟着上涌的潮水游到较浅海域的黄鳍大眼鲷。

八丈岛　水深35m　长28cm

大眼鲷科

血斑异大眼鲷

Heteropriacanthus cruentatus

八丈岛，小笠原群岛，相模湾~屋久岛的太平洋沿岸，琉球群岛；韩国，中国台湾和香港地区，热带、亚热带海域。

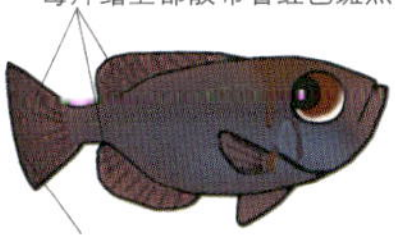

主要栖息于浅岩礁、珊瑚礁外缘及岩石突出处侧面的暗处及洞穴里。

八丈岛
水深12m　长5cm

八丈岛　水深10m　长18cm

八丈岛　水深30m　长25cm

大眼鲷科

深水大眼鲷

Priacanthus fitchi

八丈岛，宫崎县日南；东海；印度洋，菲律宾群岛庞森岛，苏门答腊岛，澳大利亚西海岸。

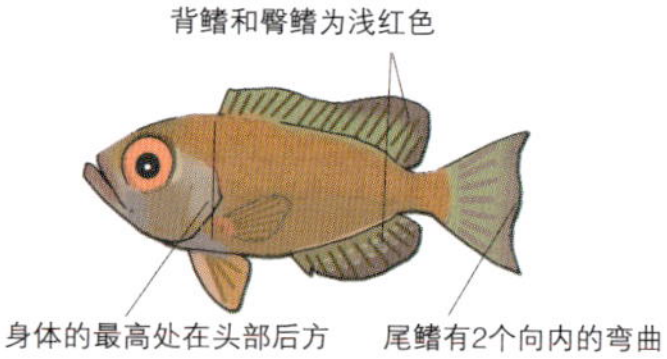

主要栖息于水深150~400米的大陆架。照片中的鱼是在冷水团来临的季节，随着上涌的潮水游到较浅海域的。

八丈岛　水深6m　长3cm

天竺鲷科

短线腭竺鱼

Foa brachygramma

八丈岛，静冈县~和歌山县的太平洋沿岸，屋久岛，琉球群岛；中国台湾地区，印度西部，太平洋中部和西部（直至拉帕岛）。

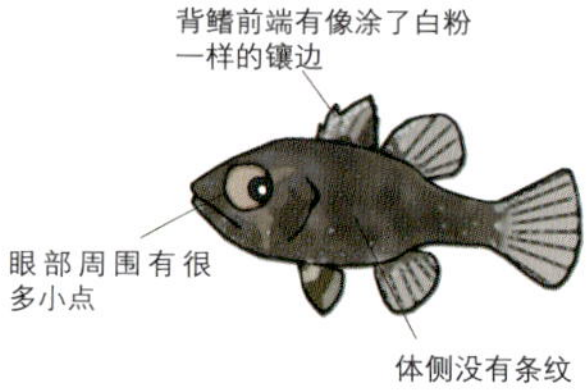

潜伏于内湾的浅沙泥底及大叶藻层周围的岩石阴暗面和海藻中。

屋久岛　水深25m　长4cm　原崎森

天竺鲷科

管竺鲷

Siphamia tubulata

高知县柏岛，屋久岛，冲绳县冲绳岛，水纳岛；印度尼西亚（含松巴哇岛、塞拉亚岛），新几内亚岛西岸。

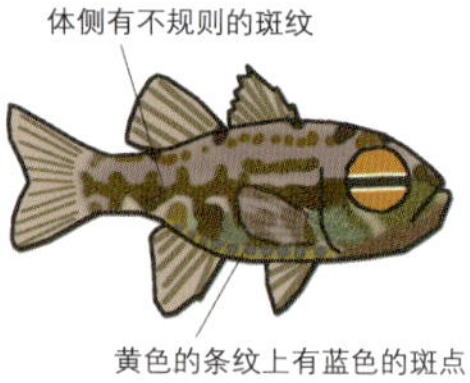

主要栖息于稍深岩礁处的海鸡冠珊瑚和柳珊瑚之间。在日本为稀有物种。

天竺鲷科

五带巨牙天竺鲷

Cheilodipterus quinquelineatus

日本南部的太平洋沿岸，伊豆诸岛，小笠原群岛，屋久岛，琉球群岛；中国台湾地区，印度~太平洋（波斯湾、夏威夷群岛、复活节岛除外）。

主要栖息于内湾性岩礁的岩石阴暗面及珊瑚礁的缝隙之中。外形与纵带巨牙天竺鲷酷似，很难分辨。

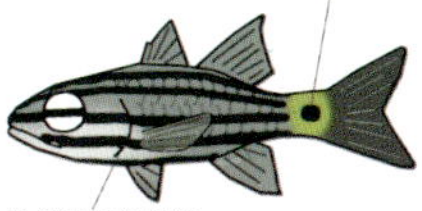

成年鱼　八丈岛　水深6m　长10cm

青年鱼　八丈岛
水深8m　长4cm

幼鱼　帕劳
水深5m　长2.5cm

天竺鲷科

巨牙天竺鲷

Cheilodipterus macrodon

日本南部的太平洋沿岸，伊豆诸岛，小笠原群岛，屋久岛，琉球群岛；中国台湾地区，印度~太平洋（夏威夷群岛、莱恩群岛、复活节岛除外）。

在天竺鲷科中属体型较大的。主要栖息于浅岩礁根部侧面的暗处、珊瑚礁的珊瑚下和洞穴里，独居。

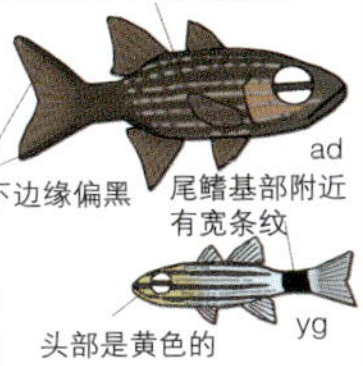

成年鱼　八丈岛　水深12m　长18cm

青年鱼　八丈岛
水深10m　长4cm

幼鱼　八丈岛
水深10m　长2cm

天竺鲷科

中间巨牙天竺鲷

Cheilodipterus intermedius

高知县柏岛，爱媛县爱南，屋久岛，奄美大岛，琉球群岛；西太平洋的热带海域。

主要栖息于内湾岩礁根部的阴暗处、珊瑚礁内湾及礁池内的珊瑚枝周围。

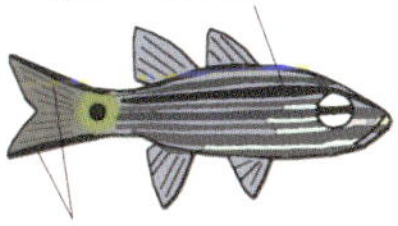

成年鱼　八丈岛　水深8m　长10cm

青年鱼　八丈岛
水深8m　长7cm

青年鱼　八丈岛
水深10m　长8cm

成年鱼　民都洛岛
水深5m　长8cm　水谷知世

天竺鲷科

纵带巨牙天竺鲷

Cheilodipterus artus

屋久岛，琉球群岛；中国台湾和香港地区，印度~太平洋（直至土阿莫土群岛；夏威夷群岛除外）。

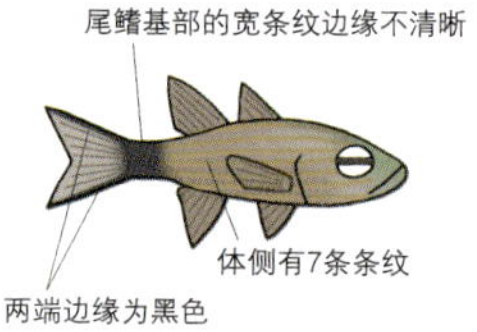

主要栖息于内湾的浅岩礁及珊瑚礁的礁池中。幼鱼与五带巨牙天竺鲷外形十分相似，难以区分。在照片中幼鱼尾鳍黑点周围的黄色部分有黑色素扩散，以此确认为此品种。

幼鱼　八丈岛　水深6m　长4cm

塞班岛　水深10m　长3cm　茑木伸明

天竺鲷科

显斑乳突天竺鲷

Fowleria marmorata

高知县柏岛，屋久岛，琉球群岛；中国台湾地区，塞班岛，背风群岛，莱恩群岛，马克萨斯群岛，红海，莫桑比克。

主要栖息于水深10~20米的岩礁区域和珊瑚礁处。只在夜间可见。白天躲在乱石下面不出来。稀有物种。

帕劳　水深25m　长6cm

天竺鲷科

箭矢天竺鲷

Apogon dispar

琉球群岛；东印度洋~西太平洋的热带海域。

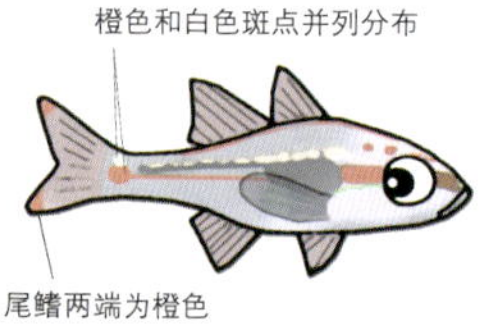

主要栖息于水深30米以上的珊瑚礁外缘、岩壁平坦处的柳珊瑚之间。

天竺鲷科

双斜带天竺鲷

Apogon semiornaths

日本南部的太平洋沿岸，伊豆诸岛，屋久岛，奄美大岛，琉球群岛；中国台湾地区，印度~西太平洋（直至新喀里多尼亚）。

主要栖息于岩礁区域。白天躲在岩穴里基本不出来。天竺鲷科中只有这一品种体侧有斜带状斑纹。

伊豆大岛　水深10m　长2.5cm　茑木伸明

天竺鲷科

中线天竺鲷

Apogon kiensis

八丈岛，日本南部的太平洋沿岸，岛根县~九州南岸的日本海和东海沿岸；朝鲜半岛，中国大陆及台湾地区，菲律宾群岛，弗洛雷斯岛，悉尼湾。

主要栖息于内湾的沙泥底。常常几条一起聚集在人工植物或是紫色千手佛珊瑚周围。外形与同属的宽条鹦天竺鲷酷似，但宽条鹦天竺鲷第一背鳍有7根棘，中线天竺鲷是6根。

幼鱼　八丈岛
水深15m　长2.5m

串本　水深8m　长4cm　谷口胜政

天竺鲷科

福氏天竺鲷

Apogon fukuii

日本南部的太平洋沿岸，八丈岛，小笠原群岛；大巽他群岛南岸，澳大利亚西北岸，查戈斯群岛，南非东海岸。

主要栖息于水深40米以上、潮水流通较好区域的岩礁斜面根部的阴暗处。

幼鱼　八丈岛
水深60m　长3cm

成年鱼　八丈岛　水深55m　长8cm

爱媛县爱南町　水深5m　长10cm　平田智法

天竺鲷科

黑似天竺鲷

Apogonichthyoides niger

伊豆大岛，千叶县~九州南岸的太平洋沿岸，九州北岸，长崎县天草和五岛列岛；朝鲜半岛，中国大陆及台湾地区。

主要栖息于内湾混着小石子的沙泥底和沙底。散布在海藻、枯叶和垃圾堆积的地方。温带种。

日本青海岛　水深12m
长7cm　和泉裕二

成年鱼　八丈岛　水深18m　长7cm

天竺鲷科

半线天竺鲷

Apogon semilineatus

青森县，宫城县~九州南岸的太平洋沿岸，八丈岛，山形县~九州南岸的日本海和东海沿岸，庆良间群岛，宫古岛；朝鲜半岛，中国大陆及台湾地区，菲律宾群岛，关岛，印度尼西亚，澳大利亚西北岸。

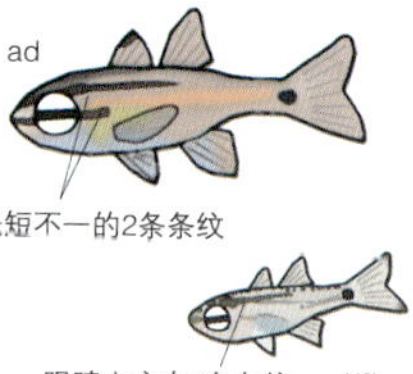

群居于内湾性浅岩礁的中层。温带种。很多天竺鲷科的鱼一到繁殖期就成对行动，雄性会一直将卵放在口中直至孵化，此行为被称作口内保育。半线天竺鲷到繁殖期也是成对行动的，而且可以看到雄性将卵含在口中。

幼鱼　八丈岛
水深12m　长2cm

成年鱼　八丈岛　水深18m　长7cm

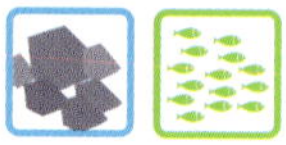

天竺鲷科

双点天竺鲷

Apogon notatus

日本南部的太平洋沿岸，九州西北岸，琉球群岛；济州岛，中国台湾地区，菲律宾，帕劳，新喀里多尼亚。

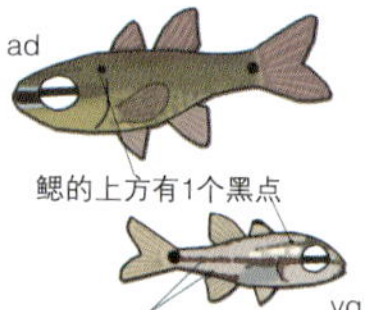

群居于日本本州沿岸的浅岩礁斜面的中层，温带种。在八丈岛，到了冷水团来临的季节，可以看到它们与黄带鹦天竺鲷混泳的画面，但是平常二者都是稀有物种。在琉球群岛也是稀有物种。

幼鱼　八丈岛
水深14m　长2cm

天竺鲷科

帝汶似天竺鲷

Apogonichthyoides timorensis

高知县柏岛，屋久岛，琉球群岛；中国台湾和香港地区，印度~西太平洋（含红海）。

栖息于珊瑚礁及内湾的岩礁根部下方及岩石阴暗面。体侧和尾部的两条暗色带斑的颜色会随着环境改变，有时会变得不明显。

柏岛　水深15m　长15cm　茑木伸明

天竺鲷科

黄天竺鲷

Apogon aureus

日本南部的太平洋沿岸，伊豆诸岛，屋久岛，琉球群岛；中国台湾和香港地区，印度~西太平洋。

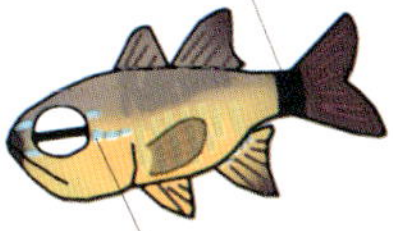

主要栖息于浅岩礁根部的侧面、洞穴、珊瑚下方的裂缝及岩穴里。

在口中孵卵　八丈岛
水深15m　长12cm

幼鱼　八丈岛
水深12m　长3cm　水谷知世

成年鱼　八丈岛　水深15m　长12cm

天竺鲷科

短齿天竺鲷

Apogon apogonides

日本南部的太平洋沿岸，八丈岛，三宅岛，屋久岛，琉球群岛；中国台湾地区，印度~太平洋。

主要栖息于浅岩礁根部的侧面和洞穴中、珊瑚礁下的岩穴等处。可能是因为此品种数量太少，所以经常与黄天竺鲷在一起活动。在八丈岛稍深一点的岩礁斜面的裂缝处，可以看见大规模群居的短齿天竺鲷。

幼鱼　八丈岛
水深10m　长3cm　水谷知世

成年鱼　八丈岛　水深15m　长10cm

成年鱼　八丈岛　水深8m　长12cm

天竺鲷科

斗氏天竺鲷

Apogon doederleini

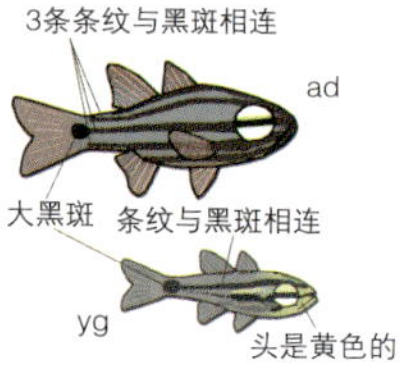

茨城县~屋久岛的太平洋沿岸，八丈岛，岛根县~九州北岸，琉球群岛；朝鲜半岛，中国大陆及台湾地区，菲律宾，澳大利亚沿岸（南岸除外）。

栖息于浅岩礁根部侧面的裂缝及洞穴中，独居。幼鱼及青年鱼常群居在岩石根部侧面的阴暗处、海鸡冠等腔肠动物的周围。温带种。

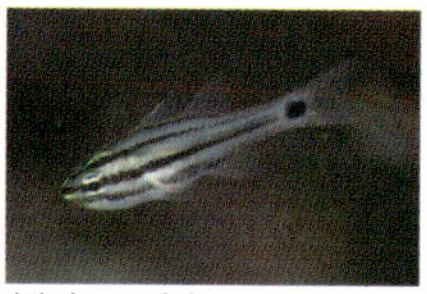

青年鱼　八丈岛
水深8m　长5cm

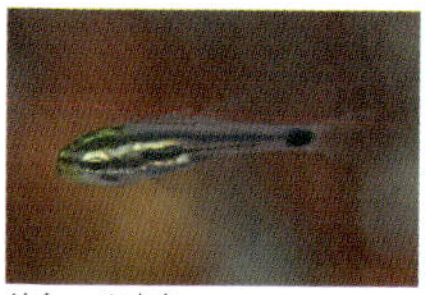

幼鱼　八丈岛
水深6m　长2cm

成年鱼　八丈岛　水深12m　长10cm

天竺鲷科

细线天竺鲷

Apogon endekataenia

伊豆诸岛，小笠原群岛，千叶县~屋久岛的太平洋沿岸，兵库县~五岛列岛的日本海和东海沿岸，琉球群岛；济州岛，中国大陆及台湾地区，新加坡，爪哇湾，泰国湾。

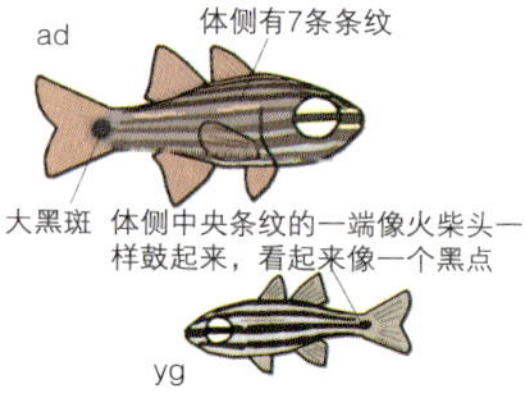

主要栖息于稍深海域、周围有沙泥底的岩礁处。温带种。

幼鱼　八丈岛
水深8m　长3cm

成年鱼　八丈岛　水深16m　长6cm

天竺鲷科

全纹天竺鲷

Apogon holotaenia

日本南部的太平洋沿岸，伊豆诸岛，福冈县冲之岛，长崎县香烧，屋久岛；苏拉威西岛，马尔代夫群岛，波斯湾，非洲大陆东海岸。

成对栖息于浅珊瑚礁岩石之间的缝隙等暗处。全纹天竺鲷以前被认为与黄带鹦天竺鲷是同一种鱼，直到2013年才被分离出来。它比黄带鹦天竺鲷生活在更南方的水域，所以在冲绳是很常见的品种。幼鱼是季节洄游鱼，在日本南部的太平洋沿岸很常见，但是成年鱼就是稀有物种了。

幼鱼　八丈岛
水深8m　长2.5cm

天竺鲷科

黄带鹦天竺鲷

Apogon properuptus

日本南部的太平洋沿岸，八丈岛，小笠原群岛，屋久岛，琉球群岛；印度~西太平洋。

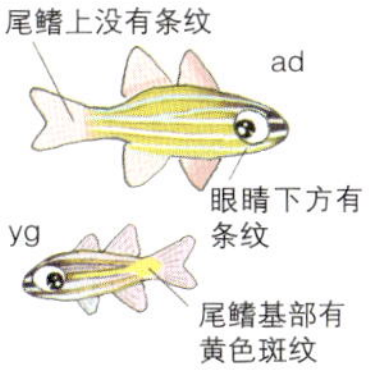

成对栖息于浅岩礁的岩石缝隙等暗处。生活在比全纹天竺鲷更偏北的水域，在日本南部的太平洋沿岸看到的鱼基本都是此品种。

成年鱼　八丈岛　水深17m　长7cm

在口中孵卵　八丈岛
水深14m　长6cm

幼鱼　八丈岛
水深10m　长2.5cm

天竺鲷科

黑带天竺鲷

Apogon nigrofasciatus

日本南部的太平洋沿岸，伊豆诸岛，小笠原群岛，屋久岛，琉球群岛；中国台湾地区，印度~太平洋（夏威夷群岛、皮特凯恩群岛、复活节岛除外）。

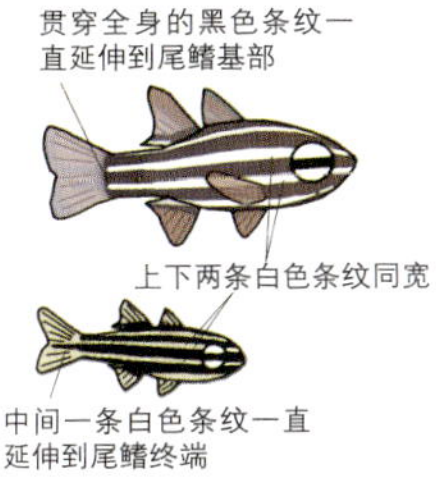

主要栖息于浅层珊瑚礁的珊瑚之下或岩石阴暗面。在日本本州沿岸很难见到，此品种为不过冬的季节洄游鱼。

成年鱼　八丈岛　水深18m　长10cm

幼鱼　八丈岛
水深3m　长2.5cm

天竺鲷科

宽带天竺鲷

Apogon angustatus

八丈岛，琉球群岛；中国台湾地区南部，印度~西太平洋，莱恩群岛。

主要栖息于内湾性的浅岩礁根部的裂缝中及珊瑚礁的礁池内。

成年鱼　八丈岛　水深15m　长8cm

幼鱼　八丈岛
水深12m　长3cm

成年鱼　八丈岛　水深2m　长12cm

天竺鲷科

褐带天竺鲷

Apogon taeniophorus

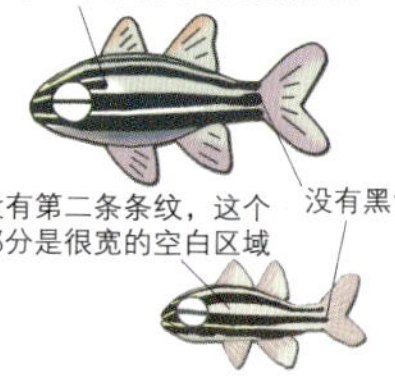

日本南部的太平洋沿岸，五岛列岛，屋久岛~奄美大岛，琉球群岛；中国台湾地区，印度~太平洋（夏威夷群岛、澳大利亚沿岸除外）。

常藏身于浅岩礁根部侧面的裂缝及洞穴深处、乱石下等区域。

幼鱼　八丈岛
水深2m　长2.5cm

成年鱼　奄美大岛　水深1m
长10cm　道罗英夫

天竺鲷科

库氏天竺鲷

Apogon cookii

千叶县~静冈县，小笠原群岛，五岛列岛，屋久岛，琉球群岛；中国大陆及台湾地区，印度~西太平洋。

主要栖息于3米以内的内湾、岩礁及珊瑚礁处。在八丈岛，库氏天竺鲷常独居于3米以内的乱石阴暗处或岩穴的深处。

幼鱼　奄美大岛
水深1m　长3cm　道罗英夫

成年鱼　八丈岛　水深8m　长12cm

天竺鲷科

中线天竺鲷

Apogon kallopterus

伊豆诸岛，小笠原群岛，和歌山县，屋久岛，琉球群岛；中国台湾地区，印度~太平洋（复活节岛除外）。

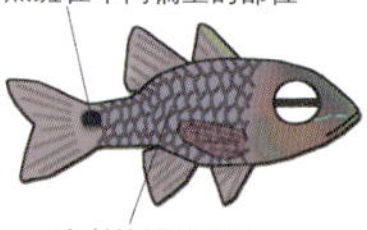

主要栖息于内湾浅岩礁根部侧面的裂缝处、珊瑚的阴暗处。

幼鱼　八丈岛
水深12m　长2cm

天竺鲷科

石恒天竺鲷

Apogon ishigakiensis

琉球群岛；中国台湾地区南部，西太平洋的热带海域。

常见于非常浅的内湾藻层、乱石带、刺冠海胆等海胆类生物的周围。

吕宋岛　水深6m　长5cm

天竺鲷科

埃氏天竺鲷

Apogon evermanni

八丈岛，和歌山县串本，琉球群岛；印度~太平洋中部，西印度群岛。

常藏身于洞窟中和岩石根部侧面的裂缝深处，白天基本不出来。稀有物种。

八丈岛　水深12m　长4cm

天竺鲷科

三斑天竺鲷

Apogon trimaculatus

高知县高知，琉球群岛；中国台湾和香港地区，太平洋中部和西部的热带海域，西印度洋。

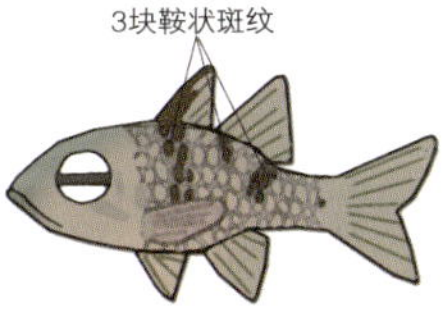

栖息于珊瑚礁根部的侧面、岩穴及裂缝处，独居。

吕宋岛　水深7m　长13cm

石垣岛　水深6m　长5cm　田崎庸一

天竺鲷科

弱棘天竺鲷

Zoramia leptacantha

琉球群岛；印度~西太平洋。

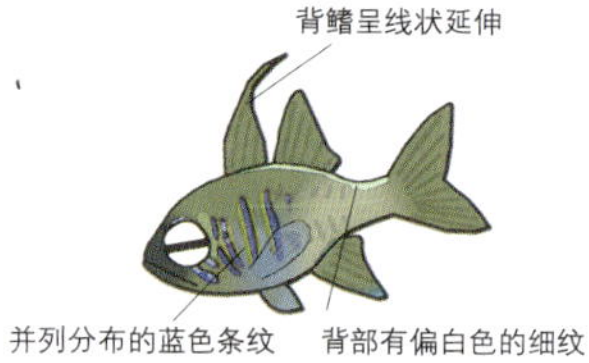

群居于内湾没有风浪的地方，以及礁池的珊瑚枝之间。

成年鱼　八丈岛　水深8m　长7cm

天竺鲷科

褐斑长鳍天竺鲷

Archamia fucata

日本南部的太平洋沿岸，伊豆诸岛，小笠原群岛，屋久岛，琉球群岛；中国台湾地区，印度~西太平洋。

主要栖息于内湾性的岩礁根部侧面的裂缝及洞穴中、礁池内的珊瑚枝之间。在岩礁区域经常与长鳍天竺鲷一起活动。

幼鱼　八丈岛
水深5m　长2.5cm

帕劳　水深5m　长6cm

天竺鲷科

黑带长鳍天竺鲷

Archamia zosterophora

琉球群岛；西太平洋，澳大利亚西北岸。

群居于浅内湾及礁池内的珊瑚枝之间。大的珊瑚枝上可能会有上百只黑带长鳍天竺鲷。

天竺鲷科

丝鳍高身天竺鲷

Sphaeramia nematoptera

奄美大岛，石垣岛，西表岛；中国台湾地区，东印度~西太平洋。

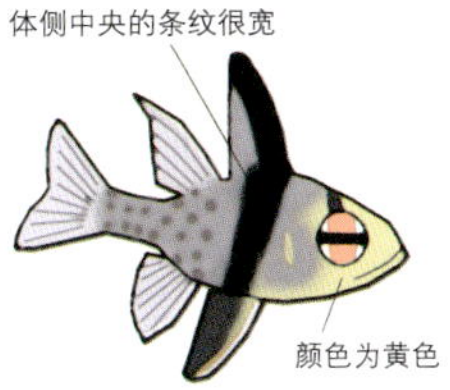

主要栖息于浅湾内和礁池的萼形柱珊瑚的珊瑚枝之间。幼鱼常栖息于较浅的内湾且潮水起伏平稳的地方。

帕劳　水深5m　长2.5cm

天竺鲷科

环纹圆天竺鲷

Sphaeramia orbicularis

奄美大岛，庆良间群岛，西表岛；中国台湾和香港地区，印度~西太平洋。

比起同属的其他鱼类，该品种更喜欢栖息于较浅的内湾且潮水起伏平稳的地方。在日本属稀有物种，只在西表岛的红树林地区可见。

帕劳　水深2m　长12cm　水谷知世

天竺鲷科

林氏拟天竺鲷

Pseudamia hayashii

八丈岛，静冈县富户，奄美大岛，琉球群岛；中国台湾地区，西太平洋，加罗林群岛，萨摩亚群岛，澳大利亚东北岸，亚丁湾。

主要栖息于岩礁和珊瑚礁区域。喜欢在岩穴、洞窟等暗处，白天不出来。如果夜间在八丈岛潜水，就可以看到这种鱼。

八丈岛　水深10m　长6cm　石野升太

伊豆半岛
水深25m　长40cm
小林裕

方头鱼科

日本方头鱼

Branchiostegus japonicus

茨城县以南的太平洋沿岸，青森县津轻海峡~九州的日本海和东海沿岸；中国大陆及台湾地区。

主要栖息于水深20~156米的沙泥底。成群在沙泥底挖横着的洞穴，藏身于洞穴之中。一条雄性与几条雌性组成一个群体，洞穴周围是雄性的领地。

伊江岛
水深55m　长15cm
松下满俊

软棘鱼科

马氏似弱棘鱼

Hoplolatilus marcosi

冲绳岛；菲律宾群岛，帕劳，所罗门群岛。

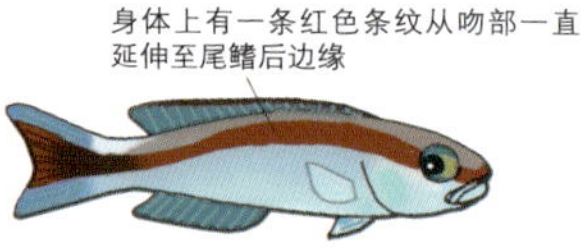

主要栖息于珊瑚礁外缘水深50米以上的沙砾底。独居或成对居住，悬浮在由珊瑚砾堆积起来的洞穴上方。

伊江岛
水深55m　长15cm
松下满俊

软棘鱼科

奇氏似弱棘鱼

Hoplolatilus chlupatyi

冲绳县伊江岛；菲律宾群岛。

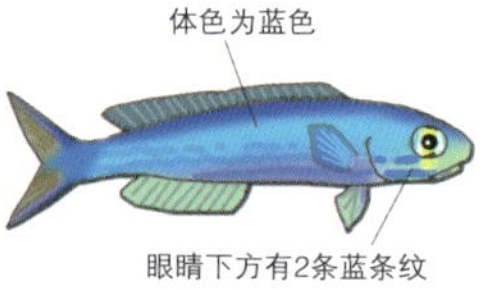

主要栖息于珊瑚礁外缘水深50米以上的沙砾底。因身体可以瞬间由蓝色变为黄色，故也被称为“变色鱼”。

软棘鱼科

似弱棘鱼

Hoplolatilus cuniculus

屋久岛，吐噶喇列岛小宝岛，琉球群岛，小笠原群岛；西太平洋，塔希提岛，西印度洋。

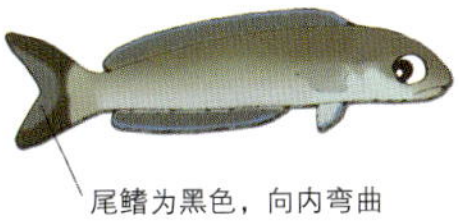

在珊瑚礁外缘的沙砾底挖洞，在洞穴上方单独或成对悬浮。警惕性很强，一旦靠近，它们马上就会躲进洞里。

吕宋岛　水深35m　长12cm

软棘鱼科

短吻弱棘鱼

Malacanthus brevirostris

日本南部的太平洋沿岸，屋久岛，琉球群岛，八丈岛，小笠原群岛；印度~泛太平洋。

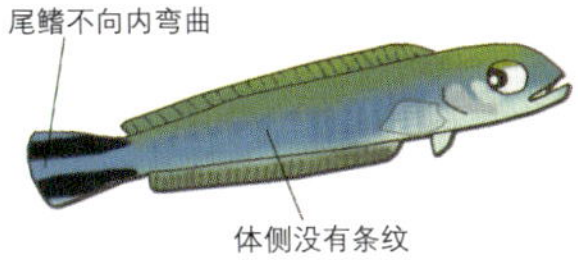

在潮水流通较好区域的沙底和沙砾底上挖洞，在洞穴周边游动。警惕性很强，一旦靠近，它们马上就会躲进洞里。

八丈岛　水深30m　长16cm

软棘鱼科

黑带软棘鱼

Malacanthus latovittatus

相模湾，和歌山县，高知县柏岛，屋久岛，八丈岛，琉球群岛；印度~太平洋（夏威夷群岛除外）。

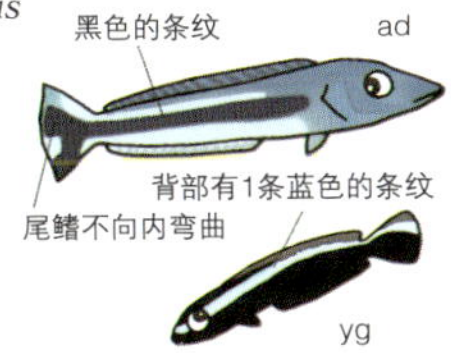

喜欢悬浮于珊瑚礁珊瑚砾堆、沙砾和沙地的中间，独居。幼鱼会在洞穴上方缓慢游动。

幼鱼　八丈岛
水深12m　长6cm

成鱼　帕劳　水深15m　长35cm

八丈岛　水深5m　长8cm

鲹科

牛眼鲹

Scombrops boops

八丈岛，北海道~九州的太平洋沿岸，北海道~九州的日本海和东海沿岸；朝鲜半岛，中国台湾地区，德拉瓜湾。

幼鱼主要栖息于沿岸的较浅水域，成年鱼主要栖息于水深200~700米的岩礁区域。潜水时，在10米左右的水域看到的都是幼鱼。幼鱼在沿岸较浅处成群生活，随着成长会向更深的水域移动。同属的吉氏青鲹的幼鱼不仅外形与此品种相似，连生活场所和饮食习惯也全部一样，辨别方法仍在研究之中。

专栏

一期一会

由于水温及盐分浓度的不同，海洋的表层与深层互不干扰，互不混合，各自独立流动。但是，受海风及海底地形等因素的影响，深层的海水有时会涌到表层。这被叫作涌升流。

涌升流不仅会将深层的海水带到表层，还会将深海鱼带至海洋表面。

像栖息于200米以上海域的振袖鱼及生活在500米左右海域的斑点月鱼都会被涌升流带到较浅海域。栖息于伊豆大濑崎200~800米水域的球角鮟鱇，就是被涌升流带到较浅海域，从而被潜水员发现的。它们原本是深海鱼，无法被潜水员发现。这正是所谓的“一期一会”。

漂浮在水面的振袖鱼（摄影 横川智章）

在水深1m左右的海域游动的斑点月鱼的幼鱼（摄影 铃木壮一郎）

在水面附近被发现的球角鮟鱇（摄影 川原晃）

鲫科

虱鲫

Phtheirichthys lineatus

八丈岛，茨城县以南的太平洋沿岸，新潟县以南的日本海沿岸，九州西岸；朝鲜半岛，印度~泛太平洋和大西洋的暖海域。

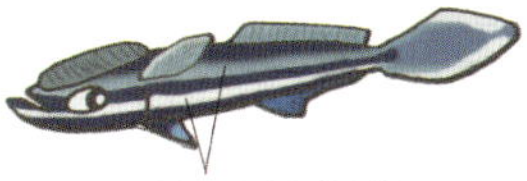

八丈岛　水深5m　长8cm

常附着在外洋的大型鱼身上。在八丈岛，虱鲫的幼鱼经常附着在箱鲀、六斑刺鲀、纹腹叉鼻鲀、棘背角箱鲀等鲀类的身上。

鲹科

斐氏鲳鲹

Trachinotus baillonii

新潟县，长崎县，八丈岛，小笠原群岛，日本南部的太平洋沿岸，琉球群岛；韩国，中国大陆及台湾地区，印度~太平洋（夏威夷群岛、土阿莫土群岛以东除外）。

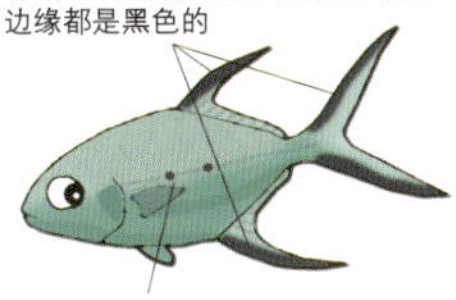

座间味岛　水深1m　长25cm　小林岳志

主要栖息于波涛汹涌的水面附近。幼鱼和青年鱼喜欢栖息于内湾有沙子堆积的海岸处。

鲹科

纺锤鰤

Elagatis bipinnulata

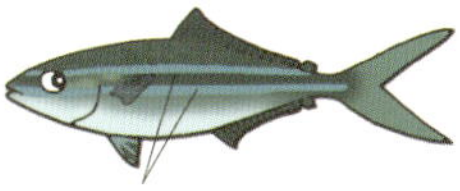

日本本州，伊豆诸岛，小笠原群岛，屋久岛，琉球群岛；千岛列岛南部的太平洋沿岸，朝鲜半岛，中国台湾地区，温带和热带海域。

群居于沿岸的潮水流通较好区域的岩礁区域、面向外洋的珊瑚礁区域和海面上。喜欢偏高的水温。在八丈岛，当水温上升至25℃以上时，可频繁看到此种，但是当水温低于25℃时，就看不到了。

八丈岛
水深16m　长60cm

幼鱼　八丈岛
水深17m　长3cm

八丈岛　水深8m　长70cm

伊豆半岛　水深2m　长50cm　大沼久志

鲹科

五条鰤

Seriola quinqueradiata

北海道以南的日本海域，屋久岛，冲绳岛；朝鲜半岛，千岛列岛南部的太平洋沿岸，日本海北部。

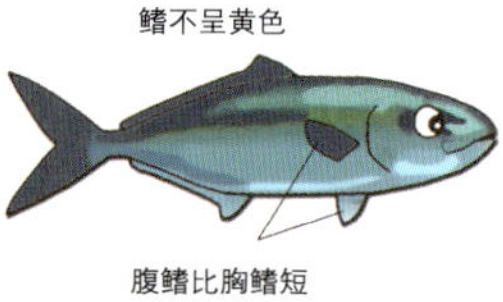

主要栖息于沿岸、潮水流通较好区域岩礁的中层或底层。比拉式鰤更喜低温，主要生活在从北海道南部到九州的水温较低的水域。成年鱼秋冬季南下，春夏季北上，在南北之间洄游。此品种在不同生长时期有不同的名称，日本在关东被叫作幼鰤→小鰤→稚鰤→五条鰤，在日本关西被叫作童鰤→飯鰤→绣眼鰤→五条鰤。近年来，为了与天然生长的五条鰤区分开来，人工饲养的五条鰤被叫做飯鰤。

八丈岛　水深40m　长1m

鲹科

黄尾鰤

Seriola lalandi

北海道以南的日本海域，伊豆诸岛，小笠原群岛，屋久岛，奄美大岛，冲绳县；朝鲜半岛，千岛列岛南部的太平洋沿岸，山东半岛，日本海北部，印度~泛太平洋，阿根廷，圣赫勒拿岛。

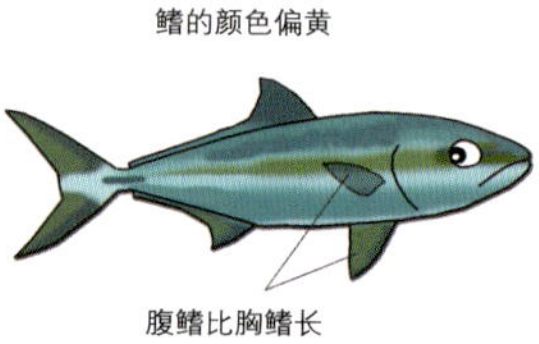

主要栖息于从沿岸至潮水流通较好岩礁区域的中层或底层。在八丈岛水温17℃左右的稍浅的水域，可经常见到此品种。

八丈岛　水深45m　长1m

鲹科

高体鰤

Seriola dumerili

北海道太平洋沿岸，青森县以南的海域，八丈岛，小笠原群岛，屋久岛，冲绳岛；朝鲜半岛，中国大陆及台湾地区，千岛列岛南部的太平洋沿岸，东太平洋除外的温带和热带海域。

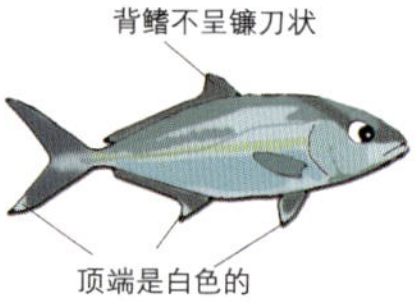

生活在比长鳍鰤栖息的水域水温更低的区域。独居或群居于沿岸稍深海域的中下层。眼部的斜带从背后看像一个“八”字。

八丈岛　水深18m　长50m

鲹科

长鳍鰤

Seriola rivoliana

日本南部的太平洋沿岸，八丈岛，小笠原群岛，能登半岛，山口县日本海沿岸，长崎县，琉球群岛；济州岛，中国台湾地区，温带和热带海域。

比高体鰤生活在更偏南的海域。独居或群居于稍深的近海海域的中下层。体积越大的长鳍鰤生活的海域越深。喜食鱼类和甲壳类。会通过团队配合捕食小鱼。单独捕食时，为了不被发现，身体的条纹会变成黑色，在水底爬行接近猎物。

八丈岛
水深15m　长60m

八丈岛
水深8m　长40m　水谷知世

八丈岛　水深45m　长90m

鲹科

六带鲹

Caranx sexfasciatus

日本本州的太平洋沿岸，伊豆诸岛，小笠原群岛，若狭湾~山口县的日本海沿岸，屋久岛，琉球群岛；朝鲜半岛，中国大陆及台湾地区，印度~泛太平洋。

群居于从内湾至沿岸的浅海海域。幼鱼和体积较小的个体喜欢栖息在内湾或河口等较浅水域。

八丈岛　水深5m　长20m

鲹科

浪人鲹

Caranx ignobilis

茨城县以南的太平洋沿岸，小笠原群岛，九州西岸，屋久岛，琉球群岛；朝鲜半岛，中国大陆及台湾地区，印度~太平洋。

幼鱼群居于内湾、河口区域的沙底。成年鱼独居于潮水流通较好区域的岩礁及面向外洋的珊瑚礁区域。浪人鲹外形威严，姿态很像日本的浪人武士，故得此名。

帕劳　水深12m　长1.2m

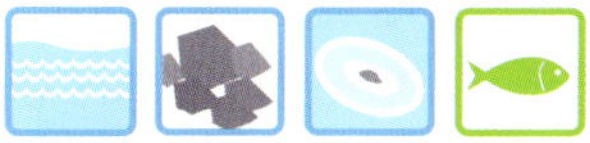

八丈岛　水深25m　长50cm

鲹科

阔步鲹

Caranx lugubris

日本南部的太平洋沿岸，伊豆诸岛，小笠原群岛，琉球群岛；中国台湾地区，热带海域。

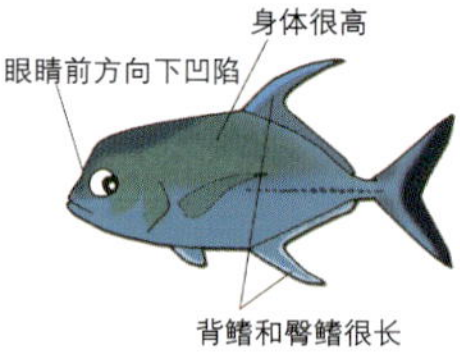

小规模群居于潮水流通较好区域面向外洋的岩礁和珊瑚礁的岩壁平坦区域和斜面处。

塞班岛　水深5m　长40cm

鲹科

黑尻鲹

Caranx melampygus

日本南部的太平洋沿岸，伊豆诸岛，小笠原群岛，九州西岸，屋久岛，琉球群岛；中国台湾地区，印度~泛太平洋。

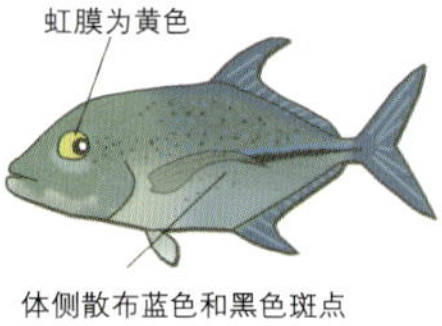

独居或群居于珊瑚礁区域。在大型鱼附近捕食。左图就是紧挨着尖吻白星笛鲷，等待捕食受惊的鱼的黑尻鲹。幼鱼常见于内湾的浅沙底处。

八丈岛　水深14m　长40cm

鲹科

直线若鲹

Carangoides orthogrammus

青森县陆奥湾和津轻海峡，日本南部的太平洋沿岸，八丈岛，小笠原群岛，新潟县以南的日本海沿岸，九州西岸，屋久岛，琉球群岛；韩国，中国台湾地区，印度~泛太平洋。

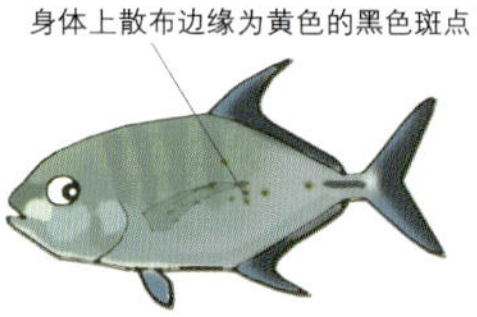

群居于从沿岸到近海、水深约150米的水域。喜高温。在八丈岛，水温上升到25℃以上后，可常见此品种。

鲹科

平线若鲹

Carangoides ferdau

日本南部的太平洋沿岸，山口县日本海沿岸，伊豆诸岛，小笠原群岛，琉球群岛；朝鲜半岛，中国大陆及台湾地区，印度~太平洋（复活节岛除外）。

八丈岛　水深5m　长25cm

多群居于珊瑚礁区域、沿岸岩礁区域和潮水流通较好水域的较浅区域。单独栖息的或年幼的个体常紧挨着大型鱼类、水母或浮游生物。照片中的个体正紧挨着缨尾水母。

鲹科

黄带拟鲹

Pseudocaranx dentex

青森县以南的太平洋沿岸，新潟县以南的日本海沿岸，九州西岸，伊豆诸岛，小笠原群岛，屋久岛，琉球群岛；中国台湾地区，东太平洋除外的温带海域。

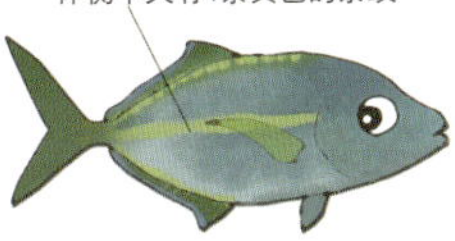

八丈岛　水深12m　长35cm

主要栖息于沿岸至近海的水深200米以内海域的中下层。体型越大的个体越喜欢单独行动，体型小的个体一般群体活动。在八丈岛，到了春天，可以看到幼鱼紧挨着星斑裸颊鲷和绿海龟的景象，有时它也会挨着潜水员游动。

鲹科

白舌尾甲鲹

Uraspis helvola

北海道太平洋沿岸，日本本州海域，伊豆诸岛，小笠原群岛，琉球群岛；千岛列岛南部的太平洋沿岸，朝鲜半岛，中国台湾地区，红海，阿拉伯海，夏威夷群岛，大西洋。

八丈岛　水深25m　长28cm

群居于从沿岸至近海的底层。比白口尾甲鲹生活在更偏北方的水域，但是分布很广泛。在珊瑚礁区域，常与白口尾甲鲹一起游动。

帕劳　水深15m　长20cm　桥本猛

鲹科

白口尾甲鲹

Uraspis uraspis

土佐湾，鹿儿岛县萨摩半岛，大隈半岛，冲绳岛；中国大陆及台湾地区，印度~西太平洋。

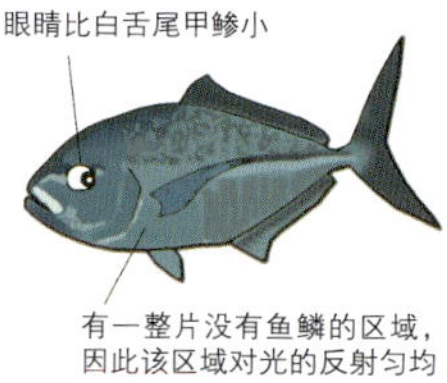

群居于珊瑚礁的沿岸底层。外形与白舌尾甲鲹十分相似，但眼睛比白舌尾甲鲹小，胸鳍的下侧周围没有鱼鳞。打开闪光灯拍摄时，没有鱼鳞部分的颜色会与其他地方不一样，因此从照片上很容易就能分清这两种鱼。

八丈岛　水深6m　长15cm

鲹科

竹筴鱼

Trachurus japonicus

日本海域；朝鲜半岛，中国大陆及台湾地区。

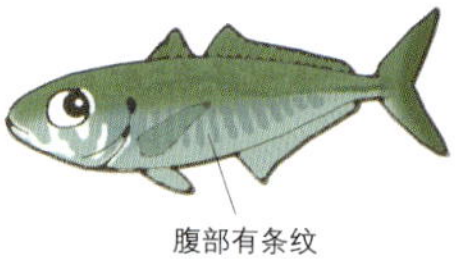

在学名之外，它有一个小名叫日本竹筴鱼，它是生活在太平洋西北部温带海域的品种。幼鱼群居于内湾的浅水域，在成长的过程中，会慢慢移至沿岸和近海的中底层。成年鱼秋冬季南下，春夏季北上，在南北之间洄游。

八丈岛
水深5m　长16cm

八丈岛　水深15m　长28cm

鲹科

颌圆鲹

Decapterus macarellus

伊豆诸岛，小笠原群岛，津轻海峡，日本南部的太平洋沿岸，屋久岛，山口县日本海沿岸，琉球群岛；济州岛，中国大陆及台湾地区，温带和热带海域。

在沿岸较浅海域的表层、中层大量洄游。体长40厘米以上的大型种生活在水深200米左右的底层。捕食小虾、乌贼、沙丁鱼等小鱼。

乌鲂科

日本乌鲂

Brama japonica

北海道~土佐湾的太平洋沿岸，北海道~九州的日本海沿岸，伊豆诸岛，八丈岛，小笠原群岛，九州~帕劳海岭；朝鲜半岛，中国台湾地区，彼得大帝湾，北太平洋，东太平洋。

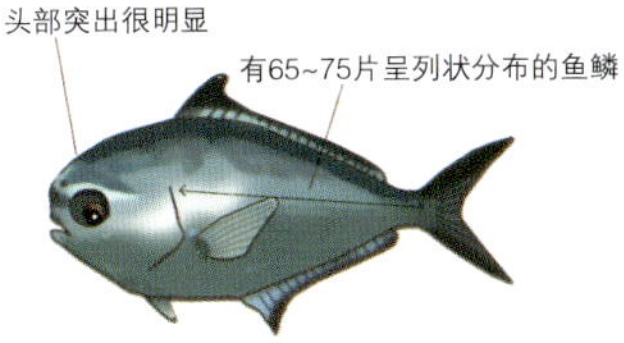

主要栖息于水深620米以内的海域，主要在250米以内的海域活动。照片中的个体是在冷水团来临的季节，随着上升的海水涌上来的。

八丈岛　水深10m　长50cm　石野昇太

乌鲂科

杜氏乌鲂

Brama dussumieri

相模湾~九州的黑潮流域，京都府舞鹤~长崎县五岛列岛的对马暖流海域，八重山群岛，九州~帕劳海岭；泛太平洋，印度洋，大西洋。

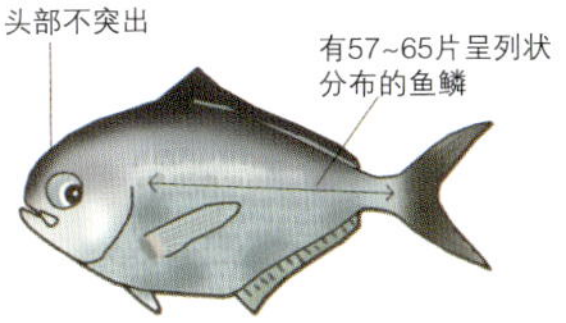

外洋性鱼类。主要栖息于水深300米以内的海域。右图中的个体应该是栖息在流藻等浮游生物中的幼鱼。外形与同属的小鳞乌鲂相似，区别在于，此品种腹部不向前突出。幼鱼尾鳍的上下两端有暗色区域，呈延伸状。

青年鱼　八丈岛　水面下　长10cm

笛鲷科

白斑笛鲷

Lutjanus bohar

日本南部的太平洋沿岸，八丈岛，小笠原群岛，屋久岛，琉球群岛；中国台湾和香港地区，印度~太平洋（夏威夷群岛、复活节岛除外）。

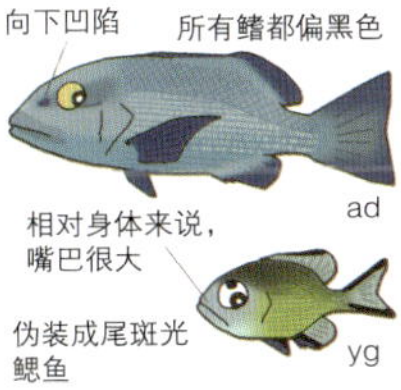

大量群居于潮水流通较好区域的岩礁、珊瑚礁外缘的岩壁平坦处。幼鱼常伪装成尾斑光鳃鱼的幼鱼，这样可以混入尾斑光鳃鱼的群体，不仅可以自保，也方便袭击和捕食尾斑光鳃鱼。

幼鱼　八丈岛
水深8m　长4cm

成年鱼　帕劳　水深8m　长45cm　水谷知世

西表岛　水深12m　长30cm　水谷知世

笛鲷科

交叉笛鲷

Lutjanus decussatus

爱媛县爱南，屋久岛，琉球群岛；中国台湾地区，东印度~西太平洋。

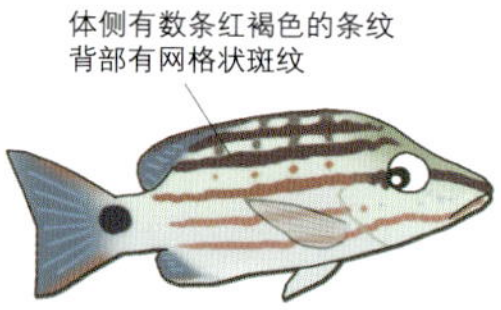

栖息于潮水流通较好区域的珊瑚礁外缘的斜面或岩壁平坦处，独居。

成年鱼　八丈岛　水深6m　长8cm

笛鲷科

黄足笛鲷

Lutjanus fulvus

日本南部的太平洋沿岸，八丈岛，小笠原群岛，屋久岛，琉球群岛；中国大陆及台湾地区，印度~太平洋（皮特凯恩岛、复活节岛除外）。

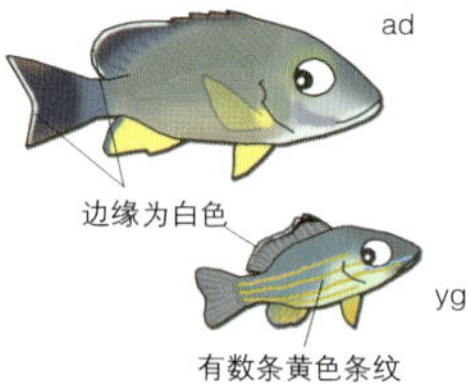

主要栖息于岩礁、珊瑚礁外缘根部周围。幼鱼和青年鱼生活在河流的淡咸水域。在八丈岛的潮水洼地等浅水域常年可见，但是成年鱼很稀有。

幼鱼　八丈岛
水深2m　长3.5cm

八丈岛　水深40m　长30cm

笛鲷科

长丝莱氏笛鲷

Randallichthys filamentosus

伊豆诸岛，小笠原群岛，琉球群岛；关岛，新喀里多尼亚，马绍尔群岛，库克群岛，社会群岛，夏威夷群岛。

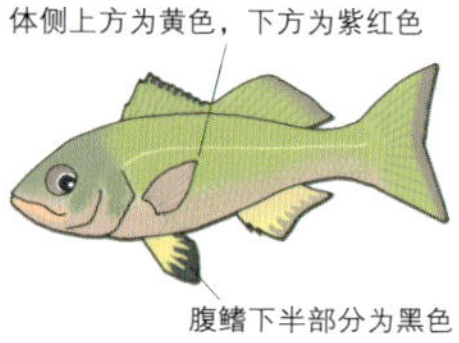

主要栖息于水深200米以上的岩礁区域。在八丈岛，一到冷水团来临的季节，它们就会上浮到水深20米左右的海域。

笛鲷科

绿短鳍鱼

Aprion virescens

男女群岛，伊豆诸岛，小笠原群岛，伊豆半岛~九州的太平洋沿岸，琉球群岛；中国台湾地区，印度~太平洋（复活节岛除外）。

主要栖息于岩礁、珊瑚礁区域。在海洋的中层水域独居。肉食动物，捕食鱼、甲壳类、乌贼类等。由于身体为绿色，故得此名。

巴荣纳岩　水深12m　长60cm

笛鲷科

榄色细齿笛鲷

Aphareus furca

八丈岛，小笠原群岛，相模湾西岸，土佐湾，琉球群岛；中国台湾地区，印度~太平洋（复活节岛除外），科科岛。

主要栖息于岩礁、珊瑚礁区域。在八丈岛，一到水温低的冷水团来临的季节，就可以在较浅的水域看到榄色细齿笛鲷。

八丈岛　水深15m　长80cm

笛鲷科

青若梅鲷

Paracaesio caerulea

伊豆诸岛，小笠原群岛，神奈川县三崎，土佐湾，屋久岛，琉球群岛；中国台湾地区。

主要栖息于水深100米以上的岩礁区域。在八丈岛，到了冷水团来临的季节，它们会上升到较浅的海域，但即便如此，潜水时还是很难看到，能拍到更不容易。

八丈岛　水深60m　长30cm

成年鱼　八丈岛　水深5m　长5cm

笛鲷科

驼背笛鲷

Lutjanus gibbus

日本南部的太平洋沿岸，伊豆诸岛，小笠原群岛，屋久岛，琉球群岛；中国台湾地区，印度~太平洋（复活节岛除外）。

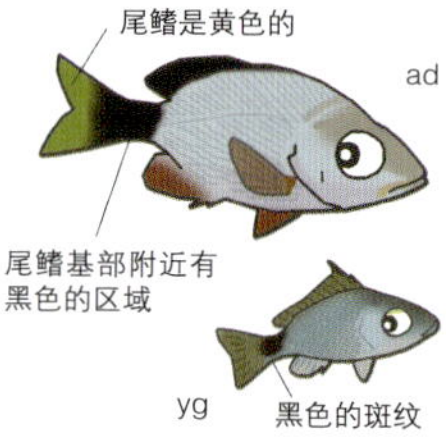

大规模群居于岩礁、珊瑚礁外缘的斜面中层。在日本南部的太平洋沿岸，成年鱼是非常稀有的物种，幼鱼为季节洄游鱼，在潮水洼地、内湾较浅处等地方可见。

幼鱼　八丈岛
水深5m　长2cm

成年鱼　八丈岛　水深18m　长15cm

笛鲷科

四带笛鲷

Lutjanus kasmira

日本南部的太平洋沿岸，八丈岛，小笠原群岛，富山湾，岛根县隐岐，屋久岛，琉球群岛；中国台湾地区，印度~太平洋。

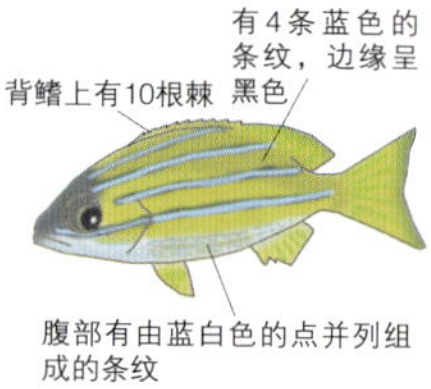

大规模群居于岩礁、珊瑚礁的水底。当水温突然下降，或是突然将其置于压力之下时，其体侧会出现黑色的斑点。作为此品种特色的由蓝白色的点组成的腹部条纹，有时也会消失不见。

八丈岛
水深16m　长7cm

幼鱼　八丈岛
水深17m　长2cm　水谷知世

屋久岛　水深18m　长35cm　原崎森

笛鲷科

孟加拉笛鲷

Lutjanus bengalensis

日本南部的太平洋沿岸，屋久岛，琉球群岛；中国台湾地区，非洲东海岸，红海~摩鹿加群岛（澳大利亚西岸和北岸除外）。

主要栖息于岩礁、珊瑚礁区域。常与四带笛鲷、线纹笛鲷的鱼群一起活动。

笛鲷科

千年笛鲷

Lutjanus sebae

和歌山县以南的太平洋沿岸，小笠原群岛，兵库县和岛根县的日本海沿岸，屋久岛，琉球群岛；中国大陆及台湾地区，印度~西太平洋，夏威夷群岛。

栖息于珊瑚礁外缘的沙底及沙砾底，独居。成年鱼体侧的条纹会变成浅的紫红色。幼鱼喜欢紧挨着刺冠海胆等海胆类生物以保护自己。

宿务岛　水深10m　长15cm　山梨深雪

海胆类

笛鲷科

斑点羽鳃笛鲷

Macolor macularis

八丈岛，小笠原群岛，和歌山县，高知县，屋久岛，琉球群岛；中国台湾地区，印度~西太平洋。

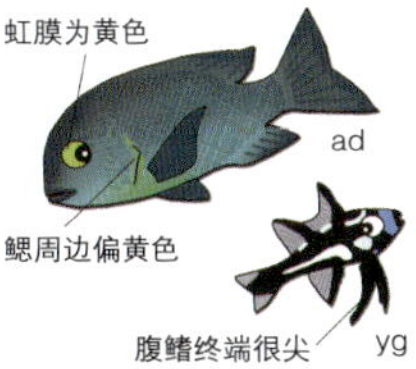

大规模群居于潮水流通较好区域珊瑚礁外缘的斜面、岩壁平坦处。幼鱼常栖息于水底的岩石阴暗面、柳珊瑚等珊瑚的旁边，单独行动。比黑羽鳃笛鲷生活在更深一些的海域。

幼鱼　八丈岛
水深30m　长4cm

成年鱼　塞班岛　水深25m　长45cm

笛鲷科

黑羽鳃笛鲷

Macolor niger

八丈岛，小笠原群岛，和歌山县，高知县，屋久岛，琉球群岛；中国台湾地区，印度~西太平洋，密克罗尼西亚，萨摩亚群岛。

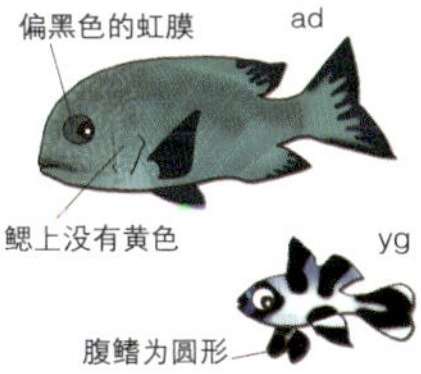

大规模群居于潮水流通较好区域的珊瑚礁外缘斜面、岩壁平坦处的中层。幼鱼常栖息于水底的岩石阴暗面、珊瑚周边，单独行动。

幼鱼　八丈岛
水深14m　长3.5cm

成年鱼　帕劳　水深10m　长50cm　水谷知世

成年鱼　八丈岛
水深21m　长28cm

笛鲷科

黄背若梅鲷

Paracaesio xanthura

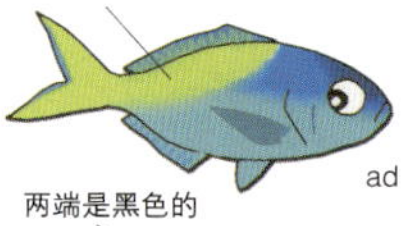

日本南部的太平洋沿岸，伊豆诸岛，小笠原群岛，山口县萩，五岛列岛，屋久岛，琉球群岛；朝鲜半岛，中国台湾地区，印度~太平洋（澳大利亚北岸和西北岸、新几内亚岛南岸、夏威夷群岛、土阿莫土群岛以东除外）。

主要栖息于水深200米左右的深海大陆架上。在八丈岛，一到冷水团来临的季节，就能在变深的近海处潮水流通较好区域的岩礁附近看到大规模群居的黄背若梅鲷。

幼鱼　八丈岛
水深16m　长4cm

八丈岛　水深14m　长25cm

乌尾鮗科

双带鳞鳍梅鲷

Pterocaesio diagramma

若狭湾以南的日本海沿岸，日本南部的太平洋沿岸，八丈岛，琉球群岛；中国台湾地区，西太平洋，澳大利亚西海岸。

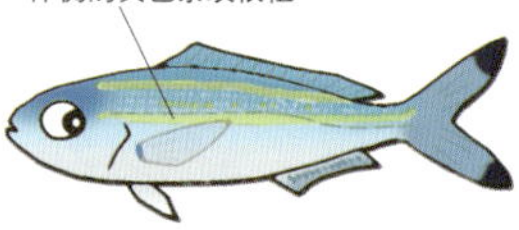

群居于潮水流通较好区域的岩礁、珊瑚礁外缘的中层。常与马氏鳞鳍梅鲷尾鮗一起游动。

八丈岛　水深14m　长25cm

乌尾鮗科

马氏鳞鳍梅鲷

Pterocaesio marri

日本南部的太平洋沿岸，八丈岛，小笠原群岛，琉球群岛；中国台湾地区，印度~西太平洋，萨摩亚群岛，马克萨斯群岛。

群居于潮水流通较好区域的岩礁、珊瑚礁外缘的中层。常与双带鳞鳍梅鲷一起游动。

乌尾鮗科

黑带鳞鳍梅鲷

Pterocaesio tile

八丈岛，小笠原群岛，三重县以南的太平洋沿岸，屋久岛，琉球群岛；中国台湾地区，泰国湾，印度~太平洋（夏威夷群岛、复活节岛除外）。

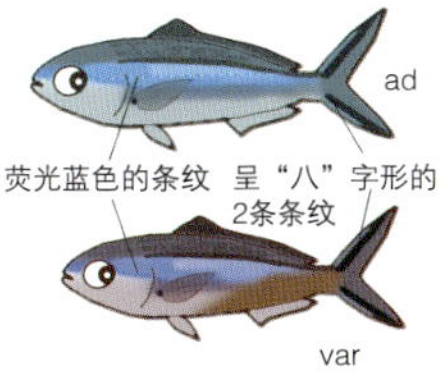

群居于潮水流通较好区域的岩礁、珊瑚礁外缘的中层。根据周围环境的明亮程度不同，身体的颜色会发生变化，环境明亮时是蓝色，环境暗时变成红色。

色彩丰富　帕劳
水深14m　长26cm

帕劳　水深16m　长26cm

乌尾鮗科

黄蓝背乌尾鮗

Caesio teres

日本南部的太平洋沿岸，八丈岛，小笠原群岛，屋久岛，琉球群岛；中国台湾地区，印度~太平洋中部（夏威夷群岛除外）。

群居于潮水流通较好区域的岩礁、珊瑚礁外缘的中层。虽然在日本南部的太平洋沿岸也能见到该品种的幼鱼，但它们属于稀有物种。

幼鱼　八丈岛
水深18m　长3cm

八丈岛　水深17m　长25cm

松鲷科

松鲷

Lobotes surinamensis

八丈岛，知床半岛周边的鄂霍次克海，北海道~九州的太平洋沿岸，青森县~九州的日本海和东海沿岸，琉球群岛；朝鲜半岛，中国大陆及台湾地区，太平洋中部和西部，印度洋（含红海），大西洋的温带和热海海域，地中海，爱琴海。

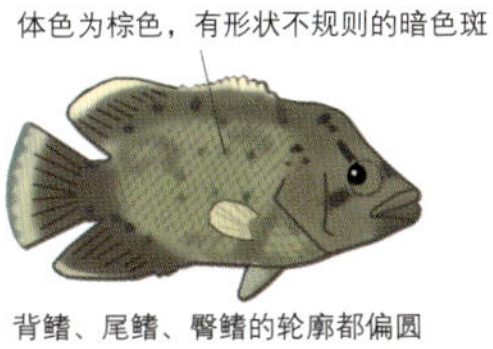

主要栖息于内湾、咸淡水域。幼鱼和青年鱼常与漂流物一起漂浮在海水表层。身体表面有形状不规则的暗色斑，便于伪装成枯叶。成年鱼多生活在外洋表层，故潜水时很难见到。

八丈岛　水面　长6cm

八丈岛　水深6m　长20cm

银鲈科

银鲈

Gerres equulus

八丈岛，新潟县佐渡，兵库县，山口县日本海沿岸，九州西岸，日本南部的太平洋沿岸，屋久岛；朝鲜半岛。

主要栖息于内湾、河流、咸淡水域。在八丈岛，平时它们都是单独行动，但是到了1、2月份，能看到几百只群居的画面。幼鱼在春天可见。在冲绳岛有红尾银鲈，在小笠原群岛有培根银鲈，在日本本土有银鲈。在八丈岛可能这三种鱼都有，但是凭照片分辨它们有些困难。照片中的幼鱼也是根据其生存状态判断为此品种。

幼鱼　八丈岛
水深6m　长3cm

成年鱼　八丈岛　水深18m　长30cm

石鲈科

三线矶鲈

Parapristipoma trilineatum

新潟县至九州南岸的日本海和东海沿岸，宫城县至九州南岸的太平洋沿岸，伊豆诸岛，屋久岛；朝鲜半岛南岸，中国大陆及台湾地区。

幼鱼多在内湾浅处的大叶藻层和海藻多的地方群居。成年鱼群居于较浅的沿岸水域。群居的时候体侧会出现条纹，但是大型个体单独游动时，条纹有时会消失。

幼鱼　八丈岛
水深6m　长4cm

成年鱼　屋久岛　水深20m　长70cm　原崎森

石鲈科

小丑石鲈

Plectorhinchus chaetodonoides

小笠原群岛，静冈县伊东，高知县柏岛，锦江湾~琉球群岛；中国台湾地区，泰国湾，印度~西太平洋。

成年鱼栖息于珊瑚礁面向外洋的斜面处。幼鱼在内湾的较浅区域，头向下缓慢地游动。

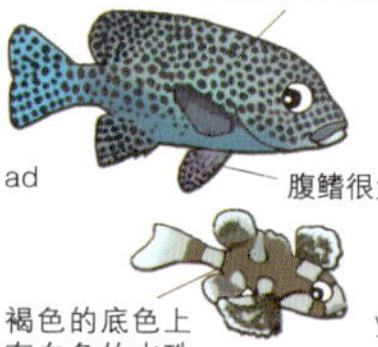

幼鱼　吕宋岛　水深5m
长4cm　水谷知世

青年鱼　屋久岛　水深9m
长30cm　原崎森

石鲈科

少耙胡椒鲷

Plectorhinchus lessonii

日本南部的太平洋沿岸，伊豆诸岛，小笠原群岛，琉球群岛；中国台湾地区，印度~西太平洋。

主要栖息于潮水流通较好区域的珊瑚礁附近。幼鱼在内湾较浅处游动。在直到伊豆半岛的太平洋沿岸，幼鱼作为季节洄游鱼，是很稀有的物种。

成年鱼　八丈岛　水深12m　长21cm

幼鱼　八丈岛
水深8m　长3.5cm

幼鱼　八丈岛
水深6m　长3cm

石鲈科

条纹胡椒鲷

Plectorhinchus lineatus

小笠原群岛，屋久岛，琉球群岛；中国台湾地区，西太平洋，安达曼海。

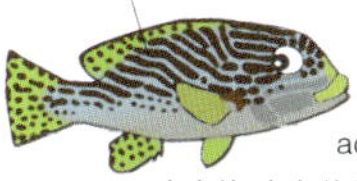

主要栖息于浅海的岩礁区、珊瑚礁外缘的斜面。幼鱼主要栖息于内湾的浅岩礁和珊瑚礁区域，体积越小的个体游动得越频繁。

成年鱼　帕劳　水深12m　长42cm

幼鱼 屋久岛
水深8m　长15cm　原崎森

石鲈科

条斑胡椒鲷

Plectorhinchus vittatus

日本南部的太平洋沿岸，八丈岛，屋久岛，琉球群岛；中国大陆及台湾地区，印度~西太平洋，密克罗尼西亚（马绍尔群岛除外）。

主要栖息于潮水流通较好区域的珊瑚礁、面向外洋的珊瑚礁的岩壁平坦处和斜面。幼鱼经常游动，在温带水域的岩礁区域季节洄游，比少耙胡椒鲷和条纹胡椒鲷更加少见。

成年鱼　屋久岛　水深8m　长35cm　原崎森

幼鱼　八丈岛
水深6m　长2cm

成年鱼　八丈岛　水深18m　长55cm

石鲈科

暗点胡椒鲷

Plectorhinchus picus

日本南部的太平洋沿岸，八丈岛，小笠原群岛，琉球群岛；济州岛，中国台湾地区，印度~中部太平洋。

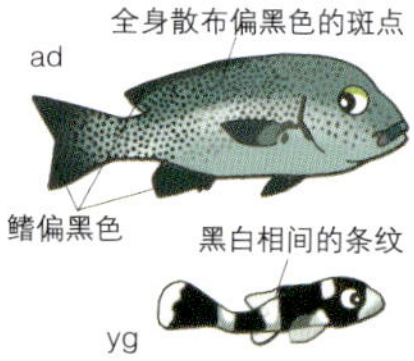

成年鱼多栖息于浅岩礁区域的岩石阴暗面等稍暗的地方。幼鱼扭动着身体向前游动，游动的方式不太像鱼，可能是为了避开敌人的视线。在直至伊豆半岛沿岸的太平洋沿岸，幼鱼是一种季节洄游鱼，在胡椒鲷属中是最常见的。

幼鱼　八丈岛
水深8m　长3cm

成年鱼　八丈岛　水深16m　长45cm

石鲈科

密点少棘胡椒鲷

Diagramma picta

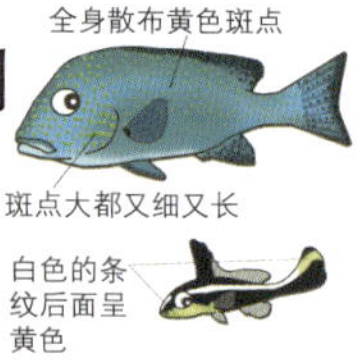

新潟县以南的日本沿岸，茨城县以南的太平洋沿岸，伊豆诸岛，小笠原群岛，屋久岛，琉球群岛；济州岛，中国大陆及台湾地区，泰国湾，印度~西太平洋。

主要栖息于沿岸较浅处。幼鱼分为两种，一种是生活在九州以北的身上有黄色的品种；另一种是生活在琉球群岛的身上没有黄色的品种。而成年鱼还没有辨别的方法，但最近也有人提出这两种鱼应该分成两类的观点。今后究竟如何划分，让我们拭目以待。

青年鱼　八丈岛
水深10m　长13cm

幼鱼　八丈岛
水深8m　长3cm

串本　水深20m　长25cm　谷口胜政

石鲈科

黄斑胡椒鲷

Plectorhinchus flavomaculatus

八丈岛，小笠原群岛，纪伊半岛，德岛县日和佐，鹿儿岛县笠沙，屋久岛，琉球群岛；中国台湾地区，印度~西太平洋，红海。

主要栖息于浅海的岩礁、珊瑚礁区域。在串本，会单独在水深15~20米的岩礁区域活动，活动范围很广。稀有物种。

青年鱼　八丈岛
水深5m　长10cm

Column

终极战术 Part1

将身体胀大以防被吃掉（图1）

以捕食鱼类为主的食肉鱼，会用各种各样的方法捕捉它们的猎物，比如结群对猎物穷追猛打、埋伏起来、快速袭击等。不过，被捕的一方也有很多的“对策”，如躲在沙子里、通过乱舞扰乱对方的视线、用特殊的游泳方式让自己看起来像枯叶等。还有像河豚之类的鱼，用体内的剧毒保护自己。

但是，即便体内有毒，在毒素发作之前，自己已经被吃掉了。从这个角度讲，仅仅依靠体内的毒素，是否难以完全自保呢?

让人没有想到的是，食肉鱼好像从一开始就知道河豚是有剧毒的，所以从来不吃河豚类的鱼。可能是由于从古至今，吃掉河豚之后的中毒事件频发，它们将“河豚不能吃”深深地刻进了DNA中。所以说，这种“我的身体有剧毒”的自保战术，必定是用世世代代的鲜血换来的。

但令人遗憾的是，并非深海中所有的食肉鱼都能记住吃河豚中毒的教训。还是有些鱼类不知道河豚有剧毒。所以说，即便是有如此高超防身技能的河豚，也不是完全没有敌人。比如说，什么都吃的狗母鱼，只要有鱼从它面前游过，即使是河豚，它也会猛扑上去吃掉。

因此，河豚进化出了另一个自保的方法。在被敌人吞进去的瞬间，体内的鱼鳔会膨胀起来，从而使身体变大，这样对方就无法将其吞下去（如图1）。

于是，有许多投机取巧的家伙，将自己装成河豚以自保。例如，平滑鳃棘鲈就会伪装成横带扁背鲀以自保。横带扁背鲀体长大约8厘米，而平滑鳃棘鲈却是体长超过1米的大型鱼，因此，它只在幼鱼时期伪装成横带扁背鲀。也有像锯胡枝子，从幼鱼直至死亡都伪装成横带扁背鲀的鱼类（图2、3、4）。

我们把这种自身本来没毒，为了保护自己不被吃掉，佯装成有毒鱼类的拟态现象称为“贝茨氏现象”。这种现象在昆虫界很常见。

横带扁背鲀（图2）

平滑鳃棘鲈的幼鱼（图3）

锯胡枝子（图4）

横带扁背鲀用祖先的生命换来的防身方法，就这样被平滑鳃棘鲈和锯胡枝子不劳而获了，但这也体现了动物求生的智慧。

成年鱼　屋久岛　水深20m　长20cm　原崎森

金线鱼科

犬牙锥齿鲷

Pentapodus caninus

屋久岛，琉球群岛；太平洋中部和西部的热带海域。

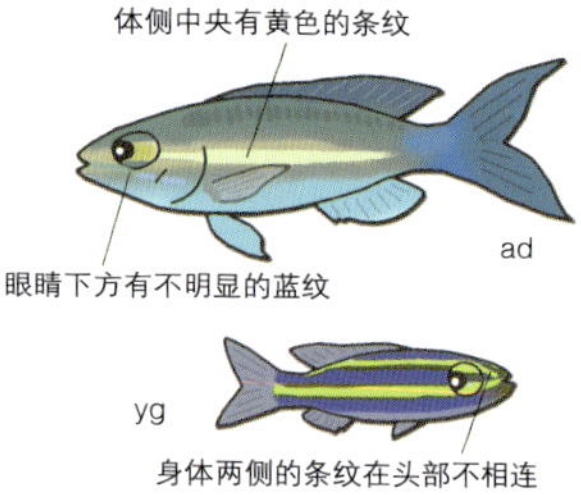

幼鱼　屋久岛
水深20m　长4cm　原崎森

青年鱼　屋久岛
水深12m　长10cm　原崎森

小规模群居于珊瑚礁外缘潮水流通较好区域的沙砾底、珊瑚砾底的中层。幼鱼在潮水流通较好区域的斜面水底独居。

成年鱼　屋久岛　水深25m　长23cm　原崎森

金线鱼科

黄带锥齿鲷

Pentapodus aureofasciatus

八丈岛，和歌山县，高知县，屋久岛，琉球群岛；中国台湾地区，太平洋中部和西部的热带海域。

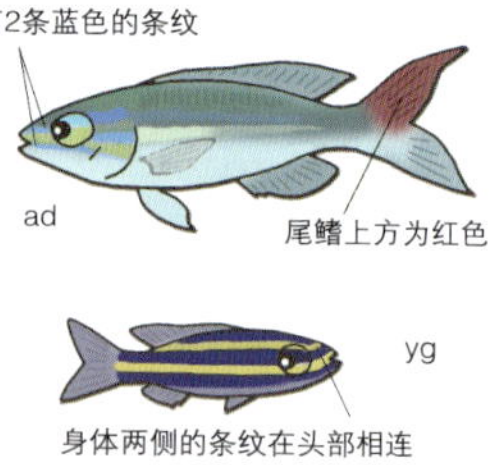

小规模群居于潮水流通较好区域稍深珊瑚礁外缘的沙砾底、珊瑚砾底的中层。幼鱼在潮水流通较好区域的斜面水底独居。

婚姻色　屋久岛
水深25m　长23cm　原崎森

幼鱼　八丈岛
水深30m　长4cm

青年鱼　屋久岛
水深25m　长12cm　原崎森

金线鱼科

长崎锥齿鲷

Pentapodus nagasakiensis

日本南部的太平洋沿岸，八丈岛，小笠原群岛，屋久岛，琉球群岛；济州岛，中国台湾地区，菲律宾群岛，印度尼西亚东部，澳大利亚西北岸和东北岸。

独居或小规模群居于岩礁、珊瑚礁周围的沙底。

八丈岛　水深32m　长4cm

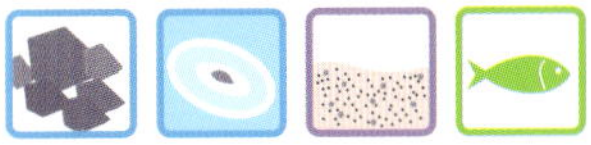

金线鱼科

双线眶棘鲈

Scolopsis bilineata

骏河湾~高知县的太平洋沿岸，八丈岛，屋久岛，琉球群岛；中国台湾地区，拉克代夫群岛，东印度~西太平洋，加罗林群岛。

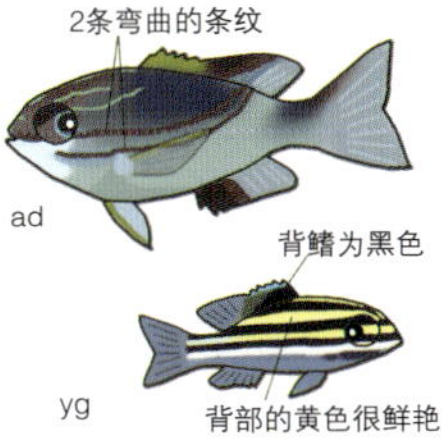

独居或小规模群居于水深10~25米的浅岩礁处。

幼鱼　八丈岛　水深10m　长5cm

成年鱼　吕宋岛　水深14m　长24cm

金线鱼科

齿颌眶棘鲈

Scolopsis ciliata

琉球群岛；中国台湾地区，东印度洋~西太平洋的热带海域。

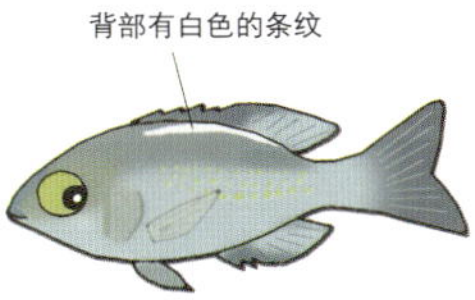

小规模群居于珊瑚礁周围的浅沙地或浅珊瑚砾底。

帕劳　水深9m　长21cm

成年鱼　吕宋岛　水深7m　长18cm

金线鱼科

三带眶棘鲈

Scolopsis lineata

八丈岛，小笠原群岛，屋久岛，琉球群岛；中国台湾地区，东印度洋~西太平洋的热带海域。

小规模群居于水深10~20米的珊瑚礁及沙底区域。幼鱼独居于浅内湾及藻层中。

幼鱼　八丈岛
水深5m　长3cm

成年鱼　西表岛　水深2m　长13cm　山梨秀己

金线鱼科

珠斑眶棘鲈

Scolopsis margaritifera

琉球群岛；中国台湾地区，西太平洋。

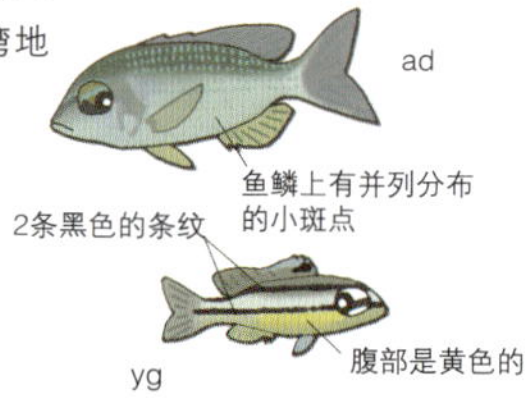

栖息于内湾的沙砾底和沙底的20米以内的浅海域，独居。幼鱼栖息于内湾浑浊的浅海域。

幼鱼　帕劳
水深6m　长4.5cm

成年鱼　宿务岛　水深30m　长15cm

金线鱼科

蓝带眶棘鲈

Scolopsis xenochrous

八丈岛，琉球群岛；中国台湾地区，印度~西太平洋。

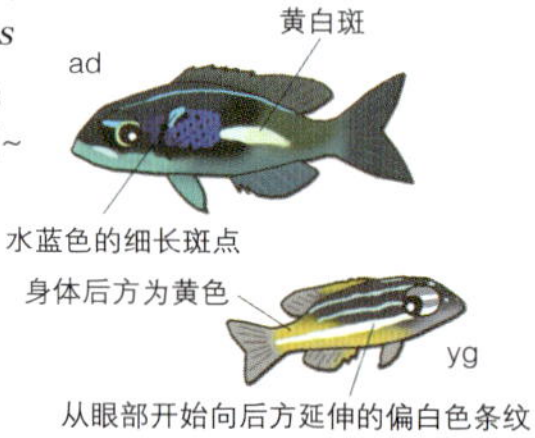

独居或群居于稍深珊瑚礁外缘的潮水流通较好区域的斜面及沙砾底区域。

幼鱼　八丈岛
水深12m　长3.5cm

鲷科

四长棘鲷

Argyrops bleekeri

土佐湾，奄美大岛，冲绳；济州岛，中国大陆及台湾地区，印度尼西亚，龙目岛。

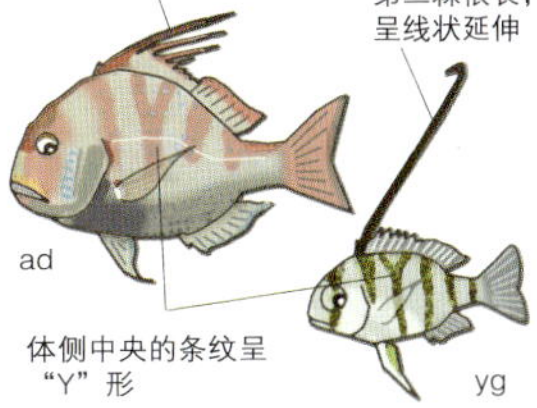

主要栖息于珊瑚礁区及稍深的沙底。幼鱼栖息于内湾沙地的珊瑚礁根部，但是极为罕见。

奄美大岛
水深17m　长15cm
榎木正子

鲷科

真鲷

Pagrus major

北海道沿岸~九州南岸的日本海、东海和太平洋沿岸，八丈岛，屋久岛，冲绳；朝鲜半岛，中国大陆及台湾地区。

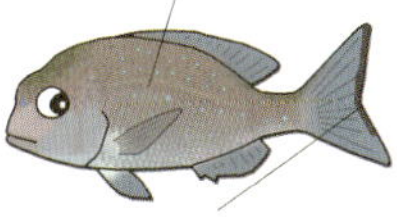

幼鱼栖息于内湾和沿岸的浅沙砾底及沙底，长大之后会向水深30~200米的大陆架岩礁区及沙砾底移动。

幼鱼　八丈岛
水深9m　长6cm

青年鱼　八丈岛　水深9m　长18cm

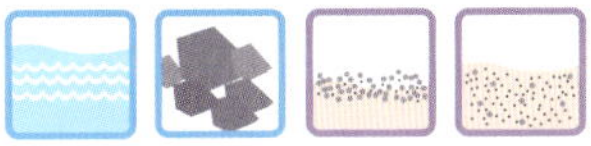

龙占鱼科

单列齿鲷

Monotaxis grandoculis

千叶县，和歌山县，八丈岛，小笠原群岛，屋久岛，琉球群岛；中国台湾地区，印度~太平洋（复活节岛除外）。

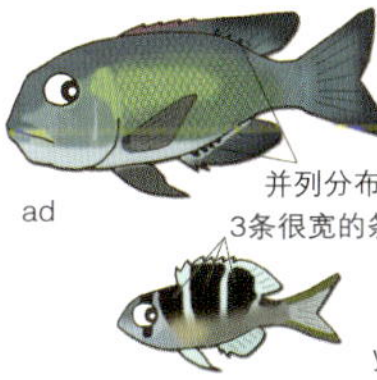

群居于珊瑚礁外缘的斜面、岩壁平坦处的中层。幼鱼在日本南部的太平洋沿岸是季节洄游鱼，每年都可以见到。

幼鱼　八丈岛
水深10m　长9cm

成年鱼　帕劳　水深14m　长35cm

八丈岛　水深6m　长18cm

龙占鱼科

金带齿颌鲷

Gnathodentex aureolineatus

茨城县以南的太平洋沿岸，八丈岛，小笠原群岛，屋久岛，琉球群岛；中国台湾地区，印度~太平洋（夏威夷群岛、复活节岛除外）。

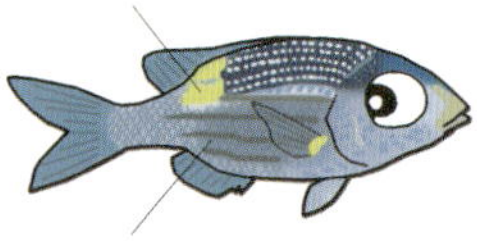

成群悬浮于珊瑚礁上。当该品种数量很少时，会与无斑拟羊鱼等也喜欢群居悬浮的鱼在一起活动。

八丈岛　水深12m　长8cm

龙占鱼科

灰裸顶鲷

Gymnocranius griseus

青森县北部~宫城县，日本南部的太平洋沿岸，八丈岛，屋久岛，新潟县以南的日本海沿岸，琉球群岛；济州岛，中国大陆及台湾地区，新几内亚岛以东除外的西太平洋，澳大利亚西北岸。

独居于岩礁、珊瑚礁周边的沙底和沙砾底。幼鱼多混在海藻、枯叶、垃圾堆中。身体颜色随周围环境变化而变化，像穿了迷彩服一样融入周围环境，以此保护自己。

成年鱼　八丈岛　水深8m　长50cm

龙占鱼科

星斑裸颊鲷

Lethrinus nebulosus

日本南部的太平洋沿岸，伊豆诸岛，小笠原群岛，屋久岛，新潟县以南的日本海沿岸，琉球群岛；济州岛，中国台湾和香港地区，泰国湾，印度~西太平洋。

在岩礁、珊瑚礁周边单独活动。在八丈岛岩礁周边的沙底很常见。体型较大。

幼鱼　八丈岛
水深5m　长12cm

龙占鱼科

长棘裸颊鲷

Lethrinus genivittatus

新潟县以南的日本海沿岸，九州西岸，日本南部的太平洋沿岸，琉球群岛；济州岛，中国大陆及台湾地区，东印度~西太平洋。

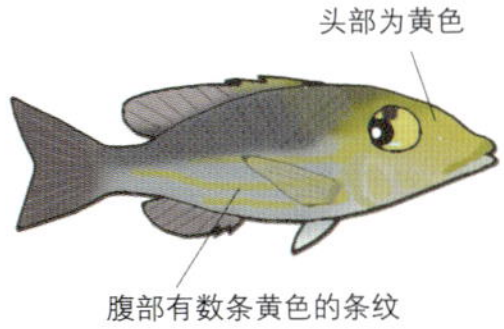

栖息于岩礁及珊瑚礁周边的沙底、沙砾底、藻层，独居。幼鱼栖息于内湾的浅沙底。在伊豆半岛是很常见的品种。温带种。

八丈岛　水深7m　长10cm

鱚科

少鳞鱚

Sillago japonica

北海道积丹半岛~九州南岸的日本海和东海沿岸，北海道襟裳岬~九州南岸的太平洋沿岸；朝鲜半岛，中国。

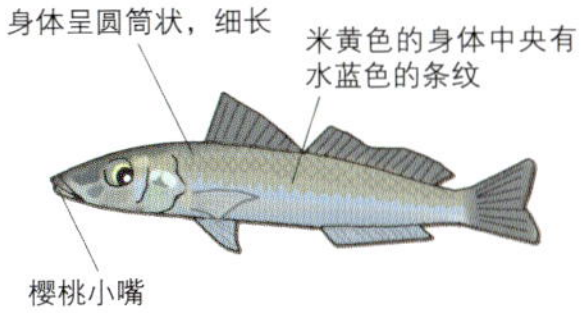

群居于沿岸的沙底。一旦觉察到危险，就会躲进沙砾中，也会在沙砾中捕食沙蚕。

伊豆半岛　水深15m　长20cm　西村欣也

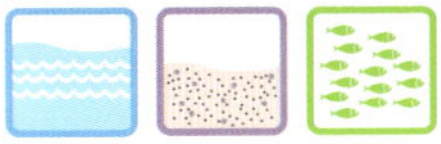

须鲷科

黑斑绯鲤

Upeneus tragula

八丈岛，茨城县~屋久岛的太平洋沿岸，福井县以南的日本海沿岸，九州西岸，琉球群岛；中国大陆及台湾地区，印度~西太平洋。

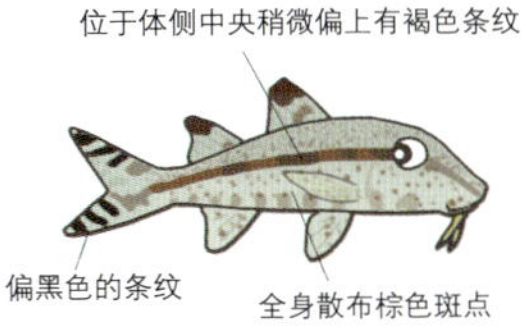

栖息于浅岩礁周边的沙地上。用黄色的胡须在砂中寻找小动物。混在其他的须鲷和隆头鱼的鱼群中。在琉球群岛为稀有物种。温带种。

石垣岛　水深8m　长20cm　惣道敬子

八丈岛　水深15m　长24cm

须鲷科

无斑拟羊鱼

Mulloidichthys vanicolensis

八丈岛，小笠原群岛，日本南部的太平洋沿岸，屋久岛，山口县日本海沿岸，琉球群岛；中国台湾地区，印度~太平洋（复活节岛除外）。

大规模群居于浅岩礁及珊瑚礁外缘的斜面、混着沙砾的沙底。单独或几条一起捕食，用下颚的胡须找寻食物。

伊豆大岛　水深15m　长4cm　片桐佳江

须鲷科

似条斑副绯鲤

Parupeneus barberinoides

千叶县~高知县的太平洋沿岸，伊豆诸岛，小笠原群岛，屋久岛，山口县日本海沿岸，琉球群岛；中国台湾地区、太平洋中部和西部的热带海域。

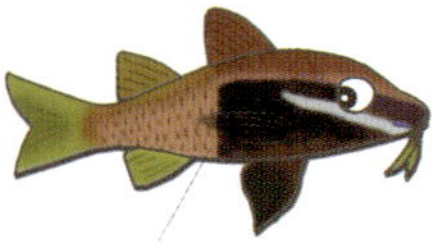

几条一起栖息于浅岩礁外缘的沙砾底、乱石带、岩屑堆及藻层。寻找食物时，常与其他的须鲷和隆头鱼一起行动。

伊豆半岛　水深14m　长20cm　原多加志

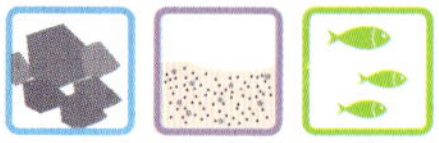

须鲷科

红带海绯鲤

Parupeneus chrysopleuron

青森县，日本南部的太平洋沿岸，小笠原群岛，山口县以南的日本海沿岸和九州西岸，琉球群岛；济州岛，中国大陆及台湾地区，澳大利亚西北岸。

独居或小规模群居于岩礁周边的沙底和沙泥底。幼鱼更喜欢群居。经常集体出动，用胡须寻找藏在沙里的小动物。温带种。

须鲷科

圆口副绯鲤

Parupeneus cyclostomus

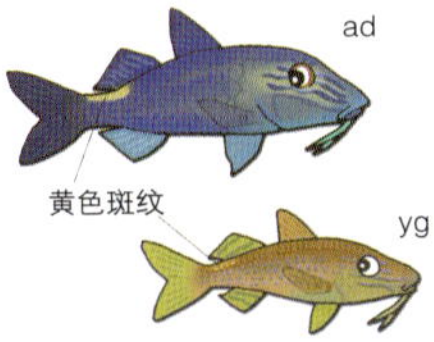

伊豆半岛东岸~高知县的太平洋沿岸，八丈岛，小笠原群岛，屋久岛，琉球群岛；中国台湾地区，印度~太平洋（复活节岛除外）。

单独或数条一起栖息于珊瑚礁至珊瑚礁外缘处、沙底等区域，活动范围广。成年鱼呈淡紫色、黄色，年轻的个体呈黄色、红褐色、黑褐色，色彩变化很丰富。

黄色种　八丈岛
水深14m　长12cm

黑色种　八丈岛
水深12m　长7cm

八丈岛　水深15m　长25cm

须鲷科

七棘海绯鲤

Parupeneus heptacanthus

宫城县，日本南部的太平洋沿岸，山口县日本海沿岸，琉球群岛；济州岛，中国台湾地区，印度~西太平洋。

数条一起栖息于内湾的沙泥底、沙底、藻层。常混在与其生活环境相同的红带海绯鲤鱼群中。

八丈岛　水深16m　长4cm

须鲷科

印度副绯鲤

Parupeneus indicus

日本南部的太平洋沿岸，八丈岛，屋久岛，山口县以南的日本海沿岸、九州西岸。

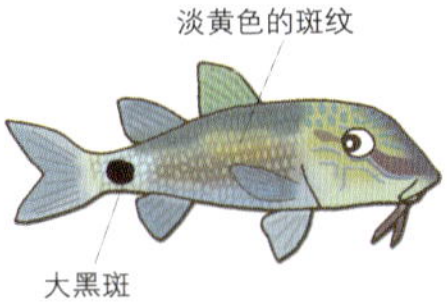

单独或数条一起栖息于岩礁及珊瑚礁周边的沙底。在沙底或岩礁处寻找食物时，常与其他的须鲷和隆头鱼一起行动。

幼鱼　八丈岛
水深5m　长6cm

成年鱼　八丈岛　水深15m　长23cm

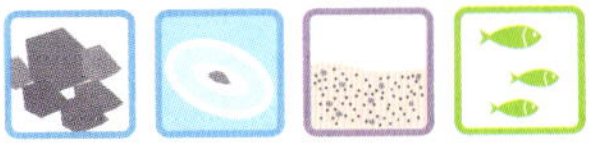

须鲷科

黑斑副绯鲤

Parupeneus pleurostigma

成年鱼　八丈岛　水深15m　长26cm

日本南部（到高知县为止）的太平洋沿岸，八丈岛，小笠原群岛，山口县日本海沿岸，屋久岛，琉球群岛；中国台湾和香港地区，印度~太平洋（复活节岛除外）。

单独或数条一起栖息于浅岩礁外缘的斜面、混着沙砾的沙底和藻层。常与其他的须鲷和隆头鱼一起寻找食物。

幼鱼　八丈岛
水深6m　长5cm

须鲷科

短须海鲱鲤

Parupeneus ciliatus

成年鱼　八丈岛　水深16m　长28cm

日本南部~屋久岛的太平洋沿岸，八丈岛，小笠原群岛，山形县以南的日本海沿岸，琉球群岛；济州岛，中国台湾地区，印度~太平洋（夏威夷群岛、马绍尔群岛、莱茵群岛、复活节岛除外）。

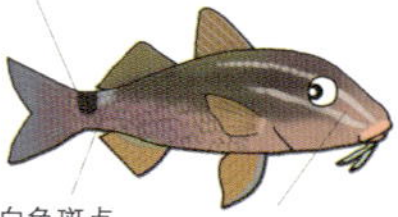

单独或数条一起栖息于浅岩礁处。很少在珊瑚礁周围生活。随着环境的变化，尾鳍基部的鞍状斑纹有时明显，有时不明显。

幼鱼　八丈岛
水深5m　长3cm

须鲷科

大型海绯鲤

Parupeneus spilurus

成年鱼　八丈岛　水深25m　长30cm

青森县以南的太平洋沿岸，八丈岛，小笠原群岛，屋久岛，新潟县以南的对马暖流沿岸，琉球群岛；济州岛，中国台湾地区，东印度洋西部~太平洋的温带和热带海域。

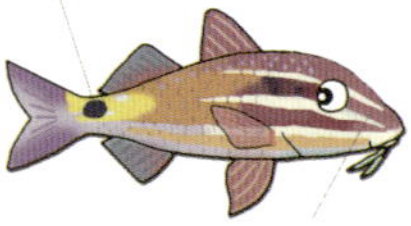

单独或数条一起栖息于潮水流通较好区域的岩礁处。在八丈岛，一到冷水团来临的季节，就能在水深20米左右的潮水流通较好区域的岩礁处看到此种鱼混在短须海鲱鲤的鱼群中。稀有物种。

幼鱼　八丈岛
水深7m　长3cm

须鲷科

多带副绯鲤

Parupeneus multifasciatus

日本南部的太平洋沿岸，八丈岛，小笠原群岛，屋久岛，山形县日本海沿岸，九州西岸，琉球群岛；济州岛，中国台湾地区，东印度~太平洋（复活节岛除外）。

成年鱼　八丈岛　水深18m　长25cm

独居于浅岩礁、珊瑚礁区域。幼鱼喜欢几条一起混在找寻食物的隆头鱼鱼群中。须鲷科的特点之一就是下颚有胡须，胡须在寻找食物时，起到了探测的作用。

幼鱼　八丈岛
水深6m　长2.5cm

拟金眼鲷科

日本拟金眼鲷

Pempheris japonica

茨城县以南的太平洋沿岸，八丈岛，小笠原群岛，九州北岸和西北岸；朝鲜半岛，中国台湾地区。

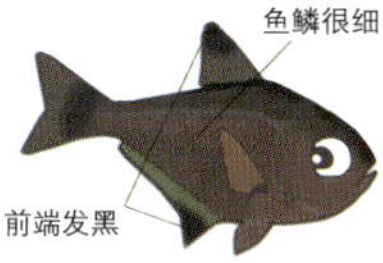

成年鱼　八丈岛　水深10m　长16cm

白天群居于岩礁、珊瑚礁根部的侧面、裂缝、洞穴等暗处。夜间外出，活动频繁。

幼鱼　八丈岛
水深5m　长2.5cm

拟金眼鲷科

南方拟金眼鲷

Pempheris schwenkii

福岛县以南的太平洋沿岸，九州北岸和西北岸，琉球群岛；中国台湾地区，印度~西太平洋。

白天大规模群居于洞窟、大洞穴等无光的地方。夜间外出，活动频繁。

八丈岛　水深10m　长8cm

八丈岛　水深5m　长10cm

拟金眼鲷科

暗擬金眼鯛

Pempheris adusta

八丈岛，琉球群岛。

白天群居于洞窟、大洞穴等无光的地方。常混在南方拟金眼鲷的鱼群中。夜间外出，活动频繁。

八丈岛　水深18m　长5cm

拟金眼鲷科

雷氏充金眼鯛

Parapriacanthus ransonneti

日本南部的太平洋沿岸，八丈岛，九州北岸和西北岸，琉球群岛；济州岛，中国台湾地区，印度~西太平洋。

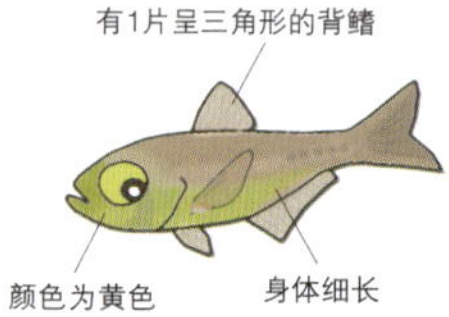

大规模群居于浅岩礁根部及珊瑚礁根部，几乎能将根部完全覆盖。与天竺鲷科外形相似。极易混淆，但是此品种背鳍只有一片，可以此区分。

八丈岛
水深12m　长4cm

宿务岛　水深12m　长16cm

蝴蝶鱼科

项斑蝴蝶鱼

Chaetodon adiergastos

和歌山县以南的太平洋沿岸，琉球群岛；济州岛，中国台湾地区，菲律宾群岛，加里曼丹，苏拉威西岛，澳大利亚西北岸。

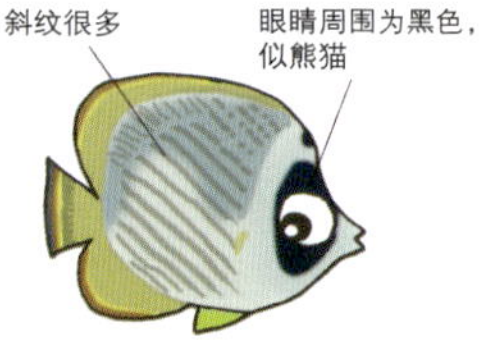

主要栖息于内湾的浅层珊瑚礁处，在日本为稀有物种。警惕性很强。

蝴蝶鱼科

银身蝴蝶鱼

Chaetodon argentatus

日本南部的太平洋沿岸，八丈岛，小笠原群岛，屋久岛，琉球群岛；中国台湾地区，印度~马绍尔群岛。

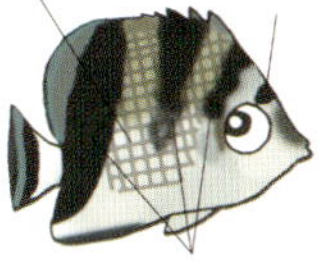

成年鱼　八丈岛　水深25m　长10cm

主要栖息于八丈岛、日本南部的太平洋沿岸的浅岩礁区域。生活在比其他蝴蝶鱼科的鱼类更偏北的地方。在琉球群岛是稀有物种。

幼鱼　八丈岛
水深7m　长3cm

蝴蝶鱼科

褐带少女蝶

Coradion altivelis

日本南部的太平洋沿岸，伊豆诸岛，小笠原群岛，九州西岸，琉球群岛；济州岛，中国台湾地区，安达曼海~西太平洋（直至澳大利亚东北岸）。

成年鱼　八丈岛　水深35m　长18cm

主要栖息于八丈岛、水深30米左右、潮水流通较好区域的岩礁及珊瑚礁外缘斜面处。幼鱼栖息于中国南海海绵等大型海绵中。

幼鱼　八丈岛
水深32m　长2cm

蝴蝶鱼科

金斑少女鱼

Coradion chrysozonus

鹿儿岛县甑岛，小笠原群岛；中国台湾地区，南海，安达曼海，西太平洋（直至澳大利亚东北岸）。

主要栖息于珊瑚礁区。常见于潮水流通较好区域水深25米左右的散布在沙地上的珊瑚礁区域。外形与同属的褐带少女蝶相似，区别在于，此品种背鳍上的眼状斑不会随着成长消失，成年鱼身上也有眼状斑。

墨宝　水深10m　长13cm　小林岳志

北苏拉威西岛　水深13m　长10cm　宫地淳子

蝴蝶鱼科

副蝴蝶鱼

Chaetodon oligacanthus

小笠原群岛；中国，东印度~西太平洋，巴基斯坦。

主要栖息于水深10~15米的内湾沙泥底。在日本只在小笠原群岛可见，为极稀有的物种。

八丈岛　水深15m　长15cm

蝴蝶鱼科

丝蝴蝶鱼

Chaetodon auriga

八丈岛，岩手县，伊势湾以南的太平洋沿岸，兵库县以南的日本海沿岸，九州西岸，屋久岛，琉球群岛；济州岛，中国台湾和香港地区，印度~太平洋，科隆群岛。

在岩礁及珊瑚礁区域是很常见的品种。有时在日本南部的太平洋沿岸也能看见成年的丝蝴蝶鱼，所以在一定程度上，它可以适应温带的海域。幼鱼会随水流游到日本东北沿岸，但是不会过冬，属于季节洄游鱼。

幼鱼　八丈岛
水深16m　长2cm

吕宋岛　水深6m　长12cm

蝴蝶鱼科

曲纹蝴蝶鱼

Chaetodon baronessa

日本南部的太平洋沿岸，小笠原群岛，屋久岛，琉球群岛；中国台湾地区，东印度~西太平洋（基林群岛以东），加罗林群岛，马绍尔群岛。

主要栖息于礁池的浅层珊瑚礁中。以鹿角珊瑚类的珊瑚虫为食，故常栖息于珊瑚枝上。幼鱼为季节洄游鱼，极少会随水流漂到日本南部的太平洋沿岸。

蝴蝶鱼科

朴蝴蝶鱼

Roa modesta

小笠原群岛，宫城县和茨城县以南的太平洋沿岸，津轻海峡~九州南岸的日本海和东海沿岸，冲绳岛；朝鲜半岛，中国大陆及台湾地区。

串本　水深25m　长10cm　谷口胜政

主要栖息于水深56~195米的岩礁区。在日本串本，朴蝴蝶鱼成对栖息于内湾水深20米以上的沙泥底。库伊特（Kuiter）在2004年，将其归为一个新的属——朴蝴蝶鱼属。

蝴蝶鱼科

叉纹蝴蝶鱼

Chaetodon auripes

津轻海峡至九州西岸的对马暖流沿岸，宫城县以南的太平洋沿岸，伊豆诸岛，小笠原群岛，屋久岛，琉球群岛；朝鲜半岛，中国大陆及台湾地区。

成年鱼　八丈岛　水深14m　长15cm

在浅岩礁及珊瑚礁区域很常见。在蝴蝶鱼科中，条纹蝴蝶鱼与日本蝴蝶鱼都是喜欢生活在北方的温带品种。在琉球群岛为稀有物种。一般喜欢成对活动，有时也会成群活动。

幼鱼　八丈岛
水深3m　长2.5cm

蝴蝶鱼科

双丝蝴蝶鱼

Chaetodon bennetti

日本南部的太平洋沿岸，小笠原群岛，屋久岛，琉球群岛；中国台湾和香港地区，印度~太平洋（阿拉伯海、夏威夷群岛、复活节岛除外）。

西表岛　水深5m　长5cm　水谷知世

成对或小规模群居于内湾的浅岩礁及珊瑚礁区域。

成年鱼　八丈岛　水深8m　长12cm

蝴蝶鱼科

密点蝴蝶鱼

Chaetodon citrinellus

日本南部的太平洋沿岸，八丈岛，小笠原群岛，屋久岛，琉球群岛；中国大陆及台湾地区，印度~太平洋（马达加斯加、红海、阿拉伯海、复活节岛除外）。

成对或独居于浅岩礁及珊瑚礁区域。比较适应温带海域的环境，但在日本南部的太平洋沿岸也能见到成年鱼。

幼鱼　八丈岛
水深5m　长3.5cm

成年鱼　八丈岛　水深12m　长12cm

蝴蝶鱼科

绣蝴蝶鱼

Chaetodon daedalma

伊豆诸岛，小笠原群岛，相模湾，和歌山县串本，高知县柏岛，座间味岛，冲绳岛，南大东岛。

这是生活在日本的蝴蝶鱼，主要栖息于小笠原群岛和八丈岛，在这之外的海域极少能见到。在八丈岛潮水流通较好区域的岩礁处常年可见其成对栖息的情景，春秋两季，会大量出现，被称为“日本黑蝶群”。这可能是因为该品种与黄斑光鳃雀鲷的繁殖期节正好重叠，为了抢夺用来产卵的岩石表面，所以大量群居。

日本黑蝶群　八丈岛
水深18m

幼鱼　八丈岛
水深8m　长3.5cm

成年鱼　八丈岛　水深8m　长14cm

蝴蝶鱼科

鞭蝴蝶鱼

Chaetodon ephippium

日本南部的太平洋沿岸，八丈岛，小笠原群岛，屋久岛，琉球群岛；中国台湾地区，东印度~太平洋（复活节岛除外）。

主要栖息于水深15米以内的海浪平稳的内湾珊瑚礁。在日本南部太平洋沿岸的湾内及潮水洼地处能见到其幼鱼，但是属于不过冬的季节洄游鱼。

幼鱼　八丈岛
水深5m　长2.5cm

蝴蝶鱼科

贡氏蝴蝶鱼

Chaetodon guentheri

日本南部的太平洋沿岸，八丈岛，小笠原群岛，屋久岛，琉球群岛；中国台湾地区，新几内亚东部，澳大利亚东岸。

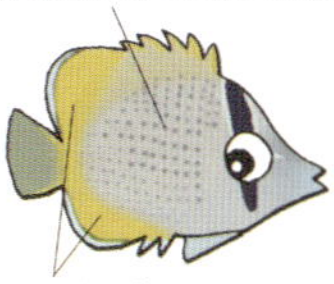

主要栖息于水深30米左右稍深的岩礁区。在小笠原群岛是很常见的品种，但在其他地方就是稀有物种了。

八丈岛　水深30m　长8cm

蝴蝶鱼科

珠蝴蝶鱼

Chaetodon kleinii

日本南部的太平洋沿岸，伊豆诸岛，小笠原群岛，屋久岛，琉球群岛；中国大陆及台湾地区，印度~太平洋（直至含夏威夷群岛在内的萨摩亚群岛；红海、阿拉伯海除外）。

独居或小规模群居于较浅的岩礁及珊瑚礁区域。在日本本州中部沿岸可以看到此种的成年鱼，适应温带水域。

幼鱼　八丈岛
水深16m　长2.5cm

成年鱼　八丈岛　水深18m　长10cm

蝴蝶鱼科

新月蝴蝶鱼

Chaetodon lunula

日本南部的太平洋沿岸，八丈岛，小笠原群岛，屋久岛，琉球群岛；中国台湾和香港地区，印度~太平洋（红海除外），科隆群岛，科科岛。

主要栖息于浅岩礁及珊瑚礁区域。在夏威夷群岛等地方大量群居。

幼鱼　八丈岛
水深2m　长3.5cm

成年鱼　八丈岛　水深12m　长14cm

八丈岛　水深14m　长28cm

蝴蝶鱼科

细纹蝴蝶鱼

Chaetodon lineolatus

日本南部的太平洋沿岸，八丈岛，小笠原群岛，屋久岛，琉球群岛；中国台湾和香港地区，印度~太平洋（复活节岛除外）。

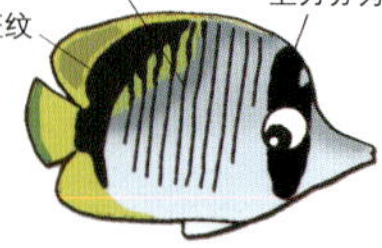

主要栖息于浅岩礁和珊瑚礁区域。成年鱼喜食小型藻类，幼鱼喜食珊瑚虫，所以对珊瑚的依赖性很强，常待在珊瑚的缝隙之间。在日本南部太平洋沿岸的浅珊瑚礁区域可以看到幼鱼。幼鱼属于季节洄游鱼。

成年鱼　八丈岛　水深12m　长12cm

蝴蝶鱼科

黑背蝴蝶鱼

Chaetodon melannotus

日本南部的太平洋沿岸，伊豆诸岛，小笠原群岛，屋久岛，琉球群岛；中国台湾和香港地区，印度~西太平洋（阿拉伯海除外），萨摩亚群岛，密克罗尼西亚。

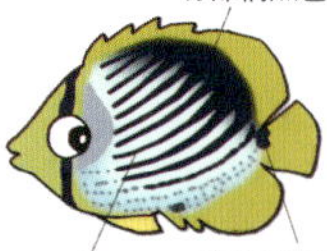

主要栖息于浅岩礁和珊瑚礁区域。成年鱼喜食小型藻类，幼鱼喜食珊瑚虫，所以对珊瑚的依赖性很强，常待在珊瑚的缝隙之间。在日本南部太平洋沿岸的浅珊瑚礁区域可以看到幼鱼。幼鱼属于季节洄游鱼。

幼鱼　八丈岛
水深5m　长2cm

成年鱼　八丈岛　水深10m　长10cm

蝴蝶鱼科

橙带蝴蝶鱼

Chaetodon ornatissimus

八丈岛，小笠原群岛，和歌山县以南的太平洋沿岸，屋久岛，琉球群岛；中国台湾地区，马尔代夫群岛~马克萨斯群岛。

主要栖息于浅珊瑚礁处。对造礁珊瑚的依赖性很强，几乎不离开珊瑚。幼鱼是季节洄游鱼，在日本南部的太平洋沿岸可见。

幼鱼　八丈岛
水深8m　长3.5cm

蝴蝶鱼科

默氏蝴蝶鱼

Chaetodon mertensii

八丈岛，小笠原群岛，琉球群岛；太平洋中部和西部（印度尼西亚、夏威夷群岛、马克萨斯群岛除外）。

主要栖息于潮水流通较好区域的珊瑚礁外缘斜面处。在日本的小笠原群岛很常见，在其他地方为稀有物种。

塞班岛　水深15m　长8cm

蝴蝶鱼科

红尾蝴蝶鱼

Chaetodon xanthurus

日本南部的太平洋沿岸，八丈岛，小笠原群岛，屋久岛，琉球群岛；中国台湾地区，菲律宾群岛，印度尼西亚。

主要栖息于潮水流通较好区域的珊瑚礁区域。在日本南部的太平洋沿岸，幼鱼属于季节洄游鱼，常栖息于内湾较浅的水域。

幼鱼　吕宋岛
水深4m　长3.5cm

成年鱼　八丈岛　水深25m　长10cm

蝴蝶鱼科

日本蝴蝶鱼

Chaetodon nippon

日本南部的太平洋沿岸，伊豆诸岛，小笠原群岛，屋久岛；朝鲜半岛南岸，中国台湾地区，菲律宾群岛北部。

在潮水流通较好区域的岩礁处是很常见的品种。在蝴蝶鱼科中，此品种属于适应北方水域的温带种。在八丈岛旁边的八丈小岛，可见大量日本蝴蝶鱼的群体。

八丈岛
水深25m

幼鱼　八丈岛
水深25m　长2cm

成年鱼　八丈岛　水深25m　长12cm

吕宋岛　水深5m　长8cm

蝴蝶鱼科

八带蝴蝶鱼

Chaetodon octofasciatus

高知县柏岛，奄美大岛；中国大陆及台湾地区，泰国湾，东印度~西太平洋（新喀里多尼亚、斐济群岛除外）。

主要栖息于礁湖、藻层、内湾的浑浊水域。在日本为稀有物种。

八丈岛　水深20m　长14cm

蝴蝶鱼科

蓝斑蝴蝶鱼

Chaetodon plebeius

日本南部的太平洋沿岸，伊豆诸岛，小笠原群岛，屋久岛，琉球群岛；中国台湾和香港地区，安达曼海~西太平洋。

在浅珊瑚礁区域很常见。以造礁珊瑚的珊瑚虫为食，因此对珊瑚的依赖性很强。幼鱼在日本南部的太平洋沿岸也可见，为季节洄游鱼。

八丈岛　水深26m　长15cm

蝴蝶鱼科

镜蝴蝶鱼

Chaetodon speculum

日本南部的太平洋沿岸，八丈岛，小笠原群岛，九州西岸，屋久岛，琉球群岛；中国台湾和香港地区，东印度~西太平洋，萨摩亚群岛。

主要栖息于水深30米以内的岩礁及海浪平稳的礁池内的珊瑚区域。而在八丈岛，该品种则主要栖息于潮水流通较好区域的岩礁斜面，生存环境与珊瑚礁有较大差异。

蝴蝶鱼科

四点蝴蝶鱼

Chaetodon quadrimaculatus

静冈县富户，和歌山县串本，小笠原群岛，庆良间群岛，八重山群岛；中国台湾地区，太平洋中部（复活节岛除外）。

成对栖息于珊瑚礁浅层的斜面。在小笠原群岛、塞班岛、关岛可见，在其他地方为稀有物种。

塞班岛　水深5m　长8cm

蝴蝶鱼科

格纹蝴蝶鱼

Chaetodon rafflesi

日本南部的太平洋沿岸，伊豆诸岛，屋久岛，琉球群岛；中国台湾地区，东印度~太平洋（直至土阿莫土群岛；马绍尔群岛、夏威夷群岛、莱恩群岛除外）。

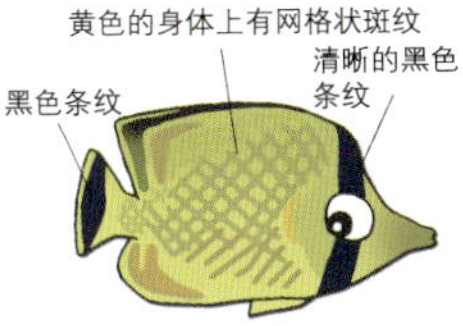

成对栖息于浅珊瑚礁区域。在日本为稀有物种。在日本南部的太平洋沿岸，幼鱼栖息于内湾的较浅海域，属于季节洄游鱼。

幼鱼　八丈岛
水深5m　长3.5cm

成年鱼　帕劳　水深12m　长13cm

蝴蝶鱼科

斑带蝴蝶鱼

Chaetodon punctatofasciatus

八丈岛，小笠原群岛，纪伊半岛，屋久岛，琉球群岛；中国台湾地区，印度~马绍尔群岛。

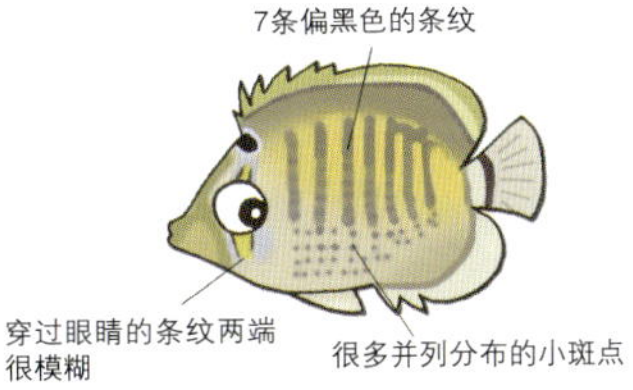

主要栖息于潮水流通较好区域的岩礁及珊瑚礁外缘斜面的水深30米以内的海域。在日本是极稀有物种，但在八丈岛数量虽少，却常能见到。

八丈岛　水深30m　长7cm

八丈岛　水深13m　长10cm

蝴蝶鱼科

网纹蝴蝶鱼

Chaetodon reticulatus

高知县柏岛，八丈岛，小笠原群岛，屋久岛，琉球群岛；中国台湾地区，太平洋中部和西部（印度尼西亚西部除外）。

主要栖息于水深20米以内的浅珊瑚礁区。在小笠原群岛、塞班岛、关岛为常见物种，在其他地方为稀有物种。

成年鱼　吕宋岛　水深8m　长14cm

蝴蝶鱼科

弯月蝴蝶鱼

Chaetodon selene

日本南部的太平洋沿岸，伊豆大岛，冲绳县伊江岛；中国台湾地区，大苏丹列岛东岸~新几内亚岛西岸。

主要栖息于内湾沙泥底附近的珊瑚礁处。幼鱼在日本南部太平洋沿岸的较浅水域可见，属于不过冬的季节洄游鱼。

幼鱼　吕宋岛
水深5m　长3cm

帕劳　水深10m　长14cm

蝴蝶鱼科

细点蝴蝶鱼

Chaetodon semeion

和歌山县，琉球群岛；中国台湾地区，东印度~太平洋（夏威夷群岛、马克萨斯群岛、复活节岛除外）。

主要栖息于潮水流通较好区域的珊瑚礁外缘。因为该品种数量很少，所以单独行动的居多。在日本为稀有物种。

蝴蝶鱼科

川纹蝴蝶鱼

Chaetodon trifascialis

和歌山县以南的太平洋沿岸，八丈岛，小笠原群岛，屋久岛，琉球群岛；中国台湾和香港地区，印度~太平洋（直至土阿莫土群岛；夏威夷群岛除外）。

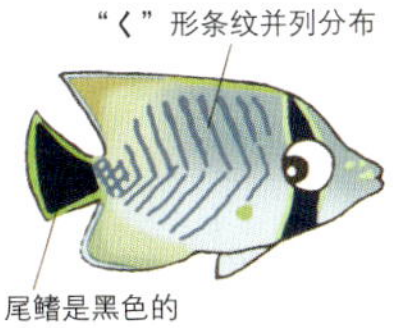

成年鱼　八丈岛　水深13m　长10cm

主要栖息于浅珊瑚礁区。以造礁珊瑚的珊瑚虫为食，因此对珊瑚的依赖性很强。幼鱼常单独隐藏于珊瑚枝之间。幼鱼会出现在日本南部、太平洋沿岸珊瑚的区域，属于季节洄游鱼。

幼鱼　八丈岛
水深14m　长2cm

珊瑚

蝴蝶鱼科

弓月蝴蝶鱼

Chaetodon lunulatus

日本南部的太平洋沿岸，八丈岛，小笠原群岛，屋久岛，琉球群岛；东印度~太平洋中部和西部的热带海域。

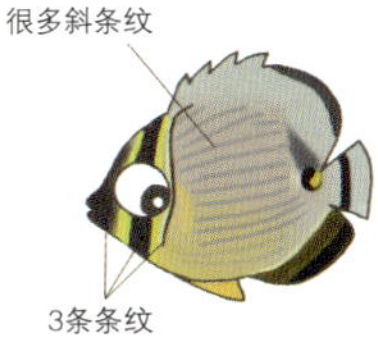

成年鱼　帕劳　水深8m　长12cm

主要栖息于浅礁池的珊瑚礁中。以造礁珊瑚的珊瑚虫为食，因此对珊瑚的依赖性很强，在珊瑚枝间生活。

幼鱼　八丈岛
水深5m　长3cm

蝴蝶鱼科

乌利蝴蝶鱼

Chaetodon ulietensis

日本南部的太平洋沿岸，伊豆诸岛，小笠原群岛，屋久岛，琉球群岛；中国台湾和香港地区，印度~西太平洋（阿拉伯海除外），萨摩亚群岛，密克罗尼西亚。

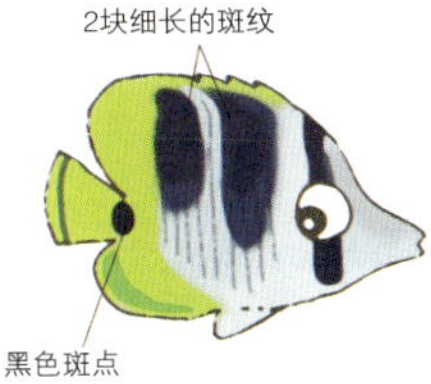

成对栖息于水深20米以内的珊瑚礁外缘。在小笠原群岛、塞班岛、关岛为常见物种，但在琉球群岛是稀有物种。

八丈岛　水深25m　长12cm

八丈岛　水深16m　长10cm

蝴蝶鱼科

单斑蝴蝶鱼

Chaetodon unimaculatus

日本南部的太平洋沿岸，八丈岛，小笠原群岛，九州西岸，屋久岛，琉球群岛；中国台湾地区，东印度~太平洋（基林群岛以东），科隆群岛。

成对或单独栖息于浅岩礁、珊瑚礁区域。幼鱼是季节洄游鱼，在日本南部的太平洋沿岸可见。

成年鱼　八丈岛　水深6m　长10cm

蝴蝶鱼科

斜纹蝴蝶鱼

Chaetodon vagabundus

日本南部的太平洋沿岸，八丈岛，小笠原群岛，屋久岛，琉球群岛；中国台湾地区，印度~太平洋（红海、澳大利亚西海岸、夏威夷群岛、马克萨斯群岛以东除外）。

主要栖息于浅珊瑚礁区域。幼鱼在日本南部的太平洋沿岸可见，属于不过冬的季节洄游鱼。

幼鱼　八丈岛
水深2m　长3cm

八丈岛　水深16m　长20cm

蝴蝶鱼科

魏氏蝴蝶鱼

Chaetodon wiebeli

日本南部的太平洋沿岸，伊豆诸岛，山口县汤玉，九州西岸，屋久岛，奄美大岛，琉球群岛；济州岛，中国大陆及台湾地区，泰国湾，印度尼西亚，菲律宾群岛。

主要栖息于潮水流通较好区域的岩礁、珊瑚礁区域。在日本为稀有物种。

蝴蝶鱼科

三间火箭蝶

Chelmon rostratus

神奈川县三崎；中国台湾地区，东印度洋~西太平洋的热带海域。

宿务岛　水深18m　长16cm

主要栖息于内湾的浅珊瑚礁、混着岩礁的沙泥底区域。在日本为稀有物种。

蝴蝶鱼科

黄镊口鱼

Forcipiger flavissimus

日本南部的太平洋沿岸，八丈岛，小笠原群岛，屋久岛，琉球群岛；中国台湾地区，印度~太平洋。

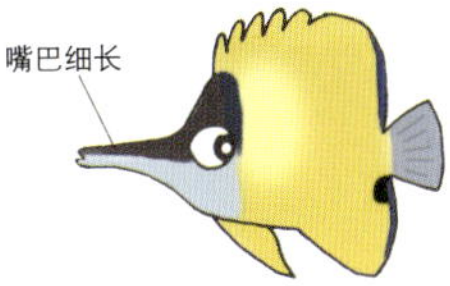

八丈岛　水深15m　长12cm

主要栖息于浅岩礁、珊瑚礁的裂缝及洞穴里。可以适应一定程度的低水温，成年鱼活跃在日本南部的太平洋沿岸。

蝴蝶鱼科

镊口鱼

Forcipiger longirostris

小笠原群岛，琉球群岛；中国台湾地区，印度~太平洋（阿拉伯海、复活节岛除外）。

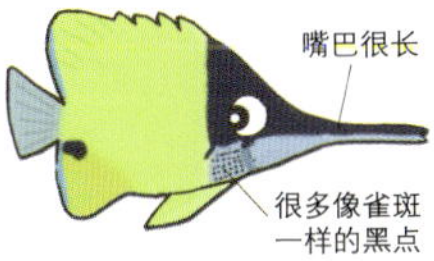

塞班岛　水深6m　长14cm

主要栖息于潮水流通较好区域水深20米左右的珊瑚礁外缘的斜面区域。有黑色和黄色两个品种。在日本小笠原群岛有很多镊口鱼，在其他地方则很少见。

黑色个体　塞斑岛
水深8m　长15cm

八丈岛　水深12m　长10cm

蝴蝶鱼科

多鳞霞蝶鱼

Hemitaurichthys polylepis

日本南部的太平洋沿岸，八丈岛，小笠原群岛，屋久岛，琉球群岛；中国台湾地区，东印度~太平洋中部和西部的热带海域。

主要栖息于潮水流通较好区域珊瑚礁外缘的斜面、岩壁平坦处的中层。大量霞蝶鱼经常一起游动。

塞班岛　水深10m　长10cm

蝴蝶鱼科

汤氏霞蝶

Hemitaurichthys thompsoni

小笠原群岛，南鸟岛，冲之鸟岛，南大东岛；太平洋中部和西部的热带海域。

常与栖息在潮水流通较好区域的岩礁及珊瑚礁处的霞蝶鱼鱼群一起游动。在小笠原群岛、南鸟岛及马里亚纳群岛可见，为稀有物种。

八丈岛　水深10m　长14cm

蝴蝶鱼科

马夫鱼

Heniochus acuminatus

青森县，宫城县，日本南部的太平洋沿岸，八丈岛，小笠原群岛，富山县和兵库县~九州的日本海和东海沿岸，屋久岛，琉球群岛；朝鲜半岛，中国台湾和香港地区，印度~太平洋（夏威夷群岛、马克萨斯群岛、复活节岛除外）。

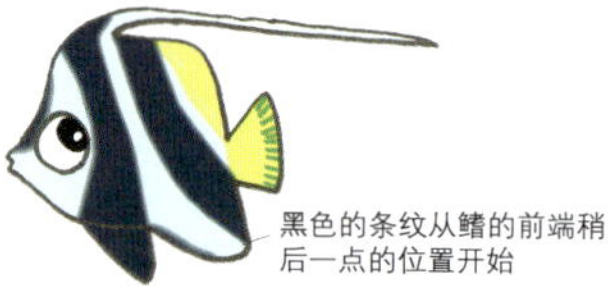

成对栖息于浅岩礁及珊瑚礁外缘的斜面。幼鱼独居于较浅的内湾区域。在日本南部的太平洋沿岸各地均可以看到该品种的幼鱼，属于不过冬的季节洄游鱼。外形与多棘立旗鲷相似，但是此品种是成对行动的，二者这一点有所不同。

蝴蝶鱼科

多棘立旗鲷

Heniochus diphreutes

日本南部的太平洋沿岸，八丈岛，小笠原群岛，山口县，长崎县，屋久岛，琉球群岛；中国大陆及台湾地区，夏威夷群岛，澳大利亚西岸和东岸，克马德克群岛，印度洋。

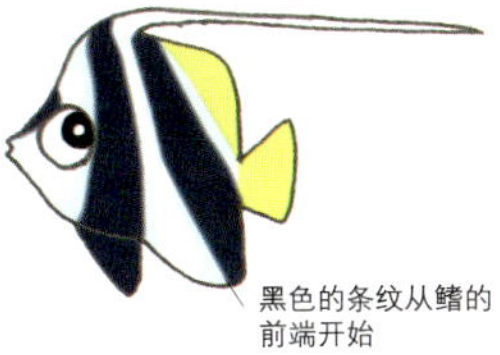

大规模群居于潮水流通较好区域的岩礁及珊瑚礁外缘斜面的中层。外形与马夫鱼相似，但是此品种成群行动，二者这一点有所不同。

八丈岛　水深25m　长14cm

蝴蝶鱼科

黄口马夫鱼

Heniochus chrysostomus

日本南部的太平洋沿岸，八丈岛，小笠原群岛，屋久岛，琉球群岛；济州岛，中国台湾地区，东印度~太平洋（基林群岛~土阿莫土群岛；夏威夷群岛除外）。

主要栖息于岩礁及珊瑚礁处。幼鱼在日本本州沿岸为季节洄游鱼，有时可见。在八丈岛，该品种喜欢栖息于岩石根部的侧面及暗礁中。

八丈岛　水深8m　长13cm

蝴蝶鱼科

单角马夫鱼

Heniochus monoceros

日本南部的太平洋沿岸，八丈岛，小笠原群岛，屋久岛，琉球群岛；中国台湾地区，印度~太平洋（红海、夏威夷群岛、澳大利亚西岸、马克萨斯群岛、复活节岛除外）。

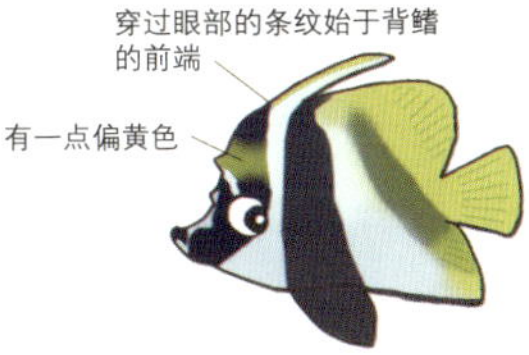

主要栖息于潮水流通较好区域的岩礁及珊瑚礁外缘的斜面。多数时候在大岩石的裂缝、低洼处和洞穴里休息。

八丈岛　水深18m　长20cm

八丈岛　水深15m　长18cm

蝴蝶鱼科

四带马夫鱼

Heniochus singularius

日本南部的太平洋沿岸，八丈岛，琉球群岛；中国台湾地区，马尔代夫群岛，东印度~西太平洋，萨摩亚群岛，密克罗尼西亚。

成对栖息于水深25米以内的珊瑚礁外缘斜面。幼鱼在日本南部的太平洋沿岸也可见，属于不过冬的季节洄游鱼。

成年鱼　吕宋岛　水深16m　长14cm

蝴蝶鱼科

白带马夫鱼

Heniochus varius

八丈岛，小笠原群岛，伊东市富户，和歌山县串本，琉球群岛；中国台湾地区，东印度~太平洋（夏威夷群岛除外）。

主要栖息于潮水流通较好区域的岩礁及珊瑚礁的外缘斜面、岩壁平坦处侧面的岩石阴暗面。

幼鱼　八丈岛
水深8m　长4cm

成年鱼　柏岛　水深15m　长15cm　西村直树

盖刺鱼科

蓝带荷包鱼

Chaetodontoplus septentrionalis

宫城县，日本南部的太平洋沿岸，小笠原群岛，山形县~九州西岸的日本海和东海沿岸，口永良部岛；济州岛，中国大陆及台湾地区南部，越南。

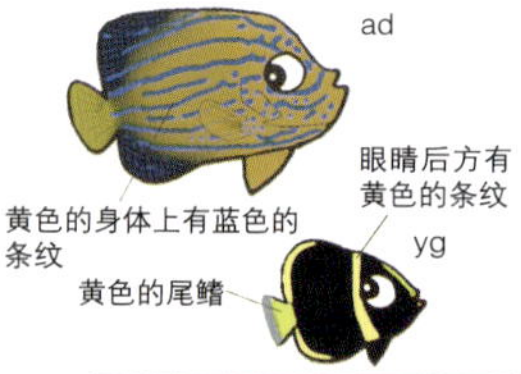

主要栖息于除冲绳之外的日本南部的岩礁处。温带种。一夫多妻制，但通常是单独或成对行动。

幼鱼　八丈岛
水深10m　长2cm

盖刺鱼科

半环盖刺鱼

Pomacanthus semicirculatus

茨城县以南的太平洋沿岸，八丈岛，小笠原群岛，屋久岛，琉球群岛；中国大陆及台湾地区，印度~西太平洋，加罗林群岛，马绍尔群岛。

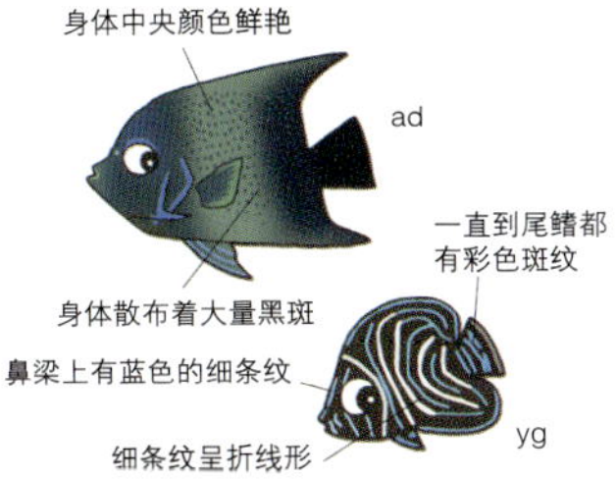

成年鱼　八丈岛　水深12m　长45cm

体型较大，主要栖息于八丈岛、浅岩礁及珊瑚礁区域。一夫多妻制，但通常是单独或成对行动。幼鱼生活在潮水洼地、暗礁内的浅礁池中。

青年鱼　八丈岛
水深10m　长20cm

幼鱼　八丈岛
水深6m　长6cm

盖刺鱼科

主盖刺鱼

Pomacanthus imperator

茨城县以南的太平洋沿岸，伊豆诸岛，小笠原群岛，屋久岛，琉球群岛；济州岛，中国台湾地区，南海，印度~太平洋（复活节岛除外）。

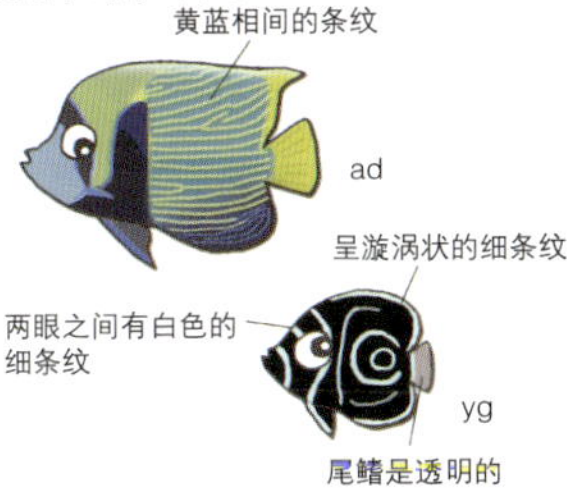

成年鱼　八丈岛　水深14m　长35cm

体型较大，主要栖息于潮水流通较好区域的浅岩礁及珊瑚礁外缘的斜面处。一夫多妻制，但通常是单独行动。幼鱼单独生活在岩石根部侧面的裂缝、洞穴等暗处。

青年鱼　八丈岛
水深12m　长10cm

幼鱼　八丈岛
水深10m　长7cm

幼鱼　八丈岛
水深16m　长2cm

宿务岛　水深12m　长10cm

盖刺鱼科

黄尾荷包鱼

Chaetodontoplus mesoleucus

奄美大岛以南的琉球群岛；中国台湾地区，太平洋西部的热带海域。

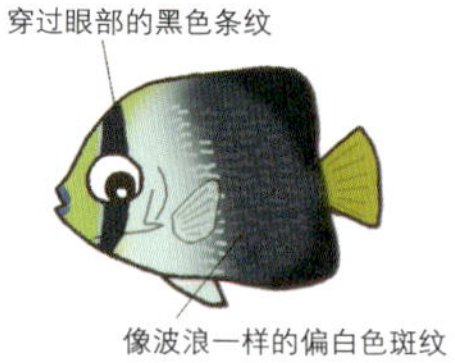

在内湾较浅的珊瑚礁区域可以看到由一条雌性和数条雄性组成的群体。

串本　水深28m　长3cm　铃木崇弘

盖刺鱼科

黑荷包鱼

Chaetodontoplus niger

小笠原群岛，静冈县富户，和歌山县，高知县柏岛，久米岛；中沙群岛。

栖息于岩礁、珊瑚礁区域。在日本串本，在沙地的小岩石周边能看到黑荷包鱼。此品种是否属于荷包鱼属还有待考证。稀有物种。

串本　水深25m　长15cm　铃木崇弘

盖刺鱼科

黄头荷包鱼

Chaetodontoplus chrysocephalus

千叶县馆山湾~爱媛县爱南的太平洋沿岸；中国台湾地区，东印度群岛。

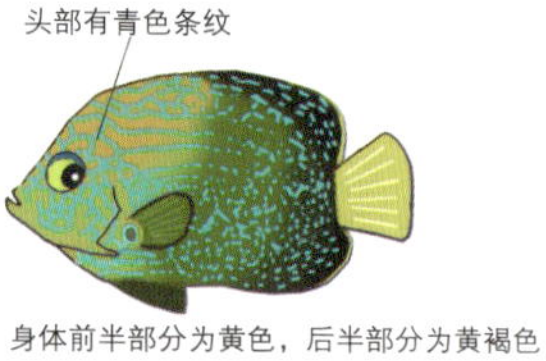

栖息于岩礁区域。有专家认为此品种是独立的一个品种，也有专家认为此品种是蓝带荷包鱼和黑身荷包鱼杂交之后的个体。

盖刺鱼科

黄颅盖刺鱼

Pomacanthus xanthometopon

和歌山县串本，冲绳县阿嘉岛，西表岛；中国台湾地区，马尔代夫群岛，东印度~西太平洋（斐济群岛除外），加罗林群岛。

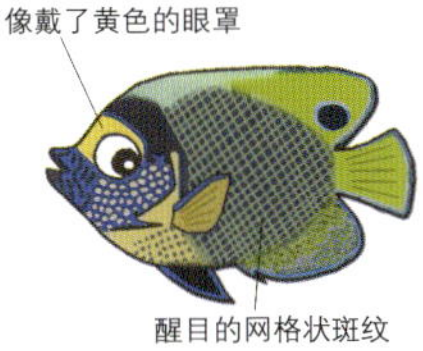

栖息于面向外洋的潮水流通较好区域珊瑚礁外缘周围，独居。在日本属于稀有物种。

巴厘岛 水深18m 长40cm

盖刺鱼科

六带盖刺鱼

Pomacanthus sexstriatus

奄美大岛以南的琉球群岛；中国台湾地区，泰国湾，东印度~西太平洋（苏门答腊岛西岸、澳大利亚西岸以东；斐济群岛除外）。

体型较大，单独或成对栖息于浅珊瑚礁区域。警惕性高，很难靠近。

巴厘岛 水深20m 长40cm

盖刺鱼科

月蝶鱼

Genicanthus lamarck

日本南部的太平洋沿岸，八丈岛，屋久岛，琉球群岛；中国台湾地区，印度~西太平洋（新喀里多尼亚、斐济群岛除外）。

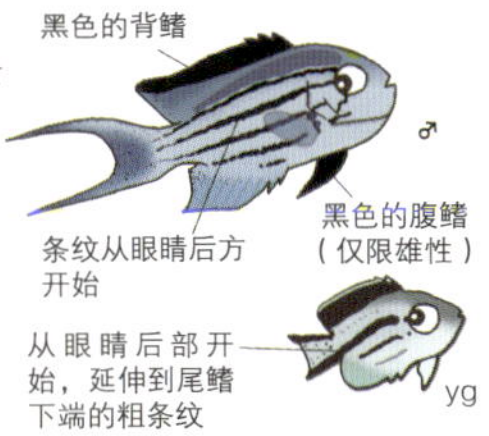

栖息于稍深的潮水流通较好区域的岩礁、珊瑚礁外缘斜面的中层。在一个群体中有多条雄性，乱婚，少夫多妻制。

幼鱼 八丈岛
水深35m 长3cm

成年鱼 八丈岛 水深32m 长18cm

雄性　色彩丰富　八丈岛
水深36m　长18cm

盖刺鱼科

黑斑月蝶鱼

Genicanthus melanospilos

伊豆半岛，高知县，八丈岛，小笠原群岛，屋久岛，琉球群岛；中国台湾地区，印度~西太平洋。

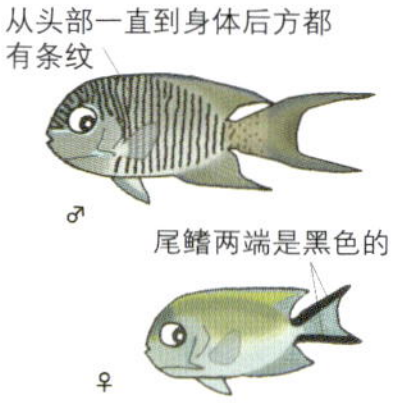

栖息于稍深的潮水流通较好区域的岩礁、珊瑚礁外缘斜面中层。在日本很少见，是稀有物种。

雌性　色彩丰富　八丈岛
水深35m　长18cm

雄性　八丈岛
水深30m　长16cm

成年鱼　八丈岛　水深40m　长16cm

盖刺鱼科

渡边月蝶鱼

Genicanthus watanabei

八丈岛，小笠原群岛，屋久岛，琉球群岛；中国台湾地区，太平洋中部和西部（印度尼西亚、澳大利亚西海岸、夏威夷群岛、复活节岛除外）。

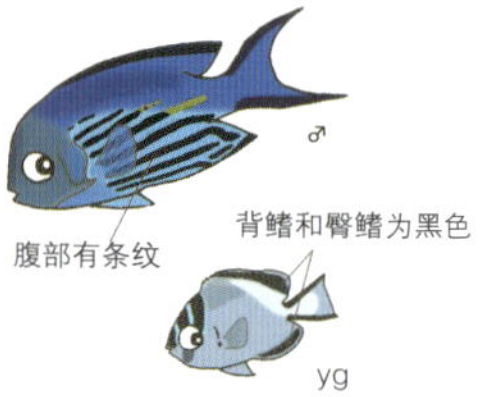

栖息于稍深的潮水流通较好区域的岩礁、珊瑚礁外缘斜面。在日本的小笠原群岛数量稍多一点，在其他地方栖息在深海，为稀有物种。

幼鱼　八丈岛
水深40m　长3.5cm

雄性　小笠原　水深42m　长15cm　南俊夫

盖刺鱼科

斑点神仙

Genicanthus takeuchii

小笠原群岛，南鸟岛。

为日本特有品种，但是只在小笠原群岛近海区域可见。主要栖息于水深40米以上、潮水流通较好区域的岩礁斜面中层。

雌性　小笠原
水深25m　长7cm　南俊夫

幼鱼　小笠原
水深42m　长15cm　南俊夫

盖刺鱼科

半纹月蝶鱼

Genicanthus semifasciatus

日本南部的太平洋沿岸，伊豆诸岛，小笠原群岛，屋久岛，琉球群岛；中国台湾地区，菲律宾群岛。

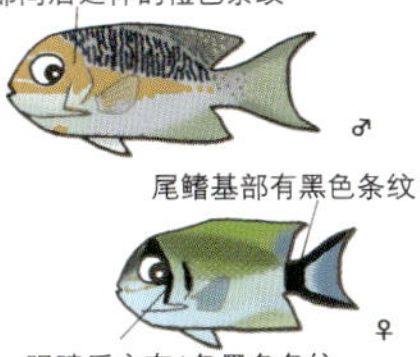

栖息于稍深的潮水流通较好区域的岩礁斜面中层。在琉球群岛主要栖息于水深40米及以上的水域，数量很少；在八丈岛水深20米左右的水域能常见到。幼鱼在秋冬季节独居于水深40米以上的深海。

雄性　八丈岛　水深25m　长18cm

性别转换中　八丈岛
水深28m　长16cm

雌性　八丈岛
水深20m　长16cm

幼鱼　八丈岛
水深45m　长3cm

盖刺鱼科

断线刺尻鱼

Centropyge interrupta

日本南部的太平洋沿岸，伊豆诸岛，小笠原群岛，冲绳县座间味岛；中国台湾地区，尼华岛以西的夏威夷群岛。

群居于潮水流通较好区域的浅岩礁处。在日本冲绳为稀有物种，但从四国岛、纪伊半岛的南日本沿岸到八丈岛、小笠原群岛都很常见。该品种在日本以外的区域很少见。

雄性　八丈岛　水深16m　长12cm

雌性　八丈岛
水深10m　长10cm

产卵前　八丈岛
水深14m　长12cm 10cm

幼鱼　八丈岛
水深20m　长3cm

雄性　宿务岛　水深50m　长10cm　山梨秀已

盖刺鱼科

美丽月蝶鱼

Genicanthus bellus

琉球群岛；东印度洋~太平洋中部和西部的热带海域。

栖息于潮水流通较好区域珊瑚礁外缘的岩壁平坦处、水深40米以上的海洋中层。在日本为稀有物种。

雌性　宿务岛
水深50m　长8cm　山梨秀已

成年鱼　八丈岛　水深45m　长28cm

盖刺鱼科

三点阿波鱼

Apolemichthys trimaculatus

日本南部的太平洋沿岸，伊豆诸岛，小笠原群岛，屋久岛，琉球群岛；中国台湾地区，南海，印度~太平洋，密克罗尼西亚。

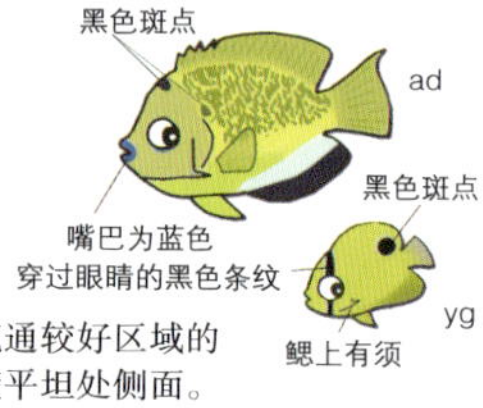

独居或成对栖息于潮水流通较好区域的岩礁、珊瑚礁外缘的岩壁平坦处侧面。在珊瑚礁区域，水深20米左右的水域也能看到此品种，但是在八丈岛，它们更喜欢生活在潮水流通较好区域岩礁斜面的水深40米以上的水域。幼鱼栖息在更深一些的水域，在潜水区几乎看不到。

幼鱼　八丈岛
水深35m　长2.5cm

八丈岛　水深25m　长10cm

盖刺鱼科

双棘甲尻鱼

Pygoplites diacanthus

伊豆诸岛，小笠原群岛，和歌山县，屋久岛，琉球群岛；中国台湾地区，印度~西太平洋，密克罗尼西亚，土阿莫土群岛。

主要栖息于潮水流通较好区域的岩石、珊瑚礁外缘平坦处的侧面以及稍深的海域，是很常见的品种。在日本南部沿岸看到的几乎都是幼鱼。幼鱼一到冬天水温低时就看不到了，是季节洄游鱼。

盖刺鱼科

仙女刺尻鱼

Paracentropyge venusta

伊豆诸岛，小笠原群岛，和歌山县，屋久岛，琉球群岛；中国台湾地区，菲律宾群岛，帕劳群岛。

喜欢栖息于潮水流通较好区域的岩礁、珊瑚礁外缘侧面的裂缝、洞穴等暗处，常从上向下游。群居，一夫多妻制。警惕性很高，一旦靠近，马上就会躲入岩石缝隙之中。

八丈岛　水深25m　长8cm

盖刺鱼科

多带副锯刺盖鱼

Paracentropyge multifasciata

八重山群岛，东印度洋~太平洋中部和西部的热带海域。

主要生活在珊瑚礁外缘的岩壁平坦处侧面，或悬浮在岩壁突出处的下方，在岩石根部的裂缝处来回穿梭。群居，一夫多妻制，但单独行动的情况居多。警惕性很高，一旦靠近，马上就会躲起来。

帕劳　水深16m　长7cm

盖刺鱼科

白斑刺尻鱼

Centropyge tibicen

日本南部的太平洋沿岸，八丈岛，小笠原群岛，屋久岛，琉球群岛；中国台湾地区，圣诞岛以南的东印度~西太平洋，加罗林群岛。

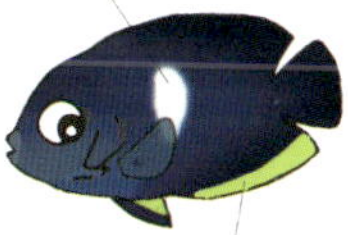

栖息于水深15米左右潮水流通较好区域的岩礁及珊瑚礁区域，一条雌性与数条雄性在一起居住。雌雄身体的颜色差异很大，一般情况下，体型较大的是雄性，在其周围的且体型较小的鱼是雌性。

产卵前　八丈岛
水深14m　长10cm和8cm

八丈岛　水深20m　长8cm

成年鱼　塞班岛　水深18m　长8cm

盖刺鱼科

黄刺尻鱼

Centropyge flavissima

小笠原群岛，庆良间群岛；基林群岛，圣诞岛，太平洋中部（夏威夷群岛除外）。

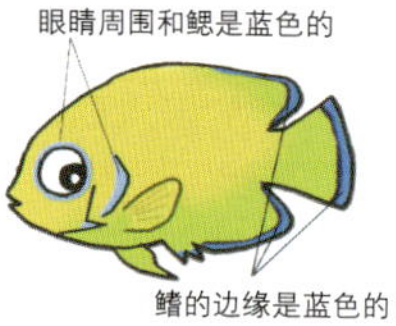

群居于浅岩礁区域。在日本，主要栖息于小笠原群岛，在除此之外的海域很少见。

幼鱼　塞班岛
水深13m　长4cm　神村诚一

八丈岛　水深16m　长10cm

盖刺鱼科

海氏刺尻鱼

Centropyge heraldi

伊豆诸岛，小笠原群岛，和歌山县，高知县，屋久岛，琉球群岛；中国台湾地区，新几内亚岛东部，澳大利亚东北岸，太平洋中部（夏威夷群岛除外）。

一条雄性与数条雌性组成一个群体，栖息于浅岩礁、珊瑚礁区域。在日本南部沿岸见到的多为其幼鱼，是不过冬的季节洄游鱼。

八丈岛　水深16m　长4.5cm

盖刺鱼科

二色刺尻鱼

Centropyge bicolor

日本南部的太平洋沿岸，八丈岛，小笠原群岛，屋久岛，琉球群岛；中国台湾地区，东印度~西太平洋，密克罗尼西亚，萨摩亚群岛。

栖息于内湾的浅珊瑚礁处。群居，一夫多妻制。在日本南部沿岸见到的多为其幼鱼，是不过冬的季节洄游鱼。

盖刺鱼科

铁红刺尻鱼

Centropyge ferrugata

八丈岛，小笠原群岛，和歌山县，高知县，屋久岛，琉球群岛；中国台湾地区，菲律宾群岛。

八丈岛　水深15m　长8cm

主要栖息于水深10~30米的潮水流通较好区域的岩礁及珊瑚礁区域，在直径数米的狭小范围内，一条雄性与数条雌性一起生活。围绕着珊瑚礁和岩礁的缝隙来回游动。警惕性高，一旦靠近，它们马上就会隐藏起来。

产卵前　八丈岛　水深15m
长8cm和6cm　水谷知世

盖刺鱼科

施氏刺尻鱼

Centropyge shepardi

八丈岛，小笠原群岛；中国台湾地区，南沙群岛，马里亚纳群岛。

在日本，主要栖息于小笠原群岛，在其他地方极为少见。群居，一夫多妻制。

八丈岛　水深17m　长8cm

盖刺鱼科

费氏刺尻鱼

Centropyge fisheri

日本南部的太平洋沿岸，伊豆诸岛，小笠原群岛，琉球群岛；中国台湾地区，印度~太平洋（复活节岛除外）。

群居于稍深的潮水流通较好区域的岩礁、珊瑚礁外缘的斜面。警惕性很高。

八丈岛　水深28m　长4cm

八丈岛　水深15m　长10cm

盖刺鱼科

福氏刺尻鱼

Centropyge vrolikii

日本南部的太平洋沿岸，八丈岛，小笠原群岛，屋久岛，琉球群岛；中国台湾地区，印度~西太平洋（斐济岛除外），密克罗尼西亚。

在浅岩礁、内湾的珊瑚礁处可以看到一条雄性和多条雌性群居。在日本南部沿岸见到的多为其幼鱼，是不过冬的季节洄游鱼。

八丈岛　水深28m　长6cm

盖刺鱼科

双棘刺尻鱼

Centropyge bispinosa

八丈岛，小笠原群岛，和歌山县串本，琉球群岛；中国台湾地区，印度~太平洋（夏威夷群岛、复活节岛除外）。

在浅珊瑚礁区域是很常见的品种。警惕性非常高，一旦靠近，马上就会躲进珊瑚深处。

帕劳　水深33m　长7cm　若山牧雄

盖刺鱼科

科氏刺尻鱼

Centropyge colini

小笠原群岛，东印度洋~太平洋中部和西部的热带海域。

主要栖息于面向外洋的岩壁斜面平坦处洞窟的顶部。怕光，如果拍摄时使用闪光灯，它立刻就会躲进洞穴深处。在日本只有小笠原群岛可见，为稀有物种。

专栏

终极战术 Part2

这里要介绍的是体长8厘米左右的裂唇鱼。它们的饵料是其他鱼类身上的寄生虫，无论对方是体型巨大的鱼，还是比自己小的鱼，只要对方身上有寄生虫，它们都会无情地将其剥下并吃掉。由于鱼类无法为自己清理身上的寄生虫，所以当它们觉得身上的寄生虫该清理了的时候，就会跑到“清洁区域”让裂唇鱼帮忙。

裂唇鱼在其“清洁区域”内，用自己独特的游动方式——舞动尾鳍静待其他鱼儿的光临。而包括食肉鱼在内的所有鱼类，都会将可以为自己清洁身体的裂唇鱼的体色和游动方式牢牢记住，绝对不会去袭击它们的领地。

也就是说，裂唇鱼凭借自己这一特殊的食性，不仅能够自保，还能不费吹灰之力，就使食物自动源源不断地送上门来，这简直是一种终极的生存技巧。

正在为无斑拟羊鱼做清洁的裂唇鱼

因此，自然界中有鱼类伪装成裂唇鱼也就不难理解了。摩鹿加拟岩鳚的幼鱼、益田普提鱼的幼鱼都用这种方法自保。这些鱼只有在幼鱼时期才与裂唇鱼的体色完全一样，靠清洁其他鱼类的身体生活。

纵带盾齿鳚

但是外形像裂唇鱼的鱼类并不都是清洁鱼。像黑带短带鳚、杜氏盾齿鳚等鱼类，就以鱼的表皮和皮弁为食。特别是外形与裂唇鱼酷似的纵带盾齿鳚，它们这样做，对来找它们清洁身体的鱼来说，简直就是赤裸裸的欺骗。装作一副要帮对方清洁身体的样子，一旦对方靠近，马上就用锋利的牙齿将其撕碎，这真如噩梦一般。

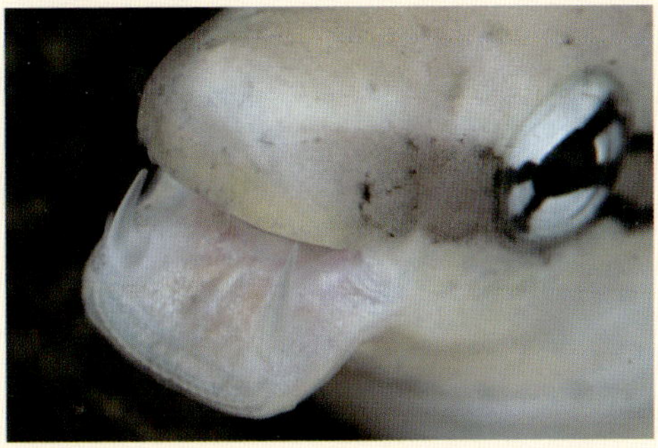

锋利的牙齿（摄影 菅野隆行）

如此狡猾的纵带盾齿鳚的幼鱼时代是怎样度过的呢？它们小的时候会伪装成流藻，混于浮游生物之中。所以它们一直都靠拟态生活。虽然它们名气不大，但它们的战术充满了求生的智慧！

裂唇鱼

纵带盾齿鳚的幼鱼（摄影 仲谷顺五）

成年鱼　八丈岛　水深30m　长35cm

五棘鲷科

尖吻棘鲷

Evistias acutirostris

北海道~新潟县的日本海沿岸，日本南部的太平洋沿岸，八丈岛，小笠原群岛，冲绳县伊江岛；朝鲜半岛，中国台湾地区，豪勋爵岛，新西兰，夏威夷群岛。

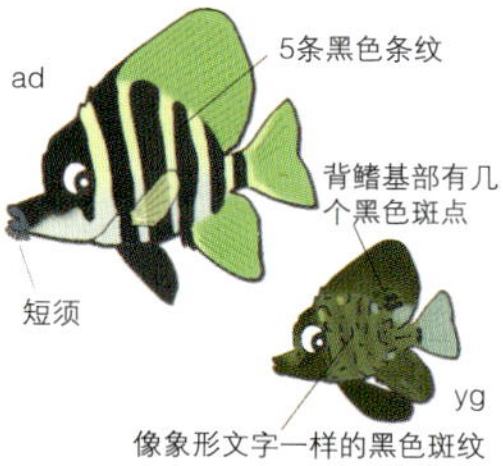

主要栖息于水深20~250米、潮水流通较好区域的岩礁斜面。年轻的个体喜欢生活在更深的水域，随着成长，会移动到较浅的水域。在日本三宅岛、八丈岛和小笠原群岛的潜水区，可以经常看到成年的尖吻棘鲷。

幼鱼　柏岛
水深45m　长12cm　西村直树

八丈岛　水深14m　长10cm

鎓科

斑金鎓

Cirrhitichthys aprinus

日本南部的太平洋沿岸，八丈岛，屋久岛，琉球群岛；济州岛，中国大陆及台湾地区，西太平洋，南非。

多栖息于温带水域、伊豆半岛等日本南部的太平洋沿岸。鎓科中的很多鱼类都生活在珊瑚礁周围，但是此品种对珊瑚的依赖性很低。在八丈岛水深20米左右的潮水流通较好区域的岩礁岩石上可见此品种。一条雄性与多条雌性群居，但单独行动居多。

八丈岛
水深12m　长10cm

八丈岛　水深8m　长8cm

鎓科

尖鳍金鎓

Cirrhitichthys oxycephalus

日本南部的太平洋沿岸，八丈岛，小笠原群岛，琉球群岛；中国台湾地区，印度~西太平洋，科隆群岛，加利福尼亚湾。

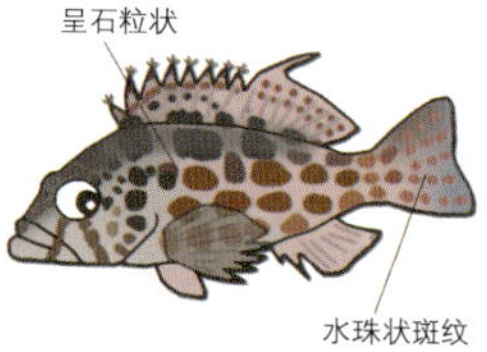

主要栖息于浅岩礁根部、岩壁突出处、珊瑚礁外缘的侧面和裂缝处。在珊瑚下方可见，但此品种对珊瑚的依赖性低。

䱵科

鹰金䱵

Cirrhitichthys falco

日本南部的太平洋沿岸，八丈岛，小笠原群岛，屋久岛，琉球群岛；中国台湾地区，印度~太平洋。

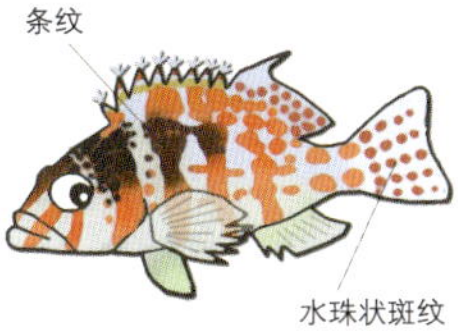

栖息于岩石根部、岩石侧面裂缝处、珊瑚周边及珊瑚之上。比尖鳍金䱵对珊瑚的依赖度高。

八丈岛　水深12m　长7cm

䱵科

金䱵

Cirrhitichthys aureus

日本南部的太平洋沿岸，八丈岛，新潟县佐渡，山口县日本海沿岸，长崎，屋久岛；济州岛，中国大陆及台湾地区，菲律宾群岛，巴厘岛。

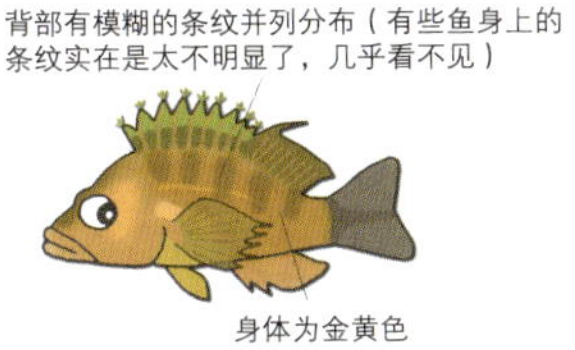

一条雄性与数条雌性群居，但在稍深水域的岩礁斜面，看到的多是它们单独或成对行动的情景。多为雌性先熟型，但由雄性变回雌性的也有。温带种。

八丈岛　水深25m　长9cm

䱵科

双斑钝䱵

Amblycirrhitus bimaculus

八丈岛，琉球群岛，南大东岛；中国台湾地区，巴厘岛，大堡礁，马里亚纳群岛，夏威夷群岛。

潜藏于浅岩礁根部侧面及裂缝深处、珊瑚周边根部的裂缝深处。稀有物种。

八丈岛　水深8m　长6cm

八丈岛　水深6m　长8cm

鲻科

哈氏须鲻

Cirrhitops hubbardi

八丈岛，冲绳群岛，宫古群岛，小笠原群岛；太平洋中部和西部的热带海域。

栖息于潮水流通较好区域的浅岩礁上及其根部侧面、岩壁突出处的裂缝等处。在冲绳为稀有物种。

八丈岛　水深5m　长16cm

鲻科

翼鲻

Cirrhitus pinnulatus

伊豆半岛，八丈岛，小笠原群岛，屋久岛，喜界岛，冲绳群岛，南大东岛；中国台湾地区，印度~太平洋。

栖息于波涛汹涌的岩礁及珊瑚礁外缘。在鲻科属体型较大的种类。

八丈岛　水深45m　长9cm

鲻科

尖吻鲻

Oxycirrhites typus

日本南部的太平洋沿岸，八丈岛，小笠原群岛，冲绳县伊江岛；中国台湾地区，印度~泛太平洋。

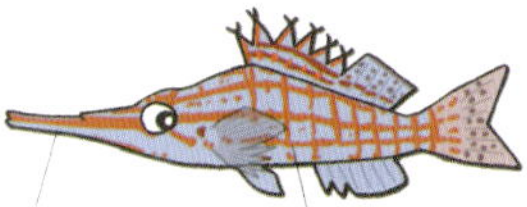

主要附着在稍深水域的岩礁斜面及珊瑚礁外缘斜面的柳珊瑚及海鸡冠珊瑚之上。

鎓科

盔新鎓

Neocirrhites armatus

八丈岛，小笠原群岛，南大东岛，伊江岛，冲绳岛；关岛，密克罗尼西亚，大堡礁。

独居或成对生活于浅珊瑚礁的珊瑚枝的缝隙之间。在日本的小笠原群岛很常见，但在其他地方为稀有物种。

八丈岛　水深10m　长4.5cm

鎓科

长鳍鲤鎓

Cyprinocirrhites polyactis

至千叶县馆山以南土佐湾为止的太平洋沿岸，冲绳县伊江岛；中国台湾地区，西太平洋，马达加斯加，毛里求斯群岛。

在稍深的潮水流通较好区域的岩礁及珊瑚礁外缘斜面生活。鎓科中只有此品种为浮游性。

八丈岛　水深30m　长11cm

鎓科

副鎓

Paracirrhites arcatus

伊豆诸岛，小笠原群岛，和歌山县田边湾，屋久岛，奄美大岛以南的琉球群岛；中国台湾地区，印度~太平洋。

栖息在潮水流通较好区域的岩礁和珊瑚礁外缘的珊瑚上。对枝状珊瑚的依赖性很强，独居或成对生活。

八丈岛　水深14m　长9cm

成年鱼　八丈岛　水深10m　长10cm

鲉科

斑点鹰鱼

Paracirrhites forsteri

伊豆诸岛，小笠原群岛，和歌山县以南的太平洋沿岸，屋久岛，奄美大岛，琉球群岛；中国台湾地区，印度~太平洋。

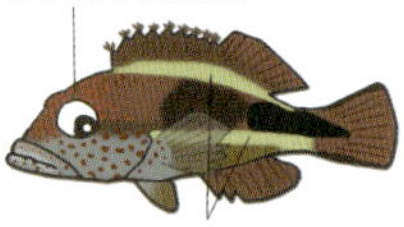

主要栖息于潮水流通较好区域的浅岩礁和珊瑚礁外缘的珊瑚上。对枝状珊瑚的依赖性很强，独居或成对生活。其幼鱼和成年鱼的颜色不同，这在鲉科中是很少见的。

幼鱼　八丈岛
水深8m　长3cm

成年鱼　八丈岛　水深10m　长28cm

唇指鲻科

花尾唇指鲻

Goniistius zonatus

津轻海峡以南，伊豆诸岛，小笠原群岛，屋久岛，冲绳岛；中国台湾和香港地区，朝鲜半岛南岸。

在除琉球群岛以外的日本南部沿岸的岩礁区域是很常见的品种。喜欢生活在有海藻的较浅水域。喜食水底的甲壳类等小型底生动物。

青年鱼　八丈岛
水深1.5m　长4cm

幼鱼　八丈岛
水深1m　长2cm

成年鱼　八丈岛　水深10m　长26cm

唇指鲻科

斑马唇指鲻

Goniistius zebra

新潟县以南的日本海沿岸，日本南部的太平洋沿岸，伊豆诸岛，小笠原群岛，奄美大岛；中国台湾地区。

在日本南部的太平洋沿岸很常见，温带种。在琉球群岛是稀有物种。幼鱼在内湾的较浅水域及潮水洼地处可见。在八丈岛的有些地方，你可以看到上百只斑马唇指鲻一起悬浮在海中的壮观景象。

幼鱼　八丈岛
水深6m　长3cm

赤刀鱼科

背点棘赤刀鱼

Acanthocepola limbata

富山湾~九州的日本海和东海沿岸，相模湾~九州的太平洋沿岸，西表岛；朝鲜半岛，中国大陆及台湾地区，阿拉伯海。

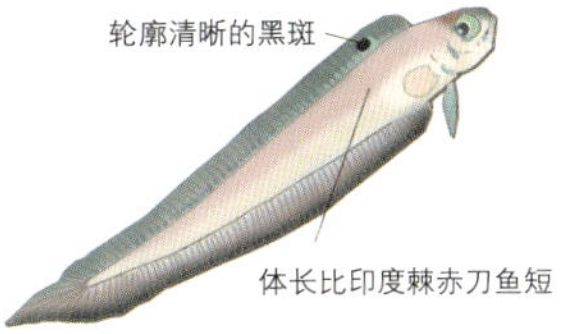

主要栖息于水深80~100米的沙泥底。挖洞穴的方法很独特，会在洞穴周边选5~6个地方挖出半球状的洞。

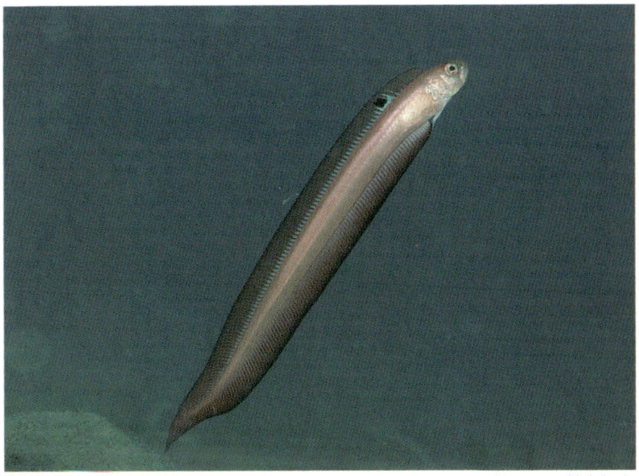

三保　水深21m　长25cm　铁多加志

赤刀鱼科

印度棘赤刀鱼

Acanthocepola indica

相模湾，土佐湾，屋久岛，东海；中国大陆及台湾地区，马德拉斯。

栖息于水深300米的沙泥底。赤刀鱼科其他的鱼类喜欢生活在软泥中，而该品种喜欢生活在沙泥中，洞穴为研钵状。

屋久岛　水深16m　长12cm　原崎森

鲤科

乔氏海鲋

Ditrema jordani

千叶县~三重县志摩半岛的太平洋沿岸，纪伊水道。

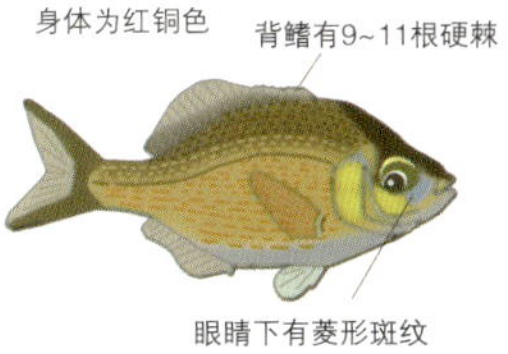

栖息于岩礁区域稍深的马尾藻层。在日本伊豆海洋公园栖息于水深10米以内的岩礁区域。普通品种。

伊豆半岛　水深6m　长15cm　山本敏

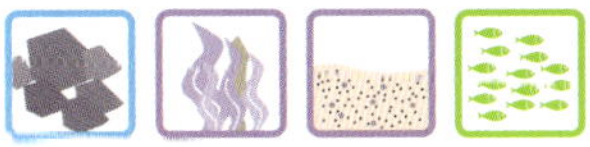

临盆前的状态　伊豆半岛　水深5m　长12cm　石田根吉

海鲫科

兰氏褐海鲫

Neoditrema ransonnetii

北海道~九州的日本海沿岸，北海道~相模湾的太平洋沿岸，大分县佐伯湾；朝鲜半岛。

栖息于浅海的岩礁区域。白天在浅岩礁区域的中层聚集，夜晚在港内聚集，以天为单位在两个区域间往返。在日本富户，兰氏褐海鲫的交配期在冬季。每年到了4月，就能看到大着肚子的雌性集体产子的画面。

伊豆半岛
水深5m　长12cm
石田根吉

雄性　黄色　八丈岛　水深16m　长10cm

海葵类

雀鲷科

克氏双锯鱼

Amphiprion clarkii

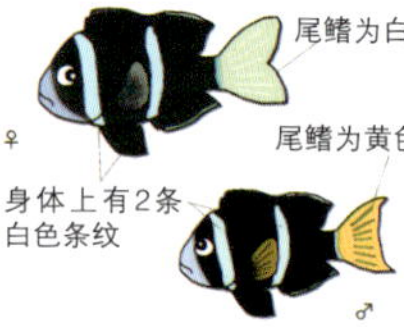

千叶县外房~屋久岛的太平洋沿岸，伊豆诸岛，小笠原群岛，九州西北岸，琉球群岛；济州岛，中国台湾和香港地区，印度~太平洋。

和栖息在岩礁及珊瑚礁上的海葵共生，共生的海葵有珊瑚海葵、彩色地毯海葵、念珠海葵等。与雀鲷科其他的鱼类相比，可以共生的海葵种类还是很多的。

雌性　八丈岛
水深16m　长11cm

幼鱼　八丈岛
水深16m　长2cm

成年鱼　吕宋岛　水深12m　长10cm

海葵类

雀鲷科

白条双锯鱼

Amphiprion frenatus

静冈县下田，小笠原群岛，土佐湾，土噶喇列岛，琉球群岛；中国台湾地区，南海，泰国湾，菲律宾群岛~爪哇岛南岸。

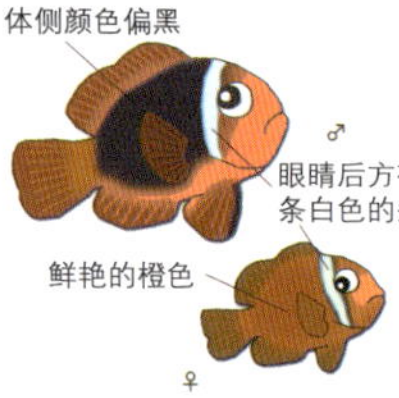

与栖息在珊瑚礁上的海葵共生。

幼鱼　宿务岛
水深14m　长7cm

雀鲷科

颈环双锯鱼

Amphiprion perideraion

和歌山县串本，屋久岛，琉球群岛；中国台湾地区，东印度洋~西太平洋的热带海域。

与栖息在珊瑚礁上的紫点海葵共生。

巴厘岛　水深6m　长6cm

海葵类

雀鲷科

眼斑双锯鱼

Amphiprion ocellaris

琉球群岛；中国台湾地区，东印度洋~西太平洋的热带海域。

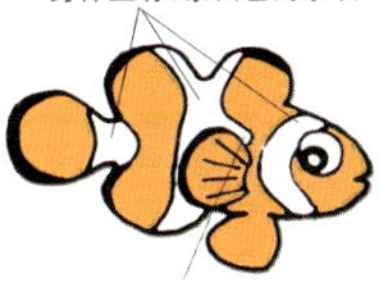

与珊瑚礁上的地毯海葵共生。成对或者少数幼鱼和青年鱼共同生活在同一条海葵上。

吕宋岛　水深12m　长6cm

海葵类

雀鲷科

白背海葵鱼

Amphiprion sandaracinos

琉球群岛；中国台湾地区，东印度洋~西太平洋的热带海域（直至所罗门群岛；南海西北岸、澳大利亚北岸和东北岸除外）。

与紫点海葵、长须海葵等海葵共生。

巴厘岛　水深6m　长6cm

海葵类

成年鱼　宿务岛　水深26m　长11cm

雀鲷科

鞍斑双锯鱼

Amphiprion polymnus

冲绳群岛以南的琉球群岛；中国台湾和香港地区，西太平洋（直至所罗门群岛）。

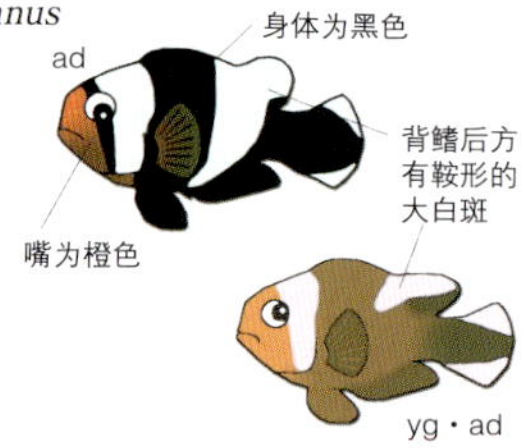

与栖息在内湾珊瑚砾、混着小石子的沙底、珊瑚礁外缘沙砾底的彩色地毯海葵共生。

幼鱼　宿务岛
水深26m　长2cm

八丈岛　水深6m　长4cm

雀鲷科

李氏波光雀鲷

Pomachromis richardsoni

八丈岛，和歌山县串本，福冈县津屋崎，屋久岛，琉球群岛；中国台湾地区，太平洋。

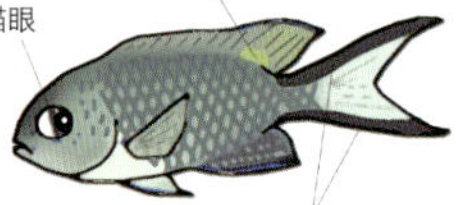

群居于珊瑚礁外缘的浅根部、距水底1米以内的中层海域。

成年鱼　八丈岛　水深20m　长16cm

雀鲷科

白斑光鳃鱼

Chromis albomaculata

日本南部的太平洋沿岸，伊豆诸岛，小笠原群岛，琉球群岛；中国台湾地区。

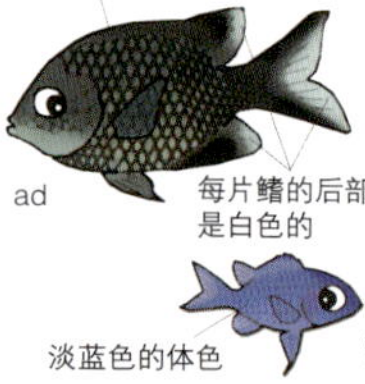

群居于潮水流通较好区域岩的礁中层。在雀鲷科中属于体型较大的品种。幼鱼喜欢栖息于潮水流通较好区域的岩石根部侧面、靠近水底的低洼处等偏暗的地方。

幼鱼　八丈岛
水深15m　长2cm

雀鲷科

大沼氏光鳃雀鲷

Chromis onumai

伊豆大岛，八丈岛；中国台湾地区。

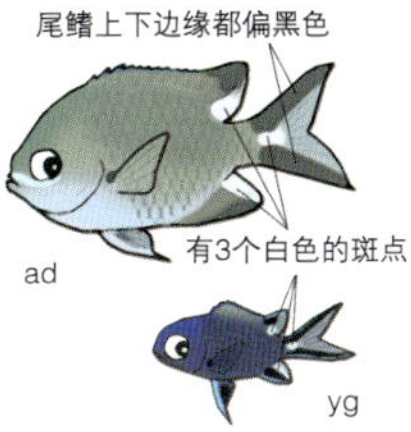

只在日本的伊豆诸岛、中国台湾地区生活，是非常稀有的品种。在雀鲷科中属于体型较大的品种。群居于水深40米以上潮水流通较好区域岩礁的中层。有时会与白斑光鳃鱼鱼群一起游动。

幼鱼　八丈岛
水深65m　长4cm

成年鱼　八丈岛　水深50m　长16cm

雀鲷科

春色光鳃鱼

Chromis earina

鹿儿岛县的硫磺岛；巴布亚新几内亚，瓦努阿图，斐济，密克罗尼西亚的普卢瓦特，宿务岛，帕劳，印度尼西亚的米苏尔岛，巴厘岛。

栖息于外洋的珊瑚礁外缘平坦处、水深60米以上的海域。成对或群居，生活在离水底很远的海洋中层。幼鱼独居于岩石阴暗处，一动不动。

幼鱼　伊豆大岛
水深55m　长4cm
渡边美雪

宿务岛　水深70m　长14cm

雀鲷科

白光鳃鱼

Chromis alpha

琉球群岛；吕宋岛，塞班岛，加里曼丹岛，新几内亚岛，澳大利亚东北岸~社会群岛，圣诞岛，基林群岛。

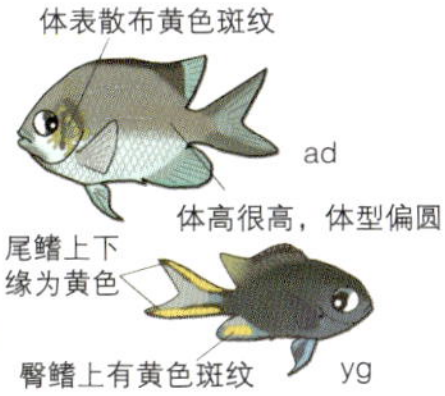

群居在水深12~95米潮水流通较好区域珊瑚礁外缘的斜面、陡坡侧面的中层。与成年鱼相比，幼鱼生活在更深的水底岩石阴暗处，独居或群居。生活在不同区域的白光鳃鱼颜色也不同，可分为两种颜色，一种是身体前半部分散布黄色斑纹且全身偏粉色，另一种是身体整体偏黑色。

幼鱼
吕宋岛
水深55m
长2.5cm

成年鱼　西表岛
水深35m　长10cm
水谷知世

成年鱼　吕宋岛　水深40m　长6cm

雀鲷科

三角光鳃鱼

Chromis delta

伊豆大岛，屋久岛，琉球群岛；中国台湾地区，西太平洋，东印度洋（圣诞岛、基林群岛）。

幼鱼　八丈岛
水深40m　长2.5cm

独居或群居于水深30米以上、潮水流通较好区域珊瑚礁外缘的斜面处。外形与亮光鳃雀鲷相似，区别在于此品种腹鳍不是黄色的。

成年鱼　八丈岛　水深35m　长5cm

雀鲷科

亮光鳃雀鲷

Chromis leucurus

伊豆大岛，八丈岛，屋久岛，琉球群岛；苏门答腊岛，切斯特菲尔德群岛，夏威夷群岛，马克萨斯群岛，毛里求斯群岛，留尼汪岛。

幼鱼　八丈岛
水深40m　长2.5cm

独居或群居于水深30米以上的潮水流通较好区域的岩礁、珊瑚礁外缘斜面处。在八丈岛水深40米以上的斜面处可以经常见到此品种。

成年鱼　帕劳　水深12m　长8cm

雀鲷科

黄光鳃鱼

Chromis xanthochirus

琉球群岛；中国台湾和香港地区，西太平洋（直至所罗门群岛），圣诞岛。

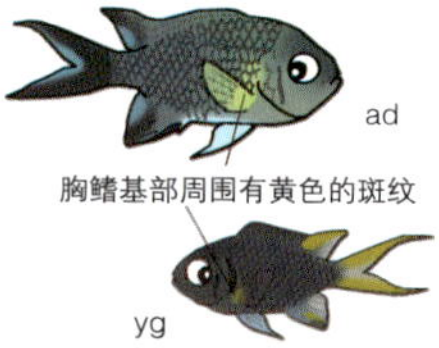

幼鱼　帕劳
水深15m　长3cm
惣道敬子

小规模群居于潮水流通较好区域的岩礁、珊瑚礁周边的中层。在帕劳面向外洋的陡壁周围，能看到由20条左右的黄光鳃鱼组成的群体。但在日本是极为稀有的物种。

雀鲷科

艾仑光鳃鱼

Chromis alleni

伊豆诸岛，小笠原群岛，琉球群岛；中国台湾地区南部。

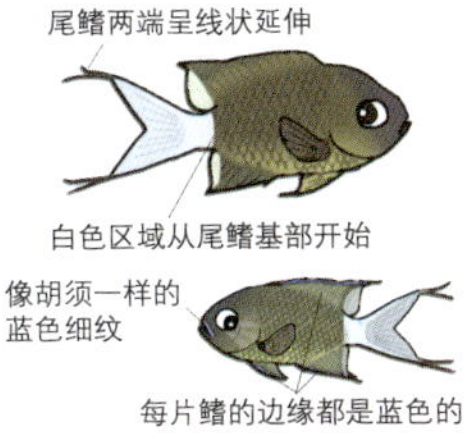

独居或小规模群居于潮水流通较好区域的岩石根部侧面、珊瑚礁外缘的陡壁处等稍暗的地方。

幼鱼　八丈岛
水深12m　长3cm

成年鱼　八丈岛　水深18m　长5cm

雀鲷科

长棘光鳃鱼

Chromis chrysurus

日本南部的太平洋沿岸，伊豆诸岛，小笠原群岛，屋久岛，琉球群岛；中国台湾地区，毛里求斯群岛，西太平洋。

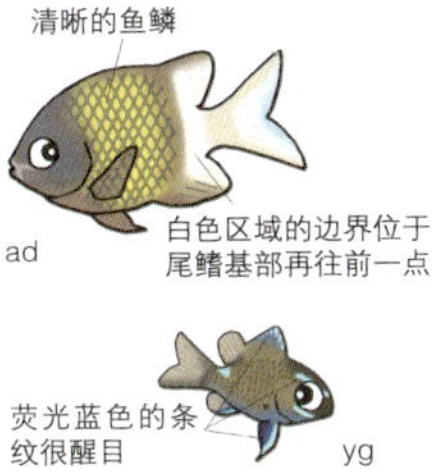

群居于潮水流通较好区域的浅岩礁及珊瑚礁的中层。在雀鲷科中属于体型较大的品种。幼鱼单独栖息于岩石侧面及低洼处。在八丈岛的早春时节能看到大量的幼鱼，因此，长棘光鳃鱼的出现预示着八丈岛春天的到来。

幼鱼　八丈岛
水深8m　长3cm

成年鱼　八丈岛　水深15m　长15cm

雀鲷科

燕尾光鳃雀鲷

Chromis fumeus

秋田县，日本南部的太平洋沿岸，伊豆诸岛，山口县，九州西岸，琉球群岛；济州岛，中国台湾地区，西太平洋的温带和热带水域。

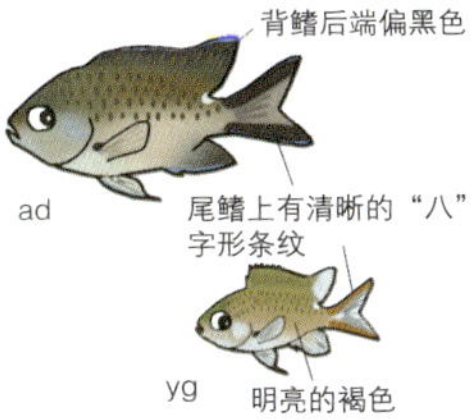

群居于水深15米左右的岩礁及珊瑚礁外缘斜面的中层。适应温带水域，在日本南部的太平洋沿岸很常见。

幼鱼　八丈岛
水深8m　长3cm

成年鱼　八丈岛　水深14m　长10cm

成年鱼　八丈岛　水深40m　长12cm

雀鲷科

长臀光鳃鱼

Chromis xouthos

静冈县富户，八丈岛，高知县，鹿儿岛县硫磺岛，屋久岛，冲绳岛；西太平洋。

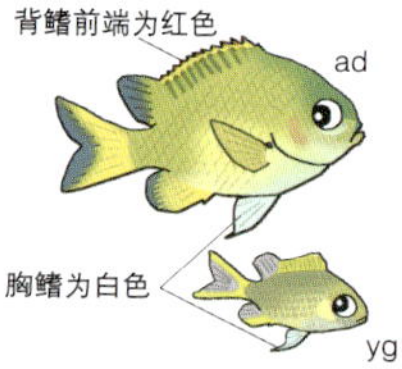

数十只一起群居于水深40米、潮水流通较好区域的岩礁及珊瑚礁外缘的陡壁侧面。之前一直被认为与白尾光鳃雀鲷是一个品种，2011年才被归为新的一类，有了新的名字。比白尾光鳃雀鲷生活在更偏南的水域。

幼鱼　八丈岛
水深35m　长6cm

成年鱼　八丈岛　水深25m　长14cm

雀鲷科

白尾光鳃鱼

Chromis albicauda

日本南部的太平洋沿岸，伊豆诸岛，屋久岛；努萨伯尼达岛。

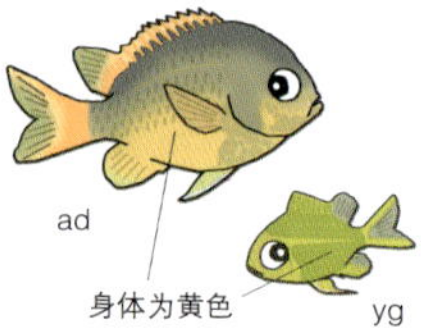

独居或小规模群居于水深10~30米的潮水流通较好区域岩礁的中层。之前一直被认为与长臀光鳃鱼是一个品种，2011年才被归为新的一类，有了新的名字。比长臀光鳃鱼更加适应在温带水域生活。

幼鱼　八丈岛
水深28m　长2.5cm

八丈岛　水深15m　长5cm

雀鲷科

二色光鳃鱼

Chromis margaritifer

日本南部的太平洋沿岸，伊豆诸岛，小笠原群岛，屋久岛，琉球群岛；中国台湾地区，东印度洋~太平洋中部（直至莱恩群岛，夏威夷群岛除外）。

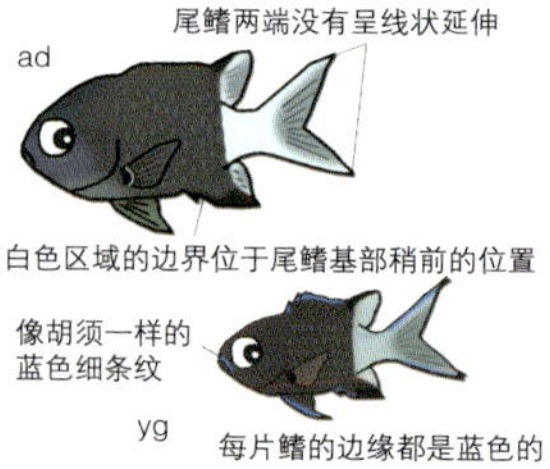

独居或群居于潮水流通较好区域岩礁、珊瑚礁外缘的斜面上。

雀鲷科

尾斑光鳃鱼

Chromis notata

青森县以南，八丈岛，小笠原群岛，屋久岛，琉球群岛；朝鲜半岛，中国大陆及台湾地区。

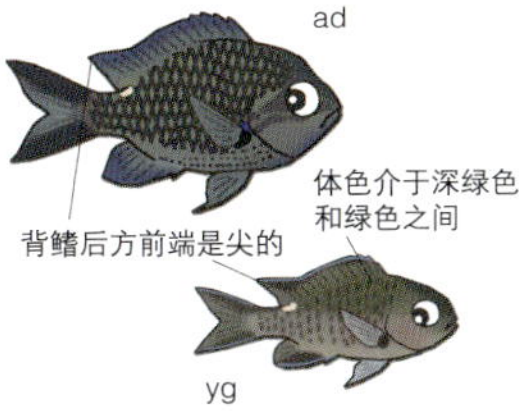

成年鱼　八丈岛　水深14m　长12cm

群居于浅岩礁的中层。在光鳃鱼中属于比较耐低水温的，在日本是唯一可以过冬的温带品种。在冲绳为稀有物种。

幼鱼　八丈岛
水深8m　长3cm

雀鲷科

山川光鳃鱼

Chromis yamakawai

日本南部的太平洋沿岸，伊豆诸岛，小笠原群岛，岛根县，屋久岛，琉球群岛；中国台湾地区，澳大利亚东岸~新喀里多尼亚。

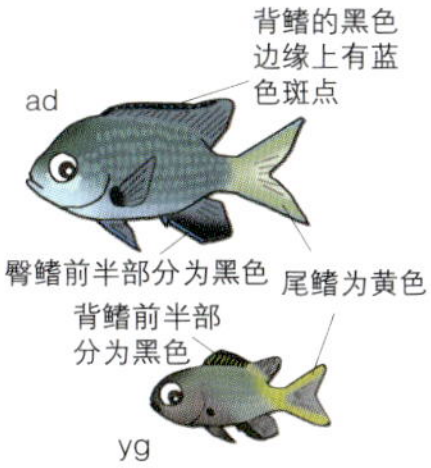

大规模群居于潮水流通较好区域和珊瑚礁附近的岩礁中层。幼鱼独居或小规模群居于接近水底的岩石根部附近。

成年鱼　八丈岛　水深8m　长12cm

婚姻色　八丈岛
水深10m　长12cm

幼鱼　八丈岛
水深6m　长2.5cm

雀鲷科

捷光鳃鱼

Chromis agilis

小笠原群岛，琉球群岛；印度~太平洋（复活节岛除外）。

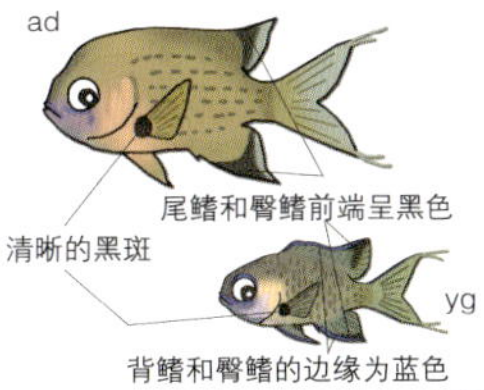

栖息于水深3~65米珊瑚礁外缘的岩礁及珊瑚礁附近。在日本，此品种多栖息于小笠原群岛，在其他地方为稀有物种。但在塞班岛和关岛是很常见的品种。

成年鱼　八丈岛　水深10m　长8cm

幼鱼　塞班岛
水深21m　长1.5cm
水谷知世

雀鲷科

加藤氏光腮鱼

Chromis katoi

成年鱼　八丈岛　水深25m　长12cm

八丈岛，日本南部的太平洋沿岸。

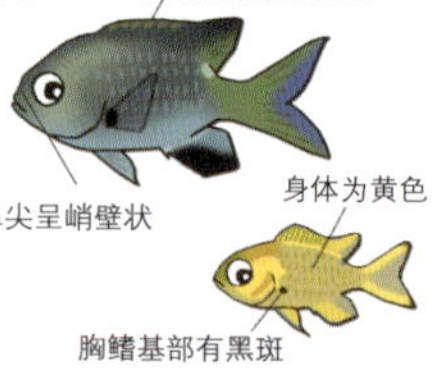

此品种以前一直被认为是黄斑光鳃雀鲷，没有被单独划为一种，因此没有任何记载。常见于水深25米以上潮水流通较好区域的岩礁处，比黄斑光鳃雀鲷生活的水域更深。在八丈岛的繁殖期是初春至春天。

青年鱼　八丈岛
水深30m　长8cm

幼鱼　八丈岛
水深25m　长1cm　水谷知世

雀鲷科

魏氏光鳃鱼

Chromis weberi

成年鱼　八丈岛　水深21m　长8cm

日本南部的太平洋沿岸，伊豆诸岛，小笠原群岛，屋久岛，琉球群岛；中国台湾和香港地区，印度~西太平洋。

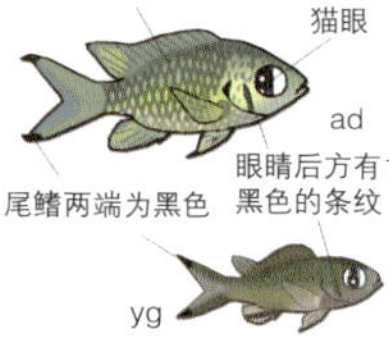

群居于岩礁根部侧面、珊瑚礁外缘斜面处。在八丈岛，常与山川光鳃鱼一起游动。

幼鱼　八丈岛
水深10m　长2.5cm

雀鲷科

黄尾光鳃鱼

Chromis xanthurus

成年鱼　八丈岛　水深8m　长12cm

日本南部的太平洋沿岸，伊豆诸岛，小笠原群岛，屋久岛，琉球群岛；中国台湾地区，印度~太平洋（夏威夷群岛除外）。

小规模群居于潮水流通较好区域、沙堆多、岩礁及珊瑚礁周围的中层。

幼鱼　八丈岛
水深12m　长2.5cm

雀鲷科

蓝绿光鳃鱼

Chromis viridis

小笠原群岛，高知县柏岛，屋久岛，琉球群岛；中国台湾地区，印度~太平洋（夏威夷群岛除外）。

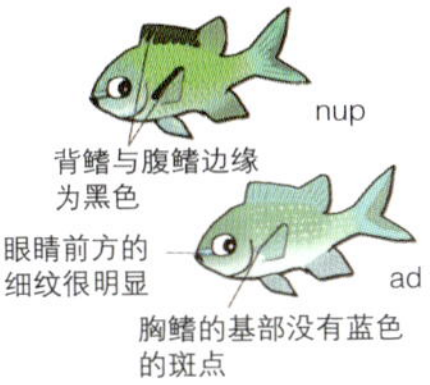

在内湾的浅珊瑚礁或礁池的枝状珊瑚上成群游动。一旦觉察到危险，立刻就会躲进珊瑚的缝隙中。对珊瑚的依赖性很强。

成年鱼　宿务岛　水深5m　长6cm

吕宋岛
水深8m　长6cm

婚姻色　庆良间
水深13m　长6cm　村杉畅子

雀鲷科

黑鳍光鳃鱼

Chromis atripes

伊豆诸岛，小笠原群岛，和歌山县，高知县，屋久岛，琉球群岛；中国台湾地区，东印度~西太平洋。

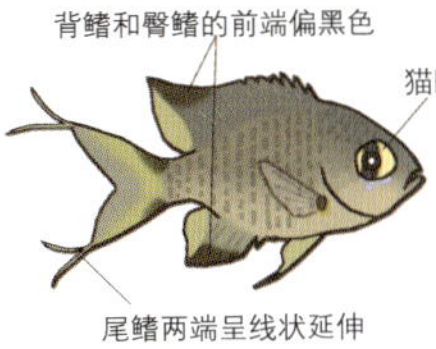

栖息于珊瑚礁外缘的根部侧面、岩壁突出的深处等较暗的地方。

八丈岛　水深9m　长5cm

雀鲷科

卵形光鳃鱼

Chromis ovatiformis

日本南部的太平洋沿岸，伊豆诸岛，小笠原群岛，屋久岛，琉球群岛；中国台湾地区，马尔代夫群岛。

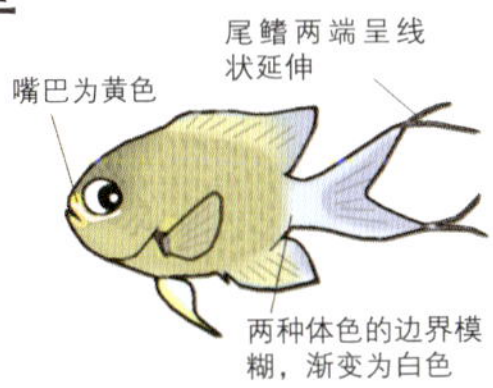

主要栖息于潮水流通较好区域的岩礁及珊瑚礁外缘的斜面、水深30米左右的深海。幼鱼独居栖息于岩石根部的阴暗处或岩壁突出处等较暗的地方。警惕性高，潜水员一旦靠近，它们马上就会隐藏起来。

幼鱼　八丈岛
水深25m　长2cm

成年鱼　八丈岛　水深30m　长8cm

成年鱼　帕劳　水深6m　长8cm

雀鲷科

三叶光鳃雀鲷

Chromis ternatensis

八丈岛，和歌山县以南的太平洋沿岸，屋久岛，琉球群岛；中国台湾地区，印度~太平洋。

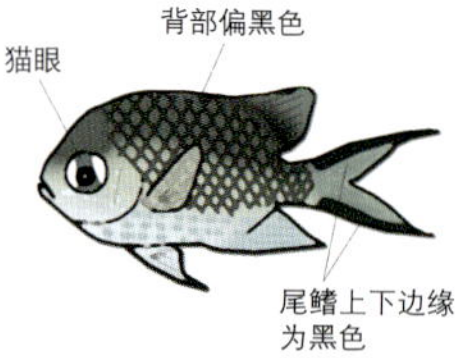

在潮水流通较好区域的珊瑚礁上成群游动。如果你进入它们群体周围的珊瑚礁，它们会一起游向你，发出“咕噜咕噜”的恐吓声。

幼鱼　八丈岛
水深12m　长2cm

成年鱼　八丈岛　水深8m　长6cm

雀鲷科

细鳞光鳃鱼

Chromis lepidolepis

日本南部的太平洋沿岸，伊豆诸岛，小笠原群岛，屋久岛，琉球群岛；中国台湾和香港地区，印度~太平洋（直至莱恩群岛）。

主要栖息于岩礁根部或侧面、礁池和礁石的斜面有造礁珊瑚群生的地方。此类鱼在八丈岛的数量很少，因此常与金拟花鮨、山川光鳃鱼的青年鱼一起在离岩石根部有一定距离的地方游动。

幼鱼　八丈岛
水深10m　长2.5cm

八丈岛　水深6m　长4cm

雀鲷科

凡氏光鳃鱼

Chromis vanderbilti

日本南部的太平洋沿岸，伊豆诸岛，小笠原群岛，屋久岛，琉球群岛；中国台湾地区，太平洋中部和西部（澳大利亚东海岸~马克萨斯群岛）。

群居于水深5米左右、珊瑚礁外缘的岩石根部。

雀鲷科

侏儒光鳃鱼

Chromis acares

八丈岛，小笠原群岛，琉球群岛；中国台湾地区，马里亚纳群岛，夏威夷群岛，莱恩群岛，珊瑚海，所罗门群岛~土阿莫土群岛，皮特凯恩岛。

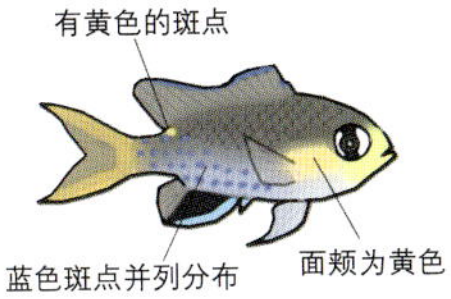

群居于水深5米左右、珊瑚礁外缘的浅根部。在日本的小笠原群岛很常见，但是在日本的其他地方很少见。在塞班岛和关岛是很普通的品种。在八丈岛，偶尔会与凡氏光鳃鱼一起活动。

八丈岛　水深21m　长4cm

雀鲷科

三带圆雀鲷

Dascyllus aruanus

和歌山县以南的太平洋沿岸，八丈岛，小笠原群岛，琉球群岛；中国台湾地区，印度~太平洋（夏威夷群岛、复活节岛除外）。

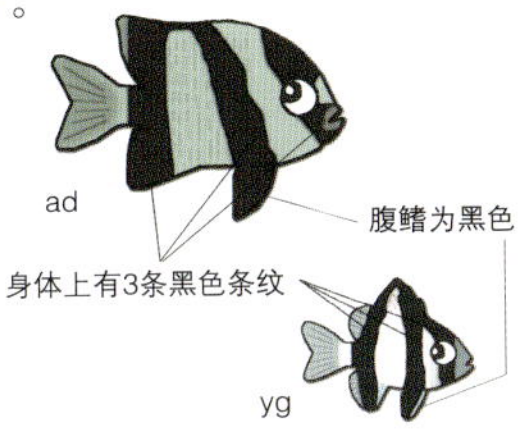

栖息于水深10米以内的珊瑚礁的枝状珊瑚上。对珊瑚的依赖性很强，一丛珊瑚上一般生活着由一条雄性和多条雌性组成的群体。此品种为雌性先熟型的鱼类，这在雀鲷科中很少见。

塞班岛　水深2m　长7cm

雀鲷科

网纹圆雀鲷

Dascyllus reticulatus

日本南部的太平洋沿岸，伊豆诸岛，小笠原群岛，屋久岛，琉球群岛；中国台湾和香港地区，东印度~太平洋（夏威夷群岛除外）。

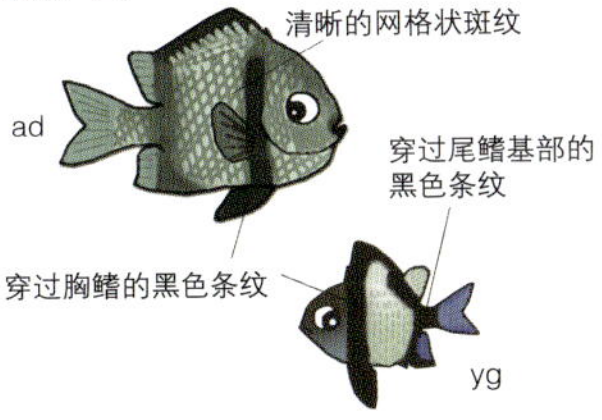

栖息于潮水流通较好区域的岩礁及珊瑚礁处。幼鱼多栖息于枝状珊瑚周围，一旦觉察到危险，立刻就会躲到珊瑚中。在八丈岛，有时在水深30米左右的珊瑚周边可见其幼鱼。

八丈岛　水深5m　长9cm

成年鱼　八丈岛　水深14m　长14cm

雀鲷科

三斑圆雀鲷

Dascyllus trimaculatus

日本南部的太平洋沿岸，屋久岛，琉球群岛；中国台湾和香港地区，印度~太平洋（夏威夷群岛、复活节岛除外）。

栖息于浅岩礁、礁池及其斜面的大型海葵周围。幼鱼与海葵共生。

幼鱼　八丈岛
水深10m　长1.5cm

八丈岛　水深2m　长10cm

雀鲷科

白棘雀鲷

Plectroglyphidodon leucozonus

八丈岛，小笠原群岛，千叶县至高知县的太平洋沿岸，屋久岛，琉球群岛；中国台湾地区，印度~太平洋（夏威夷群岛、复活节岛除外）。

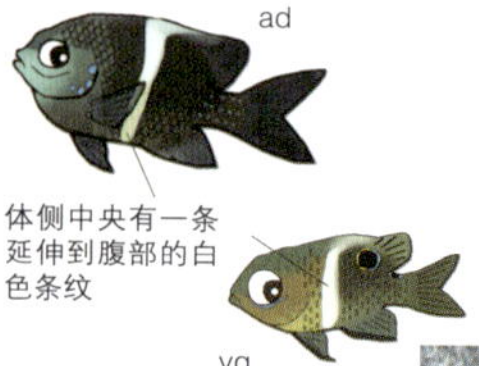

栖息于波涛汹涌的岩礁区水深2米以内的较浅海域。在八丈岛是很常见的品种，在面向外洋的潮水洼地中就可以见到。繁殖期为夏季。

幼鱼　八丈岛
水深2m　长3.5cm

八丈岛　水深5m　长4cm

雀鲷科

羽状椒雀鲷

Plectroglyphidodon imparipennis

八丈岛，小笠原群岛，高知县柏岛，琉球群岛；中国台湾地区，印度~太平洋（马克萨斯群岛、复活节岛除外）。

栖息于潮水流通较好区域的珊瑚礁及珊瑚礁外缘水深5米以内的区域。单独在岩石根部的缝隙和珊瑚之间快速游动。警惕性很高，潜水员一旦靠近，它们马上就会躲起来。

雀鲷科

珠点棘雀鲷

Plectroglyphidodon lacrymatus

日本南部的太平洋沿岸，八丈岛，小笠原群岛，屋久岛，琉球群岛；中国台湾地区，印度~太平洋（夏威夷群岛、复活节岛除外）。

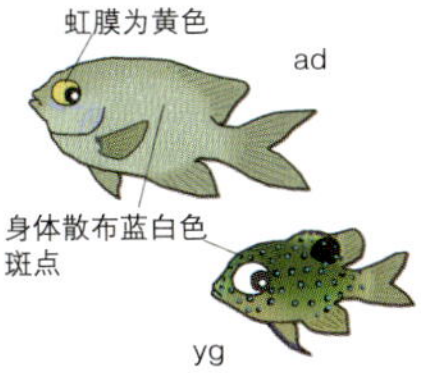

独居于潮水流通较好区域的岩石根部、浅珊瑚礁的珊瑚周围。幼鱼栖息于水深5米以内的乱石带及珊瑚砾的缝隙之间。警惕性很高，潜水员一旦靠近，马上就会躲起来。

幼鱼 八丈岛
水深6m 长2cm

成年鱼 吕宋岛 水深4m 长10cm

雀鲷科

黑带椒雀鲷

Plectroglyphidodon dickii

日本南部的太平洋沿岸，伊豆诸岛，小笠原群岛，琉球群岛；中国台湾地区，印度~太平洋（夏威夷群岛、复活节岛除外）。

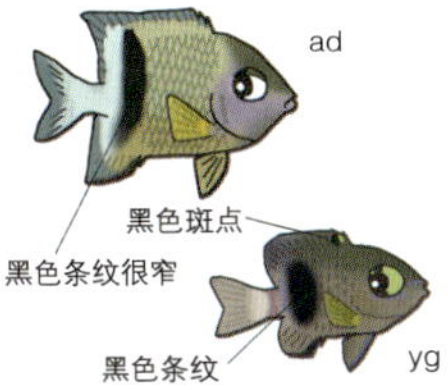

在内湾的浅珊瑚礁、枝状珊瑚周边像来回游动。对珊瑚的依赖性很强。

幼鱼 八丈岛
水深5m 长3cm

成年鱼 八丈岛 水深8m 长8cm

雀鲷科

尾斑椒雀鲷

Plectroglyphidodon johnstonianus

八丈岛，小笠原群岛，和歌山县，高知县，屋久岛，琉球群岛；中国台湾地区，印度~太平洋（复活节岛除外）。

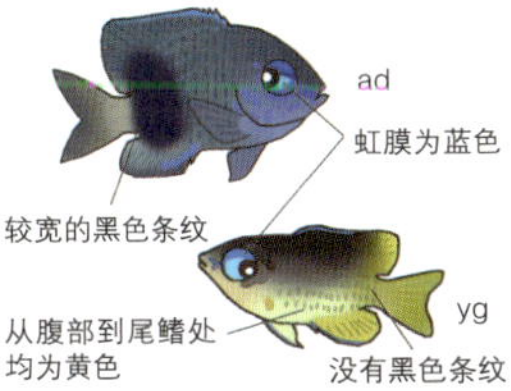

栖息于水深12米左右潮水流通较好区域的珊瑚礁及珊瑚礁外缘的珊瑚周围。

幼鱼 八丈岛
水深5m 长2.5cm

成年鱼 八丈岛 水深8m 长10cm

成年鱼　石垣岛　水深10m　长9cm　惣道敬子

雀鲷科

黑褐副雀鲷

Neoglyphidodon nigroris

八丈岛，小笠原群岛，和歌山县，高知县，屋久岛，琉球群岛；中国台湾地区，安达曼海，西太平洋。

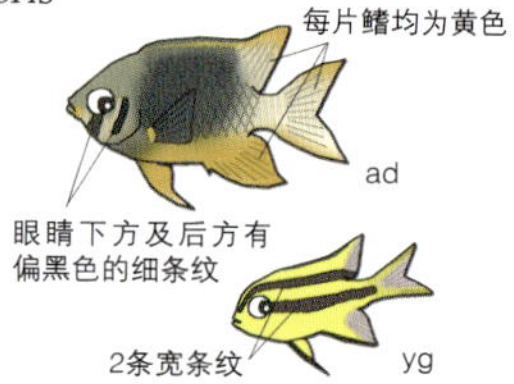

栖息于浅珊瑚礁及其周边的岩礁处。幼鱼喜欢生活在内湾、礁池等较浅的地方。

幼鱼　八丈岛
水深5m　长3cm

成年鱼　宿务岛　水深5m　长16cm

雀鲷科

黑副雀鲷

Neoglyphidodon melas

八丈岛，小笠原群岛，屋久岛，琉球群岛；中国台湾地区，印度~西太平洋。

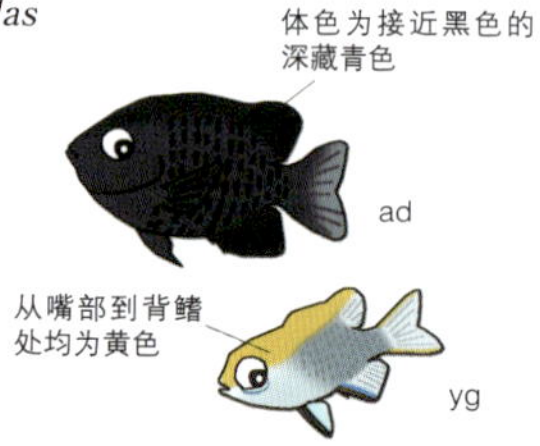

单独栖息于内湾的浅珊瑚礁处。活动范围很小。幼鱼比成年鱼更喜欢生活在较浅的水域。

幼鱼　八丈岛
水深5m　长2.5cm

成年鱼　帕劳　水深8m　长12cm

雀鲷科

黄身宽齿雀鲷

Amblyglyphidodon aureus

和歌山县串本，屋久岛，琉球群岛；中国台湾地区，东印度~西太平洋。

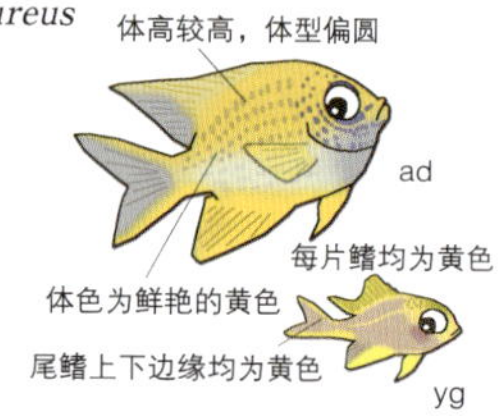

栖息于珊瑚礁外缘的陡壁侧面。成年鱼多独居，幼鱼喜欢群居于柳珊瑚周围。卵也是直接产在柳珊瑚上，雄性会一直守护着卵直至孵化完成。

幼鱼　奄美大岛
水深25m　长2cm　余吾涉

雀鲷科

黑吻宽齿雀鲷

Amblyglyphidodon curacao

屋久岛，琉球群岛；中国台湾地区，东印度~西太平洋，加勒比海库拉索岛。

群居于水深15米以内的内湾及礁池的枝状珊瑚群上。

幼鱼　帕劳
水深12m　长2cm

成年鱼　帕劳　水深8m　长10cm

雀鲷科

白腹宽刻齿雀鲷

Amblyglyphidodon leucogaster

八丈岛，高知县柏岛，琉球群岛；中国台湾地区，印度~西太平洋。

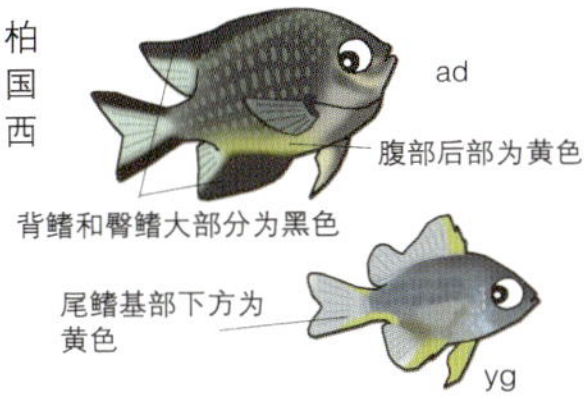

群居于内湾珊瑚礁的珊瑚、柳珊瑚目、日本海齿花周围。卵多产在死珊瑚上，也有的产在活的柳珊瑚上或草珊瑚上。

幼鱼　帕劳
水深12m　长1.5cm

成年鱼　吕宋岛　水深10m　长12cm

雀鲷科

五带豆娘鱼

Abudefduf vaigiensis

青森县以南，八丈岛，小笠原群岛，屋久岛，琉球群岛；朝鲜半岛，中国台湾地区，印度~太平洋（复活节岛除外）。

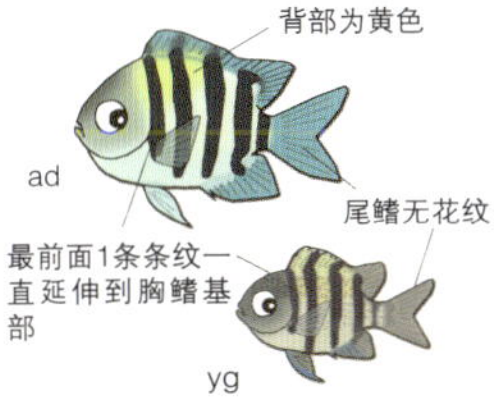

在水深12米以内的浅岩礁或珊瑚礁的中层至表层区域成群游动。幼鱼生活在非常浅的潮水洼地或内湾区域，附着在体长3厘米以内的小鱼或流藻上。

幼鱼　八丈岛
水深1m　长2.5cm

成年鱼　八丈岛　水深12m　长12cm

成年鱼　西表岛　水深5m　长15cm　水谷知世

雀鲷科

密鳃鱼

Hemiglyphidodon plagiometopon

琉球群岛；中国台湾地区，东印度~西太平洋（马来半岛西海岸~所罗门群岛）。

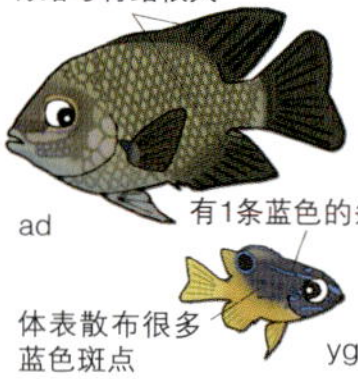

栖息于内湾的珊瑚礁及礁池的较浅处。喜欢生活在鹿角珊瑚等枝状珊瑚群生的地方。对自己的领地有很强的保护意识，一般单独在接近水底的地方来回游动。幼鱼和成年鱼生活在同一环境中，因此，找到了成年鱼也就很容易找到其幼鱼。

幼鱼　帕劳
水深3m　长3cm

八丈岛　水深45m　长5cm

雀鲷科

蓝纹雀鲷

Chrysiptera caeruleolineata

伊豆诸岛，高知县，九州西岸，屋久岛，琉球群岛；西太平洋。

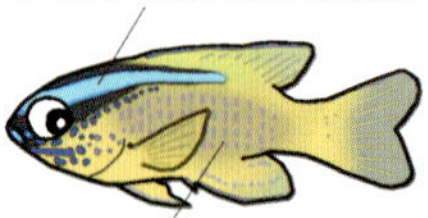

群居于潮水流通较好区域的岩礁及珊瑚礁外缘的斜面、水深25米以上的水域。

成年鱼　屋久岛　水深3m
长6cm　原崎森

雀鲷科

蓝刻齿雀鲷

Chrysiptera cyanea

日本南部的太平洋沿岸，屋久岛，琉球群岛；中国台湾地区，东印度~西太平洋，加罗林群岛。

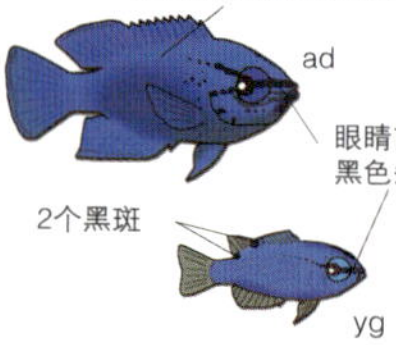

栖息于潮水流通较好区域水深2~3米的珊瑚礁处。

幼鱼　西表岛
水深1m　长3cm
常见真纪子

雀鲷科

副金翅雀鲷

Chrysiptera parasema

伊豆半岛西岸，九州西岸，琉球群岛；济州岛，西太平洋的热带海域。

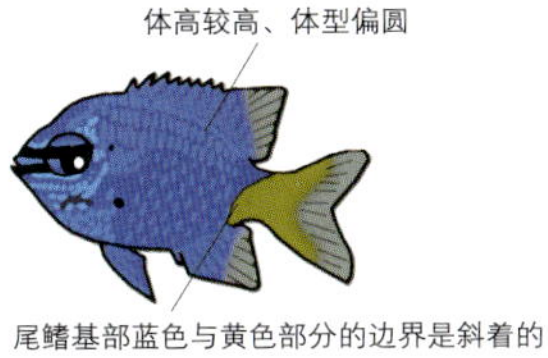

栖息于内湾及礁池的枝状珊瑚周围。

座间味岛　水深5m　长4cm　山梨秀己

雀鲷科

史氏金翅雀鲷

Chrysiptera starcki

日本南部的太平洋沿岸，八丈岛，小笠原群岛，屋久岛，琉球群岛；中国台湾地区，澳大利亚东海岸~罗亚尔特群岛。

栖息于稍深的岩礁及珊瑚礁外缘的斜面处。

八丈岛　水深21m　长6cm

雀鲷科

三带金翅雀鲷

Chrysiptera tricincta

日本南部的太平洋沿岸，伊豆诸岛，小笠原群岛，屋久岛，琉球群岛；菲律宾群岛中部，澳大利亚东岸~萨摩亚群岛。

栖息于水深30米左右的岩礁斜面及沙砾底。很少生活在珊瑚礁区域。

八丈岛　水深15m　长4cm

成年鱼　吕宋岛　水深5m　长6cm　水谷知世

雀鲷科

勒氏刻齿雀鲷

Chrysiptera rex

日本南部的太平洋沿岸，八丈岛，屋久岛，琉球群岛；中国台湾地区，西太平洋（直至所罗门群岛和新喀里多尼亚）。

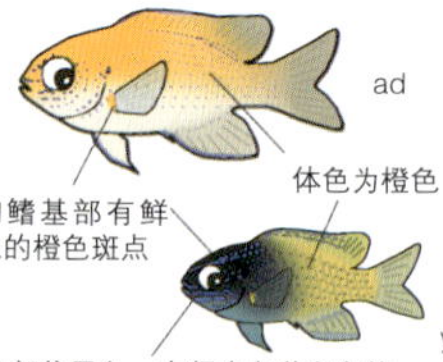

独居或小规模群居于水深6米以内的波涛汹涌的珊瑚礁处。警惕性很高，潜水员一旦靠近，马上就会躲进岩石缝隙中。

幼鱼　八丈岛
水深6m　长4cm

成年鱼　吕宋岛
水深3m　长10cm

雀鲷科

无斑刻齿雀鲷

Chrysiptera unimaculata

千叶县~屋久岛的太平洋沿岸，琉球群岛；中国台湾地区，印度~西太平洋。

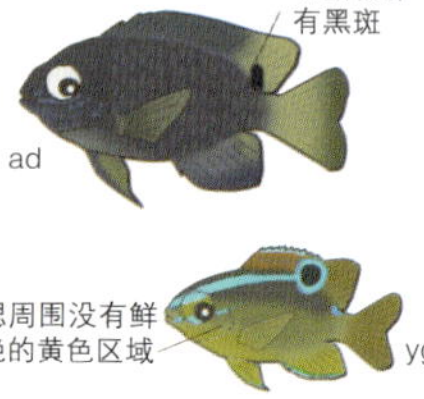

栖息于水深2米以内浅内湾的岩礁、珊瑚礁潮间带之间的海域。幼鱼外形与双百带刻齿雀鲷酷似，区别在于此品种鳃周边没有鲜艳的黄色区域。季节洄游鱼，会出现在日本南部的太平洋沿岸，常与双百带刻齿雀鲷一起活动。

青年鱼　八丈岛
水深3m　长8cm

幼鱼　八丈岛
水深3m
长2.5cm

成年鱼　八丈岛　水深4m　长4cm

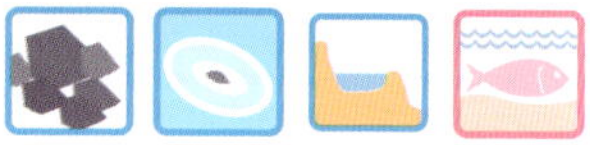

雀鲷科

双百带刻齿雀鲷

Chrysiptera brownriggii

日本南部的太平洋沿岸，伊豆诸岛，小笠原群岛，屋久岛，琉球群岛；中国台湾地区，印度~太平洋（夏威夷群岛、复活节岛除外）。

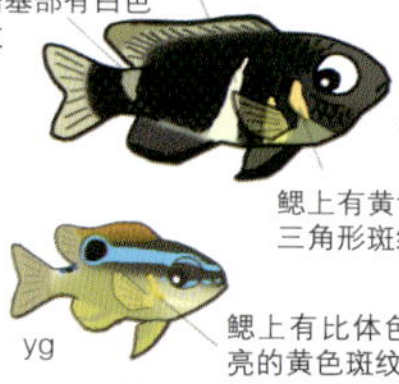

栖息于水深2米以内、波涛汹涌的岩礁及珊瑚礁区域。

幼鱼　八丈岛
水深5m　长2.5cm

雀鲷科

蓝黑新雀鲷

Neopomacentrus cyanomos

屋久岛，琉球群岛；中国台湾和香港地区，印度~新喀里多尼亚以西的太平洋。

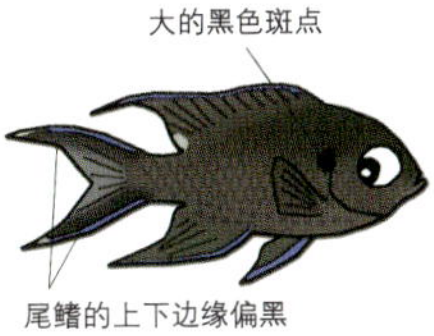

吕宋岛　水深7m　长8cm　水谷知世

小规模群居于浅内湾的珊瑚礁周边、岩石根部侧面的阴暗处。

雀鲷科

颊鳞雀鲷

Pomacentrus lepidogenys

八丈岛，和歌山县，高知县，屋久岛，琉球群岛；中国台湾地区，东印度洋~西太平洋的热带海域。

成年鱼　八丈岛　水深6m　长5cm

独居或小规模群居于内湾的浅珊瑚礁周边、岩石根部侧面等区域。

幼鱼　庆良间
水深5m　长1.5cm　片桐佳江

雀鲷科

黄鳍雀鲷

Pomacentrus philippinus

八丈岛，屋久岛，琉球群岛；中国台湾地区，印度~西太平洋。

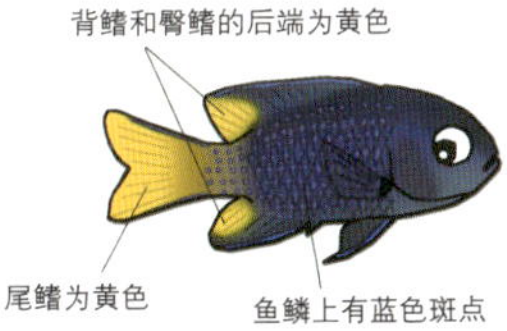

八丈岛　水深8m　长7cm

独居于水深12米以内的珊瑚礁外缘。

成年鱼　八丈岛　水深3m　长5cm

雀鲷科

白尾雀鲷

Pomacentrus chrysurus

日本南部的太平洋沿岸，伊豆诸岛，小笠原群岛，屋久岛，琉球群岛；中国台湾地区，印度~西太平洋。

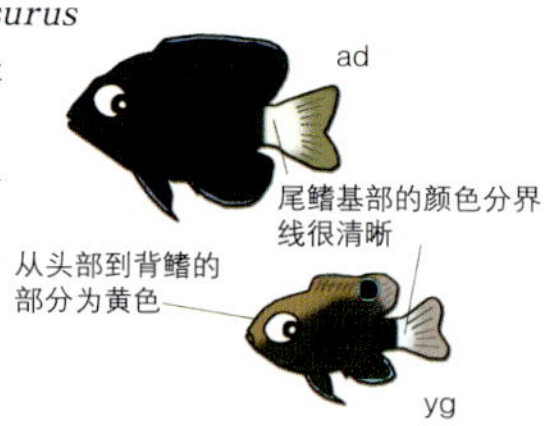

栖息于珊瑚礁的礁湖及内湾水深5米以内的浅水域。

幼鱼　吕宋岛
水深3m　长2cm　片桐佳江

成年鱼　八丈岛　水深6m　长4cm

雀鲷科

班卡雀鲷

Pomacentrus bankanensis

日本南部的太平洋沿岸，伊豆诸岛，屋久岛，琉球群岛；朝鲜半岛，中国台湾地区，东印度~西太平洋。

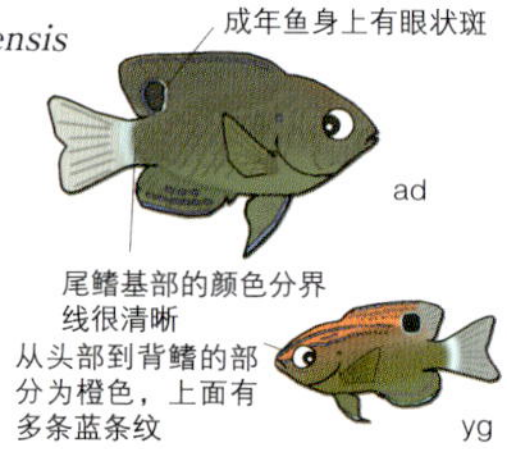

栖息于水深12米以内的岩礁及珊瑚礁区域。幼鱼常见于水深2米左右的浅水域。

幼鱼　八丈岛
水深10m　长7cm

成年鱼　八丈岛　水深15m　长6cm

雀鲷科

王子雀鲷

Pomacentrus vaiuli

日本南部的太平洋沿岸，伊豆诸岛，屋久岛，琉球群岛；中国台湾地区，东印度~西太平洋。

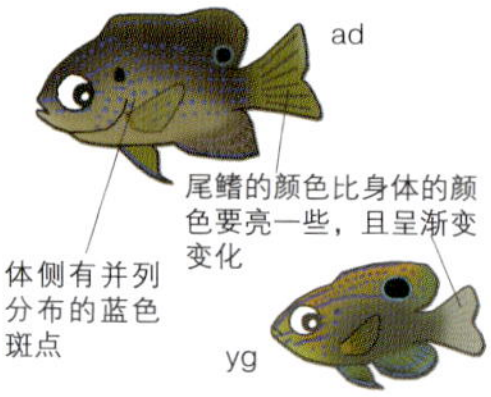

独居于水深20米左右的岩石根部周边的水底、珊瑚礁外缘根部周边及其斜面处。

幼鱼　八丈岛
水深12m　长3cm

雀鲷科

胸斑雀鲷

Pomacentrus alexanderae

屋久岛，琉球群岛；摩鹿加群岛以西的西太平洋。

小规模群居于内湾的珊瑚礁外缘中层。

吕宋岛　水深12m　长8cm

雀鲷科

黑鳍缘雀鲷

Pomacentrus nigromarginatus

和歌山县串本，屋久岛，琉球群岛；中国台湾地区，所罗门群岛以西的西太平洋。

栖息于潮水流通较好区域珊瑚礁外缘的斜面处及陡壁下稍深的水域。

宿务岛　水深13m　长9cm

雀鲷科

霓虹雀鲷

Pomacentrus coelestis

青森县，新潟县~长崎县的日本海和玄海滩沿岸，日本南部的太平洋沿岸，伊豆诸岛，小笠原群岛，琉球群岛；济州岛，中国台湾地区，东印度~太平洋。

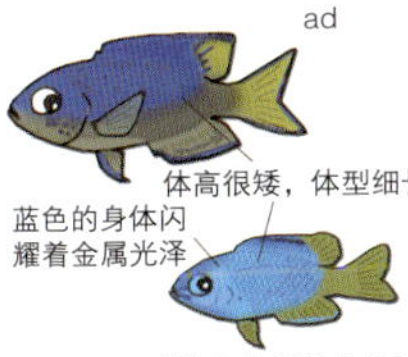

小规模群居于浅岩礁及珊瑚礁周边、乱石带及斜面的水底。广泛分布在日本南部的太平洋沿岸，温带种。

婚姻色　八丈岛
水深10m　长6cm

幼鱼　八丈岛
水深5m　长2.5cm

成年鱼　八丈岛　水深6m　长4cm

成年鱼　石垣岛　水深3m
长12cm　片桐佳江

雀鲷科

孔雀雀鲷

Pomacentrus pavo

伊豆半岛西岸，琉球群岛；中国台湾地区，印度~太平洋（夏威夷群岛、莱恩群岛、复活节岛除外）。

一般群居于内湾和礁池周边沙地较多的珊瑚礁侧面。

青年鱼　帕劳
水深6m　长7cm

幼鱼　帕劳
水深6m　长2.5cm

成年鱼　八丈岛
水深8m　长12cm

雀鲷科

长崎雀鲷

Pomacentrus nagasakiensis

日本南部的太平洋沿岸，伊豆诸岛，小笠原群岛，九州西岸，屋久岛，琉球群岛；济州岛，中国台湾地区，东印度~西太平洋。

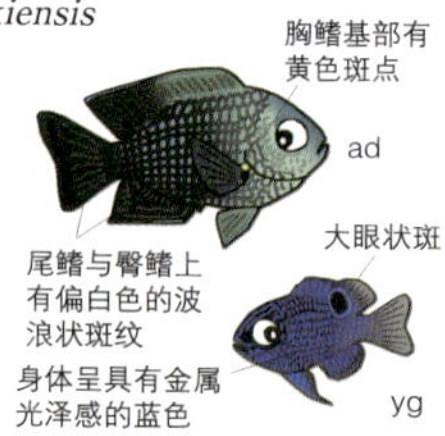

栖息于水深15米左右、沙地多的内湾岩礁及珊瑚礁外缘。

幼鱼　八丈岛
水深12m　长2cm

帕劳　水深8m　长5cm

雀鲷科

黄雀鲷

Pomacentrus moluccensis

和歌山县串本，高知县柏岛，屋久岛，琉球群岛；中国台湾地区，东印度~西太平洋。

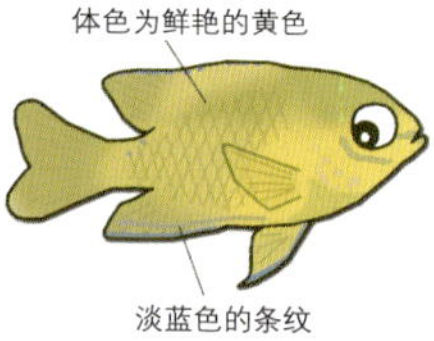

小规模群居于浅珊瑚礁及珊瑚周围。常见的普通品种。

雀鲷科

安邦雀鲷

Pomacentrus amboinensis

屋久岛，琉球群岛；中国台湾地区，东印度~太平洋。

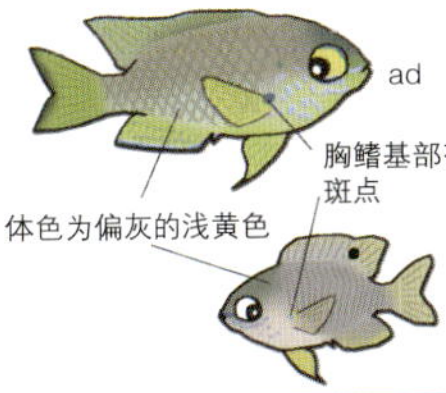

独居于浅珊瑚礁的珊瑚周围。

幼鱼　帕劳
水深6m　长3cm

成年鱼　宿务岛　水深6m　长8cm

雀鲷科

斑棘高身雀鲷

Stegastes obreptus

八丈岛，屋久岛，琉球群岛；中国台湾和香港地区，菲律宾群岛，爪哇岛北岸，斯兰岛，马来半岛东南岸，安达曼海，澳大利亚西岸，斯里兰卡北岸。

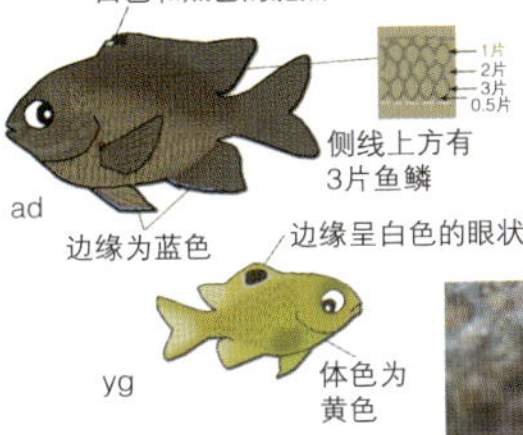

栖息于水深10米以内的珊瑚礁外缘的岩礁处。幼鱼栖息在潮间带和潮水洼地等非常浅的水域。

幼鱼　八丈岛
水深10m　长2.5cm

成年鱼　八丈岛　水深4m　长12cm

雀鲷科

蓝纹高身雀鲷

Stegastes fasciolatus

八丈岛，纪伊，鹿儿岛县屋久岛，与论岛，奄美大岛，琉球群岛；中国台湾和香港地区，印度~太平洋。

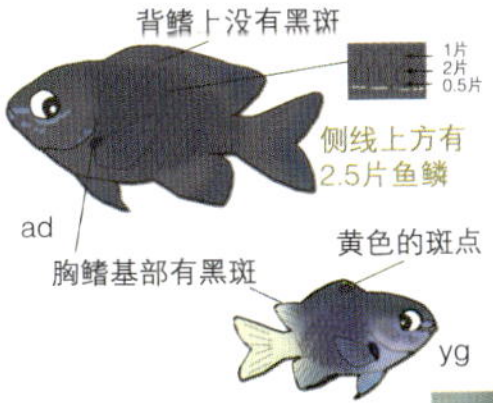

栖息于水深10米以内的岩礁及珊瑚礁上。每条鱼都有自己的活动范围，单独在岩石根部和珊瑚的缝隙之间来回游动。

幼鱼　八丈岛
水深7m　长3cm

八丈岛　水深5m　长9cm

成年鱼　八丈岛　水深8m　长10cm

雀鲷科

岛屿高身雀鲷

Stegastes insularis

日本南部的太平洋沿岸，八丈岛，小笠原群岛，琉球群岛；圣诞岛。

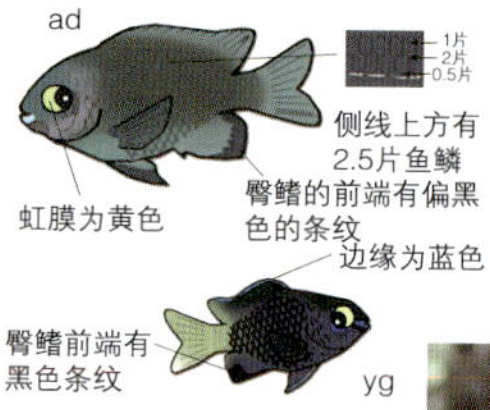

主要栖息于水深10米以内的岩礁和珊瑚礁的礁石侧面。单独在侧面岩架的缝隙间游动。比同属的蓝纹高身雀鲷更喜欢外出游动。

幼鱼　八丈岛
水深5m　长2cm

成年鱼　八丈岛　水深12m　长14cm

雀鲷科

背斑高身雀鲷

Stegastes altus

日本南部的太平洋沿岸，伊豆诸岛，小笠原群岛，九州西北岸，屋久岛，琉球群岛；济州岛，中国台湾地区。

栖息于水深10米以内的岩礁根部和卵石周围。幼鱼比成年鱼更喜欢生活在浅水域。幼鱼的警惕性很高，一旦靠近，马上就会躲起来。温带种，在冲绳是非常稀有的品种。

幼鱼　八丈岛
水深5m　长2cm

成年鱼　八丈岛　水深16m　长40cm

石鲷科

斑石鲷

Oplegnathus punctatus

日本全海域；朝鲜半岛，中国大陆及台湾地区，马里亚纳群岛，中途岛环礁。

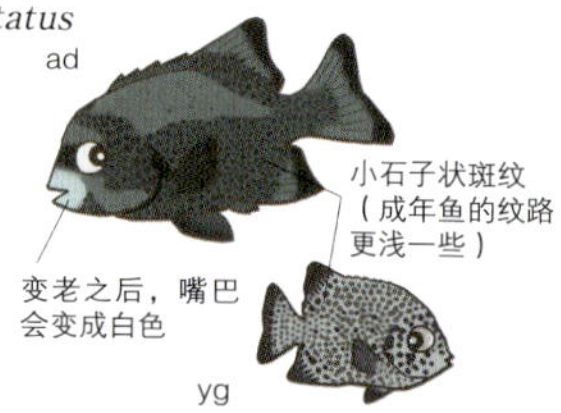

此品种生活在比条石鲷更偏南的水域。生活习性与条石鲷几乎一样。但是条石鲷变老之后，嘴巴会变成黑色，而此品种会变成白色。因此又俗称“白嘴”。

幼鱼　八丈岛
水深5m　长16cm

石鲷科

条石鲷

Oplegnathus fasciatus

日本全海域，朝鲜半岛，中国大陆及台湾地区，日本海北部，中途岛环礁。

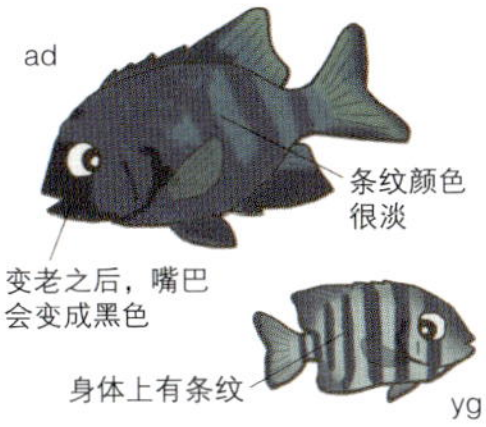

成年鱼　八丈岛　水深18m　长50cm

栖息于浅岩礁区域。嘴巴呈喙状，很坚固，捕食有硬壳的甲壳类、贝类、海胆类。成年鱼警惕性很高，一旦觉察到危险，马上就会躲到岩石阴暗处、岩石根部的裂缝及洞穴里。而幼鱼却恰恰相反，它们好奇心强，会游到潜水员的身边，或是故意触碰正在海水浴的人的脚。变老之后，嘴巴会变成黑色，因此又俗称“黑嘴”。

幼鱼　八丈岛
水深7m　长12cm

舵鱼科

银腹贪食舵鱼

Labracoglossa argentiventris

茨城县以南的太平洋沿岸；若狭湾以南的日本海沿岸；朝鲜半岛。

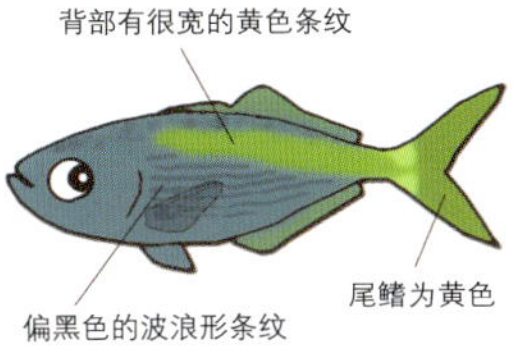

群居于潮水流通较好区域的岩礁中层。在伊豆半岛和伊豆七岛是可以经常看见的普通品种。温带种。

八丈岛　水深12m　长20cm

舵鱼科

南方舵鱼

Kyphosus bigibbus

青森县平馆，宫城县石卷，能登半岛~九州的日本海和东海沿岸，日本南部的太平洋沿岸，八丈岛，屋久岛，琉球群岛；印度~西太平洋（赤道附近的热带海域除外），拉帕群岛。

与低鳍舵一样，都生活在浅海的岩礁区域，但比低鳍舵生活在更偏向内湾的地方。外形与低鳍舵相似，区别在于此品种尾鳍为黑色、嘴部短且有棱角。

八丈岛　水深10m　长40cm

八丈岛　水深6m　长36cm

舵鱼科

低鳍舵

Kyphosus vaigiensis

北海道钢走，津轻海峡~九州的日本海和东海沿岸，日本本州的太平洋沿岸，八丈岛，琉球群岛，小笠原群岛；朝鲜半岛，中国大陆及台湾地区，印度~太平洋。

成年鱼栖息于浅海的岩礁区域、波涛汹涌的岩滩上。幼鱼附着在流藻等漂浮生物上。体侧有7条条纹，因此，在伊豆大岛也被称为“七条”。一旦进入白浪滔天的水域，体侧就会出现白色的大斑点，与周围的环境融为一体，极难辨认。

在浑浊的波浪间游动的低鳍舵群
水深2m　长35cm

身体上出现白色斑点的低鳍舵群
八丈岛　水面下　长6cm

巴荣纳岩　水深8m　长38cm

舵鱼科

太平洋舵

Kyphosus pacificus

伊豆诸岛~琉球群岛的黑潮流域，小笠原群岛，福冈县冲之岛；太平洋中部和西部（热带海域除外）。

栖息于岛屿的岩礁区，特别在从巴荣纳岩至小笠原群岛的海域很常见。没有在热带海域生活的记录。体侧没有特别引人注目的条纹，因为有黄色个体的出现而变得被人熟知。在一个鱼群中，会出现几只可以变成白色和黑色的个体。

黄色个体　巴荣纳岩
水深8m　长38cm

黑色个体　巴荣纳岩
水深8m　长35cm

白色个体　巴荣纳岩
水深10m　长35cm

舵鱼科

天竺舵鱼

Kyphosus cunerascens

北海道~九州的太平洋、日本海和东海沿岸，八丈岛，小笠原群岛，琉球群岛；济州岛，中国大陆及台湾地区，印度~太平洋。

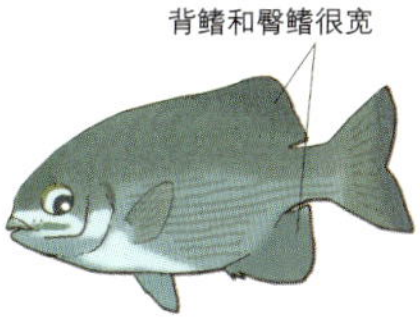

栖息于浅海的岩礁区。与低鳍舵一样，一旦进入白浪滔天的水域，身上就会出现白色的大斑点。

幼鱼　八丈岛
水深3m　长10cm

成年鱼　八丈岛　水深10m　长40cm

细刺鱼科

细刺鱼

Microcanthus strigatus

青森县以南的各地沿岸；朝鲜半岛，中国大陆及台湾地区，夏威夷群岛，澳大利亚，新喀里多尼亚，诺福克岛。

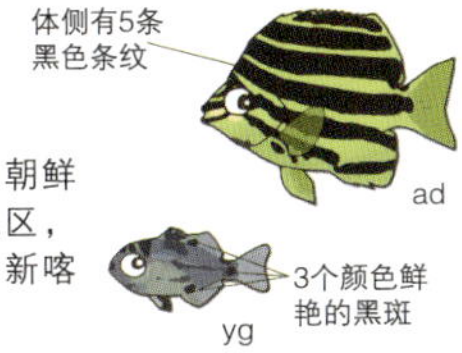

小规模群居于潮水流通较好区域的浅岩礁区。幼鱼多群居于内湾、潮水洼地等较浅的地方。在八丈岛，老了之后的成年鱼常与尖吻棘鲷一起群居于水深40米以上的潮水流通较好区域的岩礁斜面。

幼鱼　八丈岛
水深2m　长4cm　水谷知世

幼鱼　八丈岛
水深2m　长2cm　水谷知世

成年鱼　八丈岛　水深3m　长12cm

鮀科

黄带瓜子鱲

Girella mezina

日本南部的太平洋沿岸，八丈岛，小笠原群岛，山口县的日本海沿岸，五岛列岛，奄美大岛，琉球群岛；中国台湾地区。

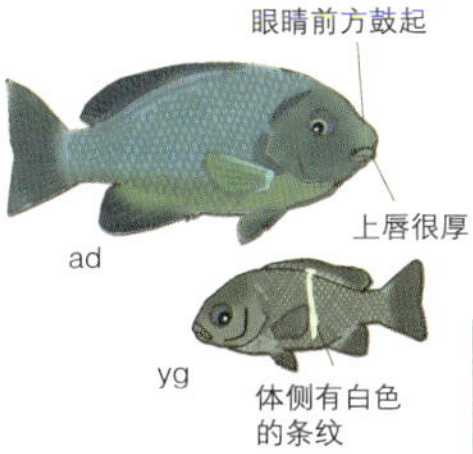

独居于沿岸的岩礁区域和珊瑚外缘。幼鱼常栖息于潮间带及潮水洼地等较浅的地方。

幼鱼　八丈岛
水深2m　长4cm

成年鱼　八丈岛　水深8m　长35cm

成年鱼　八丈岛　水深6m　长30cm

鮀科

小鳞黑鮀

Girella leonina

日本本州的太平洋、日本海和东海沿岸，八丈岛，小笠原群岛，屋久岛，琉球群岛；济州岛，中国台湾和香港地区，中途岛。

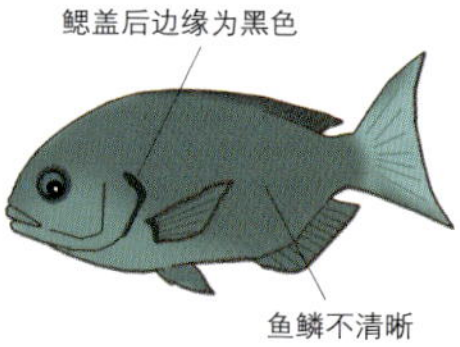

栖息于沿岸的岩礁区域、波涛汹涌水域的岩滩上。小鳞黑鮀很受钓鱼人的喜爱，在日本关东被叫作“灰喜鹊”，在日本关西被叫作“蓝鹊”，在八丈岛被叫作“尖儿”。

幼鱼　八丈岛
水深2m　长6cm

八丈岛　水深5m　长35cm

鮀科

斑鮀

Girella punctata

北海道~九州的太平洋、日本海和东海沿岸，八丈岛，小笠原群岛，琉球群岛；朝鲜半岛，中国大陆及台湾地区。

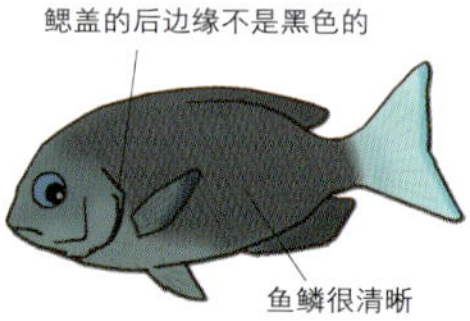

栖息于沿岸的岩礁区域、波涛汹涌水域的岩滩上。幼鱼多栖息于潮水洼地等较浅区域，随着成长会慢慢向外洋移动。鮀也很受钓鱼人的喜爱，在日本关东被叫作“镯子”，在日本关西被叫作“斑鮀”。

成年鱼　八丈岛
水深30m　长50cm

长鲳科

日本栉鲳

Hyperoglyphe japonica

北海道~相模湾的太平洋海面，八丈岛，和歌山县串本，山阴冲；北太平洋。

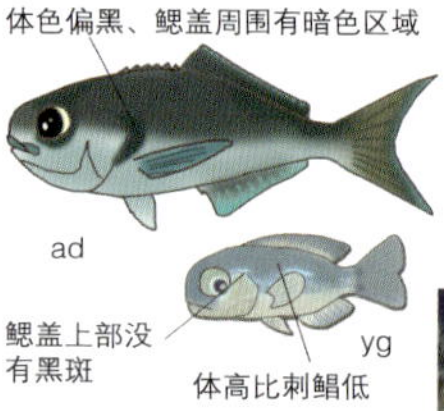

成年鱼栖息于水深100米以上水域的底层，但是在八丈岛，到了冷水团来临的季节，它们有时也会游到稍浅的海域。幼鱼附着在流藻等浮游生物上。与同样栖息于浮游物上的刺鲳外形极为相似，区别在于此品种体高略低，背部无黑斑。

附着在流藻上的幼鱼
串本
水深2m　长1.5cm
铃木崇弘

圆鲳科

玉鲳

Psenes pellucidus

钏路~土佐湾的太平洋沿岸，新潟县佐渡~五岛列岛的日本海沿岸；济州岛，中国台湾地区，太平洋、印度洋和大西洋的温带和热带海域。

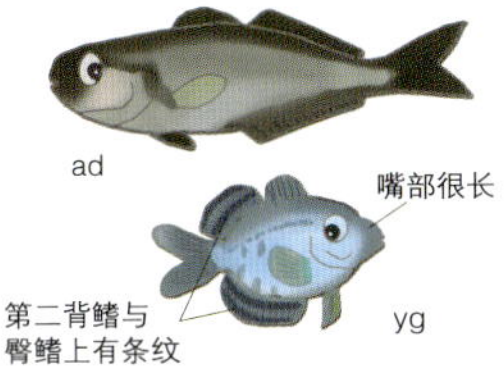

一般认为其成年鱼喜欢生活在水底，但是由于很少被捕捉到，所以无法准确判断其生活习性。幼鱼附着在水母上。照片是附着在水母上的玉鲳。

串本　水面下　长8cm　铃木崇弘

隆头鱼科

蓝猪齿鱼

Choerodon azurio

新潟县~九州的日本海和东海沿岸，日本南部的太平洋沿岸，奄美大岛；朝鲜半岛，济州岛，中国大陆及台湾地区。

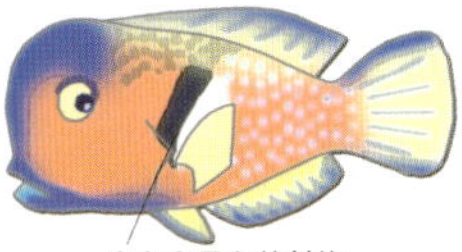

成年鱼　八丈岛　水深30m　长35cm

栖息于水深25米以上、潮水流通较好区域的岩礁周边、沙底的斜面上。一般认为该品种群居鱼类，但是单独行动的个体也很常见。

幼鱼　伊豆大岛
水深35m　长4cm

隆头鱼科

舒氏猪齿鱼

Choerodon schoenleinii

冲绳县；中国台湾地区，西太平洋。

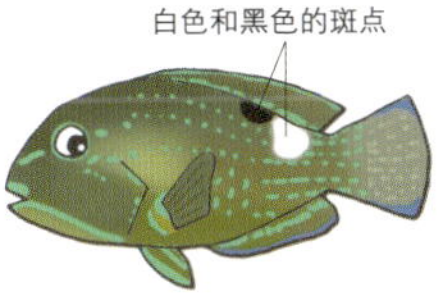

成年鱼　石垣岛　水深18m　长32cm　惣道敬子

幼鱼　石垣岛
水深3m　长10cm　惣道敏子

栖息于水深10米以内的珊瑚礁周边的沙砾底。幼鱼生活在比成年鱼更浅的藻层，独居。

宿务岛　水深10m　长30cm

隆头鱼科

鞍斑猪齿鱼

Choerodon anchorago

小笠原群岛，奄美大岛，琉球群岛；中国台湾和香港地区，东印度洋~西太平洋。

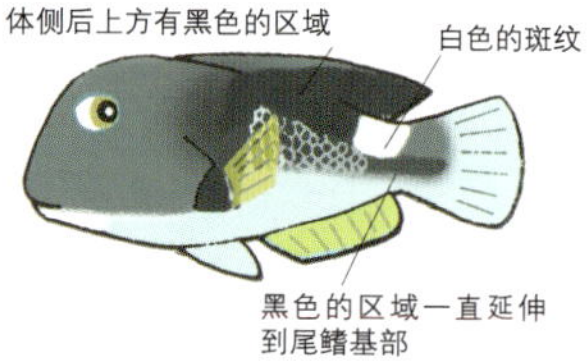

栖息于水深5~15米、内湾的浅珊瑚礁及礁池处。越是年轻的个体，越喜欢栖息在礁池水深5米以内的较浅区域。

成年鱼　八丈岛　水深40m　长8cm

隆头鱼科

双斑菩提鱼

Bodianus bimaculatus

日本南部的太平洋沿岸，伊豆诸岛，小笠原群岛，屋久岛，冲绳县；中国台湾地区，印度~西太平洋。

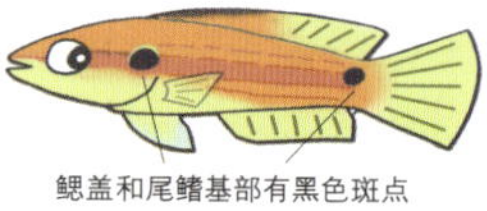

栖息于水深40米以上、潮水流通较好区域的岩礁斜面及陡壁斜面。数条雄性与数条雌性一起群居，常与生活在同一环境下的其他隆头鱼一起活动。

幼鱼　八丈岛
水深25m　长3cm

成年鱼　八丈岛　水深55m　长12cm

隆头鱼科

益田普提鱼

Bodianus masudai

静冈县伊东市富户，八丈岛，和歌山县白浜，奄美大岛；中国台湾地区，新喀里多尼亚，马里亚纳群岛。

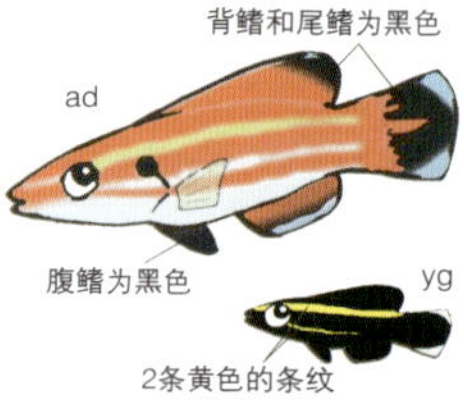

栖息于水深40米以上、潮水流通较好区域的岩礁斜面。是只在固定区域生活的稀有物种。幼鱼与双色裂唇鱼的幼鱼外形非常相似，双色裂唇鱼是清洁鱼，益田普提鱼伪装成双色裂唇鱼可以保护自己并方便捕食。

青年鱼　八丈岛
水深45m　长7cm

幼鱼　八丈岛
水深50m　长1.5cm

隆头鱼科

伊津普提鱼

Bodianus izuensis

日本南部的太平洋沿岸，伊豆诸岛；中国台湾地区，悉尼湾，新喀里多尼亚。

栖息于水深30米以上、潮水流通较好区域的岩礁斜面。一条雄性鱼与多条雌性鱼一起群居。雌性常与生活环境相同的其他隆头鱼一起生活。温带种。

幼鱼　八丈岛
水深45m　长3cm

成年鱼　八丈岛　水深45m　长12cm

隆头鱼科

网纹普提鱼

Bodianus dictynna

千叶县馆山湾，八丈岛，高知县柏岛，屋久岛，琉球群岛；济州岛，中国台湾地区，东印度洋~西太平洋的热带海域。

生活在水深10~20米附近、岩礁及珊瑚礁根部侧面的阴暗处、岩壁突出部分的深处，围着礁石的根部游动。幼鱼生活在礁石根部阴暗的侧面或是附着在腔肠动物上。

青年鱼　八丈岛
水深18m　长5cm

幼鱼　八丈岛
水深30m　长1cm

成年鱼　八丈岛　水深15m　长10cm

隆头鱼科

腋斑普提鱼

Bodianus axillaris

日本南部的太平洋沿岸，八丈岛，小笠原群岛，屋久岛，琉球群岛；中国台湾地区，印度~太平洋（夏威夷群岛、复活节岛除外）。

生活在水深10米左右、岩礁及珊瑚礁根部的侧面阴暗处、岩壁突出部分的深处，围着礁石的根部游动。幼鱼为了使自己的体色融入环境中，所以体色偏暗。幼鱼与中胸普提鱼的幼鱼生活在同样的环境中，且外形极其相似，很容易弄混。

幼鱼　八丈岛
水深6m　长3cm

成年鱼　八丈岛　水深8m　长10cm

成年鱼　屋久岛　水深10m
长12cm　原崎森

隆头鱼科

中胸普提鱼

Bodianus mesothorax

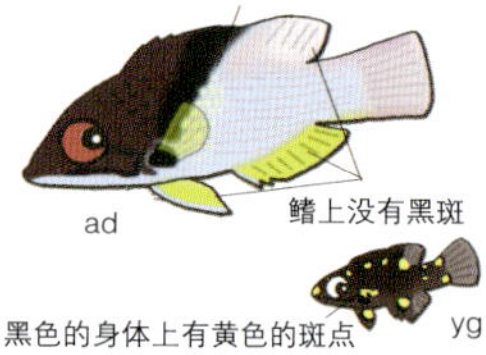

日本南部的太平洋沿岸，八丈岛，小笠原群岛，屋久岛，琉球群岛；中国台湾地区，东印度洋~西太平洋的热带海域。

生活在水深10米左右、岩礁及珊瑚礁根部侧面的阴暗处、岩壁突出部分的深处，围着礁石的根部游动。幼鱼为了使自己的体色融入环境中，所以体色偏暗。幼鱼与腋斑普提鱼的幼鱼生活在同样的环境中，且外形极其相似，很容易弄混。

幼鱼　八丈岛
水深8m　长4cm

成年鱼　八丈岛
水深40m　长10cm

隆头鱼科

似花普提鱼

Bodianus anthioides

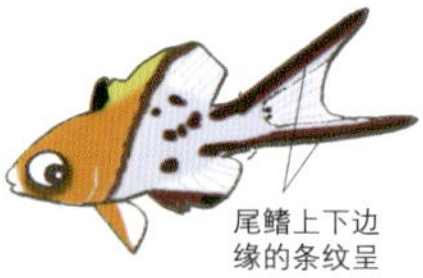

静冈县田子，八丈岛，屋久岛，琉球群岛；中国台湾地区，印度洋~太平洋的热带海域（夏威夷群岛、马克萨斯群岛、复活节岛除外）。

栖息于水深20米以上、潮水流通较好区域的岩礁斜面及珊瑚礁外缘斜面处。幼鱼喜欢藏在腔肠动物身上。

幼鱼　八丈岛
水深40m　长4cm

幼鱼　八丈岛
水深45m　长2cm

成年鱼　八丈岛　水深18m　长40cm

隆头鱼科

红普提鱼

Bodianus perditio

日本南部的太平洋沿岸，伊豆诸岛，小笠原群岛，屋久岛，琉球群岛；中国台湾地区，南非、纳塔尔~毛里求斯群岛，澳大利亚东岸~瓦努阿图和土阿莫土群岛。

栖息于潮水流通较好区域岩礁斜面的稍深水域。在八丈岛的繁殖期为冬季。平时独居，到了繁殖期的傍晚，一条雄性和数条雌性会成对产卵。到了春季，幼鱼会独居于浅岩礁的根部侧面等区域。

青年鱼　八丈岛
水深15m　长5cm

幼鱼　八丈岛
水深10m　长2cm

隆头鱼科

斜带普提鱼

Bodianus loxozonus

伊豆诸岛，小笠原群岛，高知县柏岛，屋久岛，琉球群岛；中国台湾地区，太平洋中部和西部（夏威夷群岛、马克萨斯群岛、复活节岛除外）。

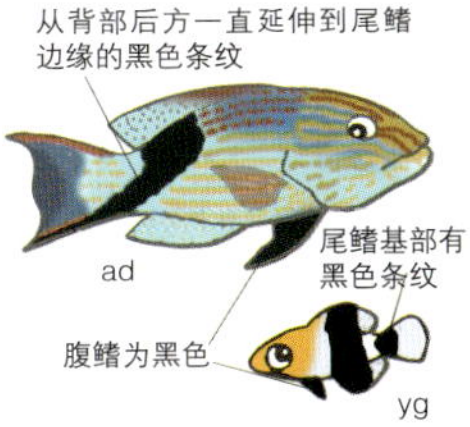

栖息于水深10~20米的潮水流通较好区域的岩礁及珊瑚礁外缘斜面。在日本为稀有物种。

青年鱼　八丈岛
水深21m　长5cm

幼鱼　八丈岛
水深15m　长2cm

成年鱼　屋久岛　水深20m　长30cm　原崎森

隆头鱼科

红赭普提鱼

Bodianus rubrisos

八丈岛，静冈县沼津，和歌山县田边湾，冲绳岛；中国台湾地区，巴厘岛。

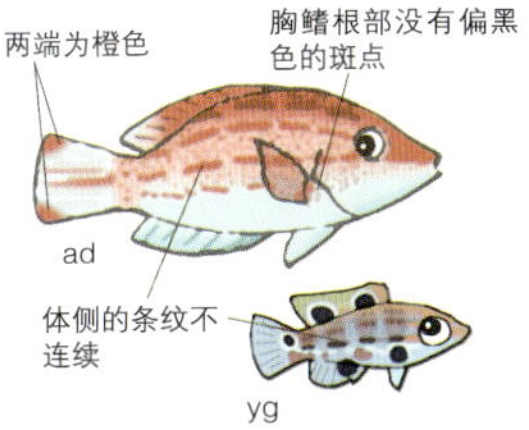

栖息于水深30米以上、潮水流通较好区域的岩礁斜面。平时独居，一到繁殖期会几条鱼群体行动。在八丈岛的繁殖期为春季。

幼鱼　伊豆大岛
水深50m　长2.5cm　星野修

成年鱼　屋久岛　水深35m　长25cm

隆头鱼科

黄斑普提鱼

Bodianus leucostictus

日本南部的太平洋沿岸，伊豆诸岛，冲绳群岛；中国台湾地区，留尼汪岛，毛里求斯群岛。

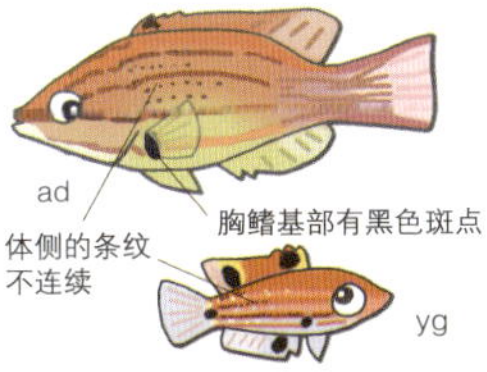

栖息于水深30米以上的潮水流通较好区域的岩礁斜面。只在几个固定区域生活，稀有物种。

幼鱼　八丈岛
水深55m　长2.5cm

成年鱼　八丈岛　水深50m　长18cm

雄性　八丈岛　水深25m　长38cm

隆头鱼科

双带普提鱼

Bodianus bilunulatus

日本南部的太平洋沿岸，八丈岛，小笠原群岛，熊本县天草，屋久岛，琉球群岛；棱线半岛，中国大陆及台湾地区，印度~西太平洋（澳大利亚北岸、东岸除外）。

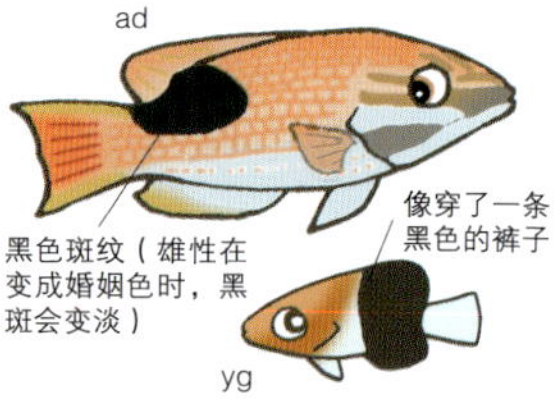

栖息于水深30米以上、潮水流通较好区域的岩礁斜面。在繁殖期向雌性求爱时，雄性背上的黑斑会变淡。

雌性　八丈岛
水深21m　长35cm

青年鱼　八丈岛
水深30m　长8cm

幼鱼　八丈岛
水深15m　长2.5cm

专栏

色彩与性别

隆头鱼出生时都是雌性，以便它们一出生就能产卵。随着它们长大，其中变大变强的个体会转变为雄性。一般情况下，雄性隆头鱼与雌性隆头鱼的色彩是完全不同的，但是也有些个体中间会变色。虽说并不是所有的个体都能变性，但是所有个体在出生时都具备雌性和雄性的功能。这便是雌雄同体。刚出生时为雌性，之后变成雄性的个体叫作雌性先熟型。变性之后，变成雄性的个体，被称为二次雄。

但是，在雌性先熟型的生物中，也有诸如钝头锦鱼这样，有极少部分的个体在出生时就呈现出雄性的性征。这种雄性被叫做一次雄。

不同于二次雄的是，一次雄与雌性色彩相同。也就是说，光凭外表，是无法分辨雌雄的。为了方便，我们将刚出生时的色彩称为雌相，或是始相。也有的一次雄长大之后变成跟二次雄一样的颜色。我们将这种色彩称为雄相，或是终相。

在雌雄混居的雌相群体中，有一条雄相个体。无法确定它是一次雄还是二次雄。

隆头鱼科

尖头普提鱼

Bodianus oxycephalus

富山县~长崎县的日本海沿岸，日本南部的太平洋沿岸，伊豆诸岛，小笠原群岛，屋久岛，琉球群岛；济州岛，中国台湾地区。

雄性　八丈岛　水深30m　长35cm

栖息于水深30米以上、潮水流通较好区域的岩礁斜面。在潜水能到达的深度，偶尔能看到雌性，雄性基本看不到。

雌性　八丈岛
水深30m　长30cm

隆头鱼科

金黄突额隆头鱼

Semicossyphus reticulatus

北海道~九州的日本海、东海和太平洋沿岸；朝鲜半岛，中国香港地区。

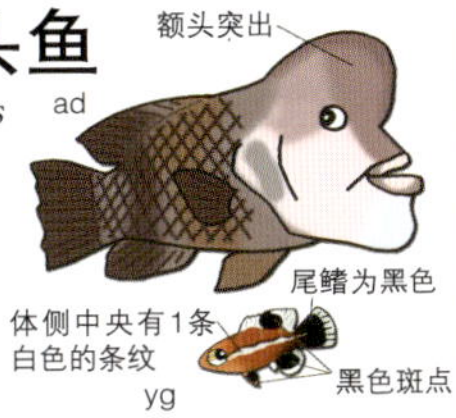

成年鱼　柏岛　水深20m　长70cm　和泉裕二

在水深20米左右的岩礁处能看到由一条雄性与数条雌性组成的群体。温带种。在生活区域内，它们各自单独觅食，所以看起来像独居动物。在一个生活区内，如果出现了两条雄性，它们就会打架，刚开始是比体格，如果这样还没有一方要认输，就会开始用额头的突出处互相顶对方。

幼鱼　八丈岛
水深12m　长3cm

隆头鱼科

摩鹿加拟岩鳍

Pseudodax moluccanus

日本南部的太平洋沿岸，八丈岛，小笠原群岛，屋久岛，琉球群岛；中国台湾地区，印度~太平洋（夏威夷群岛、复活节岛除外）。

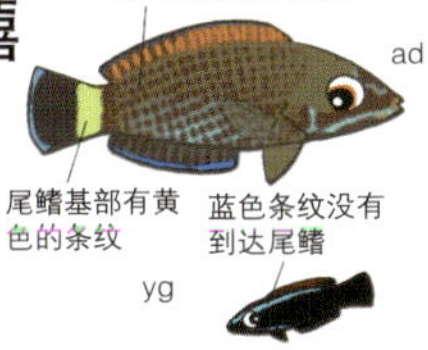

成年鱼　八丈岛　水深30m　长10cm

栖息于水深20米左右的岩礁及珊瑚礁外缘的斜面或陡壁侧面。在八丈岛，偶尔能看到成年鱼在水深25米左右的潮水流通较好区域的岩礁周边单独游动。幼鱼群居于水深30米以上的岩礁阴暗处，可以为其他鱼类清洁身体。其幼鱼外形酷似裂唇鱼的幼鱼，也有观点认为它们是在模仿裂唇鱼。在日本为稀有物种。

幼鱼　八丈岛
水深28m　长3cm

雄性　屋久岛　水深10m　长20cm　原崎森

隆头鱼科

黄尾阿南鱼

Anampses meleagrides

日本南部的太平洋沿岸，八丈岛，小笠原群岛，屋久岛，琉球群岛；中国台湾地区，印度~太平洋（夏威夷群岛、复活节岛除外）。

在水深10~20米附近的珊瑚礁处很常见。一般情况下，雄性和雌性都在各自的领地内游动。到了繁殖期，它们会聚集在固定的岩石根部，由一条雄性鱼和数条雌性鱼组成群体，轮流成对产卵。雄性在求爱时，头部黄色斑点的颜色会变得更深，非常显眼。

雌性　八丈岛
水深14m　长12cm

幼鱼　八丈岛
水深15m　长1.5cm

雄性　八丈岛　水深16m　长10cm

隆头鱼科

双斑阿南鱼

Anampses twistii

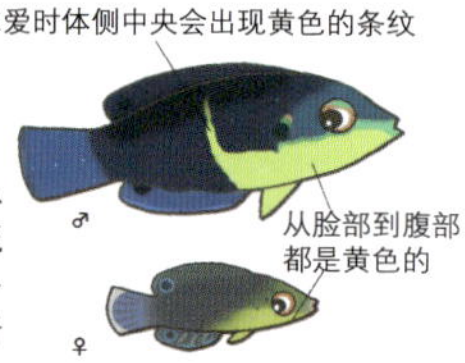

和歌山县以南的太平洋沿岸，八丈岛，小笠原群岛，屋久岛，琉球群岛；中国台湾地区，印度~太平洋（夏威夷群岛、马克萨斯群岛、复活节岛除外）。

单独栖息于水深10~15米的浅岩礁及珊瑚礁处。到了繁殖期，它们会聚集在固定的岩石根部，由一条雄性鱼和数条雌性鱼组成群体，轮流成对产卵。求爱时，雄性的身体上会出现黄色的条纹，但是一离开雌性，条纹就会消失。

雌性　八丈岛
水深10m　长5cm

幼鱼　八丈岛
水深10m　长2.5cm

雄性　屋久岛　水深20m　长30cm　原崎森

隆头鱼科

虫纹阿南鱼

Anampses geographicus

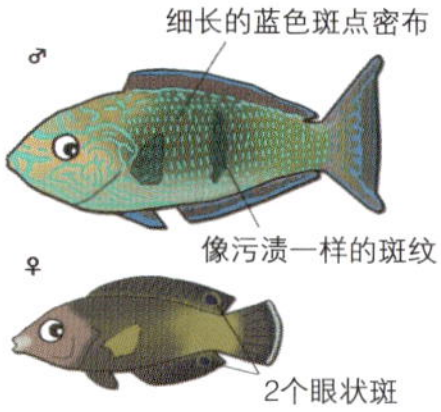

日本南部的太平洋沿岸，八丈岛，屋久岛，琉球群岛；中国台湾地区，毛里求斯群岛，西太平洋。

在水深10~20米附近的珊瑚礁处很常见。一般情况下，雄性和雌性都在各自的领地内游动。到了繁殖期，它们会聚集在固定的岩石根部，由一条雄性鱼和数条雌性鱼组成群体，轮流成对产卵。雌性和幼鱼会与生活在同一环境下的其他隆头鱼和鹦嘴鱼一起活动。

雌性　八丈岛
水深14m　长6cm

隆头鱼科

尾斑阿南鱼

Anampses melanurus

日本南部的太平洋沿岸，八丈岛，小笠原群岛，屋久岛，琉球群岛；中国台湾地区，太平洋中部和西部（夏威夷群岛除外）。

雄性　八丈岛　水深40m　长15cm

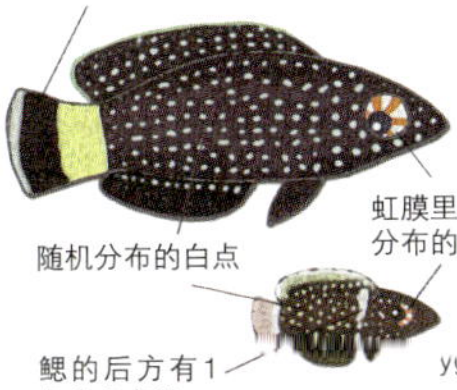

栖息于水深30米以上、潮水流通较好区域的岩礁及珊瑚礁外缘斜面处。雄性向雌性求爱时会变成婚姻色，体侧会出现一条黄色的条纹，一离开雌性条纹的颜色就会变浅。幼鱼单独附着于树状团扇藻上。在琉球群岛为稀有物种。

雌性　八丈岛
水深35m　长8cm

幼鱼　八丈岛
水深21m　长2cm

隆头鱼科

青斑阿南鱼

Anampses caeruleopunctatus

日本南部的太平洋沿岸，伊豆诸岛，小笠原群岛，九州西部，屋久岛，琉球群岛；济州岛，中国台湾地区，印度~太平洋。

雄性　八丈岛　水深10m　长30cm

栖息于水深15米以内的岩礁及珊瑚礁处。由一条雄性鱼和数条雌性鱼组成一个群体，但是雄性大多在很广泛的范围内游动，常常单独行动。雌性主要负责在生活区域内寻找食物。幼鱼单独在接近水底的地方游动，看起来像是海藻的碎片。这是一种拟态行为，可以达到保护自己的目的。

雌性　八丈岛
水深[illegible]　长[illegible]

幼鱼　色彩丰富　八丈岛
水深8m　长2cm

幼鱼　色彩丰富　八丈岛
水深10m　长2cm

成年鱼　八丈岛　水深25m　长12cm

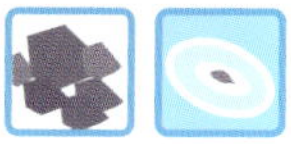

隆头鱼科

新几内亚阿南鱼

Anampses neoguinaicus

日本南部的太平洋沿岸，八丈岛，屋久岛，琉球群岛；中国台湾地区，西太平洋。

主要栖息于水深10米左右的岩礁及珊瑚礁外缘斜面处，在日本是稀有物种。在八丈岛水温高的时候，可以看到它们单独行动。笔者只在水深15米附近的潮水流通较好区域的岩礁斜面处看到过一次，由一条雄性鱼和数条雌性鱼组成的小群体。

幼鱼　八丈岛
水深12m　长1.5cm

成年鱼　八丈岛　水深10m　长38cm

隆头鱼科

管唇鱼

Cheilio inermis

日本南部的太平洋沿岸，八丈岛，小笠原群岛，屋久岛，琉球群岛；济州岛，中国台湾地区，印度~太平洋。

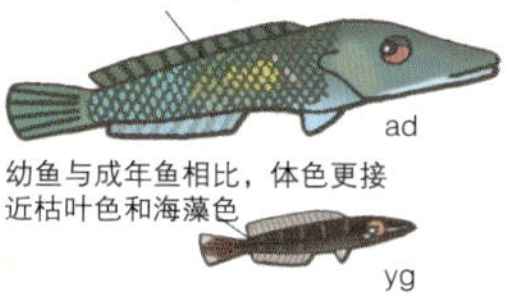

栖息于浅岩礁及珊瑚礁周边的沙底，一般情况下，单独来回游动。体色有偏蓝色、偏红色、黄色等几种。幼鱼多栖息于海藻、枯叶和垃圾堆积的浅内湾处，它们会伪装成枯叶或海藻以保护自己。

成年鱼　黄色　八丈岛
水深12m　长35cm

幼鱼　八丈岛
水深10m　长4cm

雄性　八丈岛　水深5m　长12cm

隆头鱼科

五带锦鱼

Thalassoma quinquevittatum

日本南部的太平洋沿岸，八丈岛，小笠原群岛，屋久岛，琉球群岛；中国台湾地区，印度~太平洋。

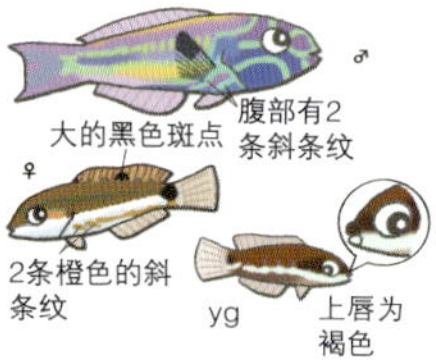

栖息于水深10米以内、潮水流通较好区域的岩礁根部及珊瑚礁周边的根部。到了繁殖期，雄性鱼和雌性鱼会聚集在固定的岩石根部，雄性在雌性上方来回游动求爱并成对产卵。

雌性　八丈岛
水深5m　长7cm

幼鱼　八丈岛
水深1m　长1.5cm

隆头鱼科

哈氏锦鱼

Thalassoma hardwicke

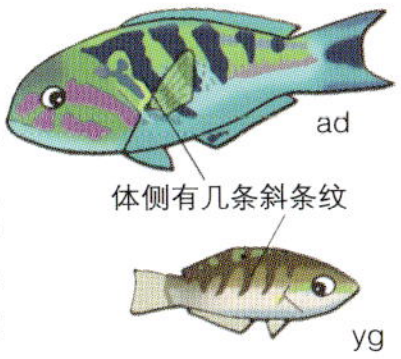

日本南部的太平洋沿岸，伊豆诸岛，小笠原群岛，屋久岛，琉球群岛；中国台湾和香港地区，印度~太平洋（夏威夷群岛、马克萨斯群岛以东除外）。

栖息于内湾的浅珊瑚礁和珊瑚上，雄性在珊瑚上游动活跃，雌性在各自领地内的珊瑚上游动。幼鱼作为季节洄游鱼，有时会出现在日本南部的太平洋沿岸。

雌性　八丈岛
水深6m　长5cm

幼鱼　八丈岛
水深3m　长2.5cm

雄性　吕宋岛　水深2m　长15cm

隆头鱼科

钝头锦鱼

Thalassoma amblycephalum

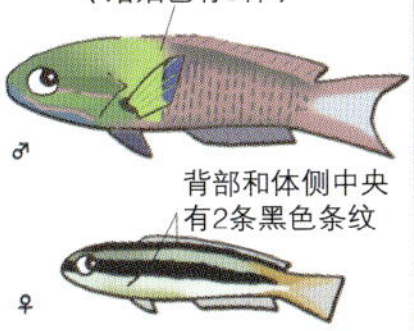

日本南部的太平洋沿岸，伊豆诸岛，小笠原群岛，九州西部，屋久岛，琉球群岛；中国台湾和香港地区，印度~太平洋（夏威夷群岛、复活节岛除外）。

群居于水深10米附近的岩礁及珊瑚礁周围。幼鱼经常出现在直到相模湾的太平洋沿岸，是季节洄游鱼。

雄性（左）　雌性（右）　八丈岛
水深8m　长8cm和6cm

幼鱼　八丈岛
水深3m　长1.5cm

八丈岛　水深16m　长12cm

隆头鱼科

斑带锦鱼

Thalassoma cupido

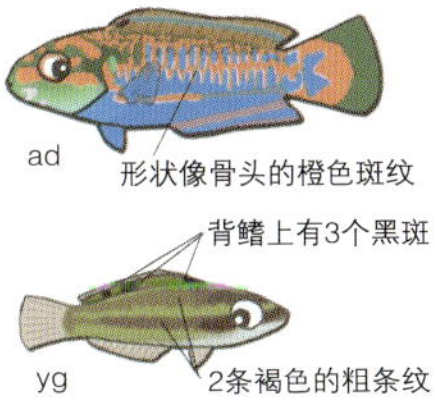

青森县，新潟县~九州西岸的日本海和东海沿岸，茨城县以南的太平洋沿岸，伊豆诸岛，小笠原群岛，屋久岛，琉球群岛；朝鲜半岛，中国台湾地区。

栖息于岩礁根部周围。温带种。雄性鱼和雌性鱼在繁殖期聚集在固定的岩石根部产卵。雌雄体色相同。

雌性　八丈岛
水深12m　长10cm

幼鱼　八丈岛
水深1m　长2cm

雄性　八丈岛　水深12m　长12cm

雄性　八丈岛　水深6m　长10cm

隆头鱼科

杂色尖嘴鱼

Gomphosus varius

日本南部的太平洋沿岸，伊豆诸岛，小笠原群岛，九州西部，屋久岛，琉球群岛；中国台湾地区，印度~太平洋（斯里兰卡以东；复活节岛除外）。

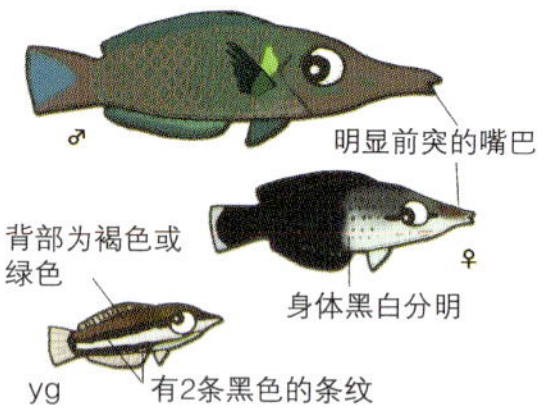

在水深10米以内的浅珊瑚礁周边游动活跃。幼鱼对珊瑚的依赖性很强，生活在枝状珊瑚之间。

雌性　八丈岛
水深6m　长6cm

幼鱼　色彩丰富　八丈岛
水深8m　长2cm

幼鱼　色彩丰富　八丈岛
水深8m　长2cm

雄性　八丈岛　水深2m　长12cm

隆头鱼科

詹氏隆头鱼

Thalassoma jansenii

日本南部的太平洋沿岸，八丈岛，小笠原群岛，屋久岛，琉球群岛；中国台湾地区，印度~西太平洋（马尔代夫以东；澳大利亚东北岸~斐济群岛和汤加的海域除外）。

栖息于水深10米以内、潮水流通较好区域汹涌岩滩的岩礁及珊瑚礁处。到了繁殖期，雄性和雌性会聚集在潮水流通较好区域的岩石根部，雄性在雌性上方快速地来回游动求爱，然后轮流成对产卵。幼鱼多与五带锦鱼的幼鱼一起活动。这两种鱼的姿态和外形都极为相似，极易弄混。

婚姻色　八丈岛
水深5m　长12cm

雌性　八丈岛
水深5m　长4cm

幼鱼　八丈岛
水深2m　长3cm　惣道敬子

隆头鱼科

三叶锦鱼

Thalassoma trilobatum

直到和歌山县的日本南部的太平洋沿岸，八丈岛，小笠原群岛，屋久岛，琉球群岛；中国台湾地区，印度~太平洋（复活节岛除外）。

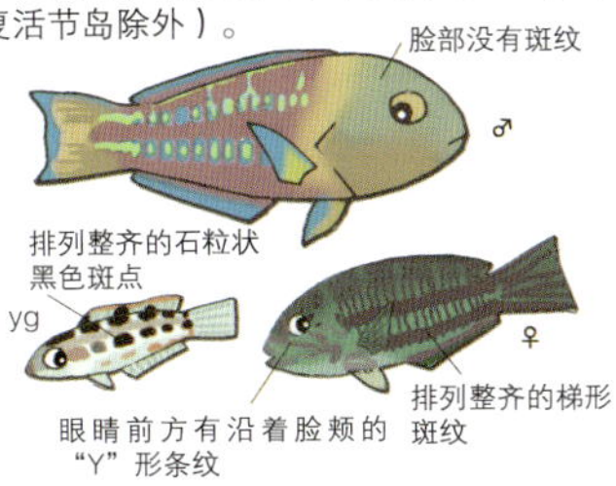

雄性　八丈岛　水深6m　长30cm

栖息于水深5米以内的潮水流通较好区域汹涌的岩滩及珊瑚礁上。到了繁殖期，雄性和雌性会聚集在潮水流通较好区域的岩石根部，雄性在雌性之上，拍打着胸鳍求爱，再轮流成对产卵。在八丈岛，笔者只看过一次一条雄性和数条雌性集体产卵的过程。

雌性　八丈岛
水深6m　长25cm

青年鱼　八丈岛
水深1m　长5cm

幼鱼　八丈岛
水深1m　长2cm

隆头鱼科

紫锦鱼

Thalassoma purpureum

日本南部的太平洋沿岸，九州西部，屋久岛，琉球群岛；朝鲜半岛，中国台湾地区，印度~泛太平洋。

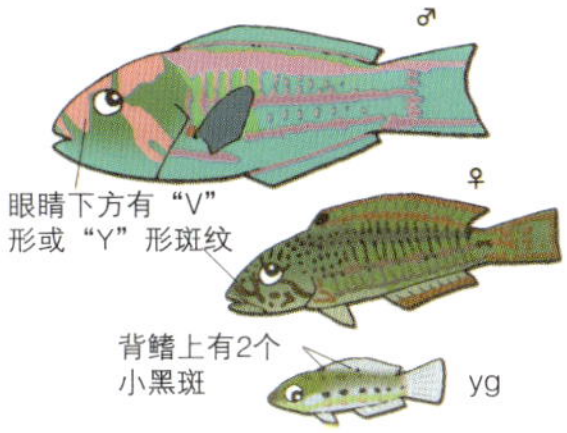

雄性　八丈岛　水深5m　长32cm

栖息于水深5米以内的潮水流通较好区域汹涌的岩滩及珊瑚礁上。到了繁殖期，雄性和雌性会聚集在潮水流通较好区域的岩石根部，雄性在雌性之上，拍打着胸鳍求爱，轮流成对产卵。

雌性　八丈岛
水深6m　长23cm

青年鱼　八丈岛
水深1m　长5cm

幼鱼　八丈岛
水深1m　长2cm

雄性　八丈岛　水深12m　长15cm

隆头鱼科

新月锦鱼

Thalassoma lunare

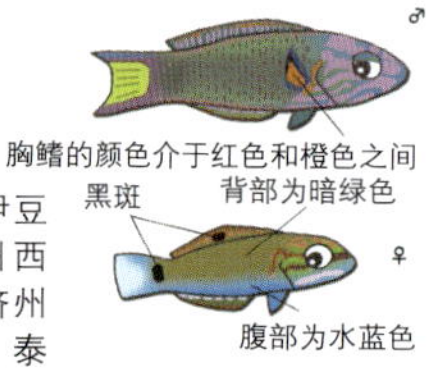

日本南部的太平洋沿岸，伊豆诸岛，小笠原群岛，九州西部，屋久岛，琉球群岛；济州岛，中国台湾和香港地区，泰国湾，印度~太平洋（莱恩群岛以东、夏威夷群岛除外）。

在岩礁及珊瑚礁周边游动活跃。普通品种。到了繁殖期，雄性和雌性会聚集在固定的岩石根部，雄性在雌性之上，拍打着胸鳍求爱，再轮流成对产卵。

雌性　八丈岛
水深12m　长12cm

幼鱼　八丈岛
水深8m　长4cm

雄性　吕宋岛　水深8m　长20cm

隆头鱼科

黑鳍厚唇鱼

Hemigymnus melapterus

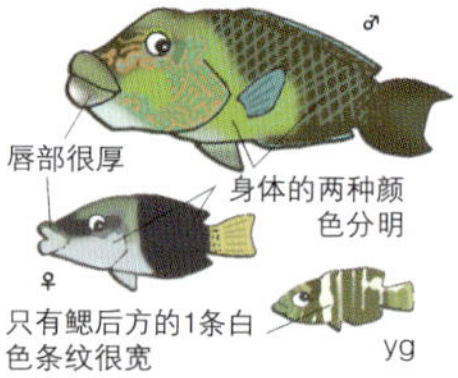

日本南部的太平洋沿岸，伊豆诸岛，小笠原群岛，屋久岛，琉球群岛；济州岛，中国台湾地区，泰国湾，印度~太平洋（夏威夷群岛、莱恩群岛、土阿莫土群岛以东除外）。

平时独居于岩礁及珊瑚礁处。到了繁殖期，一条雄性和数条雌性会聚集在潮水流通较好区域的岩石根部或珊瑚礁上成对产卵。幼鱼在内湾很浅的岩屑堆中生活。

雌性　吕宋岛
水深12m　长35cm

幼鱼　吕宋岛
水深3m　长3cm

幼鱼　八丈岛　水深20m　长20cm

隆头鱼科

横带厚唇鱼

Hemigymnus fasciatus

和歌山县以南的太平洋沿岸，八丈岛，小笠原群岛，屋久岛，琉球群岛；中国大陆及台湾地区，泰国湾，印度~太平洋（夏威夷群岛、复活节岛除外）。

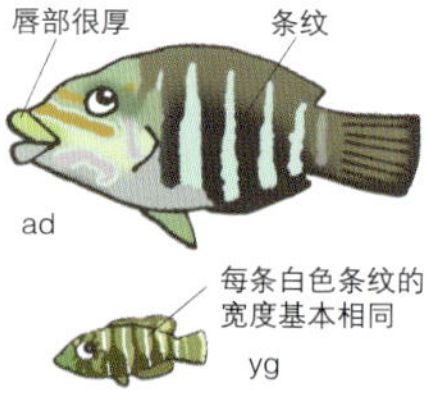

栖息于浅岩礁和珊瑚礁。平时都是独居。在日本南部的太平洋沿岸很少能见到，只有在季节洄游的时候在浅岩礁周边能见到。

成年鱼　八丈岛
水深13m　长2cm

隆头鱼科

胸斑锦鱼

Thalassoma lutescens

日本南部的太平洋沿岸，伊豆诸岛，小笠原群岛，福冈县日本海沿岸，屋久岛，琉球群岛；中国台湾地区，印度~太平洋。

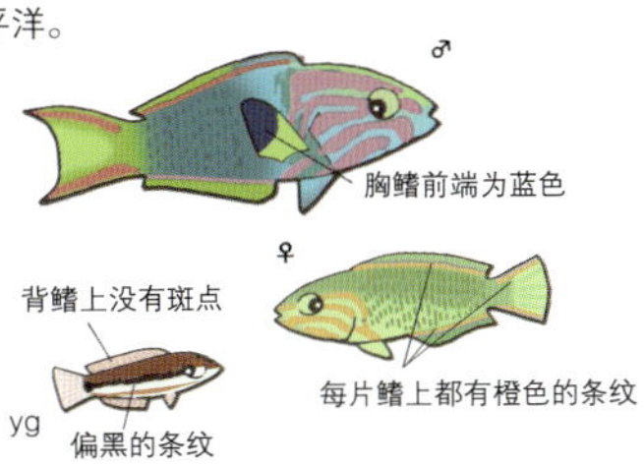

在浅岩礁及珊瑚礁周边游动活跃。普通品种。生活在比新月锦鱼更浅的水域。到了繁殖期，雄性和雌性会聚集在固定的岩石根部，雄性在雌性之上，拍打着胸鳍求爱，再轮流成对产卵。

雄性　八丈岛　水深7m　长10cm

雌性　八丈岛
水深8m　长10cm

青年鱼　八丈岛
水深6m　长5cm

幼鱼　八丈岛
水深8m　长3cm

隆头鱼科

长鳍鹦鲷

Pteragogus aurigarius

津轻海峡以南的日本海沿岸，日本南部的太平洋沿岸，伊豆诸岛，九州东海岸；朝鲜半岛，中国大陆及台湾地区。

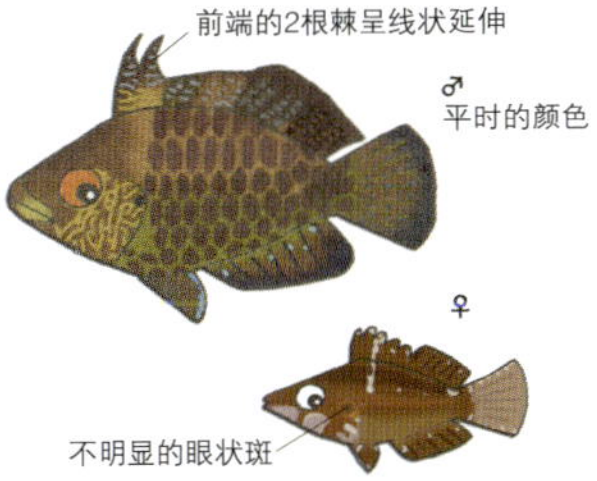

婚姻色　八丈岛　水深6m　长16cm

在浅岩礁的藻层很常见。温带种。平时都是独居，一到繁殖期，一条雄性和数条雌性聚集起来，雄性会向雌性求爱。产卵是成对进行的，雄性会依次向雌性求爱、产卵。在伊豆大岛，与其他种类的隆头鱼相比，长鳍鹦鲷的产卵期算是很晚的了。

雄性　八丈岛
水深10m　长16cm

雌性　八丈岛
水深10m　长6cm

雄性　八丈岛　水深10m　长23cm

隆头鱼科

红颈拟隆头鱼

Pseudolabrus eoethinus

福井县以南的日本海沿岸，日本南部的太平洋沿岸，九州东海沿岸，八丈岛，小笠原群岛，屋久岛，冲绳岛；济州岛，中国大陆及台湾地区。

平时独居于水深20米以内、潮水流通较好区域的岩礁根部及侧面。在八丈岛的繁殖期为冬季。一到繁殖期，一条二次雄的红颈拟隆头鱼就会和数条雌性聚集在岩石根部。以成对产卵为主，有时也能看到一对雄性和雌性鱼加一条一次雄一起产卵的场景。

雌性　八丈岛
水深10m　长18cm

幼鱼　八丈岛
水深6m　长4cm

雄性　伊豆大岛　水深30m　长20cm

隆头鱼科

西氏拟隆头鱼

Pseudolabrus sieboldi

津轻海峡以南的日本海沿岸，日本南部的太平洋沿岸，九州东海沿岸，八丈岛，屋久岛；济州岛，中国台湾地区。

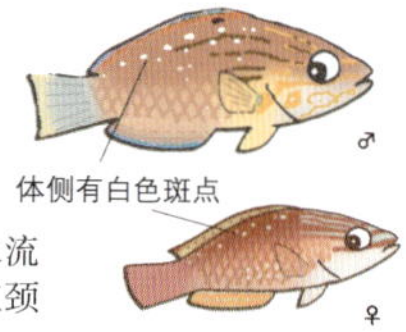

平时独居于水深30米以上的潮水流通较好区域的岩礁斜面处。比红颈拟隆头鱼生活的海域更偏北。

雌性　八丈岛
水深18m　长8cm

幼鱼　八丈岛
水深7m　长2.5cm

雄性　伊豆大岛　水深40m　长10cm　星野修

隆头鱼科

青带苏彝士隆头鱼

Suezichthys arquatus

静冈县富户，伊豆大岛，小笠原群岛；澳大利亚东岸，新喀里多尼亚，新西兰。

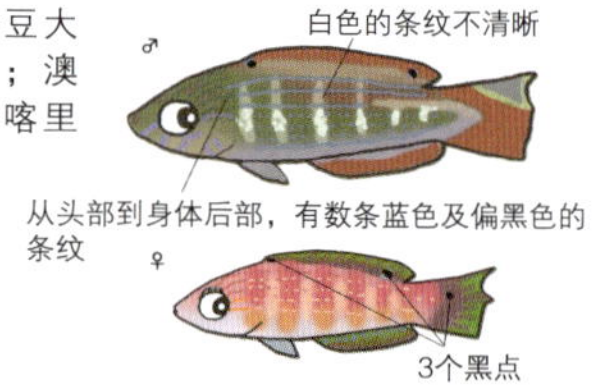

栖息于水深50米附近、潮水流通较好区域的岩礁斜面及沙砾底。一条雄性与数条雌性小规模群居。稀有物种。

雌性　伊豆大岛
水深40m　长10cm　有马启人

隆头鱼科

薄苏彝士鱼

Suezichthys gracilis

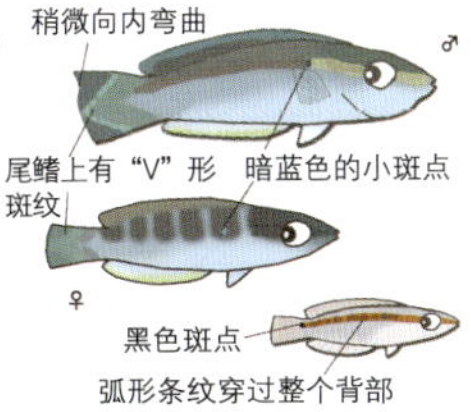

青森县莲田，富山湾~九州西岸的对马暖流沿岸，日本南部的太平洋沿岸，伊豆大岛，小笠原群岛，屋久岛，冲绳岛；朝鲜半岛，中国大陆及台湾地区，澳大利亚东岸。

在沙底和沙砾底多的岩礁处，由一条雄性和多条雌性组成小群体。夜晚受惊吓后，会躲进沙子里。

雄性　伊豆大岛　水深25m　长13cm

雌性　伊豆大岛
水深4m　长6cm

幼鱼　高知县土佐清水市
水深10m　长2cm　平田智法

隆头鱼科

尾点苏彝士隆头鱼

Suezichthys soelae

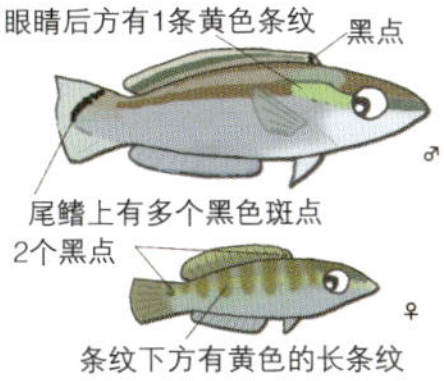

伊豆大岛，高知县柏岛，奄美大岛，冲绳岛北谷；澳大利亚西岸。

栖息于岩礁周边的沙底和沙砾底。只在固定区域生活的稀有物种。在奄美大岛水深30米的沙砾底，可以看到由一条雄性和多条雌性组成的小群体。

雄性　奄美大岛　水深30m　长12cm　余吾涉

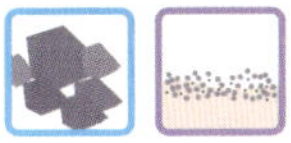

雌性　奄美大岛
水深31m　长5cm　余吾涉

隆头鱼科

胸斑褶唇鱼

Labropsis manabei

八丈岛，小笠原群岛，和歌山县以南的太平洋沿岸，屋久岛，琉球群岛；中国台湾地区，西太平洋的热带海域。

一条雄性与数条雌性群居于水深6~12米内湾的浅珊瑚礁处。在繁殖期内，雄性体侧的黄色部分会变深，由雄性向雌性求爱，再轮流成对产卵。

雄性　屋久岛
水深12m　长6cm
原崎森

雌性　屋久岛
水深10m　长4.5cm　原崎森

幼鱼　八丈岛
水深10m　长4cm

雄性　宿务岛　水深6m　长15cm

隆头鱼科

单线突唇鱼

Labrichthys unilineatus

和歌山县以南的太平洋沿岸，八丈岛，奄美大岛，琉球群岛；中国台湾地区，印度~西太平洋。

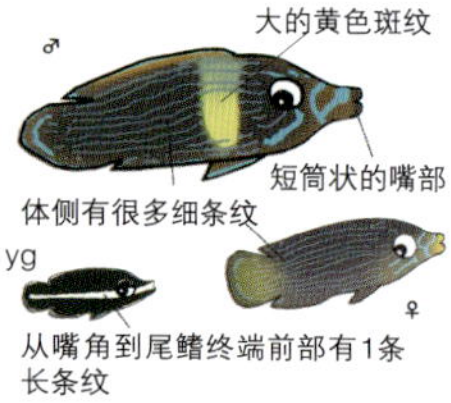

在浅珊瑚礁和枝状珊瑚的缝隙之间游动活跃。幼鱼是季节洄游鱼，会在日本南部的太平洋沿岸出现，几乎不会离开枝状珊瑚。

雄性　屋久岛
水深12m　长6cm　原崎森

幼鱼　八丈岛
水深5m　长2.5cm

雄性　塞班岛　水深10m　长10cm

隆头鱼科

多纹褶唇鱼

Labropsis xanthonota

伊豆诸岛，小笠原群岛，屋久岛，冲绳县；中国台湾地区，印度~西太平洋。

一条雄性与多条雌性群居于水深15~20米的潮水流通较好区域的珊瑚礁外缘斜面及陡壁侧面处。在日本为稀有物种，多独居。

雄性　八丈岛
水深20m　长6cm

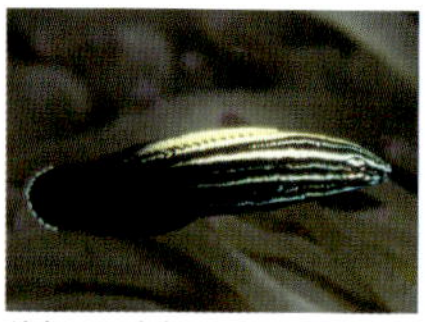

幼鱼　八丈岛
水深15m　长2.5cm

成年鱼　八丈岛　水深15m　长7cm

隆头鱼科

裂唇鱼

Labroides dimidiatus

新潟县佐渡，能登半岛，日本南部的太平洋沿岸，伊豆诸岛，小笠原群岛，山口县荻，九州北岸和西岸，屋久岛，琉球群岛；济州岛，中国大陆及台湾地区，印度~太平洋（夏威夷群岛、复活节岛除外）。

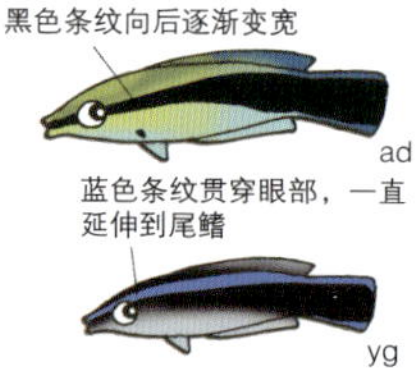

一条雄性与多条雌性群居于浅岩礁及珊瑚礁区域，生活区很小。主要捕食其他鱼类身上的寄生虫，这样可以保护自己不被其他鱼类吃掉。

幼鱼　八丈岛
水深10m　长5cm

隆头鱼科

双色裂唇鱼

Labroides bicolor

伊豆诸岛，小笠原群岛，和歌山县以南的太平洋沿岸，琉球群岛；中国台湾地区，印度~太平洋（波斯湾、夏威夷群岛、复活节岛除外）。

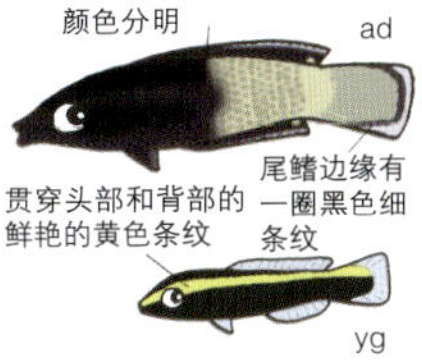

主要生活在浅岩礁及珊瑚礁根部侧面的暗处和洞穴入口附近。喜欢生活在比裂唇鱼更浅的水域。一条雄性与多条雌性群居在一个很小的生活区内，它们也会清洁生活区。

青年鱼 八丈岛
水深8m 长6cm

幼鱼 八丈岛
水深15m 长3cm

成年鱼 八丈岛 水深18m 长14cm

隆头鱼科

胸斑裂唇鱼

Labroides pectoralis

小笠原群岛，奄美大岛，庆良间群岛；中国台湾地区，东印度~西太平洋（基林群岛~新喀里多尼亚），密克罗尼西亚。

栖息于潮水流通较好区域的珊瑚礁外缘斜面及陡壁的侧面。属于清洁鱼，以附着在其他鱼类身上的寄生虫为食。一条雄性与多条雌性群居在狭小的生活区内。它们会清洁生活区并在生活区内繁衍。这种鱼在日本极为少见。

塞班岛 水深12m 长5cm 水谷知世

隆头鱼科

斑紫胸鱼

Stethojulis maculata

三宅岛，八丈岛，小笠原群岛，和歌山县白浜，琉球群岛。

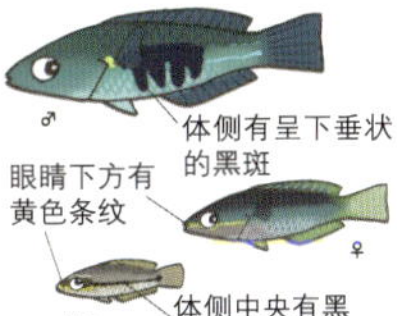

栖息于海浪汹涌的岩滩的浅岩礁周边。是只在日本才有的品种，稀有物种。在八丈岛水深10米以内的乱石带周边，可以看到雄性围着几条雌性快速游动的场景。幼鱼多与黑星紫胸鱼、三线紫胸鱼的幼鱼一起活动。

雌性 八丈岛
水深5m 长10cm

幼鱼 八丈岛
水深2m 长4cm

雄性 八丈岛 水深8m 长14cm

雄性　八丈岛　水深10m　长10cm

隆头鱼科

黑星紫胸鱼

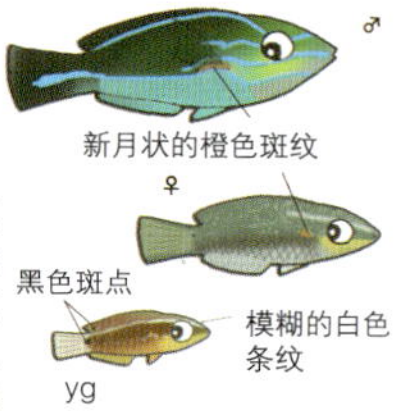

Stethojulis bandanensis

日本南部的太平洋沿岸，八丈岛，小笠原群岛，屋久岛，琉球群岛；中国台湾和香港地区，东印度~泛太平洋（至基林群岛以东；夏威夷群岛、马克萨斯群岛、复活节岛除外）。

常见于浅岩礁及珊瑚礁处。在八丈岛的繁殖期为夏季。雄性求爱时，会像飞毛腿一样十分迅速地通过雌性群居的地方。以一雌一雄再加一条一次雄的产卵方式为主，有时也会由一次雄和多条雌性、集体产卵。

雌性　八丈岛
水深10m　长8cm

幼鱼　八丈岛
水深5m　长1.5cm

雄性　八丈岛　水深3m　长13cm

隆头鱼科

三线紫胸鱼

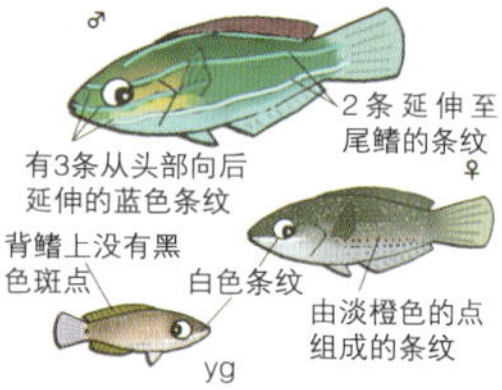

Stethojulis trilineata

日本南部的太平洋沿岸，八丈岛，小笠原群岛，屋久岛，琉球群岛；中国台湾和香港地区，泰国湾，印度~西太平洋，加罗林群岛，萨摩亚。

一条雄性与多条雌性群居于水深3米以内、潮水流通较好区域的岩礁及珊瑚礁附近。

雌性　八丈岛
水深3m　长10cm

幼鱼　伊豆半岛
水深2m　长3cm　道罗英夫

雄性　八丈岛　水深5m　长12cm

隆头鱼科

腹纹紫胸鱼

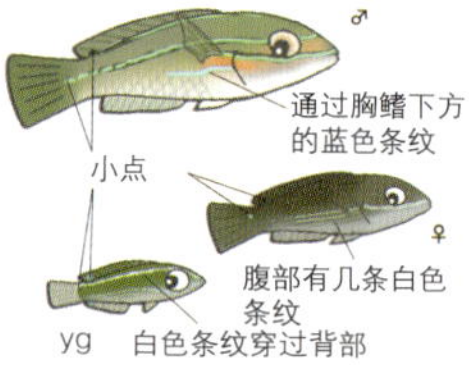

Stethojulis strigiventer

相模湾以南的太平洋沿岸，八丈岛，小笠原群岛，屋久岛，琉球群岛；中国台湾地区，印度~太平洋（夏威夷群岛、复活节岛除外）。

一条雄性与多条雌性群居在内湾的浅珊瑚礁处。雌性喜欢与生活在同一环境下的其他隆头鱼和鹦嘴鱼一起活动。

雌性　八丈岛
水深5m　长10cm

幼鱼　八丈岛
水深5m　长3cm

隆头鱼科

断纹紫胸鱼

Stethojulis interrupta

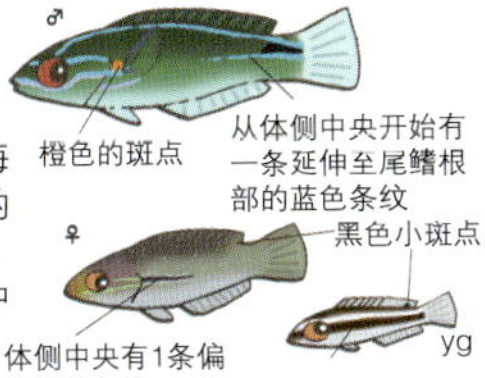

新潟岛~鹿儿岛的日本海和东海沿岸，日本南部的太平洋沿岸，伊豆诸岛，小笠原群岛；济州岛，中国大陆及台湾地区。

在岩礁的浅水域非常常见，温带种。在八丈岛的繁殖期为春季。雄性求爱时，会像飞毛腿一样十分迅速地通过雌性群居的地方。以一雌一雄再加一条一次雄的产卵方式为主，有时也会由一次雄和多条雌性雄性集体产卵。

雄性　八丈岛　水深7m　长10cm

雌性　八丈岛
水深7m　长8cm

幼鱼　八丈岛
水深10m　长2cm

隆头鱼科

珠斑大咽齿鱼

Macropharyngodon meleag

日本南部的太平洋沿岸，伊豆诸岛，小笠原群岛，屋久岛，琉球群岛；中国台湾地区，太平洋中部和西部的热带海域。

栖息于岩礁及珊瑚礁的乱石带及斜面、岩屑堆等地。常见种。一条雄性和数条雌性在繁殖期会聚集在稳固的岩石根部成对产卵。幼鱼像海藻一样在海中漂游。

雄性　八丈岛　水深12m　长9cm

雌性　八丈岛
水深5m　长5cm

幼鱼　八丈岛
水深8m　长2cm

隆头鱼科

黑大咽齿鱼

Macropharyngodon negrosensis

日本南部的太平洋沿岸，伊豆诸岛，小笠原群岛，屋久岛，琉球群岛；济州岛，中国台湾地区，印度洋~太平洋中部和西部的热带海域。

栖息于珊瑚礁周边的沙堆、混着沙砾的沙底、岩屑堆、乱石带等区域。幼鱼作为季节洄游鱼出现在日本南部的太平洋沿岸。幼鱼的游泳方式独特，会一直游再停下来。

雄性　八丈岛　水深12m　长10cm

雌性　八丈岛
水深10m　长5cm

幼鱼　八丈岛
水深10m　长2.5cm

雄性　屋久岛　水深12m　长15cm　原崎森

隆头鱼科

莫氏大咽齿鱼

Macropharyngodon moyeri

静冈县以南的太平洋沿岸，伊豆诸岛，屋久岛，琉球群岛；中国台湾地区。

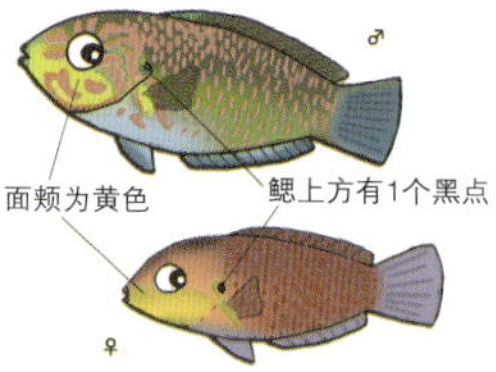

栖息于岩礁及珊瑚礁的海藻及藻层上，非常稀有。在八丈岛，可能是由于数量太少，它们经常单独与其他隆头鱼一起活动。在屋久岛，雄性会与多条雌性群居。

雌性　八丈岛
水深16m　长5cm

雄性　伊豆大岛　水深25m　长12cm

隆头鱼科

长体似虹锦鱼

Pseudojuloides elongatus

日本南部的太平洋沿岸，伊豆大岛，山口县见岛~熊本县天草；澳大利亚西岸和东南岸，新喀里多尼亚，诺福克岛。

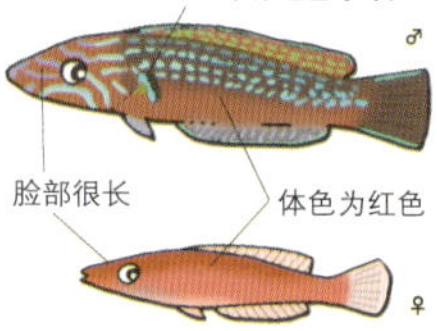

栖息在水深15米左右、石花菜等海藻生长繁茂的地方。白天多躲在海藻里不出来，到了傍晚，雄性就会变成婚姻色，围着海藻游动，随后就会出现许多雌性。

雌性　伊豆大岛
水深25m　长10cm

雄性　八丈岛　水深35m　长8cm

隆头鱼科

细尾似虹锦鱼

Pseudojuloides cerasinus

静冈县以南的太平洋沿岸，伊豆诸岛，小笠原群岛，屋久岛，冲绳县；中国台湾地区，印度~太平洋（土阿莫土群岛除外）。

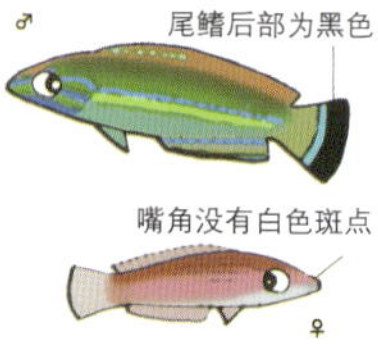

栖息于水深30米以上的岩礁斜面及珊瑚礁外缘的斜面处。一条雄性与数条雌性群居，常与新月丝隆头鱼等其他生活在同样环境下的隆头鱼一起活动。

雌性　八丈岛
水深30m　长6cm

变性中　八丈岛
水深30m　长7cm　水谷知世

隆头鱼科

斯氏拟隆头鱼

Pseudojuloides severnsi

伊豆诸岛，高知县，屋久岛，冲绳县；印度尼西亚，斯里兰卡。

栖息于水深30米以上、潮水流通较好区域的珊瑚礁外缘斜面、沙砾底、岩屑堆等区域。一条雄性与数条雌性群居。在日本为稀有物种。

雌性　八丈岛
水深40m　长5cm

雄性　八丈岛　水深35m　长8cm

隆头鱼科

中斑似虹锦鱼

Pseudojuloides mesostigma

高知县柏岛，屋久岛，冲绳县；菲律宾群岛，巴布亚新几内亚，米尔恩湾。

栖息于水深30米以上的珊瑚礁外缘的斜面上以及混着小石子的沙砾底。雌性与生活在同一环境下的其他隆头鱼一起活动，雄性则围着它们游动。

雌性　屋久岛
水深45m　长7cm　原崎森

雄性　柏岛　水深40m　长18cm　西村直树

隆头鱼科

阿氏似虹锦鱼

Pseudojuloides atavai

小笠原群岛；太平洋中部。

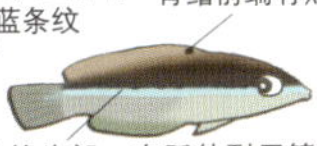

在日本为极其稀有的物种，只在小笠原群岛生活。在塞班岛水深15米左右的珊瑚礁处可见多条雌性群居。雄性平时很难见到，但是早上很早的时候，会到雌性聚集的地方求爱。

雌性　塞班岛
水深12m　长4cm

雄性　塞班岛　水深12m　长8cm　神村诚一

雄性　八丈岛　水深5m　长15cm

隆头鱼科

侧带海猪鱼

Halichoeres scapularis

和歌山县以南的太平洋沿岸，八丈岛，屋久岛，琉球群岛；中国台湾地区，印度~西太平洋。

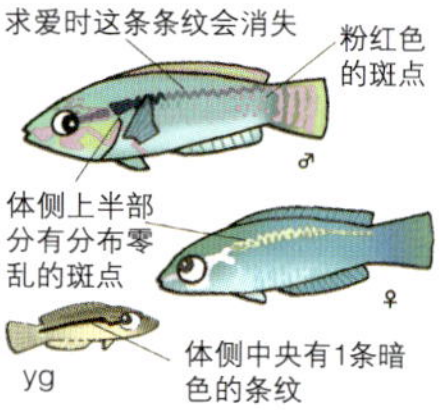

栖息于浅岩礁及珊瑚礁周边的沙底。在八丈岛，侧带海猪鱼多生活在海浪汹涌的岩滩潮水洼地上，多条雄性和雌性一起游动。

雌性　八丈岛
水深5m　长10cm

幼鱼　八丈岛
水深8m　长2cm

雄性　八丈岛　水深10m　长14cm

隆头鱼科

缘边海猪鱼

Halichoeres marginatus

相模湾以南的太平洋沿岸，八丈岛，屋久岛，琉球群岛；中国台湾地区，泰国湾，印度~太平洋（马克萨斯群岛、复活节岛除外）。

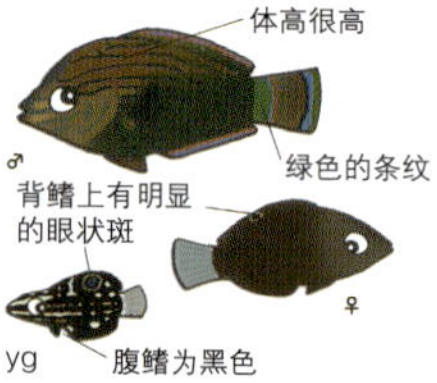

主要栖息于水深5米以内、海浪汹涌的珊瑚礁周围。一条雄性与周围的雌性一起游动。幼鱼常与胸斑海猪鱼一起活动，但是此品种喜欢生活在非常浅的水域，凭这一点可以分辨这两种鱼。

雌性　帕劳
水深12m　长12cm

幼鱼　八丈岛
水深3m　长2cm

成年鱼　八丈岛　水深14m　长12cm

隆头鱼科

胸斑海猪鱼

Halichoeres melanochir

日本南部的太平洋沿岸，八丈岛，九州西岸，屋久岛，琉球群岛；中国大陆及台湾地区，东印度洋~太平洋西部的热带海域。

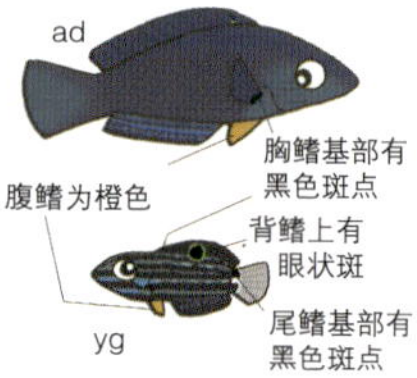

栖息于岩礁及珊瑚礁周边的斜面。到了繁殖期，雄性会在稳固的岩礁上抢占领地，但是，只有强壮的雄性才能抢到适合产卵的地方。越是强壮的雄性，就会有越多的雌性来它的领地产卵。由二次雄和雌性成对产卵。

青年鱼　八丈岛
水深12m　长5cm

幼鱼　八丈岛
水深14m　长2cm

隆头鱼科

三斑海猪鱼

Halichoeres trimaculatus

静冈县以南的太平洋沿岸，伊豆诸岛，屋久岛，琉球群岛；中国大陆及台湾地区，东印度~太平洋。

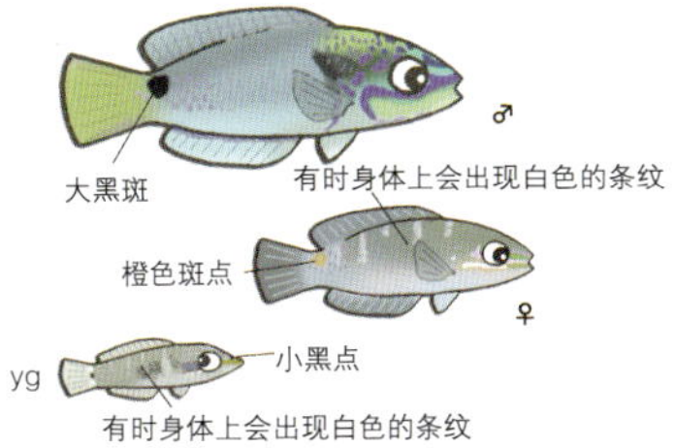

雄性　八丈岛　水深3m　长14cm

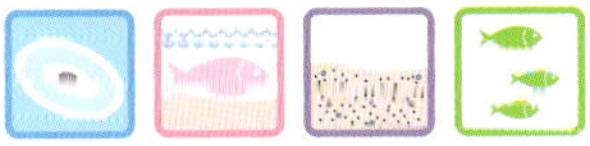

一条雄性与数条雌性群居于水深5米以内的礁池、珊瑚礁周边的沙底。雌性尾鳍基部斑点的颜色会随着环境变化，有黑色和橙色等颜色。

雄性　八丈岛　水深3m　长10cm

青年鱼　塞班岛　水深1m　长6cm

幼鱼　塞班岛　水深1m　长1.5cm

隆头鱼科

云斑海猪鱼

Halichoeres hortulanus

相模湾以南的太平洋沿岸，伊豆诸岛，小笠原群岛，屋久岛，琉球群岛；中国台湾地区，泰国湾，印度~太平洋（夏威夷群岛、复活节岛除外）。

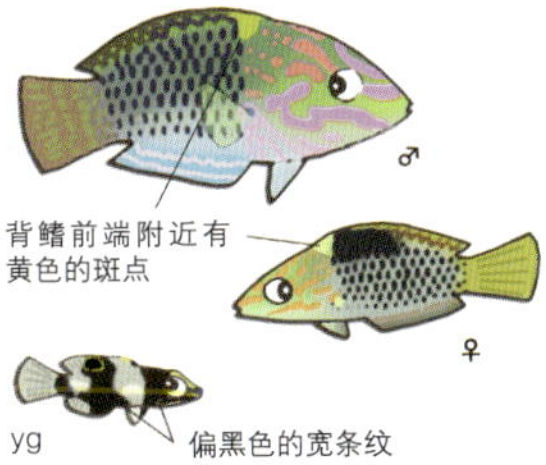

雄性　八丈岛　水深8m　长18cm

栖息于浅珊瑚礁的外缘。普通品种。在日本南部的太平洋沿岸为季节洄游鱼，每年都会出现。

雌性　八丈岛　水深10m　长12cm

青年鱼　八丈岛　水深14m　长5cm

幼鱼　八丈岛　水深10m　长2cm

成年鱼　吕宋岛　水深10m　长8cm　水谷知世

隆头鱼科

黑额海猪鱼

Halichoeres prosopeion

和歌山县串本，屋久岛，冲绳县；中国台湾地区，西太平洋，萨摩亚群岛。

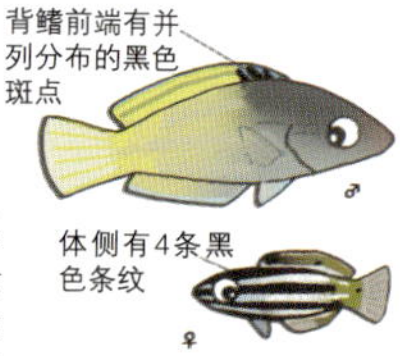

栖息于浅珊瑚礁周围，普通品种。雌性与雄性体色几乎完全相同。到了繁殖期，一条雄性与数条雌性会聚集在稳固的岩石根部成对产卵。

青年鱼　吕宋岛
水深15m　长5cm

幼鱼　吕宋岛
水深16m　长2.5cm

雄性　宿务岛　水深6m　长12cm　余吾涉

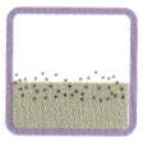

隆头鱼科

亮海猪鱼

Halichoeres leucurus

石垣岛，西表岛；太平洋西部的热带水域。

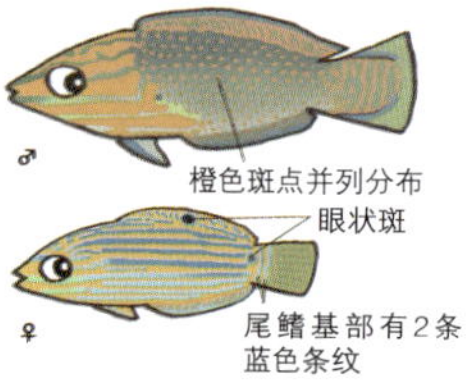

群居于浅内湾的珊瑚礁周围的沙泥底。虽然由一条雄性与数条雌性组成小群体，但是团队成员常常单独行动。

雌性　石垣岛
水深14m　长10cm　惣道敬子

雄性　八丈岛　水深25m　长14cm

隆头鱼科

东方海猪鱼

Halichoeres orientalis

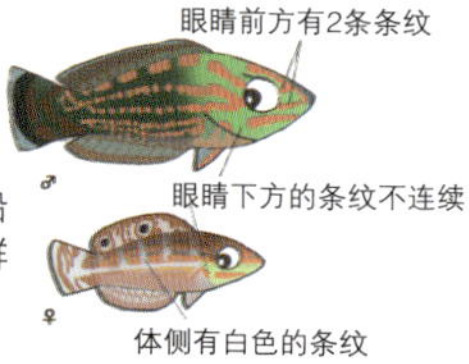

静冈县以南的太平洋沿岸，伊豆诸岛，小笠原群岛，屋久岛，琉球群岛；中国台湾地区。

栖息于水深15米左右、潮水流通较好区域的岩礁及珊瑚礁的外缘斜面处。一条雄性与数条雌性组成群体，但是由于活动范围太广，很难确定哪些鱼是一个群体的。在八丈岛的繁殖期是夏季到秋季。到了繁殖期，它们会聚集在生活区内的潮水流通较好区域成对产卵。

雌性　八丈岛
水深24m　长10cm

幼鱼　八丈岛
水深20m　长4cm

隆头鱼科

双斑海猪鱼

Halichoeres biocellatus

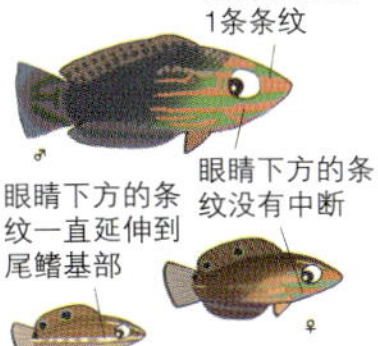

伊豆半岛以南的太平洋沿岸，八丈岛，小笠原群岛，屋久岛，琉球群岛；中国台湾地区，太平洋中部和西部的热带海域。

栖息于水深15米附近、潮水流通较好区域的岩礁及珊瑚礁外缘斜面处。一条雄性与数条雌性组成群体，但是由于活动范围太广，很难确定哪些鱼是一个群体的。繁殖期会聚集在生活区内成对产卵。

雌性　八丈岛
水深15m　长8cm

幼鱼　八丈岛
水深18m　长3cm

雄性　八丈岛　水深18m　长12cm

隆头鱼科

黄斑海猪鱼

Halichoeres melanurus

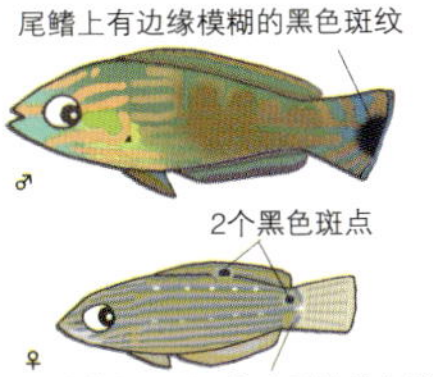

小笠原群岛，和歌山县串本以南的太平洋沿岸，屋久岛，琉球群岛；中国台湾地区，泰国湾，澳大利亚北岸，太平洋中部和西部（夏威夷群岛、莱恩群岛、土阿莫土群岛以东除外）。

一条雄性与数条雌性栖息于浅内湾的珊瑚礁周边。幼鱼在日本南部的太平洋沿岸是季节洄游鱼，很少能见到。

雌性　帕劳
水深8m　长6cm

雄性　帕劳　水深8m　长10cm

隆头鱼科

纵纹海猪鱼

Halichoeres richmondi

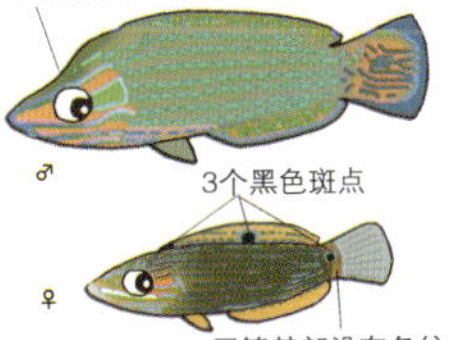

小笠原群岛，屋久岛，西表岛；中国台湾地区，澳大利亚北岸，西太平洋，密克罗尼西亚。

一条雄性与数条雌性栖息于珊瑚礁外缘。在日本为稀有物种。

雌性　蓝碧岛
水深5m　长5cm　您道敬了

雄性　吕宋岛　水深8m　长12cm

雄性　八丈岛　水深8m　长10cm

隆头鱼科

斑点海猪鱼

Halichoeres margaritaceus

静冈县以南的太平洋沿岸，八丈岛，屋久岛，琉球群岛；中国台湾地区，泰国湾，东印度~太平洋（基林群岛以东；夏威夷群岛、复活节岛除外）。

栖息于10米以内、珊瑚礁外缘的乱石带、岩屑堆、岩礁带等区域。平时大多独居，但到了繁殖期，雄性会与数条雌性群居并成对产卵。幼鱼独居于岩石低洼处和红藻多的区域，基本不怎么游动。

雌性　八丈岛
水深2m　长6cm

幼鱼　八丈岛
水深3m　长2cm

雄性　吕宋岛　水深5m　长10cm

隆头鱼科

臀点海猪鱼

Halichoeres miniatus

高知县以布利，种子岛，冲绳县；中国台湾地区，西太平洋。

栖息于水深3米以内的珊瑚礁外缘的乱石带、岩屑堆、岩礁带等区域。平时大多独居，但到了繁殖期，雄性会与数条雌性群居并成对产卵。

雌性　吕宋岛
水深5m　长8cm

雄性　八丈岛　水深20m　长12cm

隆头鱼科

黄身海猪鱼

Halichoeres chrysus

日本南部的太平洋沿岸，伊豆诸岛，屋久岛，琉球群岛；中国台湾地区，西太平洋。

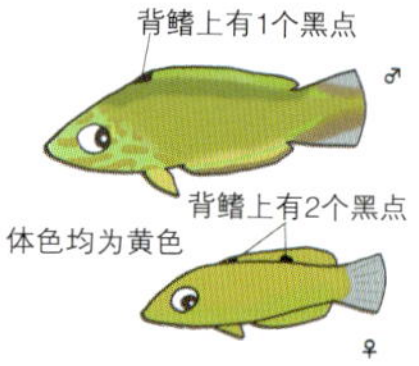

栖息于水深10~25米的珊瑚礁周边的沙底及沙砾底。幼鱼在日本南部的太平洋沿岸为季节洄游鱼，有时可以看到。

雌性　八丈岛
水深20m　长10cm

幼鱼　八丈岛
水深18m　长2cm

隆头鱼科

全珠海猪鱼

Halichoeres argus

屋久岛，冲绳县；中国台湾地区，泰国湾，东印度~西太平洋。

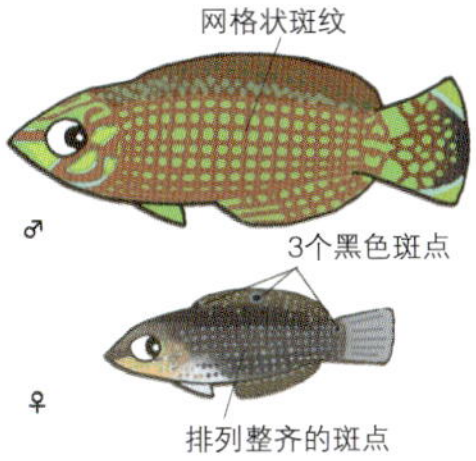

栖息于水深5米以内、珊瑚礁的礁池内。幼鱼的体色会随着环境改变。在大叶藻等海藻多的地方为绿色，在珊瑚砾周边为褐色。

雄性　吕宋岛　水深10m　长8cm

雌性　屋久岛
水深4m　长4cm　原崎森

幼鱼　石垣岛
水深2m　长3cm　惣道敬子

色彩变化　石垣岛
水深2m　长3.5cm　惣道敬子

隆头鱼科

云纹海猪鱼

Halichoeres nebulosus

静冈县以南的太平洋沿岸，八丈岛，屋久岛，琉球群岛；中国台湾和香港地区，泰国湾，印度~西太平洋（所罗门群岛、瓦努阿图除外）。

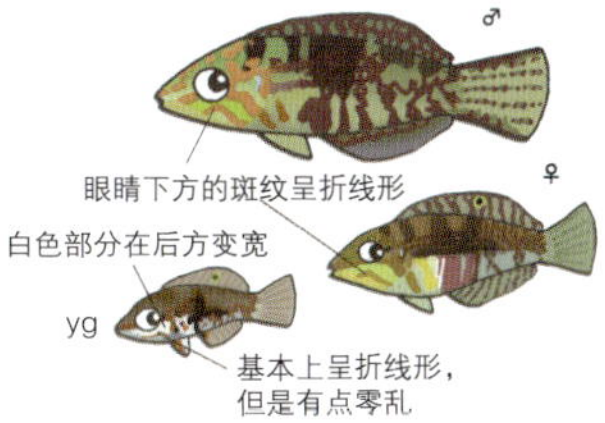

栖息于较浅的乱石带、岩屑堆、岩礁带。平时大多独居，到了繁殖期，一条雄性会与多条雌性组成群体。幼鱼躲在岩石低洼处和红藻多的地方，基本不动。

雄性　八丈岛　水深10m　长10cm

雌性　八丈岛
水深14m　长7cm

幼鱼　屋久岛
水深5m　长4cm　原崎森

幼鱼　屋久岛
水深3m　长2.5cm　原崎森

雄性　吕宋岛　水深21m　长21cm

隆头鱼科

哈氏海猪鱼

Halichoeres hartzfeldii

静冈县以南的太平洋沿岸，伊豆诸岛，小笠原群岛，冲绳县；中国台湾地区，西太平洋（澳大利亚沿岸除外），密克罗尼西亚。

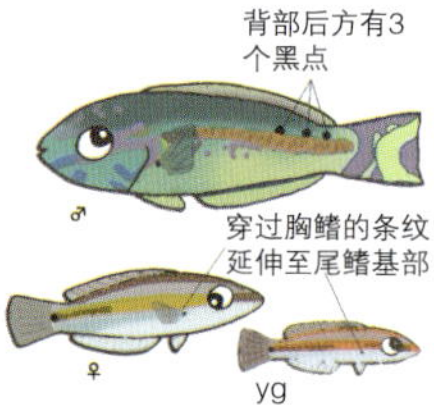

一条雄性与数条雌性栖息于珊瑚礁周边的沙底、沙砾底。幼鱼是季节洄游鱼，在日本南部的太平洋沿岸可见。

雌性　八丈岛
水深10m　长10cm　水谷知世

幼鱼　八丈岛
水深8m　长3cm

雄性　伊豆大岛　水深16m　长21cm

隆头鱼科

花鳍副海猪鱼

Parajulis poecilepterus

北海道~九州的全线沿岸，伊豆诸岛，南大东岛；朝鲜半岛，中国大陆及台湾地区。

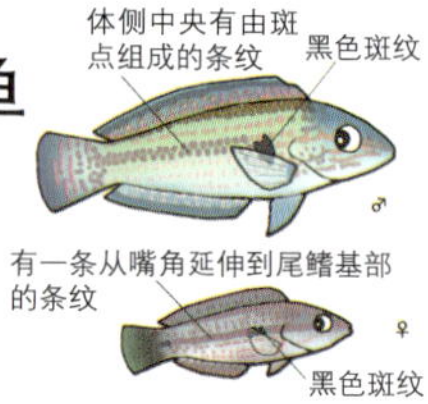

栖息于岩礁周边有较多沙底的区域。一条雄性与数条雌性群居。繁殖多是由二次雄和雌性成对进行，有时也有和雌性体色相同的一次雄和它们一起产卵的情况。

雌性　伊豆大岛
水深16m　长18cm

幼鱼　伊豆大岛
水深16m　长4cm

成年鱼　帕劳　水深25m　长12cm　水谷知世

隆头鱼科

盖斑海猪鱼

Halichoeres melasmapomus

八丈岛，小笠原群岛，琉球群岛；东印度~太平洋中部的热带海域。

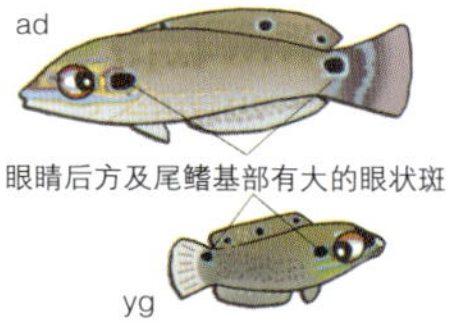

栖息于水深30米以上、潮水流通较好区域的珊瑚礁外缘斜面及陡壁斜面处。在日本为稀有物种。

青年鱼　八丈岛
水深45m　长8cm

幼鱼　八丈岛
水深20m　长1.5cm

隆头鱼科

细棘海猪鱼

Halichoeres tenuispinnis

青森县~九州西岸的对马暖流沿岸，日本南部的太平洋沿岸，伊豆诸岛，种子岛，喜界岛；朝鲜半岛，中国大陆及台湾地区，菲律宾群岛。

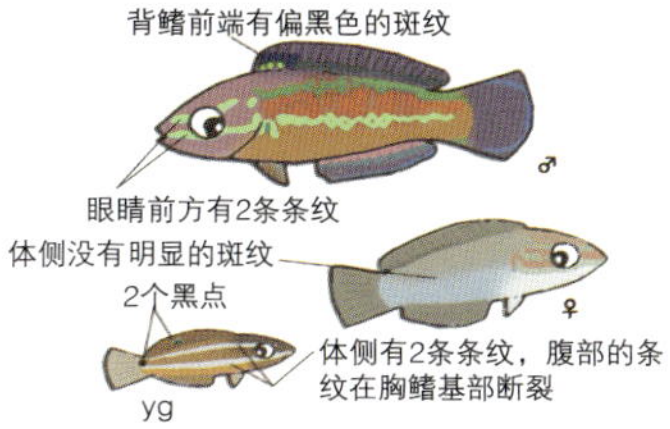

温带种。栖息于日本本州中部至四国、九州的海藻丛生的岩礁处，是很常见的品种。平时大多独居，到了繁殖期，会聚集在特定的地方，二次雄和雌性结成对，也有一次雄和它们一起产卵的情况。

婚姻色　伊豆大岛　水深10m　长12cm

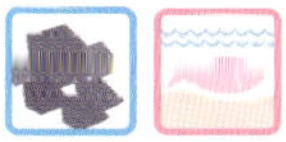

雄性　八丈岛
水深10m　长12cm

雌性　八丈岛
水深6m　长8cm

幼鱼　屋久岛
水深3m　长3cm

隆头鱼科

露珠盔鱼

Coris gaimard

日本南部的太平洋沿岸，伊豆诸岛，小笠原群岛，屋久岛，琉球群岛；中国台湾地区，东印度~太平洋（基林群岛以东；马克萨斯群岛、复活节岛除外）。

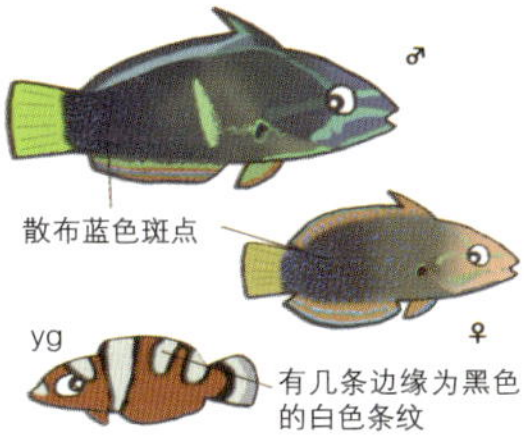

栖息于水深10米以内的珊瑚礁外缘斜面处。幼鱼多在珊瑚礁及岩石根部周围的沙地里一动不动。幼鱼身体色彩不鲜艳，这样在白色沙砾的背景下，不容易让敌人发现。幼鱼为季节洄游鱼，每年都会出现在日本南部的太平洋沿岸。

雄性　塞班岛　水深5m　长26cm

雌性　八丈岛
水深18m　长20cm

青年鱼　八丈岛
水深16m　长5cm

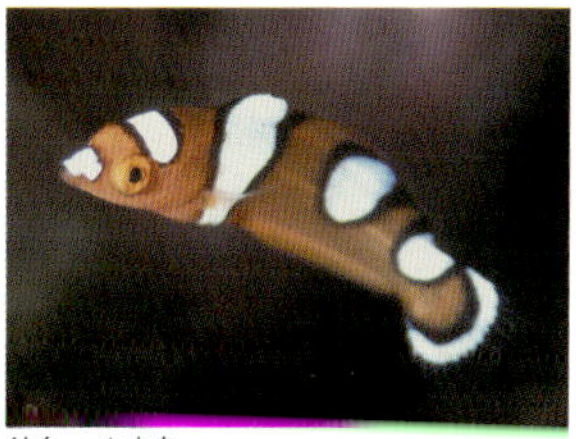

幼鱼　八丈岛
水深6m　长2cm

成年鱼　八丈岛　水深25m　长40cm

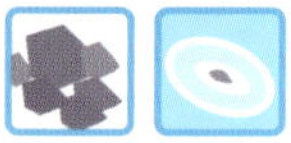

隆头鱼科

鳃斑盔鱼

Coris aygula

茨城县以南的太平洋沿岸，伊豆诸岛，小笠原群岛，屋久岛，琉球群岛；中国台湾地区，印度~太平洋（复活节岛除外）。

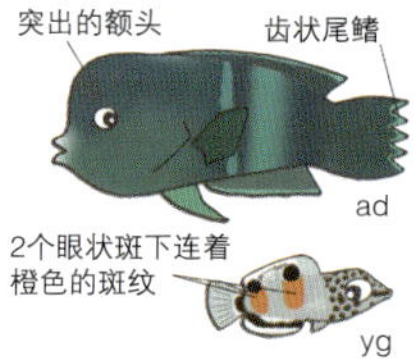

独居于20米以内潮水流通较好区域的岩礁根部周围。到了繁殖期，一条雄性会与多条雌性聚集在潮水流通较好区域的岩石根部，雄性在上方向雌性求爱。然后，它们会上升到接近水面处产卵。幼鱼为季节洄游鱼，每年都会出现在日本南部的太平洋沿岸。

成年鱼　八丈岛
水深25m　长35cm

幼鱼　八丈岛
水深16m　长2cm

成年鱼　八丈岛
水深45m　长20cm

隆头鱼科

纵带盔鱼

Coris picta

日本南部的太平洋沿岸，伊豆诸岛，小笠原群岛，熊本县天草，琉球群岛；中国台湾地区，澳大利亚东南岸，新喀里多尼亚，新西兰北部。

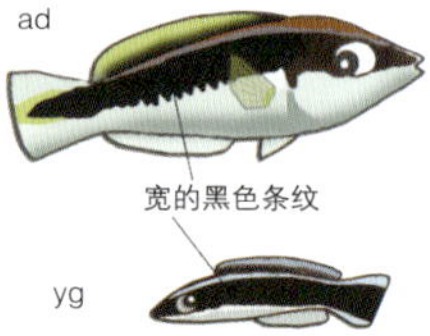

栖息于水深20米以上、潮水流通较好区域的岩礁和珊瑚礁外缘斜面多沙底的区域。幼鱼生活在稍深的岩礁处，与裂唇鱼一样为清洁鱼。

婚姻色　伊豆大岛
水深45m　长20cm

幼鱼　八丈岛
水深30m　长4cm

雄性　宿务岛　水深12m　长12cm

隆头鱼科

巴都盔鱼

Coris batuensis

和歌山县以南的太平洋沿岸，八丈岛，小笠原群岛，屋久岛，琉球群岛；印度~西太平洋。

栖息于浅珊瑚礁、沙底多的环境中。幼鱼为季节洄游鱼，每年都会出现在日本南部的太平洋沿岸，多在浅珊瑚礁周边单独游动。

雌性　宿务岛
水深6m　长4cm

隆头鱼科

背斑盔鱼

Coris dorsomacula

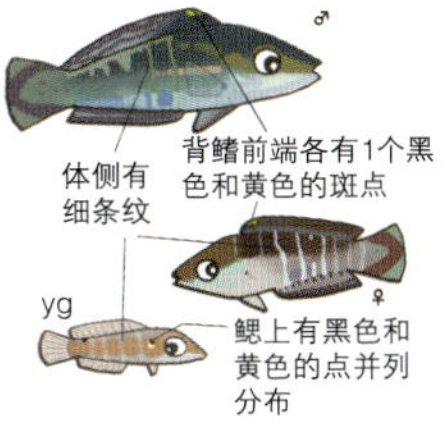

相模湾以南的太平洋沿岸，伊豆诸岛，小笠原群岛，屋久岛，琉球群岛；中国台湾地区，东印度~西太平洋（基林群岛以东）。

栖息于岩礁及珊瑚礁区域。可以适应温带海域，因此在直到伊豆半岛的太平洋沿岸都可以看到此品种。在八丈岛，从内湾的岩礁及潮水流通较好区域的岩礁斜面等较浅的区域至水深40米左右的水域是常见品种。到了繁殖期，一条雄性会与多条雌性组成群体，成对产卵。

雌性　八丈岛
水深21m　长14cm

幼鱼　八丈岛
水深18m　长3cm

雄性　八丈岛　水深21m　长17cm

隆头鱼科

布氏拟盔鱼

Pseudocoris bleekeri

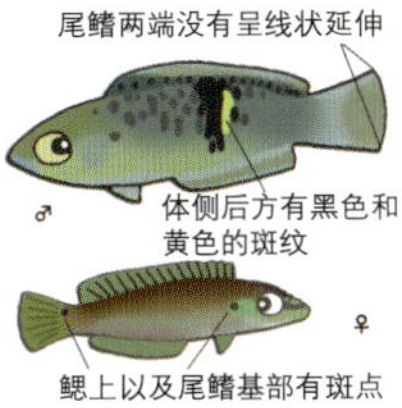

八丈岛，高知县柏岛，屋久岛，琉球群岛；中国台湾地区，菲律宾群岛，巴厘岛，摩鹿加群岛。

一条雌性与数条雄性群居于潮水流通较好区域的岩石根部侧面及珊瑚礁外缘。在八丈岛多与金拟花鮨和棕红拟盔鱼一起活动。

雌性　八丈岛
水深18m　长10cm

幼鱼　八丈岛
水深25m　长2cm

雄性　八丈岛　水深35m　长12cm

隆头鱼科

眼斑拟盔鱼

Pseudocoris ocellata

骏河湾，相模湾，伊豆大岛；中国台湾地区。

在伊豆大岛常与尾斑光鳃鱼、霓虹雀鲷一起活动。是只在特定地区生活的稀有物种。需要与标本对照一下才能确认照片是否为此种。

雌性　伊豆大岛
水深12m　长15cm　有马启人

雄性　伊豆大岛　水深12m　长17cm　有马启人

雄性　八丈岛　水深15m　长12cm

隆头鱼科

棕红拟盔鱼

Pseudocoris yamashiroi

静冈县以南的太平洋沿岸，伊豆诸岛，小笠原群岛，屋久岛，琉球群岛；中国台湾地区，印度~西太平洋。

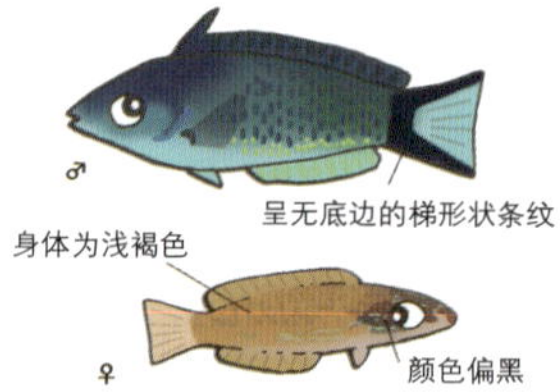

群居于潮水流通较好区域的岩礁及珊瑚礁区域。在八丈岛多与金拟花鮨等鱼类一起游动。到了繁殖期，雄性会围着雌性快速游动，竖起背鳍前端的棘求爱。

雌性　八丈岛
水深15m　长10cm

幼鱼　八丈岛
水深25m　长2cm

变性中　八丈岛
水深10m　长10cm

雄性　小笠原群岛
水深25m　长18cm
吉野雄辅

隆头鱼科

橘纹拟盔鱼

Pseudocoris aurantiofasciata

伊豆诸岛，小笠原群岛，高知县柏岛，屋久岛，琉球群岛；中国台湾地区，太平洋中部和西部的热带海域。

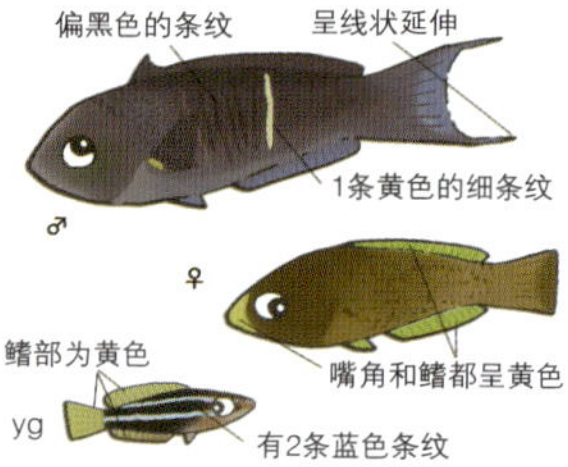

栖息于水深30米以上、潮水流通较好区域的暗礁斜面及珊瑚礁外缘斜面处。在八丈岛潮水流通较好区域的岩石根部侧面，能看到该品种的雌性与雌性棕红拟盔鱼一起活动。雄性很稀有。是只在特定地区生活的稀有物种。

雌性　久米岛
水深25m　长15cm　吉野雄辅

雌性　八丈岛
水深30m　长12cm

幼鱼　八丈岛
水深26m　长3cm

隆头鱼科

环纹细鳞盔鱼

Hologymnosus annulatus

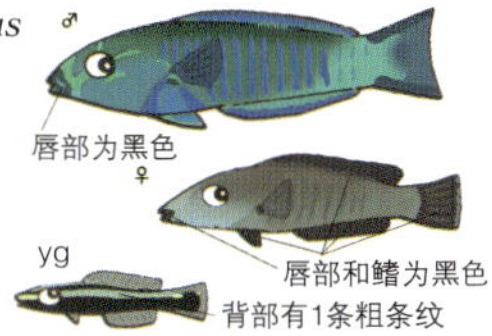

静冈县以南的太平洋沿岸，八丈岛，小笠原群岛，屋久岛，琉球群岛；中国台湾地区，印度~太平洋（夏威夷群岛、复活节岛除外）。

栖息于水深5~20米的珊瑚礁周围的沙砾底和岩屑堆区域。幼鱼多独居于沙砾底及沙地上，与圆细鳞盔鱼的幼鱼一起活动。

雌性　八丈岛
水深12m　长18cm

幼鱼　八丈岛
水深12m　长3cm

雄性　屋久岛
水深20m　长30cm
原崎森

隆头鱼科

玫瑰细鳞盔鱼

Hologymnosus rhodonotus

日本南部的太平洋沿岸，伊豆诸岛，屋久岛，琉球群岛；中国台湾地区，菲律宾群岛，印度尼西亚的龙目岛，帝汶岛。

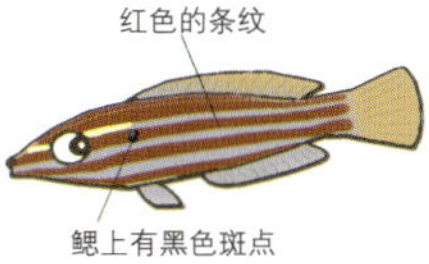

栖息于水深35米以上的水域。幼鱼栖息于潮水流通较好区域的岩礁、珊瑚礁斜面和沙砾底。常与生活在同一环境中的新月丝隆头鱼、细尾似虹锦鱼等鱼类一起活动。成年鱼非常稀有，基本都生活在潜水到达不了的深度。

幼鱼　八丈岛
水深20m　长1cm　水谷知世

青年鱼　八丈岛　水深45m　长7cm

隆头鱼科

新月丝隆头鱼

Cirrhilabrus lunatus

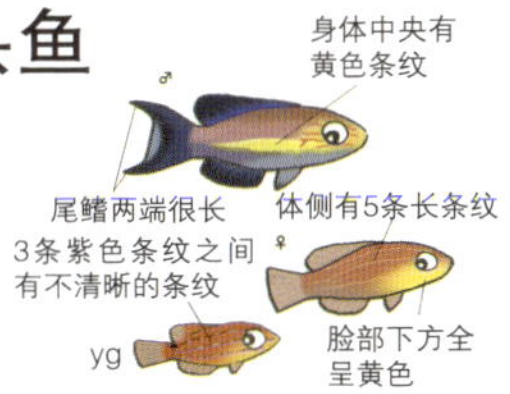

静冈县以南的太平洋沿岸，伊豆诸岛，小笠原群岛，屋久岛，冲绳县；巴厘岛，印度尼西亚的桑义赫群岛。

栖息于水深30米以上、潮水流通较好区域的岩礁斜面及珊瑚礁外缘的斜面、沙砾底。雄性与雌性群居，雌性会与生活在同一环境中的其他隆头鱼一起活动。

雌性　八丈岛
水深40m　长8cm

幼鱼　八丈岛
水深45m　长3cm

雄性　八丈岛　水深40m　长10cm

雄性　吕宋岛　水深15m　长30cm

隆头鱼科

圆细鳞盔鱼

Hologymnosus doliatus

静冈县以南的太平洋沿岸，伊豆诸岛，小笠原群岛，屋久岛，琉球群岛；中国台湾地区，印度~太平洋（马绍尔群岛、夏威夷群岛、法国领地波利尼西亚以东除外）。

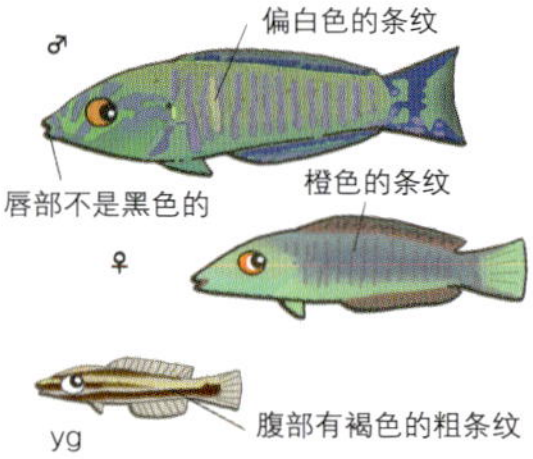

栖息于水深5~20米珊瑚礁周边的沙砾底及岩屑堆。幼鱼独居或群居于沙砾底及沙底。幼鱼的体色与沙砾相同且基本不游动，因此很难认出。

雌性　八丈岛
水深10m　长23cm

青年鱼　八丈岛
水深12m　长9cm

幼鱼　八丈岛
水深12m　长2.5cm

雄性　八丈岛　水深14m　长10cm

隆头鱼科

丁氏丝隆头鱼

Cirrhilabrus temminckii

日本南部的太平洋沿岸，九州北岸和西岸，屋久岛，琉球群岛；中国台湾地区，西太平洋。

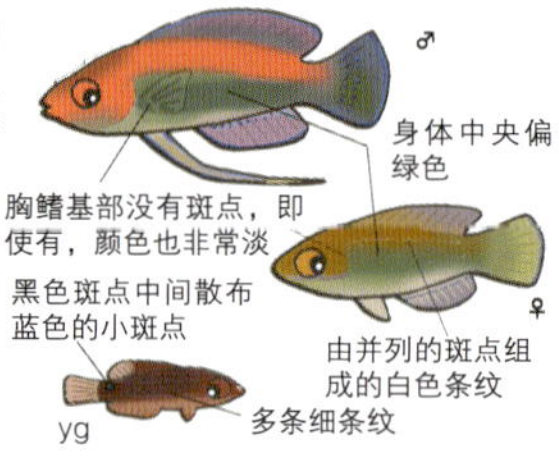

群居于水深10~20米的岩礁斜面。一条雄性与数条雌性组成群体，如果一个群中雌性的数量太多，雄性的数量也会相应成比例增加。在八丈岛的繁殖期为春季到初夏。在琉球群岛的珊瑚礁区域看到的与在相模湾太平洋沿岸看到的是否为同一品种还有待考证。

婚姻色　八丈岛
水深14m　长10cm

雌性　八丈岛
水深13m　长8cm

幼鱼　八丈岛
水深8m　长1.5cm

隆头鱼科

黑缘丝隆头鱼

Cirrhilabrus melanomarginatus

伊豆诸岛，高知县柏岛，屋久岛，琉球群岛；中国台湾地区，菲律宾群岛，斐济群岛。

栖息于水深20米左右、潮水流通较好区域的岩礁斜面及珊瑚礁外缘斜面。一条雄性与数条雌性组成小群体。

成年鱼　八丈岛　水深15m
长10cm　水谷知世

幼鱼　八丈岛
水深15m　长2cm

成年鱼　八丈岛　水深15m　长12cm

隆头鱼科

尖尾丝隆头鱼

Cirrhilabrus lanceolatus

伊豆大岛，八丈岛，高知县柏岛，屋久岛，琉球群岛。

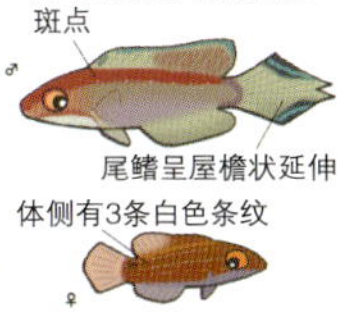

栖息于水深40米以上潮水流通较好区域的岩礁及珊瑚礁外缘斜面处。为只在日本才有的品种。与生活在新喀里多尼亚、萨摩亚群岛、帕劳、菲律宾海域的玫纹丝隆头鱼外形相似。区别在于，玫纹丝隆头鱼的腹鳍上有黑色区域，且臀鳍为鲜艳的黄色；而此品种腹鳍为黄色，臀鳍与体色基本相同。

雌性　伊豆大岛
水深55m　长7cm

幼鱼　伊豆大岛
水深40m　长3.5cm　片桐佳江

雄性　八丈岛　水深70m　长12cm

隆头鱼科

丝隆头鱼属的一种

Cirrhilabrus sp.

伊豆大岛、高知县以南。

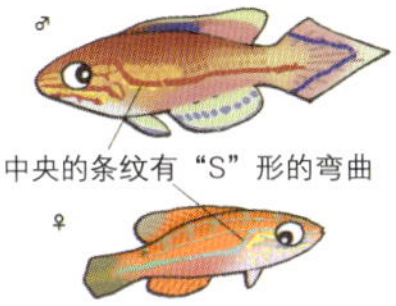

栖息于水深25米以上潮水流通较好区域的岩礁及珊瑚礁外缘斜面。一条雄性与数条雌性群居。在数量少的地方会与新月丝隆头鱼等丝隆头鱼一起活动。

雌性　奄美大岛
水深30m　长5cm　原多加志

雄性　八丈岛　水深40m　长8cm

婚姻色　塞班岛　水深12m　长6cm

隆头鱼科

凯瑟琳丝隆头鱼

Cirrhilabrus katherinae

伊豆诸岛，小笠原群岛，屋久岛，琉球群岛；中国台湾地区，帕劳群岛，马里亚纳群岛。

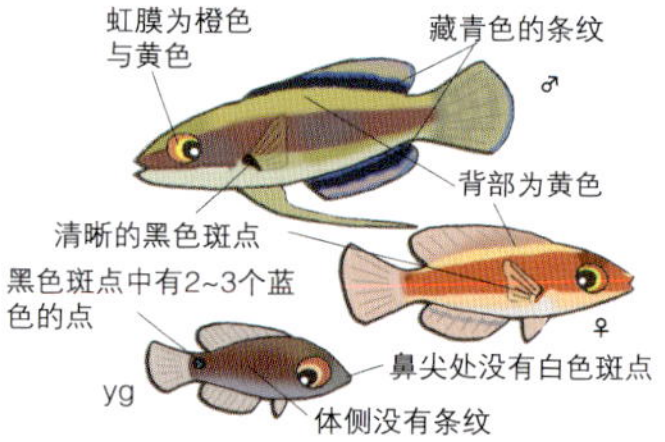

栖息于潮水流通较好区域的珊瑚礁外缘及岩屑堆。在日本十分稀有，因此常与丁氏丝隆头鱼、蓝侧丝隆头鱼等一起活动。变成婚姻色时，与在琉球群岛见到的丁氏丝隆头鱼十分相似，容易弄混。在小笠原群岛与塞班岛是很常见的品种。

雄性　八丈岛
水深15m　长6cm

雌性　八丈岛
水深15m　长5cm

婚姻色　塞班岛
水深12m　长6cm

幼鱼　塞班岛
水深12m　长1cm

没有黄色斑纹的品种　雄性　八丈岛
水深21m　长8cm

隆头鱼科

蓝侧丝隆头鱼

Cirrhilabrus cyanopleura

日本南部的太平洋沿岸，伊豆诸岛，小笠原群岛，屋久岛，琉球群岛；中国台湾地区，东印度~西太平洋的热带海域。

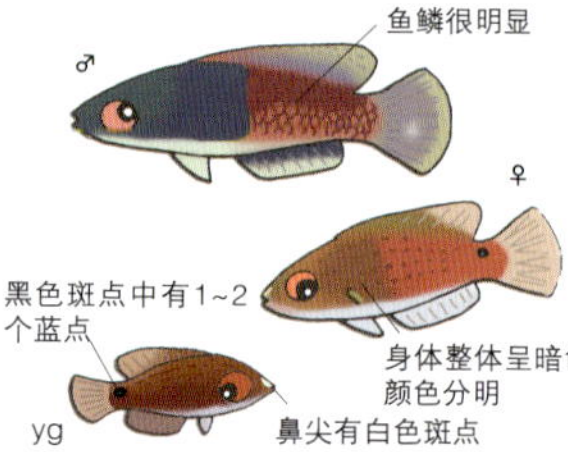

栖息于水深10~20米潮水流通较好区域的岩礁及珊瑚礁周边的斜面和沙砾底。雄性分为体侧有黄色斑纹和没有黄色斑纹两类，有专家指出有黄色斑纹的可能是另一品种，这还有待考证。

有黄色斑纹的品种　雄性　八丈岛
水深12m　长8cm

雄性　八丈岛
水深16m　长2cm

幼鱼　八丈岛
水深25m　长2cm

隆头鱼科

艳丽丝隆头鱼

Cirrhilabrus exquisitus

静冈县以南的太平洋沿岸，伊豆诸岛，小笠原群岛，屋久岛，琉球群岛；中国台湾地区，印度~太平洋（夏威夷群岛、复活节岛除外）。

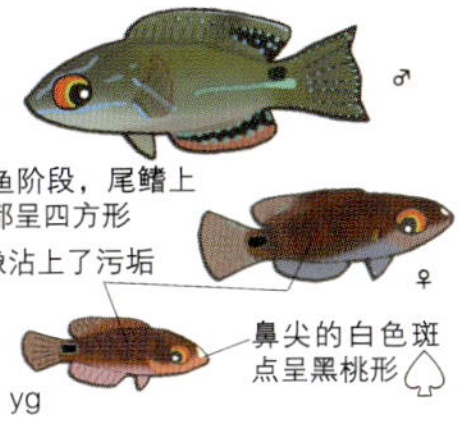

栖息于水深10米左右潮水流通较好区域的岩礁及珊瑚礁处。到了繁殖期，雄性会在雌性中用快速游动的方式求爱。雄性求爱时，尾鳍基部的黑色斑点会消失。

雄性　八丈岛　水深18m　长8cm

婚姻色　八丈岛
水深18m　长8cm

雌性　八丈岛
水深18m　长6cm

幼鱼　八丈岛
水深16m　长2.5cm

隆头鱼科

卡氏丝隆头鱼

Cirrhilabrus katoi

八丈岛，静冈县富户，高知县柏岛，鹿儿岛县坊津，屋久岛，冲绳县伊江岛。

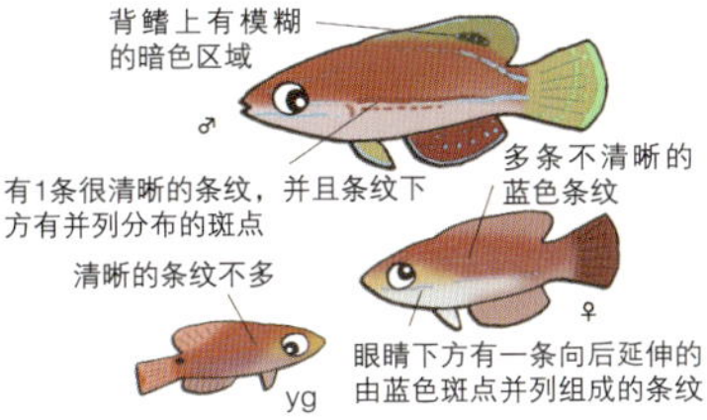

群居于水深30米以上的潮水流通较好区域的岩礁斜面。一条雄性与数条雌性群居。多与生活在同一环境下的新月丝隆头鱼及细尾似虹锦鱼等一起活动。是只在固定区域生活的稀有物种。

婚姻色　八丈岛　水深45m　长12cm

雄性　八丈岛
水深40m　长12cm

雌性　八丈岛
水深35m　长8cm

幼鱼　八丈岛
水深30m　长4cm

向雌性求爱时的婚姻色　八丈岛
水深35m　长10cm

隆头鱼科

红缘丝隆头鱼

Cirrhilabrus rubrimarginatus

伊豆诸岛，和歌山县以南的太平洋沿岸，屋久岛，琉球群岛；中国台湾地区，西太平洋。

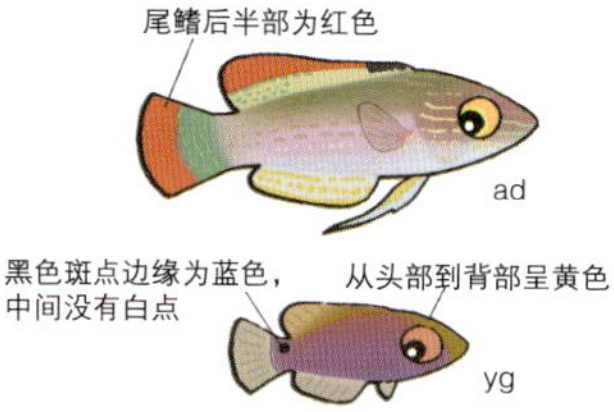

一条雄性与数条雌性群居于水深30米以上潮水流通较好区域的岩礁及珊瑚礁外缘斜面。到了繁殖期，雄性的头部、背鳍、臀鳍会瞬间变成白色，以此向雌性求爱，再轮流与雌性结对产卵。雄性之间争夺领地时体色也会变成类似婚姻色的颜色，但是它们只是张大每片鳍向对方示威。

雄性　八丈岛
水深30m　长10cm

幼鱼　八丈岛
水深40m　长3cm

雄性之间争夺领地时的婚姻色　八丈岛
水深35m　长10cm　水谷知世

婚姻色　吕宋岛　水深25m　长10cm

隆头鱼科

卡式副唇鱼

Paracheilinus carpenteri

伊豆诸岛，伊豆半岛以南的太平洋沿岸，屋久岛，琉球群岛；中国台湾地区，菲律宾群岛，帕劳群岛。

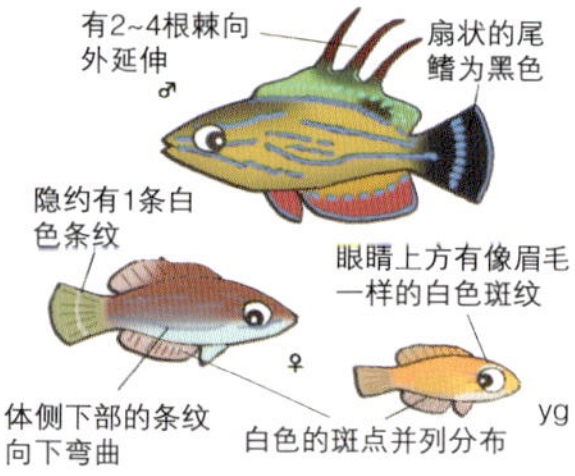

栖息于水深30米以上的珊瑚礁外缘斜面。一条雄性与数条雌性群居于混着沙砾的岩礁处。常与生活在同一环境中的其他隆头鱼一起活动。到了繁殖期，雄性会在雌性面前瞬间张开并摇摆背鳍求爱。雄性之间争夺领地时，也会用力摇摆背鳍，除了背鳍，它会将其他的鳍都打开向对手示威。

雄性　八丈岛
水深25m　长8cm

雌性　八丈岛
水深25m　长7cm

幼鱼　八丈岛
水深10m　长2cm

隆头鱼科

环状钝头鱼

Cymolutes torquatus

日本南部的太平洋沿岸，八丈岛，小笠原群岛，琉球群岛；中国台湾地区，印度~太平洋（夏威夷群岛、复活节岛除外）。

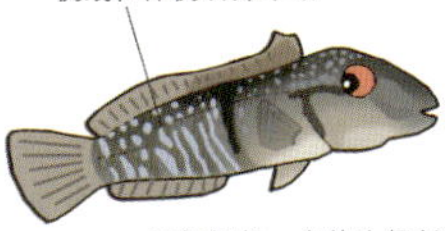

八丈岛　水深6m　长5cm

栖息于内湾珊瑚礁周边的藻层、沙底和沙泥底。身体弯曲成“U”形，独居，不游动。附着在海藻上一动不动时很像海藻。

八丈岛
水深8m　长6cm

隆头鱼科

黑鳍湿鹦鲷

Wetmorella nigropinnata

八丈岛，屋久岛，琉球群岛；中国台湾地区，印度~太平洋（夏威夷群岛、复活节岛除外）。

成年鱼　八丈岛　水深15m　长4cm

栖息于岩礁、珊瑚礁外缘根部侧面的裂缝和洞窟等暗处。行动缓慢，但警惕性极高，一旦靠近，马上就会躲进岩石根部深处。

幼鱼　八丈岛
水深5m　长1.5cm

隆头鱼科

波纹唇鱼

Cheilinus undulatus

和歌山县串本，屋久岛，琉球群岛；中国台湾地区，印度~太平洋（莱恩群岛、马克萨斯群岛、复活节岛除外）。

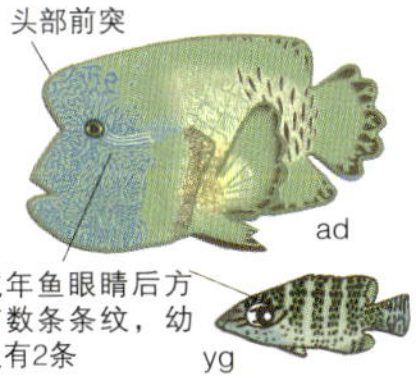

成年鱼　帕劳　水深15m　长1.2m　若山牧雄

栖息于珊瑚礁外缘附近的潮水流通较好区域。此品种在日语里叫“眼镜鱼”，因眼部像戴了眼镜而得名。另外，头部的隆起看起来像拿破仑的军帽，因此也有“拿破仑鱼”的俗称。

幼鱼　帕劳
水深5m　长4cm

西表岛　水深10m　长15cm　水谷知世

隆头鱼科

西里伯斯尖唇鱼

Oxycheilinus celebicus

和歌山县以南，琉球群岛；东印度洋~太平洋中部和西部的热带海域。

栖息于内湾的珊瑚礁及河口湾。在非繁殖期时独居，游动得很缓慢。身体颜色会随背景改变而变。

吕宋岛　水深15m　长25cm

隆头鱼科

绿尾唇鱼

Cheilinus chlorourus

三宅岛，骏河湾，高知县柏岛，屋久岛，琉球群岛；中国台湾和香港地区，泰国湾，印度~太平洋（夏威夷群岛、复活节岛除外）。

栖息于较浅水域的潮水流通较好区域的珊瑚礁周边、沙底和沙砾底。在不同环境中生活的鱼类体色也有很大的不同。幼鱼为季节洄游鱼，每年都会出现在日本南部的太平洋沿岸。

八丈岛　水深17m　长20cm

隆头鱼科

三叶唇鱼

Cheilinus trilobatus

八丈岛，小笠原群岛，和歌山县以南的太平洋沿岸，屋久岛，琉球群岛；中国台湾地区，泰国湾，印度~太平洋（莱恩群岛、马克萨斯群岛以北、皮特凯恩群岛以东除外）。

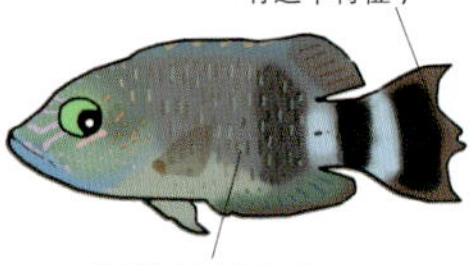

栖息于八丈岛水深15米左右、潮水流通较好区域的浅珊瑚礁周围的沙底和沙泥底。在不同环境中生活的鱼类体色也有很大的不同。

隆头鱼科

单带尖唇鱼

Oxycheilinus unifasciatus

伊豆诸岛，小笠原群岛，和歌山县以南的太平洋沿岸，屋久岛，琉球群岛；中国台湾地区，东印度~太平洋（基林群岛以东；复活节岛除外）。

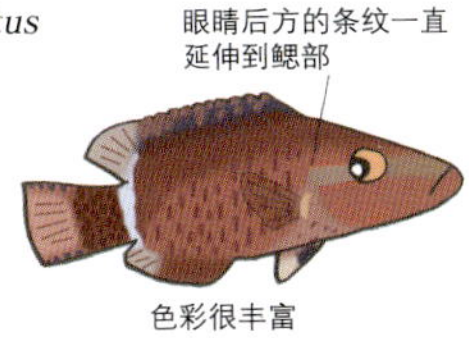

栖息于潮水流通较好区域的浅珊瑚礁处。平时多独居，但在繁殖期会组成小群体，成对产卵。随环境变化可以瞬间变换体色，与背景融为一体，以保护自己。

幼鱼　八丈岛
水深18m　长7cm

青年鱼　八丈岛　水深12m　长12cm

隆头鱼科

双线尖唇鱼

Oxycheilinus digramma

和歌山县串本，屋久岛，琉球群岛；中国台湾地区，泰国湾，印度~西太平洋。

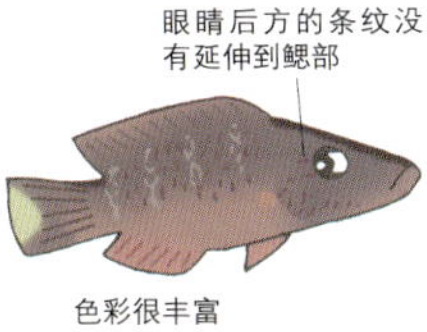

栖息于潮水流通较好区域的浅珊瑚礁处。随环境变化可以瞬间变换体色，与背景融为一体，以保护自己。

幼鱼　西表岛
水深9m　长3cm　水谷知世

成年鱼　西表岛　水深8m　长14cm　水谷知世

隆头鱼科

横带唇鱼

Cheilinus fasciatus

琉球群岛；中国台湾地区，泰国湾，印度~太平洋（夏威夷群岛、莱恩群岛、社会群岛以东除外）。

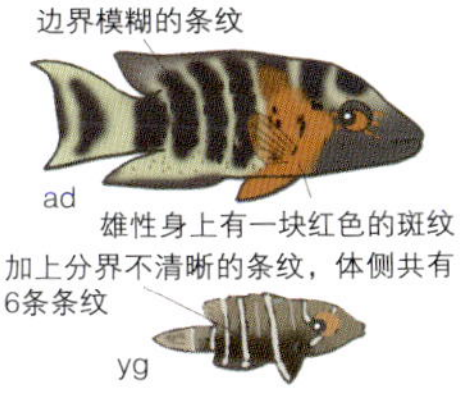

栖息于潮水流通较好区域的浅珊瑚礁处。幼鱼单独栖息于内湾的浅珊瑚礁及礁池的枝状珊瑚缝隙之间。

青年鱼　帕劳
水深5m　长8cm

幼鱼　蓝碧岛
水深7m　长2cm　片桐佳江

成年鱼　帕劳　水深5m　长18cm

雄性　八丈岛　水深10m　长8cm

隆头鱼科

双斑唇鱼

Oxycheilinus bimaculatus

日本南部的太平洋沿岸，伊豆诸岛，小笠原群岛，屋久岛，琉球群岛；中国台湾和香港地区，印度~西太平洋、夏威夷群岛、马克萨斯群岛。

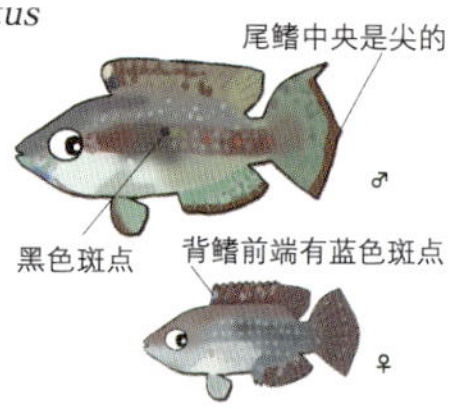

栖息于浅岩礁、珊瑚礁的礁池、藻层。适应温带水域，在日本南部的太平洋沿岸可以看到该品种的幼鱼和成年鱼。

雌性　八丈岛
水深10m　长6cm

八丈岛　水深8m　长4.5cm

隆头鱼科

拟唇鱼

Pseudocheilinus hexataenia

伊豆半岛以南的太平洋沿岸，八丈岛，小笠原群岛，屋久岛，琉球群岛；中国台湾地区，印度~太平洋（夏威夷群岛、皮特凯恩群岛、复活节岛除外）。

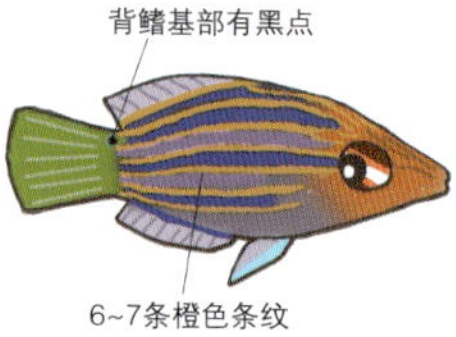

栖息于浅岩礁及珊瑚礁的珊瑚之间、岩石根部的裂缝中，基本不出来。只要找到一条，就能在它周围发现很多条。

八丈岛　水深18m　长6cm

隆头鱼科

姬拟唇鱼

Pseudocheilinus evanidus

伊豆半岛以南的太平洋沿岸，八丈岛，小笠原群岛，屋久岛，琉球群岛；中国台湾地区，印度~太平洋（复活节岛除外）。

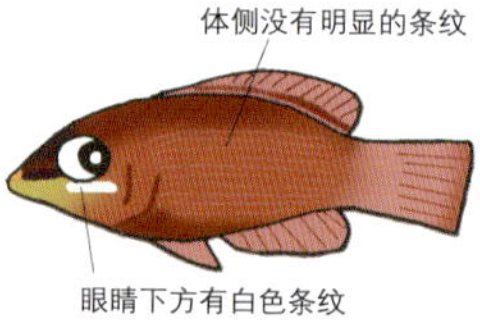

在珊瑚礁处很少见。在八丈岛，独居于水深15米左右的岩石根部侧面及下方和沙子堆积处等稍暗的地方。

隆头鱼科

条纹拟唇鱼

Pseudocheilinus octotaenia

八丈岛，小笠原群岛，高知县柏岛，屋久岛，琉球群岛；中国台湾地区，印度~太平洋（复活节岛除外）。

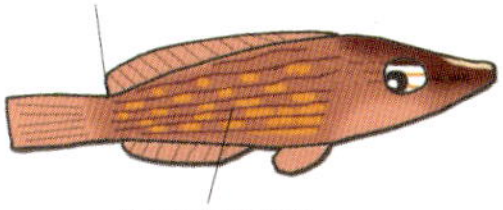

成年鱼　八丈岛　水深15m　长8cm

栖息于水深10~20米、潮水流通较好区域的岩礁及珊瑚礁周围的斜面、沙砾底。雄性分为体侧有黄色斑纹和没有黄色斑纹两类，有专家指出，有黄色斑纹的可能是另一品种，这还有待考证。

幼鱼　八丈岛
水深15m　长4cm

隆头鱼科

眼斑拟唇鱼

Pseudocheilinus ocellatus

八丈岛，小笠原群岛，奄美大岛，琉球群岛；密克罗尼西亚，珊瑚海~皮特凯恩岛，威克岛，约翰斯顿岛。

成年鱼　塞班岛　水深30m　长9cm

栖息于水深25米以上、潮水流通较好区域的岩礁及珊瑚礁外缘的陡壁斜面。在日本的小笠原群岛可见，在日本其他地区为稀有物种。

青年鱼　八丈岛
水深45m　长5cm

隆头鱼科

四带拟唇鱼

Pseudocheilinus tetrataenia

小笠原群岛，奄美大岛，琉球群岛；太平洋中部（复活节岛除外），新喀里多尼亚，敦贺，斐济群岛。

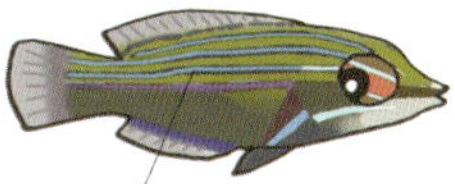

塞班岛　水深12m　长3cm

在珊瑚礁的斜面裂缝处及珊瑚下来回游动，基本不出去。活动范围很小，只要找到一条四带拟唇鱼，就能在其周围找到好几条。

伊豆半岛　水深20m　长3cm　原多加志

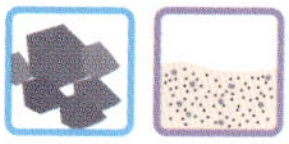

隆头鱼科

洛神颈鳍鱼

Iniistius dea

新潟县~九州西岸的对马暖流沿岸，日本南部的太平洋沿岸，伊豆诸岛，小笠原群岛，奄美大岛，冲绳岛；朝鲜半岛，中国大陆及台湾地区，越南，印度尼西亚、雅加达，澳大利亚。

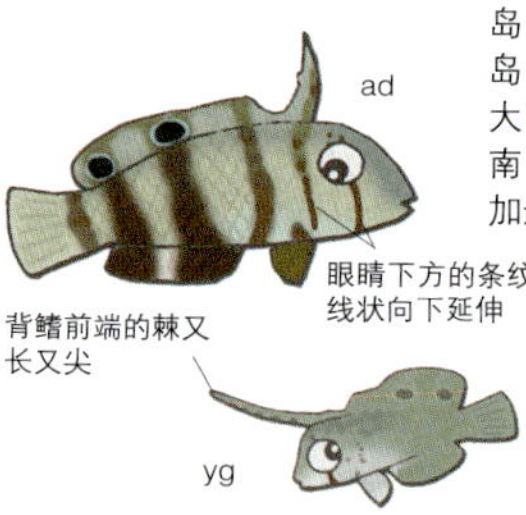

一条雄性与数条雌性栖息于岩礁周边的沙底和沙泥底。分布范围很广，但是在小笠原群岛及海外发现的很有可能不是此品种。只有在日本南部和中国台湾地区发现的可以确定属于此品种。其他地方的都有待考证。

成年鱼　八丈岛
水深5m　长14cm

隆头鱼科

五指项鳍鱼

Iniistius pentadactylus

八丈岛，小笠原群岛，伊豆半岛大濑崎，屋久岛，琉球群岛；中国台湾和香港地区，印度~西太平洋，莱恩群岛。

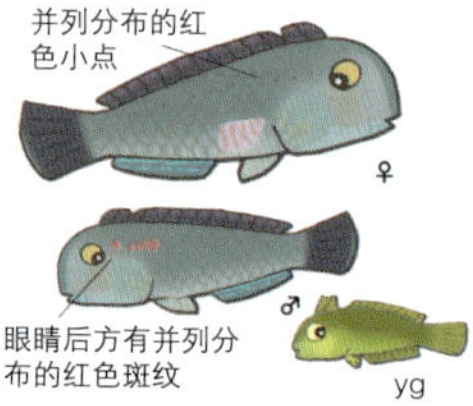

一条雄性与数条雌性群居于水深5米左右的内湾沙泥底。幼鱼多待在沙泥底的稍低洼处一动不动，看起来就像一片掉落下来的海藻。警惕性很高，一旦觉察到危险，就会立刻躲到沙子里。

幼鱼　八丈岛
水深3m　长3cm

成年鱼　八丈岛
水深3m　长18cm

隆头鱼科

大鳞似美鳍鱼

Navoculoides macrolepidotus

八丈岛，小笠原群岛，静冈县富户，屋久岛，琉球群岛；中国台湾地区，印度~西太平洋。

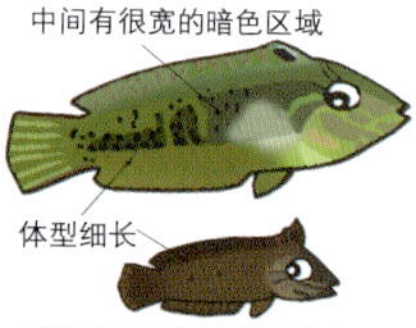

栖息于内湾的浅岩礁及珊瑚礁的沙底、沙砾底和藻层。幼鱼分散在枯叶及海藻堆积的地方，伪装成海藻。在日本南部的太平洋沿岸偶尔出现，为季节洄游鱼。

青年鱼　八丈岛
水深10m　长8cm

幼鱼　八丈岛
水深10m　长4cm

隆头鱼科

伸口鱼

Epibulus insidiator

八丈岛，和歌山县以南的太平洋沿岸，屋久岛，琉球群岛；中国台湾地区，泰国湾，印度~太平洋（复活节岛除外）。

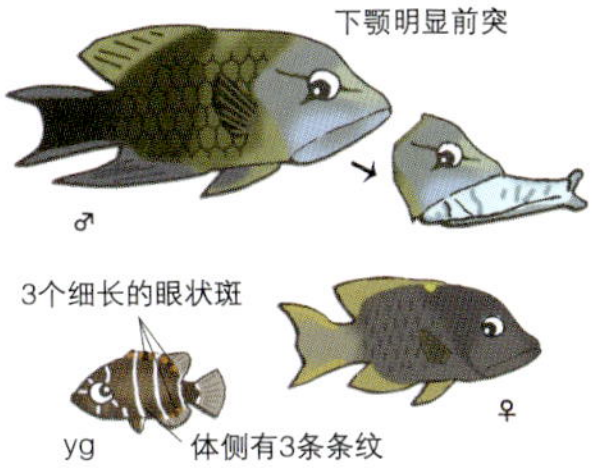

雄性　塞班岛　水深15m　长18cm

栖息于浅珊瑚礁处。平时独居，捕食甲壳类等小动物。到了繁殖期，一条雄性和数条雌性会聚集在稳固的岩石根部，雄性在雌性上方求爱，再结对产卵。身体色彩丰富。

雌性　里洛安
水深15m　长16cm

雌性　嘴巴前伸的状态　帕劳
水深10m　长15cm

幼鱼　八丈岛
水深5m　长1.5cm

隆头鱼科

孔雀颈鳍鱼

Iniistius pavo

日本南部的太平洋沿岸，伊豆诸岛，小笠原群岛，屋久岛，琉球群岛；中国台湾地区，印度~泛太平洋。

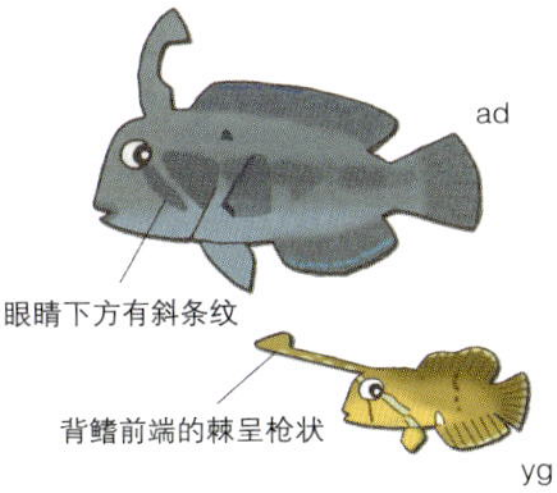

成年鱼　八丈岛　水深18m　长18cm

独居或群居于岩礁及珊瑚礁周边的沙底。在八丈岛，体长超过20厘米的较大的成年鱼栖息于水深25米左右的潮水流通较好区域的沙底。幼鱼单独在沙子上像飘舞的枯叶一样游动，看起来不像是鱼。一觉察到危险，就会躲到沙子中。

条纹型　青年鱼　八丈岛
水深18m　长10cm

黑色型　青年鱼　八丈岛
水深18m　长10cm

幼鱼　八丈岛
水深15m　长3cm

成年鱼　八丈岛　水深15m　长10cm

隆头鱼科

斑鳍连鳍唇鱼

Xyrichtys sciistius

日本南部的太平洋沿岸，伊豆诸岛，小笠原群岛，屋久岛，冲绳县；中国台湾地区。

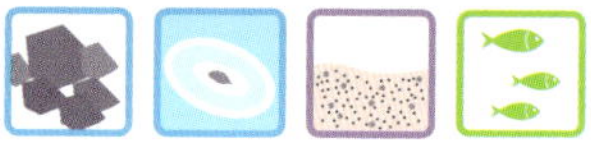

一条雄性和数条雌性群居于岩礁及珊瑚礁周边的沙底。幼鱼单独栖息在沙子上一动不动。警惕性很高，一旦觉察到危险，就会躲到砂中。

青年鱼　八丈岛
水深12m　长8cm

婚姻色　八丈岛
水深18m　长16cm

幼鱼　八丈岛
水深14m　长3cm　水谷知世

成年鱼　八丈岛　水深18m　长16cm

隆头鱼科

西里伯斯项鳍鱼

Iniistius celebicus

八丈岛，小笠原群岛，冲绳县阿嘉岛，冲绳岛中部，西表岛；中国台湾地区，西太平洋，马绍尔群岛，夏威夷群岛，萨摩亚群岛，库克群岛。

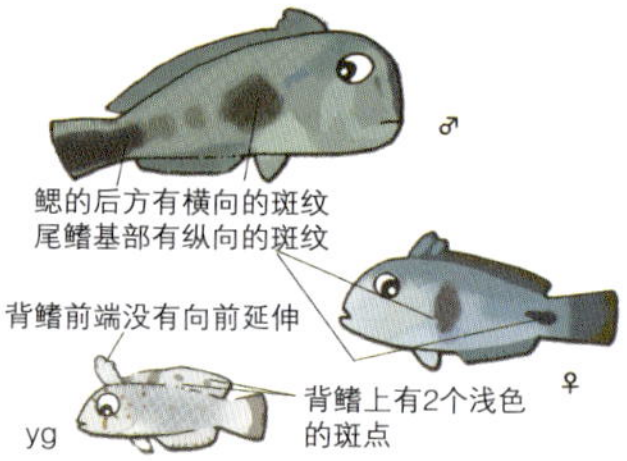

栖息于水深20米以上的水域。在八丈岛，小规模群居于潮水流通较好区域的沙地上。幼鱼一旦觉察到危险，就会立刻躲进砂中。

青年鱼　八丈岛
水深18m　长8cm

幼鱼　色彩丰富　八丈岛
水深10m　长4cm

幼鱼　色彩丰富　八丈岛
水深10m　长2cm

隆头鱼科

花尾连鳍鱼

Novaculichthys taeniourus

日本南部的太平洋沿岸，八丈岛，小笠原群岛，屋久岛，琉球群岛；中国台湾地区，印度~泛太平洋。

独居于珊瑚礁周边的沙砾底和岩屑堆中。游动姿态缓慢而优雅，成年鱼的这种姿态比幼鱼更加明显，应该是为了不被敌人发现，故意伪装成海藻。幼鱼在日本南岸的太平洋沿岸是季节洄游鱼，每年都会出现。

青年鱼　八丈岛
水深10m　长8cm

幼鱼　八丈岛
水深10m　长4cm

成年鱼　塞班岛
水深3m　长18cm

鹦嘴鱼科

小鼻绿鹦嘴鱼

Chlorurus microrhinos

静冈县以南的太平洋沿岸，八丈岛，屋久岛，琉球群岛；中国大陆及台湾地区，太平洋中部和西部（小苏丹列岛以外的印度尼西亚、夏威夷群岛除外）。

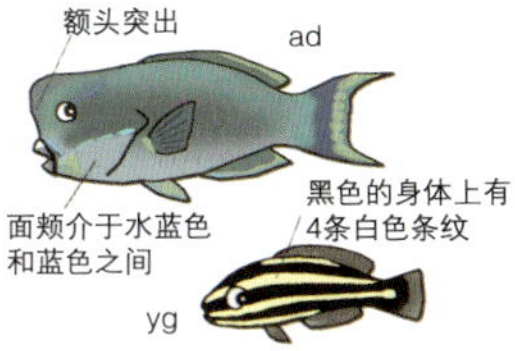

大规模群居于潮水流通较好区域的珊瑚礁外缘斜面及陡壁处。一条雄性与数条雌性组成一个群体，雄性与雌性体色几乎相同。幼鱼在日本南部的太平洋沿岸是季节洄游鱼，每年都会出现。

幼鱼　八丈岛
水深8m　长3cm

成年鱼　帕劳　水深6m　长30cm

鹦嘴鱼科

纤鹦嘴鱼

Leptoscarus vaigiensis

小笠原群岛，和歌山县以南的太平洋沿岸，琉球群岛；中国台湾地区，印度~西太平洋，敦贺群岛，库克群岛，皮特凯恩岛，复活节岛。

栖息于藻层。喜欢生活在大叶藻茂盛的地方。在日本为稀有物种。雌性与幼鱼在藻层中群居，集体行动。

雌性　民都洛岛
水深5m　长10cm
山梨秀己

雄性　民都洛岛　水深5m　长20cm　山梨秀己

雄性　八丈岛　水深10m　长28cm

鹦嘴鱼科

日本绚鹦嘴鱼

Calotomus japonicus

日本南部的太平洋沿岸，伊豆诸岛，小笠原群岛，兵库县~九州西岸的日本海和东海沿岸，奄美大岛；韩国，中国台湾地区。

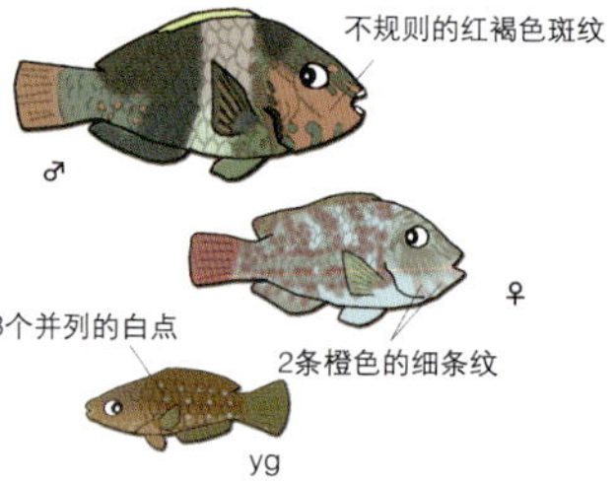

一条雄性与数条雌性群居于水深10米左右、多海藻的岩礁及岩屑堆处。温带种，以海藻和甲壳类等底生动物为食杂食动物。

雌性　八丈岛
水深5m　长23cm

青年鱼　八丈岛
水深12m　长8cm

幼鱼　八丈岛
水深12m　长2cm

雄性　屋久岛　水深15m　长30cm　原崎森

鹦嘴鱼科

星眼绚鹦嘴鱼

Calotomus carolinus

小笠原群岛，屋久岛，琉球群岛；中国台湾地区，印度~太平洋（红海、复活节岛除外）。

栖息于藻层及岩屑堆处。平时雌性和雄性独居，但是到了繁殖期会聚集到稳固的地方产卵。喜欢生活在水深10米左右的浅水域，青年鱼和幼鱼更喜欢生活在水深5米左右的浅水域。

雌性　八丈岛
水深10m　长25cm

青年鱼　八丈岛
水深8m　长6cm

幼鱼　石垣岛
水深5m　长3.5cm　惣道敬子

鹦嘴鱼科

凹尾绚鹦嘴鱼

Calotomus spinidens

八丈岛，屋久岛，琉球群岛；中国台湾地区，印度~西太平洋（红海除外），密克罗尼西亚，科隆群岛。

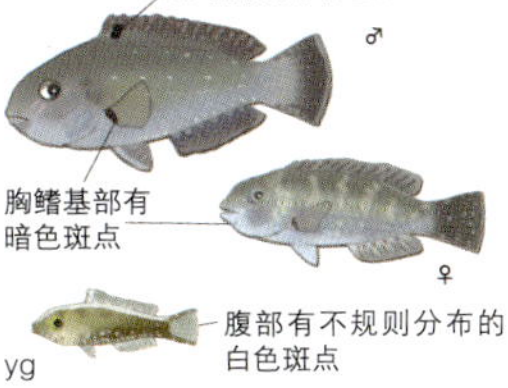

雄性　屋久岛　水深6m　长15cm　原崎森

栖息于岩礁、珊瑚礁水深10米以内的区域。常见于藻层，雄性比雌性的活动范围广。在屋久岛，它们常与蓝头绿鹦哥鱼、鲍氏鹦哥鱼、史氏鹦哥鱼等体型大小差不多的鹦哥鱼一起活动。

雌性　屋久岛
水深6m　长12cm　原崎森

青年鱼　八丈岛
水深2m　长6cm

幼鱼　八丈岛
水深3m　长3cm

鹦嘴鱼科

黑鹦嘴鱼

Scarus niger

伊豆半岛以南的太平洋沿岸，八丈岛，小笠原群岛，屋久岛，琉球群岛；中国台湾地区，泰国湾，印度~太平洋（夏威夷群岛、复活节岛除外）。

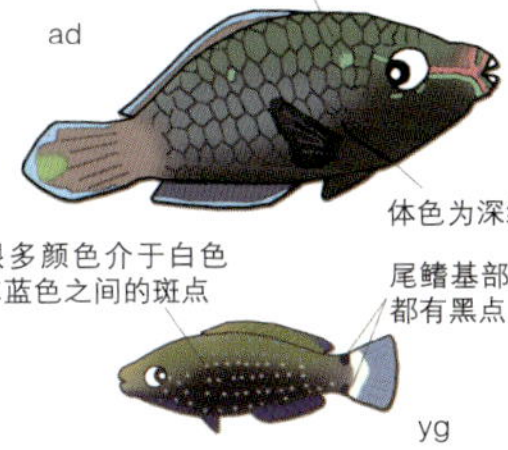

成年鱼　蓝碧岛　水深8m　长30cm　惣道敬子

小规模群居于潮水流通较好区域的珊瑚礁处。主要以附着在珊瑚上的小型藻类为食。幼鱼在日本南岸的太平洋沿岸是季节洄游鱼，每年都会出现。

幼鱼　八丈岛
水深8m　长4cm

幼鱼　八丈岛
水深7m　长1.5cm

成年鱼　座间味岛　水深3m　长70cm　山梨秀己

鹦嘴鱼科

白鹦哥鱼

Cetoscarus bicolor

伊豆诸岛，和歌山县以南的太平洋沿岸，屋久岛，琉球群岛；中国台湾地区，印度~太平洋（夏威夷群岛、复活节岛除外）。

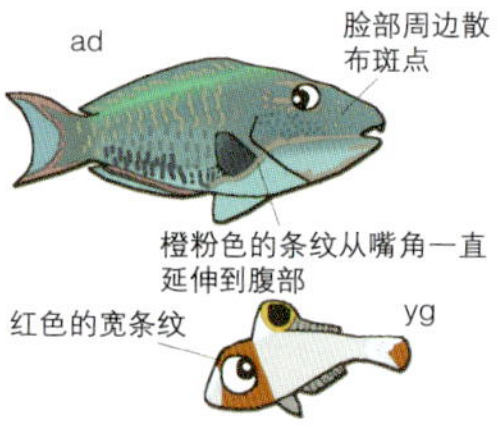

一条雄性与数条雌性群居于浅珊瑚礁外缘。警惕性很高，基本无法接近。幼鱼在日本南岸的太平洋沿岸是季节洄游鱼，每年都会出现，但是很稀有。

幼鱼　八丈岛
水深7m　长3cm

成年鱼　巴厘岛　水深12m　长1.5cm

鹦嘴鱼科

隆头鹦嘴鱼

Bolbometopon muricatum

鹿儿岛县笠沙，八重山群岛；中国台湾地区，印度~太平洋（夏威夷群岛除外）。

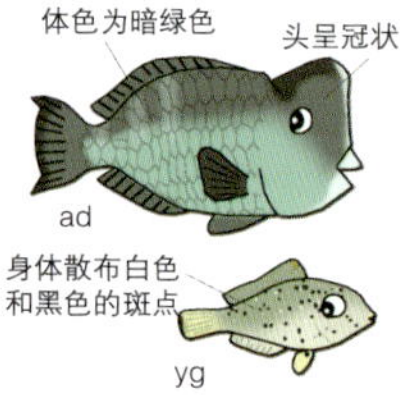

大量群居于潮水流通较好区域的珊瑚礁外缘斜面及陡壁处。在日本的数量锐减，因此很难找到大规模群体。它是唯一一种主要以珊瑚虫为食的鹦嘴鱼，其他的鹦嘴鱼主要以附着在珊瑚上的藻类为食。幼鱼单独栖息于内湾的浅珊瑚礁区域。

幼鱼　石垣岛
小深4m　长4cm　惣道敬子

雄性　屋久岛　水深12m　长45cm　原崎森

鹦嘴鱼科

史氏鹦哥鱼

Scarus schlegeli

小笠原群岛，和歌山县铕浦，高知县柏岛，屋久岛，琉球群岛；中国台湾地区，东印度~太平洋（基林群岛以东；夏威夷群岛、马克萨斯群岛、复活节岛除外）。

栖息于水深20米以内的潮水流通较好区域的岩礁、珊瑚礁处。青年鱼和幼鱼多静静地栖息在内湾区域。

雌性　屋久岛
水深10m　长30cm　原崎森

鹦嘴鱼科

绿唇鹦嘴鱼

Scarus forsteni

八丈岛，小笠原群岛，和歌山县以南的太平洋沿岸，屋久岛，琉球群岛；中国台湾地区，印度~太平洋（基林群岛以东；夏威夷群岛、复活节岛除外）。

雄性　八丈岛　水深8m　长32cm

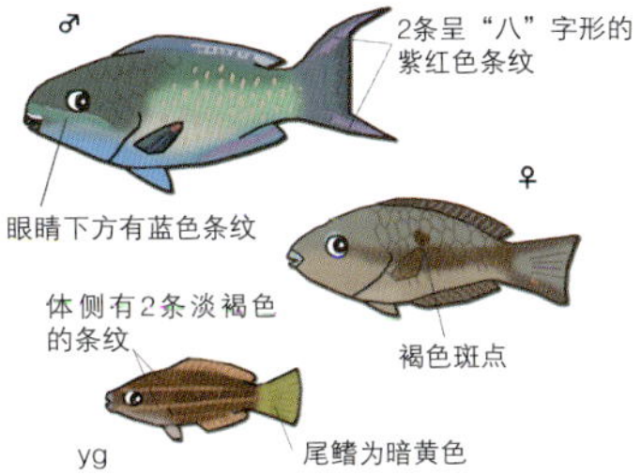

群居于潮水流通较好区域的岩礁及珊瑚礁外缘斜面处。幼鱼与蓝头绿鹦哥鱼、突额鹦嘴鱼等鱼类的幼鱼一起活动。幼鱼在日本南岸的太平洋沿岸是季节洄游鱼，每年都会出现，但是很稀有。

雌性　八丈岛
水深8m　长28cm

幼鱼　八丈岛
水深6m　长4cm

鹦嘴鱼科

青点鹦嘴鱼

Scarus ghobban

日本南部的太平洋沿岸，伊豆诸岛，小笠原群岛，琉球群岛；中国大陆及台湾地区，泰国湾，印度~泛太平洋（夏威夷群岛、复活节岛除外）。

雄性　八丈岛　水深12m　长40cm

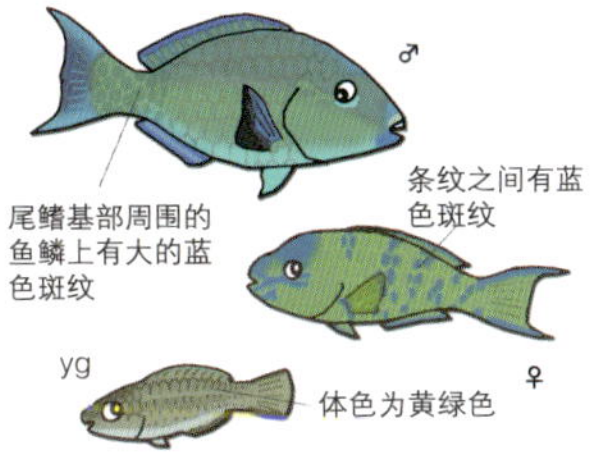

一条雄性与数条雌性群居于潮水流通较好区域的岩礁及珊瑚礁外缘。青年鱼和幼鱼群居于内湾性的较浅水域。

雌性　八丈岛
水深12m　长35cm

幼鱼　莱恩群岛　八丈岛
水深5m　长4cm

幼鱼　身体上有条纹　八丈岛
水深5m　长4cm

雄性　八丈岛　水深12m　长35cm

鹦嘴鱼科

棕吻鹦嘴鱼

Scarus psittacus

八丈岛，和歌山县锖浦，屋久岛，口永良部岛，琉球群岛；中国台湾地区，印度~太平洋（复活节岛除外）。

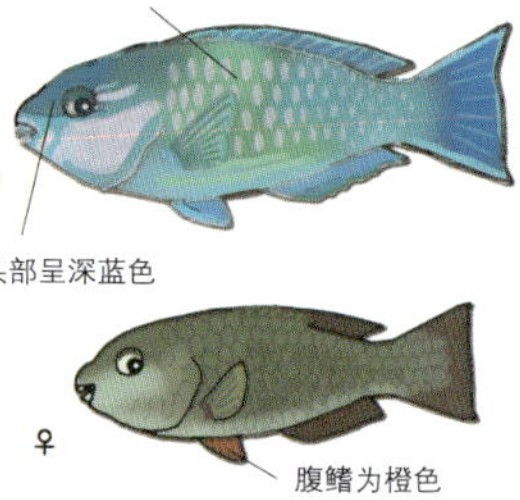

雌性　八丈岛
水深10m　长25cm

青年鱼　八丈岛
水深5m　长10cm

栖息于寂静的内湾岩礁、水深15米的浅珊瑚礁处。由一条雄性与数条雌性组成群体在小范围内游动。雄性体侧有颜色的区域有宽有窄，因个体不同而不同。

雌性　屋久岛　水深6m　长30cm　原崎森

鹦嘴鱼科

鲍氏鹦哥鱼

Chlorurus bowersi

屋久岛，琉球群岛；中国台湾地区，菲律宾群岛，帕劳群岛，爪哇岛，缅甸，斐济岛。

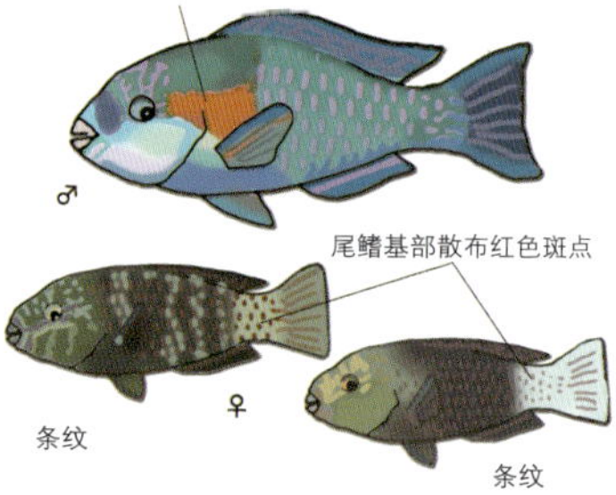

雌性　屋久岛
水深6m　长25cm　原崎森

雌性　屋久岛
水深6m　长30cm　原崎森

栖息于内湾的岩礁、珊瑚礁区域。雄性的活动范围比其他的鹦嘴鱼小。身上有条纹的雌性与雌性史氏鹦哥鱼很相似，区别在于，此品种从尾鳍基部周围直到尾鳍终端都是偏白色的。

鹦嘴鱼科

蓝头绿鹦哥鱼

Chlorurus sordidus

八丈岛，小笠原群岛，骏河湾，高知县柏岛，屋久岛，琉球群岛；中国台湾和香港地区，泰国湾，印度~太平洋。

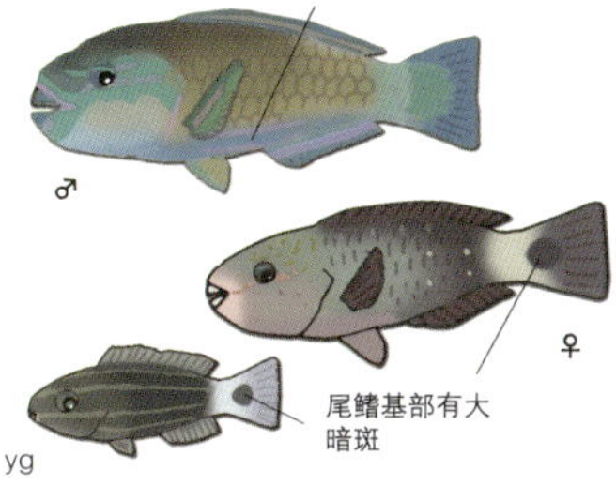

雄性　屋久岛
水深12m　长40cm
原崎森

栖息于内湾的岩礁及珊瑚礁处。即使是在潮水流通较好区域，雄性的其活动范围也很广。

雌性　屋久岛
水深8m　长30cm　原崎森

幼鱼　八丈岛
水深5m　长4cm

鹦嘴鱼科

小笠原鹦嘴鱼

Scarus obishime

八丈岛，小笠原群岛。

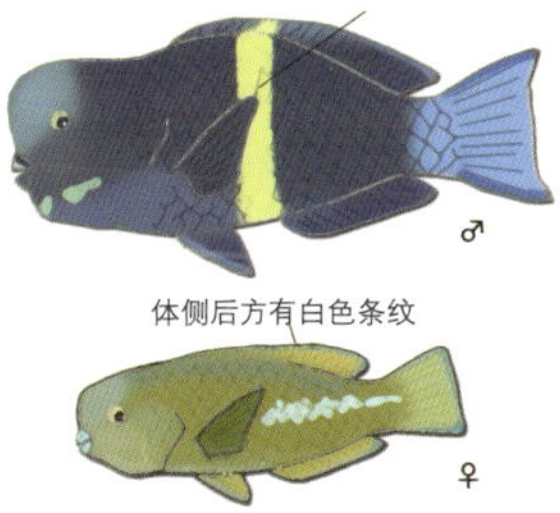

雄性　小笠原　水深25m　长60cm　南俊夫

此品种只生活在八丈岛和小笠原群岛。栖息于水深20米以内潮水流通较好区域的岩礁区域。由一条雄性与数条雌性组成群体，活动范围很广。

雌性　小笠原
水深20m　长40cm　小林修一

青年鱼　八丈岛
水深5m　长12cm

雄性　屋久岛
水深10m　长50cm
原崎森

鹦嘴鱼科

日本绿鹦嘴鱼

Chlorurus japanensis

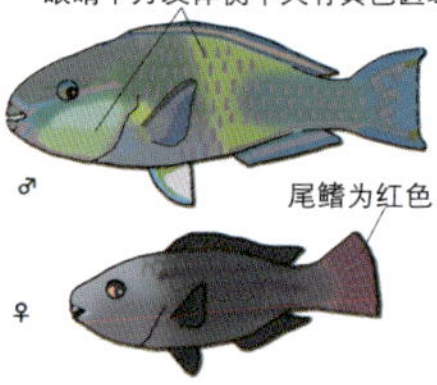

屋久岛，琉球群岛；中国台湾地区，菲律宾群岛，苏拉威西岛北部，巴厘岛，帕劳群岛，所罗门群岛~萨摩亚群岛，安达曼群岛，留尼汪岛。

栖息于内湾的岩礁、珊瑚礁区域水深10米以内的水域。雄性活动范围很广，白天在自己的领地内游动活跃。雌性的活动范围很小。

雌性　屋久岛
水深10m　长30cm
原崎森

幼鱼　屋久岛
水深6m　长4cm
原崎森

雄性　屋久岛　水深25m　长70cm　原崎森

鹦嘴鱼科

横纹鹦嘴鱼

Scarus festivus

小笠原群岛，屋久岛，琉球群岛；中国台湾地区，菲律宾群岛，爪哇海，马绍尔群岛，萨摩亚群岛，土阿莫土群岛，印度洋。

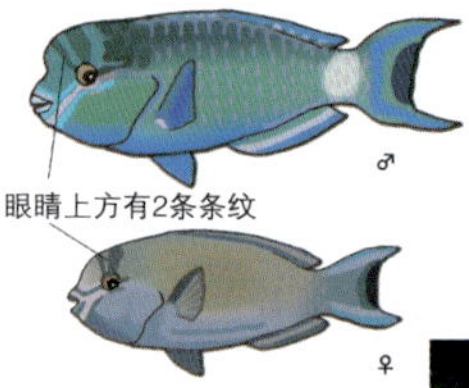

栖息于水深15米以上的潮水流通较好区域的岩礁、珊瑚礁区域。在鹦嘴鱼科中，属于生活水域较深的鱼类。雄性活动范围很广。

雌性　屋久岛
水深20m　长70cm
原崎森

雄性　石垣岛　水深10m　长30cm　惣道敬子

鹦嘴鱼科

黑斑鹦嘴鱼

Scarus globiceps

小笠原群岛，和歌山县锖浦，口永良部岛，琉球群岛；中国台湾地区，印度~太平洋（夏威夷群岛、土阿莫土群岛以东除外）。

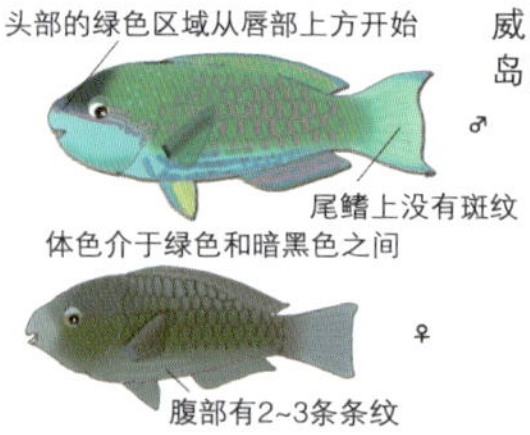

栖息于水深10~15米、潮水流通较好区域的珊瑚礁外缘。雌性酷似杂纹鹦嘴鱼，很容易弄混。目前的区分方法是，该品种体色介于绿色和黑色之间，腹部的白条纹比杂纹鹦嘴鱼细一些。

雌性　石垣岛
水深8m　长25cm
惣道敬子

鹦嘴鱼科

突额鹦嘴鱼

Scarus ovifrons

八丈岛，日本南部的太平洋沿岸，屋久岛，山口县~九州西岸；韩国，中国台湾和香港地区。

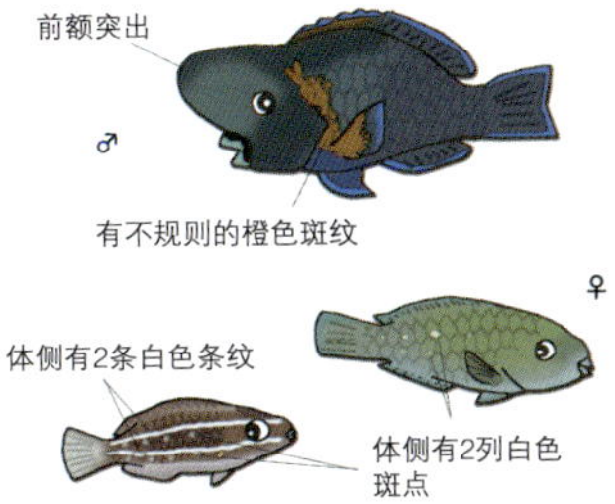

雄性　八丈岛　水深15m　长55cm

数条一起在水深15米左右、潮水流通较好区域的岩礁处游动。杂食动物，喜欢啃咬岩石，以珊瑚、藻类、甲壳类等底生动物为食。一旦靠近，它们就会一边排出石灰似的白色粪便，一边逃走。白色粪便其实是为了方便自己逃走的烟雾弹。在琉球群岛为稀有物种。温带种。

雌性　八丈岛
水深10m　长35cm

幼鱼　八丈岛
水深8m　长4cm

鹦嘴鱼科

钝头鹦嘴鱼

Scarus rubroviolaceus

八丈岛，小笠原群岛，和歌山县以南的太平洋沿岸，屋久岛，琉球群岛；中国台湾地区，泰国湾，印度~泛太平洋（复活节岛除外）。

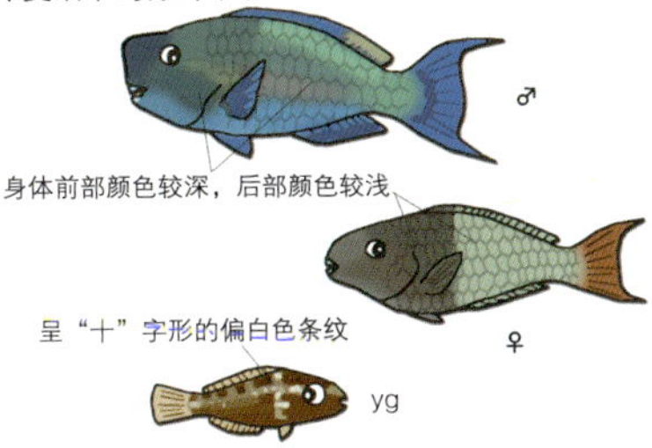

雄性　八丈岛　水深16m　长35cm

一条雄性和数条雌性栖息于潮水流通较好区域的岩礁及珊瑚礁斜面。主食为附着在珊瑚上的小型藻类，但也吃甲壳类和底生动物，杂食性。此品种在珊瑚少的八丈岛也很常见。

雌性　八丈岛
水深12m　长30cm

幼鱼　八丈岛
水深8m　长4cm

幼鱼　八丈岛
水深6m　长2cm

雄性　屋久岛　水深12m　长40cm　原崎森

鹦嘴鱼科

蓝臀鹦嘴鱼

Scarus chameleon

和歌山县镇浦，屋久岛，琉球群岛；中国台湾地区，菲律宾群岛，帕劳群岛，新几内亚岛东岸，澳大利亚西北岸~斐济岛。

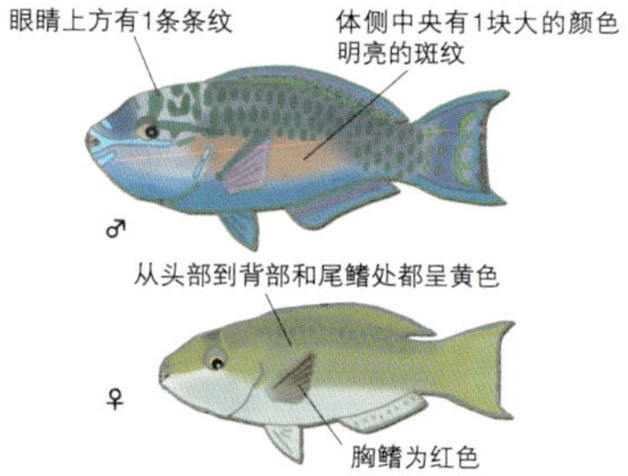

雄性的婚姻色　屋久岛
水深10m　长35cm　原崎森

雌性　屋久岛
水深10m　长30cm　原崎森

栖息于水深15米以内的潮水流通较好区域的岩礁、珊瑚礁处。体色可以瞬间变化。

雄性　屋久岛　水深5m　长40cm　原崎森

鹦嘴鱼科

网条鹦嘴鱼

Scarus frenatus

八丈岛，小笠原群岛，相模湾，高知县柏岛，屋久岛，琉球群岛；中国大陆及台湾地区，泰国湾，印度~太平洋（夏威夷群岛、复活节岛除外）。

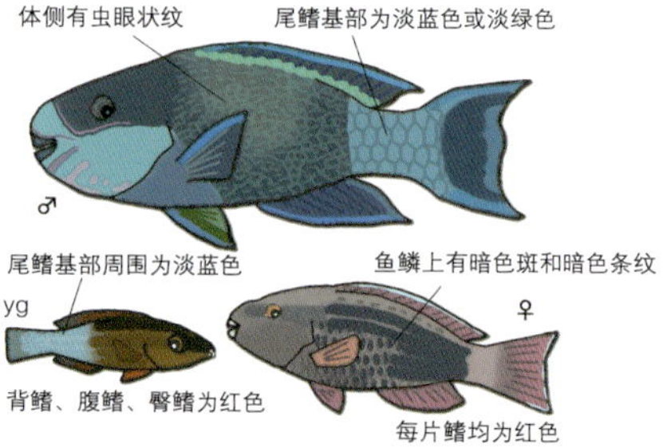

雌性　屋久岛
水深5m　长30cm　原崎森

幼鱼　八丈岛
水深8m　长4cm

栖息于岩礁、珊瑚礁区域。在水深10米以内的波浪下方游动。在八丈岛，是每年都可以见到的季节洄游鱼。

鹦嘴鱼科

灰尾鹦嘴鱼

Scarus fuscocaudalis

八丈岛，小笠原群岛，和歌山县串本，屋久岛，琉球群岛；中国台湾地区，菲律宾，印度尼西亚，新几内亚岛，关岛。

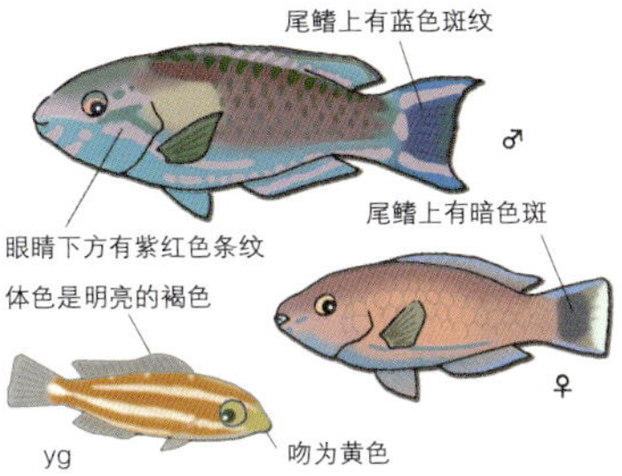

雄性　屋久岛
水深14m　长30cm
原崎森

成年鱼栖息于水深20米左右的岩礁、珊瑚礁外缘处。青年鱼和幼鱼也生活在环境相同，但稍浅一点的地方。

雌性　八丈岛
水深30m　长20cm　水谷知世

幼鱼　八丈岛
水深30m　长2.5cm　水谷知世

鹦嘴鱼科

杂纹鹦嘴鱼

Scarus rivulatus

八丈岛，高知县以南的太平洋沿岸，屋久岛，琉球群岛；中国台湾地区，泰国湾，西太平洋，加罗林群岛，马绍尔群岛，安达曼群岛，澳大利亚西北岸，斯里兰卡。

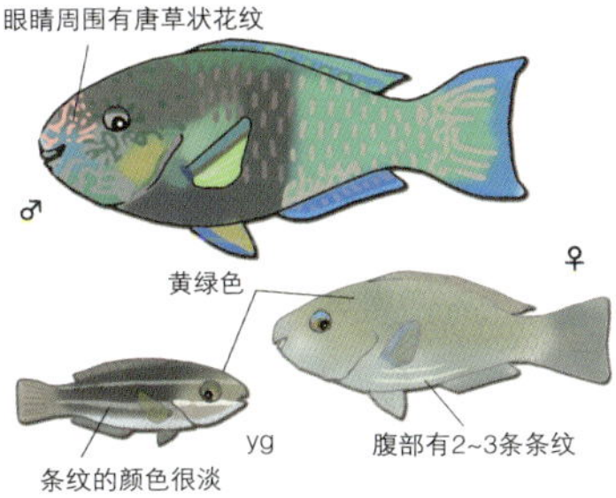

雄性　吕宋岛　水深5m　长40cm

栖息于内湾海浪平静的浅岩礁及珊瑚礁处。繁殖期会移动到潮水流通较好的区域。幼鱼身体上的斑纹有时出现，有时消失。雌性外形与黑斑鹦嘴鱼酷似，极易弄混。二者的区别是，该品种的体色为黄绿色，腹部的条纹较粗。

雌性　吕宋岛
水深5m　长35cm

幼鱼　八丈岛
水深12m　长4cm

雄性　屋久岛　水深12m　长35cm　原崎森

鹦嘴鱼科

黄鹦哥鱼

Scarus quoyi

屋久岛，琉球群岛；中国台湾地区，泰国湾，马来半岛北部，菲律宾群岛~苏拉威西岛北部，帕劳群岛，小苏丹群岛，新几内亚岛东部，澳大利亚东北岸，瓦努阿图群岛，新喀里多尼亚，安达曼海，斯里兰卡。

喜欢栖息于珊瑚礁区域水深15米以内海浪比较平静的内湾。雄性的活动范围很广，白天游动活跃。

雄性　宿务岛　水深10m　长30cm

鹦嘴鱼科

弧带鹦嘴鱼

Scarus dimidiatus

屋久岛，琉球群岛；中国台湾地区，泰国湾，小苏丹群岛，太平洋中部和西部（菲律宾群岛~萨摩亚群岛；夏威夷群岛、印度尼西亚、新几内亚岛西南岸除外），安达曼群岛，澳大利亚西岸。

雌性　宿务岛
水深10m　长25cm

栖息于珊瑚礁的浅礁池内、枝状珊瑚多的地方。雌性小规模群居，在日本为稀有物种。

雄性　阿尼洛岛　水深8m　长40cm

鹦嘴鱼科

高鳍鹦哥鱼

Scarus hypselopterus

小笠原群岛，和歌山县串本，屋久岛，琉球群岛；中国台湾地区，泰国湾，菲律宾群岛~苏拉维西、哈马黑拉岛和摩鹿加群岛，帕劳群岛。

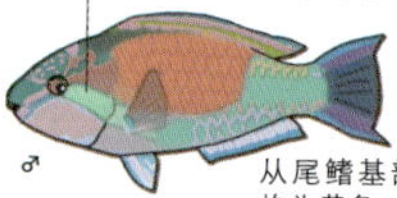

栖息于岩礁、珊瑚礁水深15米以内的海域。雄性的活动范围很广。

雄性　屋久岛
水深14m　长40cm
原崎森

雌性　屋久岛
水深15m　长15cm
原崎森

鹦嘴鱼科

高翅鹦嘴鱼

Scarus altipinnis

小笠原群岛，高知县柏岛；帕劳群岛、新几内亚岛东部和澳大利亚东北岸以东~太平洋中部（夏威夷群岛、复活节岛除外）。

雄性　小笠原群岛
水深15m　长50cm
小林修一

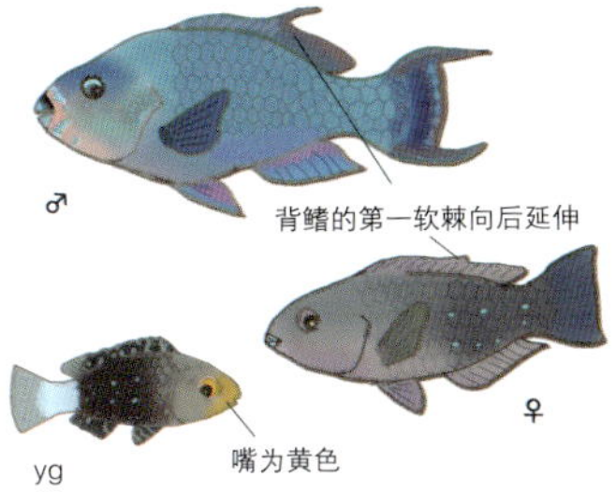

栖息于岩礁、珊瑚礁水深30米以内的潮水流通较好区域。外形特征是背鳍中央的软棘会呈线状向外延伸，因此得名“高翅”。幼鱼与缘颌鹦嘴鱼十分相似，此品种多栖息于小笠原群岛，在其他地方很难见到，因此在小笠原群岛以外的地方看到的幼鱼，基本都是缘颌鹦嘴鱼。

雌性　小笠原
水深15m　长40cm　小林修一

幼鱼　小笠原
水深20m　长5cm　小林修一

鹦嘴鱼科

缘颌鹦嘴鱼

Scarus prasiognathos

八丈岛，相模湾以南的太平洋沿岸，屋久岛，琉球群岛；中国台湾和香港地区，泰国湾，菲律宾群岛~加里曼丹岛和苏拉威西岛，大苏丹群岛北岸，马来半岛西岸，俾斯麦群岛，帕劳群岛，斐济群岛，东印度洋（基林群岛以东），马尔达夫群岛。

雄性　屋久岛　水深8m　长1.1cm　原崎森

栖息于岩礁、珊瑚礁区域、水深20米以内的潮水流通较好区域的斜面处。经常大规模群体一起行动。幼鱼与高翅鹦嘴鱼十分相似，在小笠原群岛以外的地方看到的幼鱼，基本都是此品种。

雌性　屋久岛
水深5m　长35cm　原崎森

幼鱼　八丈岛
水深12m　长4cm

幼鱼　八丈岛
水深5m　长2cm

南伊势　水深8m　长4cm　铃木崇弘

杜父鱼科

尖头杜父鱼

Vellitor centropomus

青森县津轻海峡~九州西北岸的日本海沿岸，青森县~和歌山县的太平洋沿岸；朝鲜半岛。

栖息于岩礁的马尾藻层和大叶藻层。喜食小型甲壳类。雄性的第一背鳍有一个很深的凹口。有很大的生殖突起。左图是雌性。

伊豆大岛　水深15m　长12cm

杜父鱼科

鲈形鳚杜父鱼

Pseudoblennius percoides

青森县以南、伊豆大岛；朝鲜半岛。

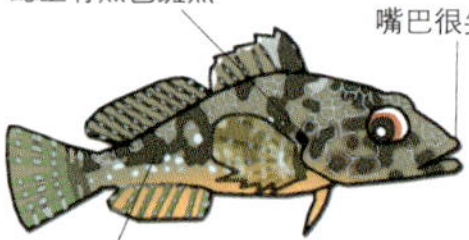

温带种，只在日本生活。常见于马尾藻层和大叶藻层。雄性的生殖器很大，与雌性交尾后，雌性产出卵子和精子，它们与海水接触的瞬间便受精了。这是一种特殊的繁殖方式。

青海岛　水深13m　长1.5cm　和泉裕二

圆鳍鱼科

雀鱼

Lethotremus awae

青森县以南；千岛列岛南部，中国。

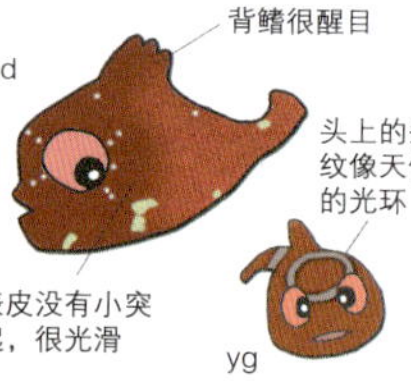

栖息于水深15米以内的岩礁及潮水洼地等处。在伊豆半岛的1~3月，水温在13~17℃的较低水平时，它们喜欢附着在耳壳藻和褐藻上。

青海岛
水深14m　长0.5cm　和泉裕二

圆鳍鱼科

白令海圆腹鱼

Aptocyclus ventricosus

北海道，青森县~岛根县隐岐的日本海沿岸，对马，青森县~千叶县铫子的太平洋沿岸，相模湾；朝鲜半岛，千岛列岛北部，堪察加半岛全沿岸，白令海西部，不列颠哥伦比亚州沿岸。

栖息于浅海水深100米以上的岩礁区域。在日本富山，到了繁殖期（即每年的12~2月），它们会游到潜水可以到达的海域产卵。雄性会保护卵直到孵化，繁殖期结束之后，雄性和雌性会一起结束生命。圆腹鱼在当地被叫做“捉迷藏”，在北海道有一道地方菜叫“捉迷藏汁”，非常有名。

幼鱼　函馆
水深4m　长3mm　铃木绫野

成年鱼　富山县滑川海岸
水深8m　长30cm
木村昭信

狮子鱼科

黑斑狮子鱼

Liparis punctulatus

津轻海峡，青森县~长崎县的日本海沿岸，福岛县~和歌山县的太平洋沿岸；朝鲜半岛东岸~彼得大帝湾。

有各种各样的色彩

栖息于浅海的岩礁处。温带种，适应冷水，在伊豆半岛看到的都是幼鱼。色彩丰富。用腹鳍上发达的吸盘将自己紧紧吸在海藻上和岩石的低洼处。

南伊势
水深5m　长2cm
铃木崇弘

函馆　水深8m　长2cm　铃木绫野

拟鲈科

美拟鲈

Parapercis pulchella

新潟县~九州的日本海和东海沿岸，日本南部的太平洋沿岸，伊豆诸岛；朝鲜半岛，中国台湾和香港地区，斯里兰卡。

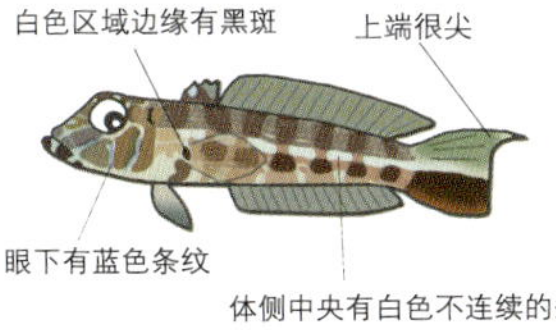

栖息于除珊瑚礁区域以外的浅岩礁周边的沙砾底、沙底及岩屑堆等地。温带种。雌性先熟型，由雌性向雄性进行性转换。

八丈岛　水深25m　长10cm

雄性　八丈岛　水深5m　长12cm

拟鲈科

背斑拟鲈

Parapercis snyderi

日本南部的太平洋沿岸，岛根县~九州西岸的日本海和东海沿岸，屋久岛，庆良间群岛；朝鲜半岛，中国台湾和香港地区，西太平洋。

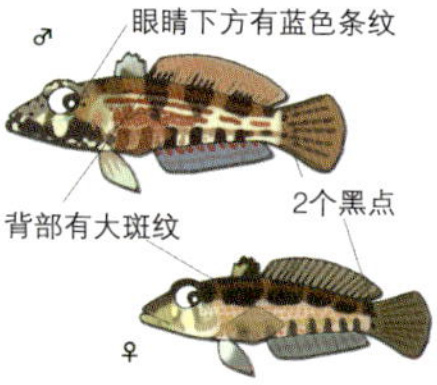

温带种，在日本西部沿岸很常见。栖息在水深15米左右岩礁周边的沙砾底和岩屑堆处。

雌性　八丈岛
水深5m　长10cm

八丈岛　水深26m　长20cm

拟鲈科

蒲原氏拟鲈

Parapercis kamoharai

伊豆诸岛，相模湾以南的太平洋沿岸，屋久岛；中国台湾和香港地区，苏拉威西岛。

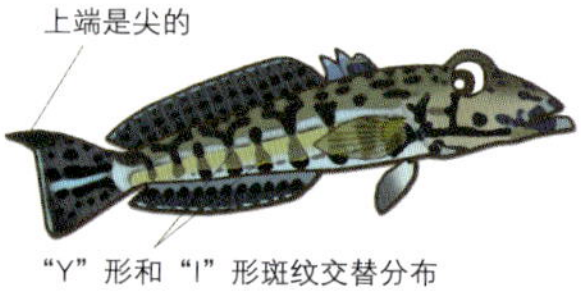

栖息于潮水流通较好区域的岩礁周边，或者内湾较浅处的沙砾底或岩屑堆。在八丈岛是很常见的品种，但在其他地方很稀有。

奄美大岛　水深10m　长15cm　茑木伸明

拟鲈科

黄纹拟鲈

Parapercis xanthozona

奄美大岛，冲绳县运天港和宫古岛；中国台湾地区，西太平洋，安达曼海，非洲东海岸。

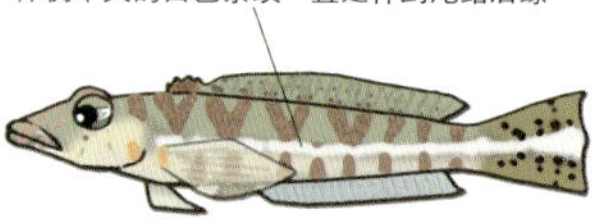

栖息于水深10~20米的珊瑚礁区域。在奄美大岛的沙泥底可见。

拟鲈科

雪点拟鲈

Parapercis millepunctata

伊豆诸岛，小笠原群岛，和歌山县以南的太平洋沿岸，屋久岛，琉球群岛；中国台湾地区，毛里求斯，东印度~太平洋（夏威夷群岛除外）。

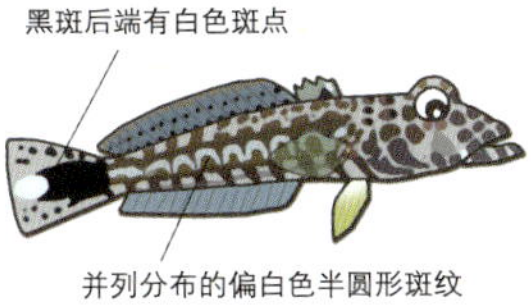

栖息于浅珊瑚礁周边的沙砾底及岩屑堆。

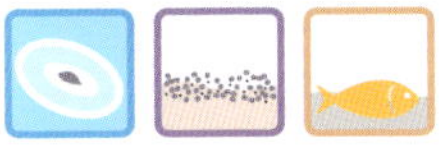

八丈岛　水深10m　长21cm

拟鲈科

四斑拟鲈

Parapercis clathrata

八丈岛，相模湾以南的太平洋沿岸，屋久岛，琉球群岛；中国台湾地区，越南，印度~西太平洋（安达曼海以东），密克罗尼西亚，萨摩亚群岛。

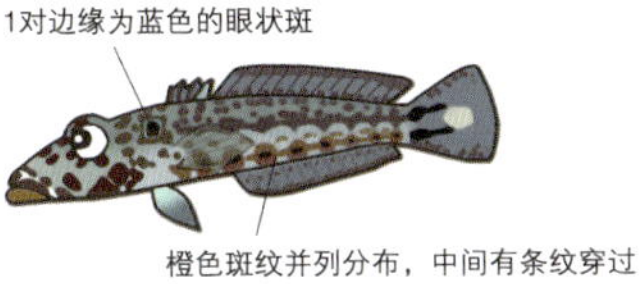

栖息于浅珊瑚礁周边潮水流通较好区域的沙砾底和岩屑堆。幼鱼在日本南部的太平洋沿岸有时可见，但是不过冬，属于季节洄游鱼。

八丈岛　水深18m　长18cm

拟鲈科

太平洋拟鲈

Parapercis pacifica

伊豆诸岛，和歌山县以南的太平洋沿岸，屋久岛，琉球群岛；中国台湾地区，菲律宾群岛，印度尼西亚，斐济群岛。

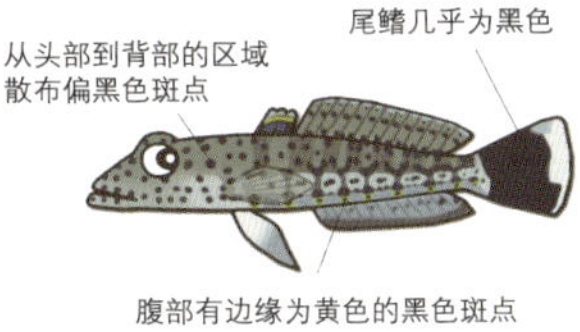

栖息于内湾浅珊瑚礁周边的沙底和岩屑堆。

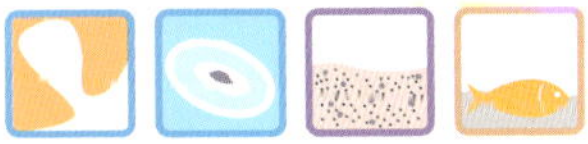

八丈岛　水深5m　长12cm

八丈岛　水深20m　长18cm

拟鲈科

斑纹拟鲈

Parapercis tetracantha

伊豆诸岛，伊豆半岛以南的太平洋沿岸，屋久岛，琉球群岛；中国台湾地区，东印度~西太平洋的热带海域。

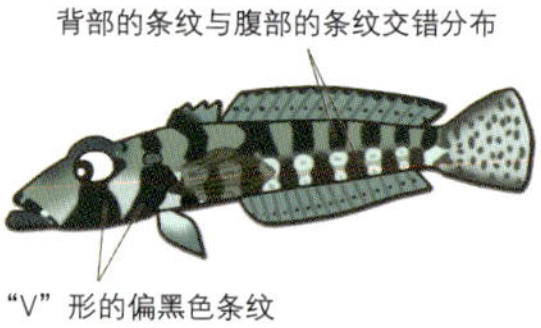

栖息于水深10米左右、珊瑚礁周边的沙底。幼鱼在日本南部的太平洋沿岸有时可见，但是不过冬，属于季节洄游鱼。

八丈岛　水深18m　长18cm

拟鲈科

多带拟鲈

Parapercis multiplicata

伊豆诸岛，小笠原群岛，和歌山县以南的太平洋沿岸，屋久岛，琉球群岛；中国台湾地区，太平洋中部和西部的热带海域。

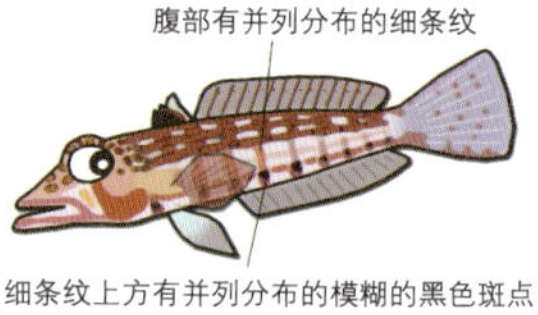

栖息于水深15米左右、珊瑚礁周边潮水流通较好区域的沙砾底。幼鱼在日本南部的太平洋沿岸有时可见，但是不过冬，属于季节洄游鱼。在八丈岛水深20米左右的潮水流通较好的区域，此品种有时会栖息于被岩礁包围的粗沙堆里。

伊豆半岛
水深50m　长10cm
茑木伸明

拟鲈科

多横带拟鲈

Parapercis multifasciata

茨城县以南的太平洋沿岸，新潟县~九州的日本海和东海沿岸；朝鲜半岛，中国台湾地区。

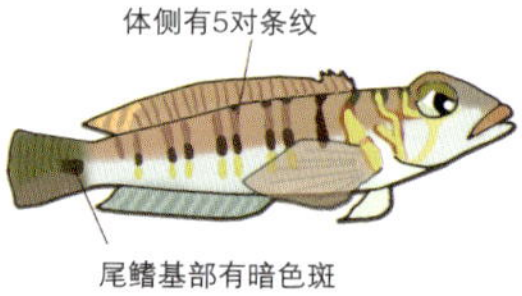

栖息于水深100米左右的大陆架沙泥区域。在伊豆大岛及伊豆海洋公园水深40米以上混着贝壳的沙底可见，但是很少会游到潜水可以到达的深度。

拟鲈科

玫瑰拟鲈

Parapericis schauinslandii

伊豆诸岛，相模湾以南的太平洋沿岸，琉球群岛；中国台湾地区，印度~太平洋（复活节岛除外）。

吕宋岛　水深25m　长12cm

栖息于潮水流通较好区域的岩礁斜面及珊瑚礁外缘的沙砾底。更喜欢生活在稍微深一点的海域。在八丈岛基本生活在水深50米左右的深水沙砾底。

拟鲈科

红背拟鲈

Parapercis natator

伊豆诸岛，小笠原群岛，相模湾，屋久岛，冲绳群岛。

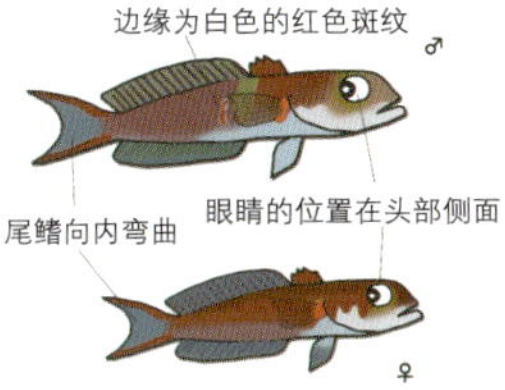

雄性　屋久岛
水深30m　长6cm
原崎森

栖息于水深15~60米、岩礁及珊瑚礁外缘的斜面处。一般来讲，美拟鲈科的鱼由于生活在水底，眼睛都长在头部上方，但是此品种是悬浮于海洋中层的，因此眼睛长在侧面。

雌性　屋久岛
水深30m　长6cm　原崎森

丝鳍鳕科

毛背鱼

Trichonotus setiger

日本南部的太平洋沿岸，八丈岛，小笠原群岛，九州西岸，屋久岛，琉球群岛；中国台湾和香港地区，留尼汪岛，东印度~西太平洋。

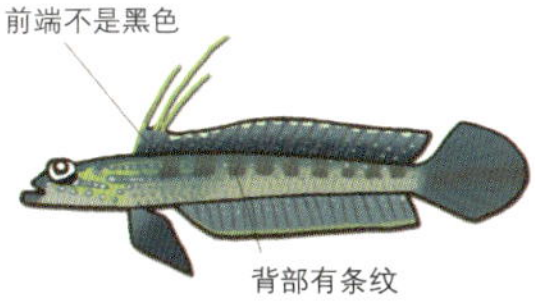

八丈岛　水深5m　长18cm

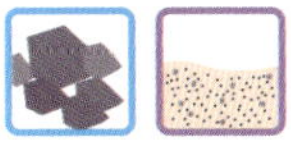

一条雄性与数条雌性群居于内湾岩礁周边的沙底和沙砾底。平时多待在沙上一动不动，觉察到危险后，就会躲到沙子中。雄性会游上来悬浮于水中。

石垣岛　水深10m　长12cm　惣道敬子

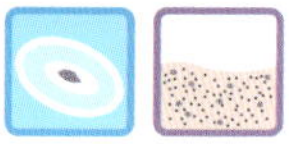

丝鳍䲗科

美丽毛背鱼

Trichonotus elegans

高知县宿毛，琉球群岛；中国台湾地区，马尔代夫群岛，西太平洋。

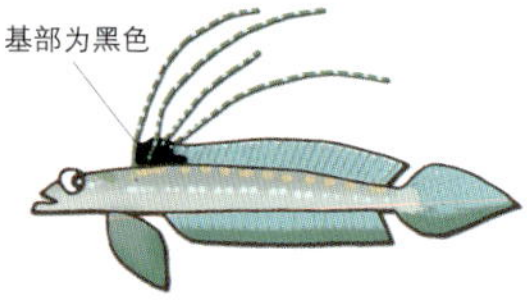

一条雄性与数条雌性群居于珊瑚礁外缘斜面的沙底。平时悬浮于沙上，觉察到危险后，便会躲到沙子中。

屋久岛　水深25m　长30cm　原崎森

螣科

双斑螣

Uranoscopus bicinctus

富山湾，日本南部的太平洋，琉球群岛；中国台湾地区，南海~澳大利亚西北岸。

栖息于岩礁及珊瑚礁外缘的沙底，潜藏在沙子中。它们微微从沙中探出头来，使自己嘴巴前端的带状皮弁像沙蚕蠕动一样摆动，以此引诱鱼儿，再张开大口把它们一口吞掉。

伊豆半岛
水深21m　长30cm　原多加志

婚姻色　雄性　八丈岛
水深5m　长7cm

三鳍鳚科

短鳞诺福克三鳍鳚

Norfolkia brachylepis

伊豆半岛以南的太平洋沿岸，八丈岛，小笠原群岛，屋久岛，奄美大岛，琉球群岛；中国台湾地区，印度~西太平洋（含红海），马绍尔群岛。

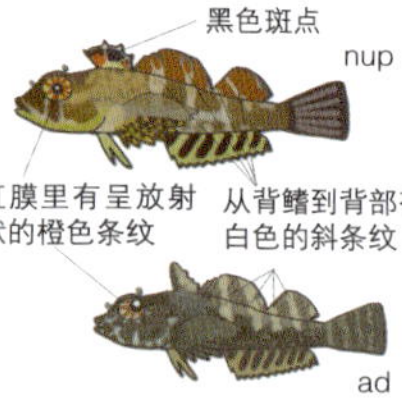

独居于岩礁及珊瑚礁根部的侧面、裂缝的深处及岩石和乱石下方等区域。在八丈岛的繁殖期是夏季。每天清晨，雄性从岩石根部侧面出来，变成婚姻色后，对雌性求爱。

雌性　八丈岛
水深5m　长5cm

三鳍鳚科

沟线突颌三鳍鳚

Ucla xenogrammus

屋久岛，奄美大岛，琉球群岛；东印度~太平洋（直至拉帕群岛；夏威夷群岛除外）。

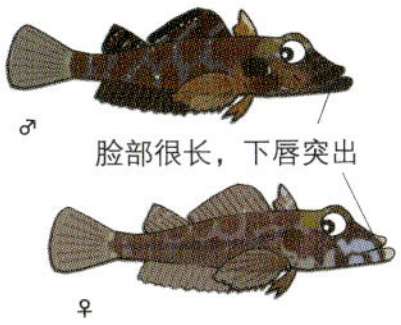

栖息于水深10米以内、内湾岩礁及珊瑚礁的岩石根部侧面。主要生活在形态较平坦的珊瑚上，而非枝状珊瑚。在屋久岛的繁殖期为春季到初夏。

雌性　屋久岛
水深6m　长5cm　原崎森

婚姻色　雄性　屋久岛　水深10m　长6cm　原崎森

三鳍鳚科

条纹弯线鳚

Helcogramma striatum

伊豆半岛以南的太平洋沿岸，伊豆诸岛，小笠原群岛，屋久岛，奄美大岛，琉球群岛；中国台湾和香港地区，东印度~西太平洋，吉尔伯特群岛，莱恩群岛。

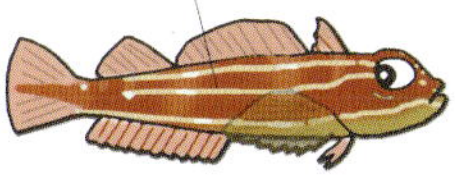

栖息于水深10米左右、潮水流通较好区域的岩礁及珊瑚礁处。在直到伊豆半岛的太平洋沿岸都能见到，是季节洄游鱼，它们原本生活在南方温暖的珊瑚礁区域。

八丈岛　水深12m　长6cm

三鳍鳚科

三角弯线鳚

Helcogramma inclinatum

八丈岛，屋久岛，冲绳县粟国岛、石垣岛；中国台湾地区，巴丹岛。

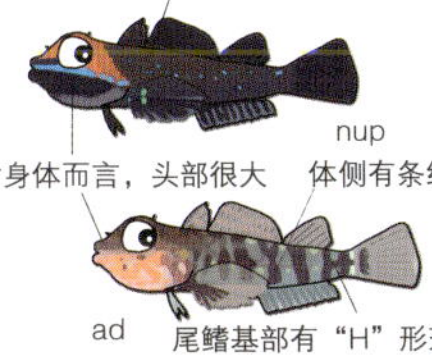

栖息于水深5米以内、浅珊瑚礁根部及岩石侧面。在屋久岛的繁殖期为春季。

雌性　屋久岛
水深5m　长6cm　原崎森

婚姻色　雄性　屋久岛　水深5m　长7cm　原崎森

婚姻色　雄性　八丈岛　水深6m　长6cm

三鳍鳚科

聂森弯线鳚

Helcogramma nesion

八丈岛，小笠原群岛，屋久岛。

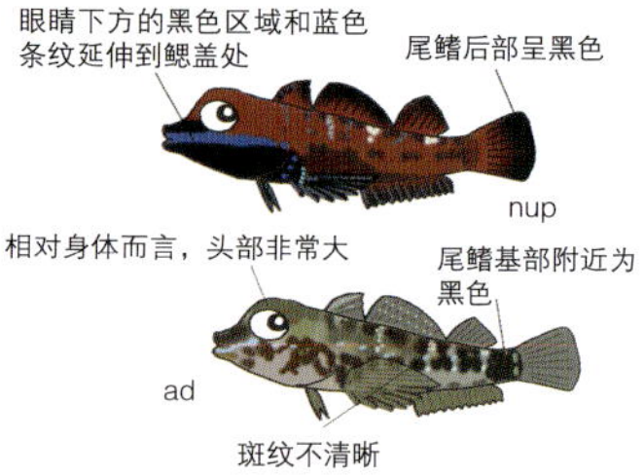

栖息于水深5米以内的浅岩礁根部及岩石侧面。在八丈岛的繁殖期为春季到初夏。雄性向雌性求爱时会变成红色的婚姻色。

雌性　八丈岛
水深6m　长5cm

幼鱼　八丈岛
水深7m　长2.5cm

产卵　八丈岛
水深6m　长6cm和5cm

婚姻色　雄性　八丈岛　水深2m　长6cm

三鳍鳚科

三宅双线鳚

Enneapterygius miyakensis

伊豆诸岛。

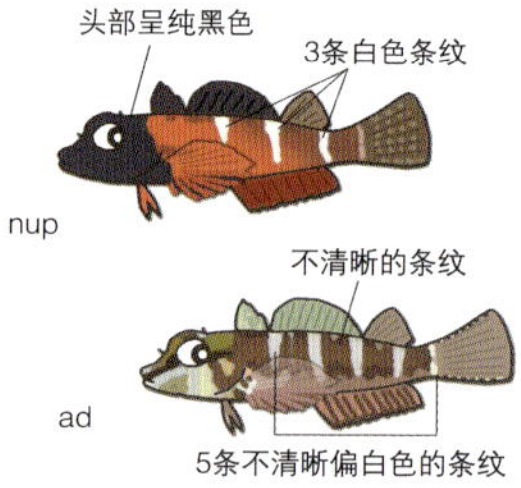

栖息于水深1~2米的较浅水域以及海浪汹涌的潮水洼地。在八丈岛的繁殖期为初夏。
雄性在岩石根部侧面的领地内向雌性求爱。雄性会一直守护卵，直到孵化。

雌性　八丈岛
水深1m　长5cm

幼鱼　八丈岛
水深2m　长2.5cm

三鳍鳚科

四纹弯线鳚

Helcogramma fuscipectoris

八丈岛，小笠原群岛，屋久岛，冲绳岛；阿森松岛，印度洋（含红海）。

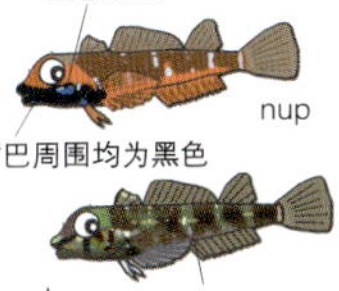

栖息于海浪汹涌的岩礁、珊瑚礁的潮水洼地及潮间带。在八丈岛的繁殖期为春季。波浪拍打时，在较浅的岩石根部及侧面，雄性变成婚姻色，向雌性求爱。

雄性　八丈岛
水深2m　长5cm

雌性　八丈岛
水深3m　长4cm

婚姻色　八丈岛　水深3m　长5cm

三鳍鳚科

弯线鳚属的一种

Helcogramma sp.

奄美大岛以南的琉球群岛。

栖息于珊瑚礁外缘的岩礁、水深10米以内的水域。4~5月为繁殖期。雄性在上午呈婚姻色。

雌性　冲绳岛
水深6m　长4.5cm
片野猛

雄性的婚姻色　冲绳岛　水深6m　长5cm　片野猛

三鳍鳚科

黑尾史氏三鳍鳚

Springerichthys bapturus

北海道~九州的各地沿岸，伊豆诸岛；济州岛，中国台湾地区，马布岛。

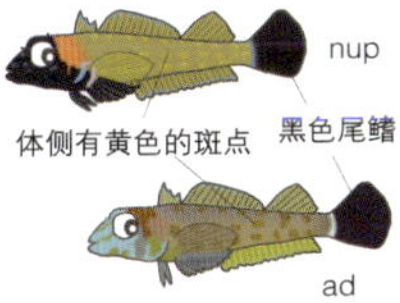

栖息于水深10米以内、潮水流通较好区域的岩礁侧面、洞穴顶部及岩石根部等稍暗的地方。在伊豆半岛，主要在冬季至春季水温较低的季节繁殖。在琉球群岛为稀有物种。

雄性　八丈岛
水深7m　长7cm

雌性　八丈岛
水深7m　长6cm

婚姻色　雄性　八丈岛　水深7m　长7cm

雄性的婚姻色　屋久岛　水深1m　长3cm　原崎森

三鳍鳚科

菲律宾双线鳚

Enneapterygius philippinus

和歌山县串本，屋久岛，琉球群岛；中国台湾地区，印度~西太平洋（马斯克林群岛以东除外），加罗林群岛，马绍尔群岛，吉尔伯特群岛。

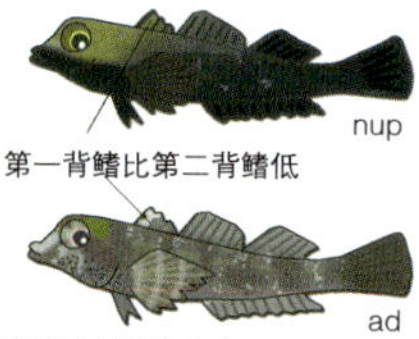

栖息于海浪平静区域的珊瑚礁的潮间带和潮水洼地，不生活在海浪汹涌的地带。在屋久岛的繁殖期为春季。雄性一般在上午变成婚姻色，有时一整天都呈婚姻色。

雌性　屋久岛　水深1m　长2.5cm　原崎森

雄性　屋久岛　水深5m　长2cm　原崎森

三鳍鳚科

奇异双线鳚

Enneapterygius mirabilis

屋久岛，奄美大岛，西表岛；印度尼西亚东部，新几内亚岛，瓦努阿图。

栖息于珊瑚礁水深8~37米的水域。多生活在水深10米以内的平静海湾内，贴在岩石底部，看起来像铺了一层薄薄的沙子。体色与沙子很相似，很难被发现。

雌性　屋久岛　水深4m　长2cm　原崎森

婚姻色　雄性　八丈岛　水深15m　长4.5cm

三鳍鳚科

隆背双线鳚

Enneapterygius tutuilae

八丈岛，小笠原群岛，奄美大岛，冲绳县濑底岛；中国台湾地区，印度~太平洋（含红海，直到社会群岛；夏威夷群岛除外）。

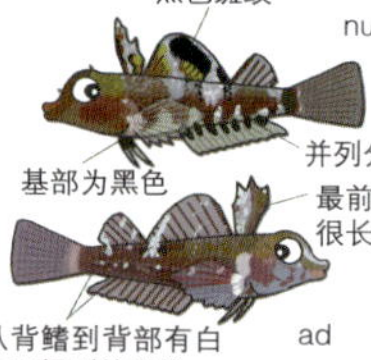

栖息于潮水流通较好区域的岩礁及珊瑚礁的外缘斜面。多在水深10~20米的水域内活动，在30米深的水域也可见。在八丈岛的繁殖期为春季。繁殖期内，雄性会变成婚姻色，在雌性面前反复跳跃求爱。

雌性　八丈岛　水深14m　长4cm

三鳍䲁科

筛口双线䲁

Enneapterygius etheostomus

青森县，新潟县~九州的日本海和东海沿岸，秋田县，日本南部的太平洋沿岸，屋久岛，琉球群岛；韩国，中国台湾和香港地区。

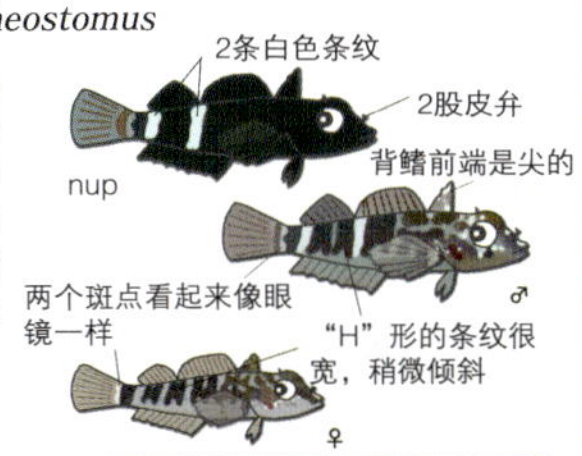

栖息于水深10米以内的岩礁根部及岩石侧面、沙砾底等地。在伊豆半岛的繁殖期为夏季。

雌性　伊豆半岛
水深2m　长4cm　道罗英夫

雄性　伊豆半岛　水深2m　长6cm　道罗英夫

三鳍䲁科

棒状双线䲁

Enneapterygius rhabdotus

琉球群岛；中国台湾地区，西太平洋，社会群岛，马克萨斯群岛。

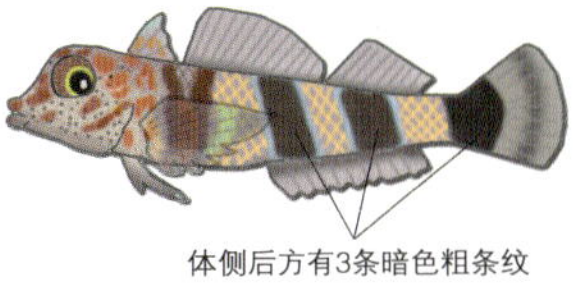

栖息于海浪汹涌的珊瑚礁外缘岩礁区域的潮间带、乱石下及岩壁突出处的岩石内部。稀有物种。

冲绳岛　水深2m　长2.5cm　片野猛

三鳍䲁科

黄颈双线䲁

Enneapterygius flavoccipitis

屋久岛，加计吕麻岛，伊江岛，石垣岛；中国台湾地区，东印度~西太平洋（澳大利亚西岸~瓦努阿图）。

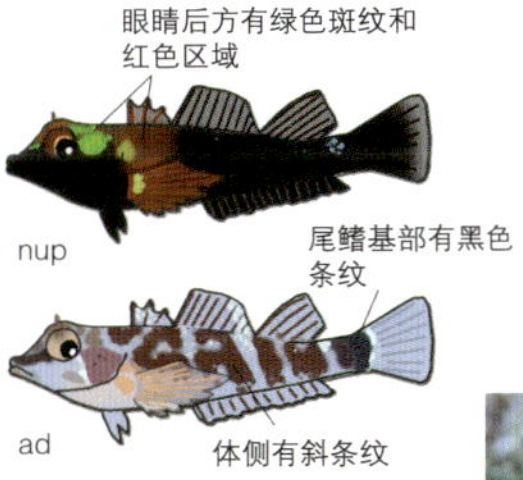

栖息于水深10米以内潮水流通较好区域的珊瑚礁外缘岩石根部的裂缝处。

雄性　屋久岛
水深10m　长3cm
原崎森

雄性的婚姻色　冲绳岛　水深8m　长3.5cm　津波古健

雄性的婚姻色　水深1.5m　长3.5cm　片野猛

三鳍鳚科

尾斑双线鳚

Enneapterygius signicauda

冲绳岛，伊江岛；塔纳岛，敦贺群岛，萨摩亚群岛。

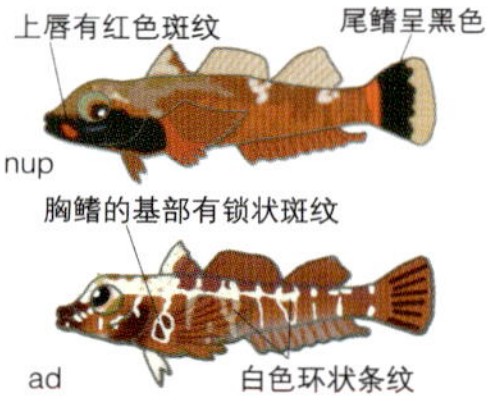

栖息于海浪汹涌的岩礁、水深1~2米的浅珊瑚礁处。常见于退潮之后干了的岩石壁上。繁殖期为4~5月，9~11点会变成婚姻色，到了下午连鱼都见不到了。平时，背部独特的白色条纹的颜色会变得深浅不一。

雌性　冲绳岛
水深20m　长3cm
片野猛

雄性的婚姻色　冲绳岛
水深2m　长3cm
片野猛

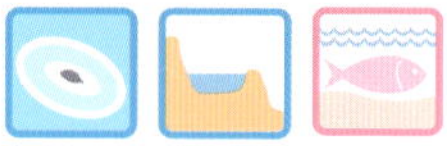

三鳍鳚科

类双线鳚

Enneapterygius similis

静冈县大濑崎，和歌山县串本，琉球群岛；西太平洋的热带水域，敦贺群岛，萨摩亚群岛。

栖息于珊瑚礁外缘岩礁区域的潮间带、潮水洼地等水深4米以内的地方。多在岩壁突出处的裂缝处和低洼处活动，与同属的其他品种相比，更喜欢生活在明亮的地方。体色与同属的另一品种很相似，但是此品种体侧后方与绿色区域的分界线很清晰。

雄性　冲绳岛
水深2m　长3cm
片野猛

雄性的婚姻色　冲绳岛　水深3m　长4cm　片野猛

三鳍鳚科

钝吻弯线鳚

Helcogramma aquila

冲永良部岛，冲绳本岛；菲律宾，马里亚纳群岛。

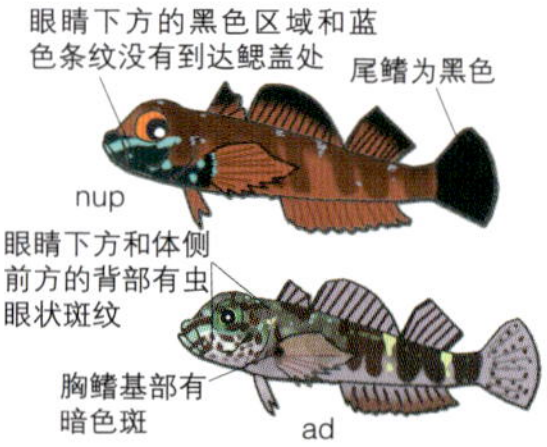

栖息于海浪汹涌的面向外洋的珊瑚礁处水深4米以内的水域。与同属的尾斑双线鳚相比，更喜欢生活在光线照不进来的缝隙深处。繁殖期为4~5月。上午变成婚姻色。平时，眼睛下方和头部周围有虫眼状斑纹，与同属的污线弯线鳚和三角弯线鳚非常相似。

雌性　冲绳岛
水深3m　长3.5cm　片野猛

三鳍鳚科

濑上双线鳚

Enneapterygius senoui

伊豆半岛，伊豆诸岛，小笠原群岛。

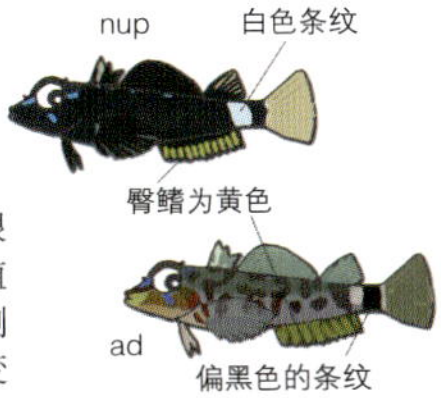

栖息于水深3米以内的岩石根部及侧面。在八丈岛的繁殖期节为春季。雄性在岩石侧面有自己的领地，它们会变成婚姻色向雌性求爱。

雄性　八丈岛
水深5m　长6cm

雌性　八丈岛
水深5m　长5cm

雄性的婚姻色　八丈岛　水深5m　长6cm

三鳍鳚科

锉角弯线鳚

Helcogramma rhinoceros

屋久岛，琉球群岛；东印度洋~西太平洋的热带海域。

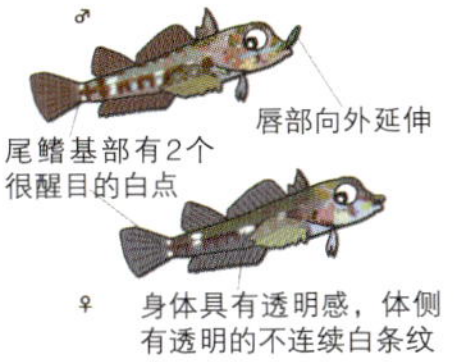

栖息于水深2米以内、海浪汹涌的岩礁根部侧面。在屋久岛的繁殖期为初夏。

雌性　屋久岛
水深3m　长3cm　原崎森

雄性　屋久岛
水深3m　长2.5cm　原崎森

婚姻色　屋久岛　水深3m　长3cm　原崎森

三鳍鳚科

双线鳚属的一种1

Enneapterygius sp.1

八丈岛。

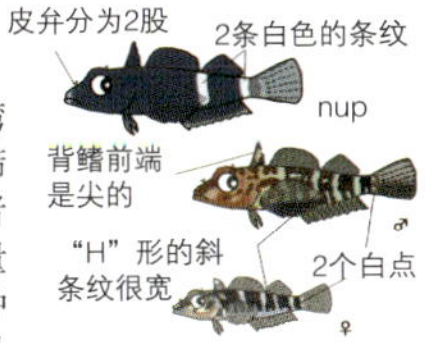

栖息于水深5米以内、内湾的潮间带及潮水洼地。与筛口双线鳚十分相似，但两者头部感觉孔之后的棘的数量及位置均不同。虽然此品种比筛口双线鳚体型小，但是光凭肉眼或者照片仍无法辨别。日本鹿儿岛大学的木村浩之教授正在对此展开研究。

雌性　八丈岛
水深10m　长3.5cm

雄性　八丈岛
水深5m　长5cm

婚姻色　八丈岛　水深5m　长5cm

雄性的婚姻色　八丈岛　水深7m　长5cm

三鳍鳚科

双线鳚属的一种2

Enneapterygius sp.2

八丈岛，日本南部。

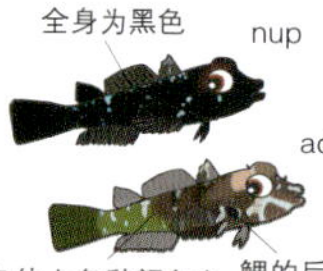

栖息于水深10米以内的岩礁处，常见于无枝的造礁珊瑚之上或其周边的根部。与马来双线鳚极其相似，头部感觉孔的数量不同，可是光凭肉眼无法分辨如此细微的区别。肉眼只能分辨出雄性婚姻色的不同。日本鹿儿岛大学的木村浩之教授正在对此展开研究。

雄性　八丈岛
水深6m　长4cm

雌性　八丈岛
水深4m　长3cm

雄性　冲绳岛　水深38m　长2.5cm　片野猛

三鳍鳚科

双线鳚属的一种3

Enneapterygius sp.3

冲绳岛。

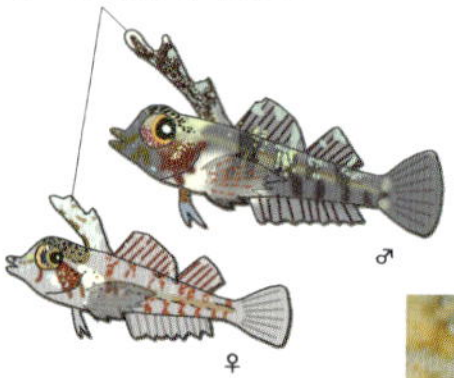

栖息于珊瑚礁外缘潮水流通较好区域的陡壁之下、水深35~40米的水域。常见于稍大一点的乱石之上或边缘处。

雌性　冲绳岛
水深39m　长2cm
片野猛

冲绳岛　水深2m　长4cm　片野猛

三鳍鳚科

双线鳚属的一种4

Enneapterygius sp.4

与论岛以南的琉球群岛。

栖息于海浪汹涌的珊瑚礁外缘岩礁处。多在面向海浪的大岩石根部侧面、水深3米左右的地方活动。繁殖期为3~4月。上午9点左右，可以看到雄性积极地向雌性求爱的场景。

三鳍鳚科

紫红泥尺双线鳚

Enneapterygius phoenicosoma

千叶县以南的太平洋沿岸，九州西岸，大隅群岛，琉球群岛。

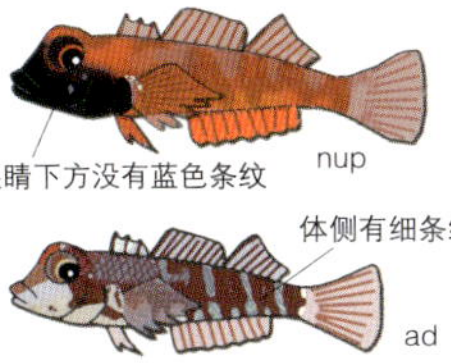

栖息于水深5米以内的浅岩礁区域。与同属的聂森弯线鳚的生存环境相同，颜色也相似，经常被弄混。2015年5月，日本鹿儿岛大学的木村浩之教授将其作为一个新品种记录了下来。

雄性　八丈岛　水深5m　长4cm

雄性的婚姻色　伊豆半岛
水深5m　长4cm　山本敏

雌性　伊豆半岛
水深7m　长3cm　山本敏

旗鳚科

穗瓣新热鳚

Neoclinus bryope

北海道~长崎县的日本海和东海沿岸，日本南部的太平洋沿岸，八丈岛；朝鲜半岛。

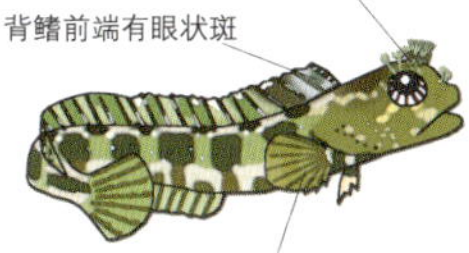

栖息于潮水洼地及内湾的浅岩礁处、蛇螺等穿孔贝类的孔里，或将龙介虫的孔作为自己的洞穴。眼睛上方的皮弁很长。

青海岛　水深3m　长6cm　和泉裕二

青海岛
水深3m　长5cm　和泉裕二

青海岛
水深2m　长6cm　和泉裕二

青海岛
水深2m　长7cm　和泉裕二

八丈岛　水深6m　长7cm

旗鳚科

新热鳚属的一种

Neoclinus sp.

八丈岛，屋久岛。

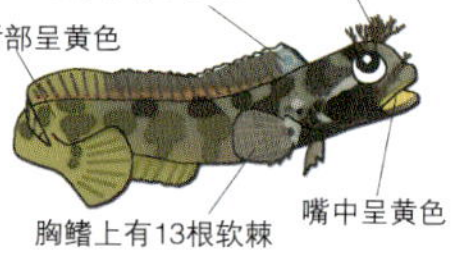

栖息于水深10米以内的内湾浅岩礁处。有的也生活在附着在岩礁上的蛇螺的孔里，但是大多是还是将蜂巢珊瑚和龙介虫的孔作为洞穴。眼睛上方的皮弁很高。外形与斑鳍新热鳚相似，但是它们头部感觉管的数量不同。

八丈岛
水深6m　长7cm

伊豆大岛　水深2m　长5cm

旗鳚科

利岛新热鳚

Neoclinus toshimaensis

直到和歌山县的日本南部的太平洋沿岸，伊豆大岛。

栖息于水深10米以内的内湾岩礁处。将蜂巢珊瑚和龙介虫的孔作为洞穴。多条利岛新热鳚栖息在同一个蜂巢珊瑚上。眼睛上方的皮弁很短。

伊豆大岛
水深3m　长6cm

伊豆大岛　水深2m　长5cm

旗鳚科

穴居新热鳚

Neoclinus lacunicola

日本南部的太平洋沿岸，伊豆大岛，山口县日本海沿岸。

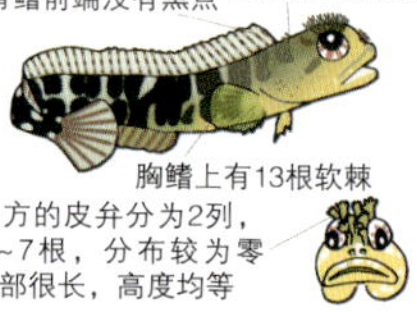

栖息于水深10米以内的波浪较小的水域，将附着在岩礁上方及侧面的蛇螺等穿孔贝类的孔、龙介虫的孔作为洞穴。外形与利岛新热鳚相似，利岛新热鳚喜欢生活在海浪汹涌区域的岩石缝隙中。而该品种眼睛上方的皮弁很短。将生活环境与皮弁结合起来，很容易区分它与其他种类。

青海岛
水深12m　长6cm　和泉裕二

旗鳚科

冈崎新热鳚

Neoclinus okazakii

直至和歌山县的日本南部的太平洋沿岸，八丈岛，冲绳岛。

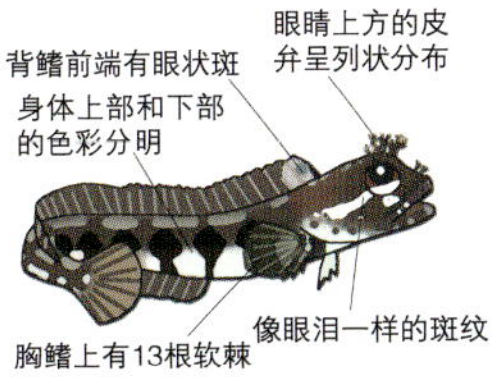

八丈岛　水深5m　长5cm

栖息于水深5米以内的浅岩礁处。将蛇螺等穿孔贝类的孔、龙介虫的孔作为洞穴。与旗鳚科其他种类的鱼相比，属于经常出来活动的。眼睛上方的皮弁很长。

八丈岛
水深5m　长5cm

旗鳚科

斑鳍新热鳚

Neoclinus chihiroe

八丈岛，千叶县胜浦~和歌山县田边湾的太平洋沿岸，富山湾。

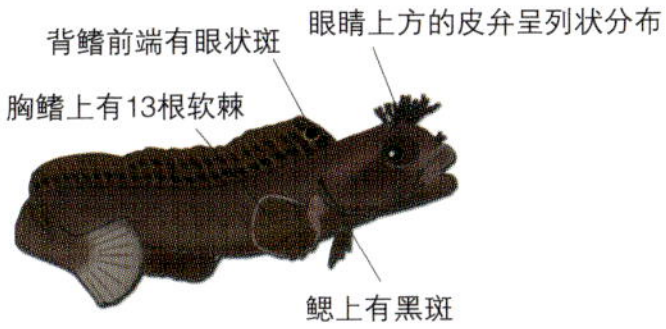

伊豆大岛　水深18m　长10cm　中村宏治

栖息于浅岩礁区域。易与新热鳚属的一个品种弄混，到目前为止，对此品种的研究还不够深入。照片中的鱼很可能是此品种，但还需要进一步考证。

旗鳚科

交织新热鳚

Neoclinus monogrammus

房总半岛南部，伊豆大岛。

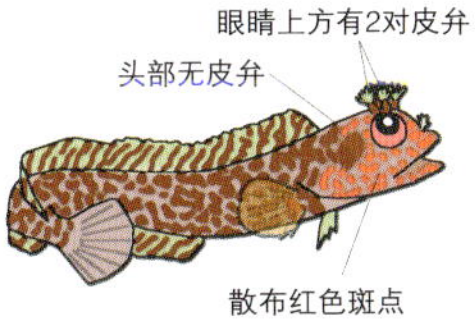

雌性　伊豆大岛　水深12m　长8cm　有马启人

在房总半岛，栖息于水深28米潮水流通较好区域的岩礁处，在伊豆大岛，常见于水深5米的水域。雄性身体上有很多像飞溅的血点一样的红色斑纹，雌性有多种色彩。眼睛上方的皮弁很短。

雄性　伊豆大岛
水深12m　长8cm

八丈岛　水深2m　长6cm

旗鳚科

裸新热鳚

Neoclinus nudus

八丈岛，屋久岛，冲绳岛；中国台湾地区。

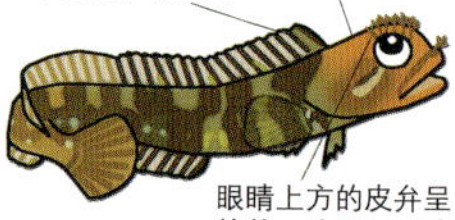

栖息于水深5米以内的海域，将附着在岩礁上的蛇螺的孔作为洞穴。眼睛上方的皮弁很短。在八丈岛，体色有黑色和橙色两种颜色。

橙色　八丈岛
水深2m　长6cm

黑色　八丈岛
水深2m　长6cm

八丈岛　水深16m　长7cm

鳚科

稀棘鳚

Meiacanthus atrodorsalis

伊豆半岛以南的太平洋沿岸，八丈岛，屋久岛，琉球群岛，中国台湾地区，太平洋中部和西部的热带海域。

栖息于潮水流通较好的浅岩礁水域和珊瑚礁区域。下颚有犬齿，犬齿上有毒腺，这是用来保护自己的，以防被攻击。一般情况下，有毒的鱼类颜色都很鲜艳，这其实也是对敌人的一种警示。

八丈岛　水深14m　长7cm

鳚科

劳旦横口鳚

Plagiotremus laudandus

相模湾以南的太平洋沿岸，伊豆诸岛，屋久岛，琉球群岛；中国台湾地区，太平洋西部的热带水域。

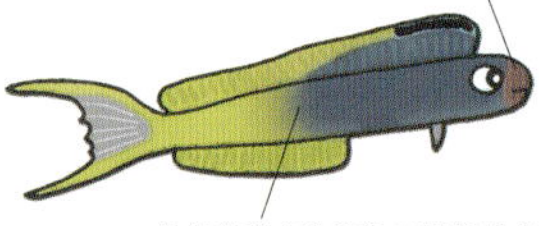

栖息于潮水流通较好区域的岩礁水域和珊瑚礁斜面处。常伪装成牙齿上有剧毒的稀棘鳚来保护自己。游动活跃，肉食性动物，以鱼的鳍和皮为食。

鳚科

浅带稀棘鳚

Meiacanthus kamoharai

相模湾以南的太平洋沿岸，伊豆诸岛，屋久岛，奄美群岛，琉球群岛。

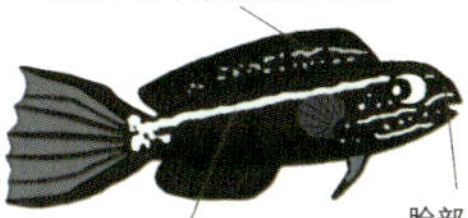

多栖息于岩礁区域，很少栖息在珊瑚礁区域。将藤壶及龙介虫死后形成的孔作为洞穴，在里面产卵，直至完全孵化。

八丈岛　水深14m　长8cm

鳚科

高鳍跳岩鳚

Petroscirtes mitratus

伊豆半岛下田，爱媛县室手，屋久岛，琉球群岛；中国台湾地区，印度~西太平洋的热带海域。

栖息于浅内湾及礁池内的海藻上。多附着在海藻、浮在水面的绳索、救生圈上生活，时而游动。

八丈岛　水深6m　长5cm

鳚科

短头跳岩鳚

Petroscirtes breviceps

北海道~九州的各地沿岸，八丈岛，小笠原群岛，屋久岛，琉球群岛；朝鲜半岛，中国台湾地区，印度~西太平洋的温带至热带水域。

栖息于内湾的浅藻层。多附着在海藻、浮在水面的绳索、救生圈上生活。因附着于流动的海藻上，因此在日本南部的太平洋沿岸很常见。

将卵产在贝壳上，孵卵
八丈岛　水深5m　长7cm

石垣岛
水深2m　长6cm　惣道敬子

八丈岛　水深1m　长6cm

鳚科

史氏跳岩鳚

Petroscirtes springeri

日本南部的太平洋沿岸，八丈岛，山口县日本海沿岸；中国台湾地区。

八丈岛　水深5m　长8cm

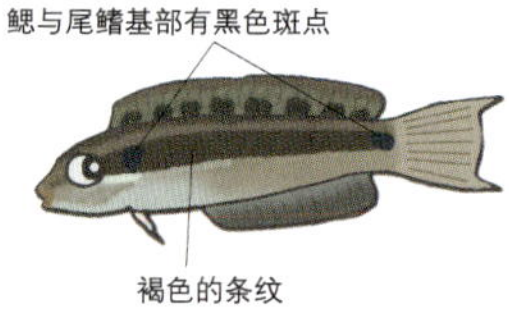

生活在水深30米左右的岩礁斜面近水底处，头朝上悬浮于水中。在八丈岛，常与栖息在同一深度的双斑菩提鱼和伊津普提鱼一起活动。

鳚科

杜氏盾齿鳚

Aspidontus dussumieri

日本南部的太平洋沿岸，八丈岛，小笠原群岛，山口县日本海沿岸，屋久岛，琉球群岛；中国台湾地区，印度~太平洋的热带海域。

八丈岛　水深12m　长8cm

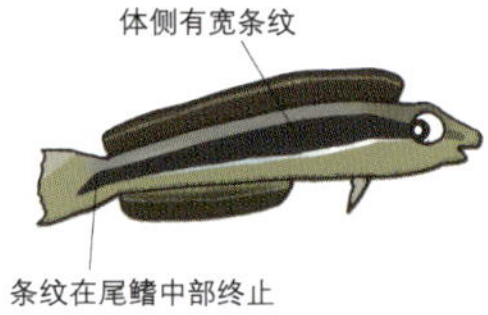

喜欢单独与有很多种鱼类的群体一起活动。肉食性动物，以鱼的鳍和皮为食。如果被其他鱼追捕，就会躲到小洞穴里，只露出头来静观其变。

鳚科

纵带盾齿鳚

Aspidontus taeniatus

相模湾以南的太平洋沿岸，八丈岛，福冈县的日本海沿岸，屋久岛，琉球群岛；中国台湾地区，太平洋中部和西部的热带海域。

八丈岛　水深16m　长8cm

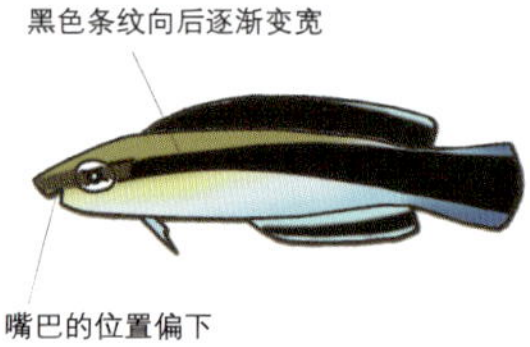

伪装成裂唇鱼等清洁鱼的样子，以靠近的鱼的鳍和皮为食。

鳚科

黑带横口鳚

Plagiotremus tapeinosoma

日本南部的太平洋沿岸，八丈岛，小笠原群岛，屋久岛，琉球群岛；中国台湾地区，印度~太平洋的温带至热带海域。

肉食性鱼类，以鱼的鳍和皮为食，常与花鲷及隆头鱼一起活动，以便捕食它们。在八丈岛看到的黑带横口鳚多会根据周围鱼群的色彩变换自己的体色，如果周围橙色的花鲷比较多，身体就会变成橙色，如果周围绿色的隆头鱼比较多，身体就会变成绿色。

绿色　八丈岛　水深14m　长10cm

橙色　八丈岛
水深21m　长10cm

幼鱼　八丈岛
水深18m　长3.5cm

鳚科

横口鳚

Plagiotremus rhinorhynchos

山口县~福冈县的日本海沿岸，日本南部的太平洋沿岸，八丈岛，屋久岛，琉球群岛；中国台湾地区，印度~太平洋的热带海域。

幼鱼常伪装成裂唇鱼等清洁鱼幼鱼的样子，以靠近的鱼的鳍和皮为食。成年鱼与金拟花鮨一起活动。

黄色　八丈岛　水深17m　长8cm

黑色　八丈岛
水深18m　长8cm

幼鱼　八丈岛
水深16m　长4cm

鳚科

带鳚

Xiphasia setifer

北海道臼尻，福岛县，千叶县胜浦~九州南岸的太平洋沿岸，濑户内海，岛根县敬川冲，石垣岛；朝鲜半岛南岸，中国台湾和广东沿岸，印度~西太平洋的温带至热带水域。

栖息于内湾的浅沙泥底。潜藏于砂中，只露出头部。身体型状非常像康吉鳗鱼，看起来不像鳚。在日本为极稀有的物种。

吕宋岛　水深8m　长1m　水谷知世

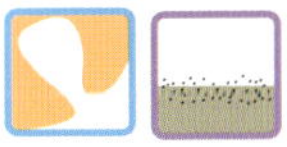

八丈岛　水深1m　长4cm

鳚科

副鳚

Parablennius yatabei

八丈岛，积丹半岛~九州的日本海和东海沿岸，北海道臼尻~九州的太平洋沿岸，奄美大岛；朝鲜半岛，中国大陆及台湾地区。

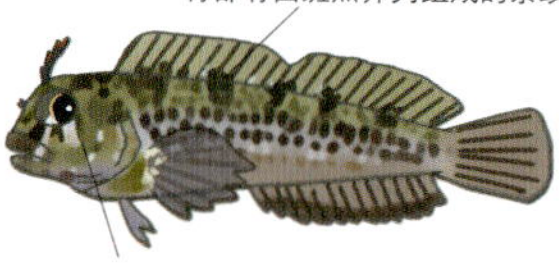

栖息于浅岩礁区域及潮水洼地处。常躲在小洞穴或藤壶死后的壳里，只露出脸来。

八丈岛　水深10m　长8cm

鳚科

短多须鳚

Exallias brevis

八丈岛，小笠原群岛，和歌山县以南的太平洋沿岸，琉球群岛；中国台湾地区，印度~太平洋的热带海域。

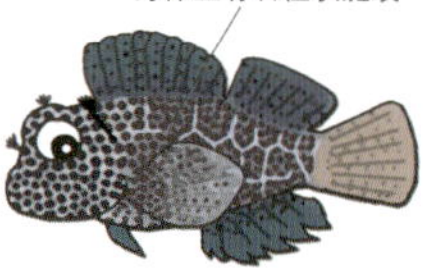

独居或群居于珊瑚上。以附着在珊瑚上的硅藻为食。

幼　八丈岛
水深8m　长4cm

八丈岛　水深8m　长6cm

鳚科

纵带穗肩鳚

Cirripectes kuwamurai

八丈岛，伊豆半岛城之崎，和歌山县白浜和串本，高知县柏岛，屋久岛，琉球群岛。

栖息于海浪汹涌的岩礁区域。在八丈岛，多栖息于水深10米左右潮水流通较好的区域，多躲在藤壶死后的壳里。

鳚科

黑斑穗肩鳚

Cirripectes castaneus

伊豆诸岛，小笠原群岛，和歌山县以南的太平洋沿岸，屋久岛，琉球群岛；中国台湾地区，印度~西太平洋的热带海域。

栖息于海浪汹涌的水深5米以内的浅岩礁处。雌雄色彩不同，雄性易与斑穗肩鳚弄混。白天大口吞食附着在浅处岩石上的斑穗肩鳚。

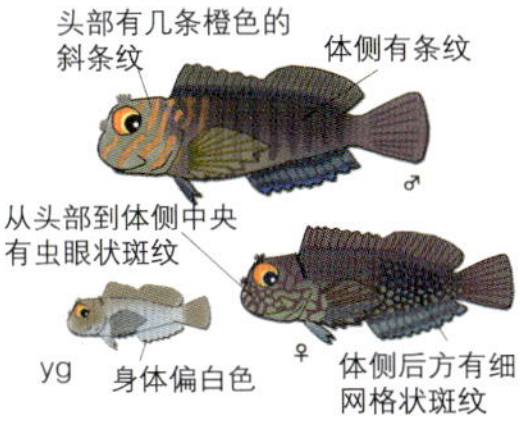

雌性 伊豆半岛 水深1m 长8cm 道罗英夫

幼鱼 八丈岛 水深3m 长3cm

雄性 八丈岛 水深5m 长6cm

鳚科

斑穗肩鳚

Cirripectes quagga

伊豆半岛，南鸟岛；中国台湾地区，印度~太平洋的热带海域（含夏威夷群岛）。

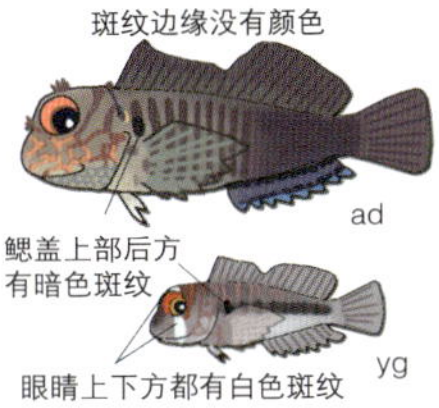

栖息于海浪汹涌的水深5米以内的浅岩礁处。警惕性高，一旦靠近它们，马上就会躲入岩缝中。

幼鱼 八丈岛 水深2m 长2.5cm

伊豆半岛 水深2m 长7cm 道罗英夫

鳚科

穗肩鳚

Cirripectes variolosus

小笠原群岛，南鸟岛；中国台湾地区，太平洋中部的热带海域（夏威夷群岛除外）。

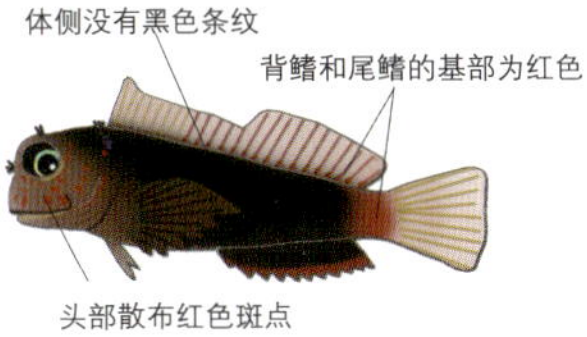

栖息于海浪汹涌的岩礁区域。在日本，只在小笠原群岛才能见到。

小笠原群岛 水深4m 长6cm 南俊夫

宫古岛　水深10m　长10cm　国广哲司

鳚科

万那度虾虎

Cirripectes stigmaticus

冲绳群岛江岛，西表岛，宫古岛；印度~西太平洋的热带海域。

体侧中央有红色的虫眼状斑纹

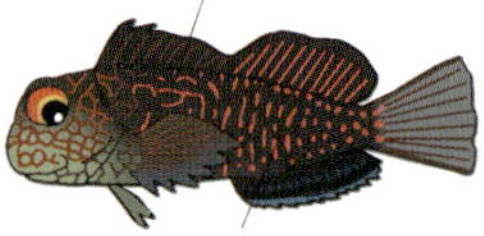

体侧后方散布红色斑点

栖息于水深10~15米以内的珊瑚礁外缘区域。以附着在珊瑚周边的硅藻为食。

幼鱼　宫古岛
水深8m　长4cm
国广哲司

串本　水深6m　长5cm　铃木崇弘

鳚科

丝背穗肩鳚

Cirripectes filamentosus

和歌山县串本，屋久岛；中国台湾地区，印度~西太平洋的热带海域（印度、斯里兰卡、查戈斯群岛除外）。

虹膜有红色的部分

身体上散布红色斑点

栖息于礁湖、潮水洼地至水深20米以内的岩礁和珊瑚礁处。在日本为极稀有的物种。

八丈岛　水面下　长10cm

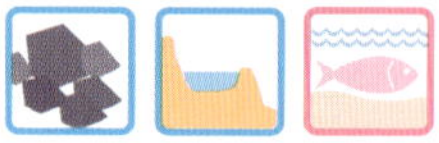

鳚科

暗纹动齿鳚

Istiblennius enosimae

兵库县香柱~九州南岸的日本海和东海沿岸，八丈岛，千叶县胜浦~屋久岛的太平洋沿岸；济州岛。

头顶有冠状皮弁

眼睛后方有2个暗色斑纹

栖息于岩礁区域的潮水洼地和潮间带。在八丈岛海浪汹涌的潮水洼地很常见。夏季，它们会在岩石根部的缝隙中、小洞穴的侧面和岩石中产卵并孵化。身体颜色会随周围环境变化。

八丈岛
水面下　长10cm

鳚科

红点真动齿鳚

Blenniella chrysospilos

八丈岛，屋久岛，琉球群岛；印度~太平洋的热带海域（夏威夷群岛除外）。

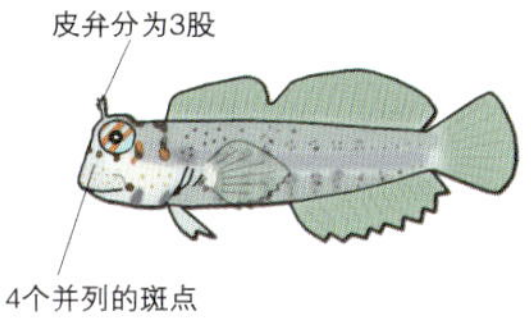

栖息于水深5米以内的珊瑚礁的岩礁区域。以附着在岩石上的硅藻为食。警惕性很高，觉察到危险后，会立刻逃到小洞穴里，只露出脸部。

塞班岛　水深3m　长5cm

鳚科

八重山异齿鳚

Ecsenius yaeyamaensis

八丈岛，屋久岛，琉球群岛；东印度~西太平洋的热带海域。

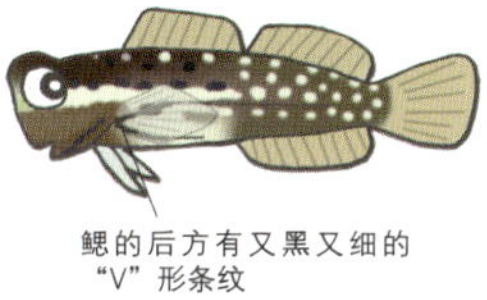

栖息于内湾的珊瑚礁及斜面的浅水域。会吃岩石、珊瑚礁周边的硅藻。一旦觉察到危险，马上就会躲进小洞里。它们会将脸露出来，看起来就像在对着潜水员微笑，因此很受潜水员欢迎。

八丈岛　水深18m　长7cm

鳚科

拟鳚

Mimoblennius atrocinctus

八丈岛，小笠原群岛，和歌山县田边湾和串本，高知县冲之岛，琉球群岛；中国台湾和香港地区，斯里兰卡，苏拉威西岛，圣诞岛。

栖息于海浪汹涌的水深5米以内的浅岩礁处。在八丈岛，它们常栖息于波浪很大区域的藤壶死后的壳里。

小笠原　水深5m　长8cm　南俊夫

八丈岛　水深1m　长5cm

鳚科

大斑鳚

Crossosalarias macrospilus

琉球群岛，西太平洋的热带海域。

伊江岛　水深16m　长5cm　宫地淳子

栖息于珊瑚礁的水深15米左右的沙地上。

鳚科

双色异齿鳚

Ecsenius bicolor

屋久岛，琉球群岛；中国台湾地区，东印度~西太平洋的热带海域。

庆良间　水深5m　长4cm　片桐佳江

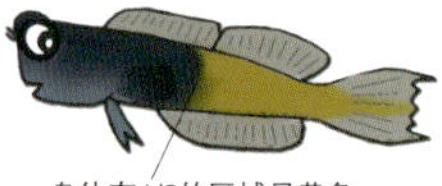

以珊瑚礁周边的硅藻为食。一旦觉察到危险，马上就会躲进附近的小洞穴里，这是双色异齿鳚的特征。此品种在变化体色时，腹部会变成白色。

色彩丰富　塞班岛
水深7m　长4cm

鳚科

眼斑异齿鳚

Ecsenius oculus

屋久岛，琉球群岛；中国台湾地区，巴丹群岛。

西表岛　水深14m　长5cm　宫地淳子

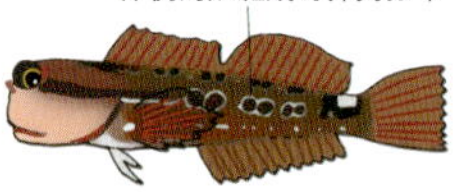

栖息于珊瑚礁外缘水深15米左右的岩石根部。一般不会躲起来，身体全都暴露在岩石之外。

鳚科

金黄鳚

Ecsenius midas

屋久岛，伊江岛，宫古群岛，西表岛；印度~太平洋的热带海域。

在珊瑚礁、珊瑚礁外缘的岩礁区域与花鲷一起活动。体色呈黄色、橙色这样很鲜艳的颜色，是为了伪装成花鲷。一旦觉察到危险，就会立刻躲入洞穴，只露出脸部。

屋久岛　水深25m　长7cm　原崎森

鳚科

纳氏异齿鳚

Ecsenius namiyei

伊豆诸岛，和歌山县以南的太平洋沿岸，屋久岛；济州岛，中国台湾地区，太平洋西部的热带海域。

一般栖息于岩石上及珊瑚周边，有时也会游动。将藤壶或小洞作为自己的洞穴，一旦觉察到危险，马上就会躲进去。

八丈岛　水深15m　长8cm

鳚科

线纹异齿鳚

Ecsenius lineatus

伊豆诸岛，小笠原群岛，屋久岛，琉球群岛；中国台湾地区，印度~西太平洋的热带海域。

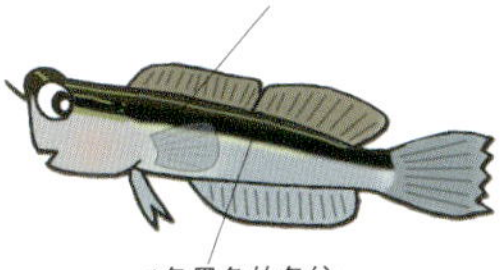

栖息于内湾的珊瑚礁及斜面的较浅水域。以自然形成的小洞为洞穴，一旦觉察到危险，马上就会躲进去，只露出脸部。

奄美大岛　水深10m　长6cm　余吾涉

八丈岛　水深5m　长3cm

喉盘鱼科

纹头锥齿喉盘鱼

Conidens laticephalus

日本南部的太平洋沿岸，八丈岛，长崎县野母崎，屋久岛，奄美大岛；中国台湾地区。

栖息于岩礁区域水深10米以内的乱石下。

八丈岛　水深1m　长2cm

喉盘鱼科

印度异齿喉盘鱼

Pherallodus indicus

千叶县~爱媛县的太平洋沿岸，伊豆诸岛，长崎县野母崎，男女群岛，屋久岛，琉球群岛；中国台湾地区，苏拉群岛，土阿莫土群岛，豪勋爵岛。

栖息于浅岩礁水域到潮水洼地、潮间带的口鳃海胆及红藻附近。

南伊势　水深8m　长4cm　铃木崇弘

喉盘鱼科

日本小姥鱼

Aspasma minima

千叶县~和歌山县的太平洋沿岸，青森县深浦，富山湾~长崎县野母崎的日本海沿岸，爱媛县宇和海。

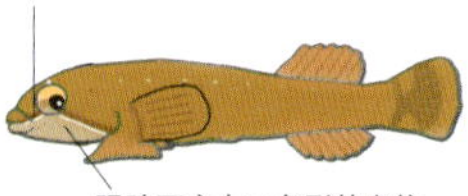

常附着于岩礁区域的水深10米以内有红藻的地方。夏季和秋季海藻的数量会变少，日本小姥鱼也就不常见了。

喉盘鱼科

前鳍喉盘鱼

Propherallodus briggsi

伊东市富户，三宅岛，男女群岛。

伊豆半岛　水深1m　长2.5cm　道罗英夫

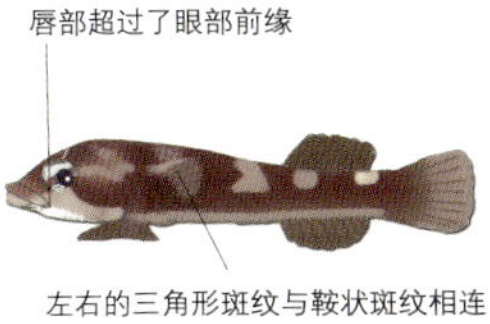

栖息于岩礁区域且海浪汹涌的潮间带的岩壁上。此品种的一个特征，位于体侧中央的三角形斑纹会随着鱼慢慢变老而越来越淡。

伊豆半岛
水深1m　长2cm
道罗英夫

喉盘鱼科

黄喉盘鱼

Lepadichthys frenatus

日本南部的日本海沿岸，三宅岛，山口县日本海沿岸，九州西北岸，屋久岛，琉球群岛；济州岛，中国台湾地区，马来西亚，大堡礁南部，豪勋爵岛，诺福克岛，瓦努阿图，新喀里多尼亚，斐济群岛，皮特凯恩群岛。

伊豆半岛　水深2m　长6cm　道罗英夫

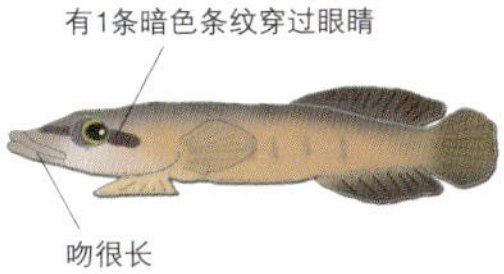

栖息于岩礁水域的潮水洼地及潮间带的乱石之下和岩架的缝隙中。

喉盘鱼科

线纹喉盘鱼

Diademichthys lineatus

日本南部的日本海沿岸，伊豆诸岛，琉球群岛；海南岛，印度~西太平洋（直至新喀里多尼亚）。

八丈岛　水深5m　长4cm

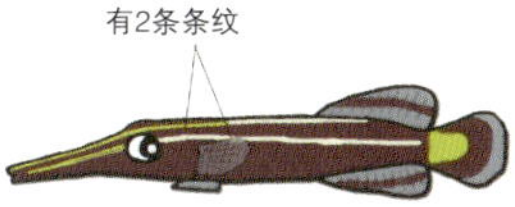

在刺冠海胆的棘之间或周边像漂浮一样缓慢游动。多数喉盘鱼科的鱼都像被吸在石面上一样，紧紧贴着不动。但此品种经常游动。

八丈岛　水深21m　长4cm

喉盘鱼科

盘孔喉盘鱼

Discotrema lineatum

伊豆大岛~宫城县的太平洋沿岸，冲绳岛；东印度~西太平洋，南非。

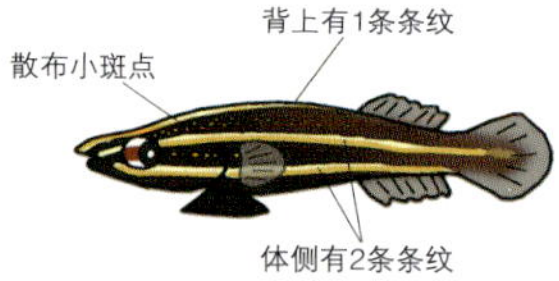

只吸附在日本海齿花上生活，而且颜色与其相似，很难被发现。在八丈岛的日本海齿花中也很难见到，为极稀有物种。

八丈岛　水深2m　长3cm　水谷知世

喉盘鱼科

拟喉盘鱼属的一种

Pherallodichthys sp.

八丈岛，伊豆大岛，伊势半岛，串本，柏岛，屋久岛。

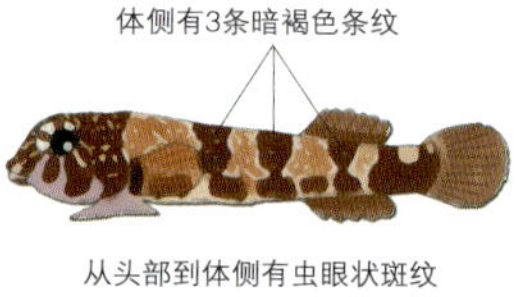

栖息于海浪汹涌水深10米以内的岩礁处。从春季到夏季，它们会捕食附着在三鳍鳚和光鳃鱼身上的卵。此品种外形酷似同属的拟喉盘鱼，但是并没有单独的记载。

产卵季 八丈岛　水深13m　长7cm和4cm　村杉畅子

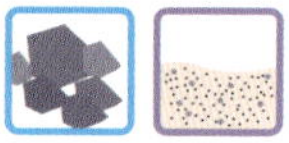

鼠鲔科

暗带双线鲔

Diplogrammus xenicus

日本南部的太平洋沿岸，屋久岛，山口县日本海沿岸，琉球群岛；中国台湾地区，澳大利亚西岸和东岸。

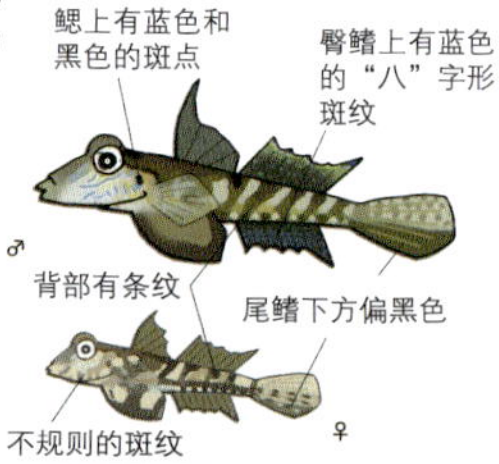

栖息于水深10米以内的被岩礁包围着的沙底。比生活在琉球群岛的葛罗姆双线鲔更适应温带水域。

雄性求爱　八丈岛
水深13m　长7cm和5cm

鼠鮨科

葛罗姆双线鮨

Diplogrammus goramensis

八丈岛，屋久岛，琉球群岛；西太平洋。

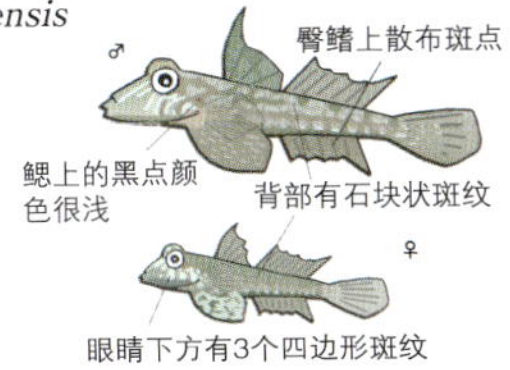

栖息于水深10米左右珊瑚礁附近的沙底。外形与暗带双线鮨相似，在水中分辨它们很难。但暗带双线鮨比本品种生活的地理位置更偏南，所以在琉球群岛的珊瑚礁上看到的基本都是本品种。

雄性求爱　石垣岛
水深14m　长7cm和6cm
惣道敬子

雄性之间的恐吓行为　石垣岛　水深14m　长7cm　惣道敬子

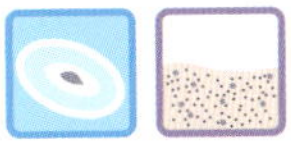

鼠鮨科

伊津美尾鮨

Calliurichthys izuensis

三宅岛，八丈岛，高知县柏岛。

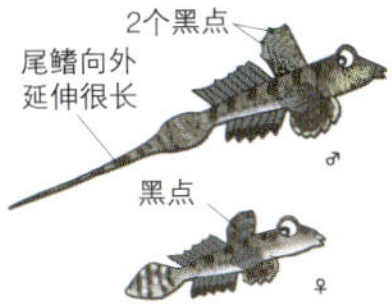

栖息于水深5~18米、位于内湾的岩礁周边的沙泥底和沙底。在八丈岛的繁殖期是9~10月，在繁殖期可以经常看到此品种。在其他地方为稀有物种。产卵的时候，雌雄成对上升，雌性将背鳍立起来，等身体做好产卵的准备后，雄性就开始射精。

雄性　八丈岛
水深8m　长18cm

雌性　八丈岛
水深8m　长15cm

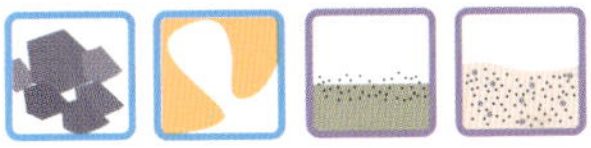

产卵　八丈岛
水深8m　长18cm和15cm

鼠鮨科

珊瑚拟双线鮨

Paradiplogrammus corallinus

日本南部的太平洋沿岸，伊豆诸岛，小笠原群岛，琉球群岛；澳大利亚东北岸~新喀里多尼亚，敦贺，夏威夷群岛。

栖息于水深10~15米被岩礁围着的沙底。在八丈岛的繁殖期是6~8月，在繁殖期可以经常看到此品种。在其他地方为稀有物种。身体的斑纹上有白色的区域，这样可以使自己看起来像沙砾，从而更好地隐藏起来。

产卵季　八丈岛
水深12m　长3.5cm和3cm

雄性求爱　八丈岛　水深12m　长3.5cm

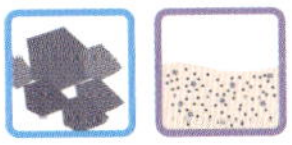

产卵季　八丈岛　水深12m　长3.5cm和3cm

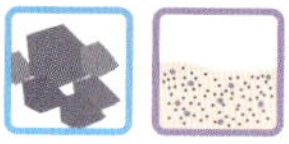

鼠鲔科

弯棘双线鲔

Paradiplogrammus curvispinis

伊豆半岛东岸，伊豆诸岛，和歌山县串本，高知县柏岛。

栖息于水深10米左右被岩礁包围的沙底。在八丈岛常与伊豆鳍鲔生活在一起。稀有物种。与伊豆鳍鲔外形相似，很容易弄混。

雄性求爱　八丈岛
水深12m　长3.5cm

雄性　八丈岛
水深12m　长3cm

成年鱼　吕宋岛　水深10m　长15cm　宫地淳子

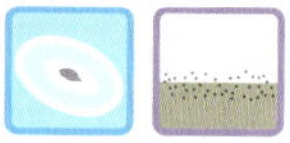

鼠鲔科

指鳍鲔

Dactylopus dactylopus

伊豆半岛西岸，爱媛县室手，琉球群岛；中国大陆及台湾地区，西太平洋（直到新几内亚东部；印度尼西亚南部除外）。

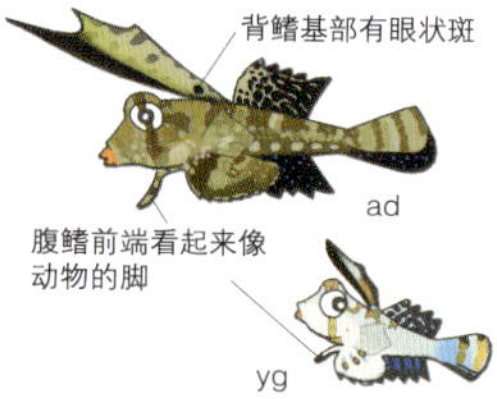

栖息于浅珊瑚礁周边的沙泥底。腹鳍前端像脚一样在海底行走。在日本为稀有物种。

幼鱼　吕宋岛
水深6m　长1cm　仓持英治

帕劳　水深5m　长6cm　水谷知世

鼠鲔科

花斑连鳍鲔

Pterosynchiropus splendidus

琉球群岛；东部印度洋~太平洋中部和西部的热带海域。

栖息于珊瑚礁的礁池、浅内湾处群生的枝状珊瑚的缝隙间。日落之前在固定的地方产卵。雌雄成对登上珊瑚枝，再上升受精。

产卵季　帕劳
水深5m　长6cm　水谷知世

鼠鰤科

饭岛氏新连鳍鰤

Neosynchiropus ijimae

北海道积丹半岛，新潟县~长崎县的日本海和东海沿岸，日本南部的太平洋沿岸，伊豆诸岛；济州岛。

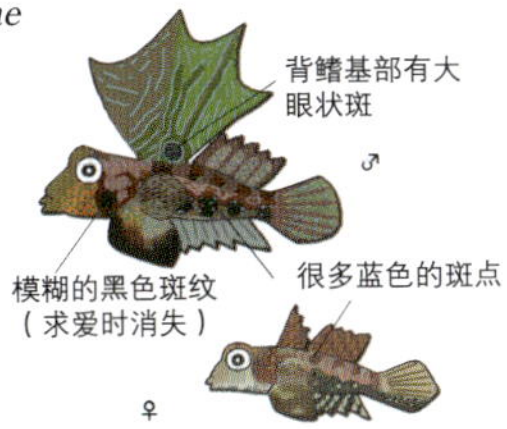

产卵季　伊豆半岛
水深5m　长8cm和6cm
桥本猛

栖息于浅岩礁周边的沙底或海藻丛生处。在同属的鱼中，此品种是最适应温带水域的。

雄性求爱　伊豆半岛
水深5m　长8cm　桥本猛

鼠鰤科

新连鳍鰤属的一种

Neosynchiropus sp.

伊豆大岛，静冈县下田，高知县勤崎，新潟县佐渡，岛根县隐岐。

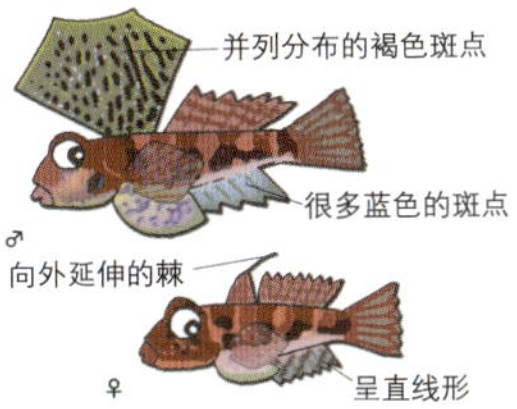

产卵季　伊豆大岛　水深20m　长10cm和7cm

栖息于水深20米左右岩礁周边的沙砾堆及沙砾底。在伊豆大岛很常见，5~7月为繁殖期。在其他地方为稀有物种。

雄性求爱　伊豆大岛
水深20m　长10cm

鼠鰤科

伊豆连鳍鰤

Minysynchiropus kiyoae

日本南部的太平洋沿岸，伊豆诸岛，小笠原群岛，屋久岛，琉球群岛；帕劳群岛。

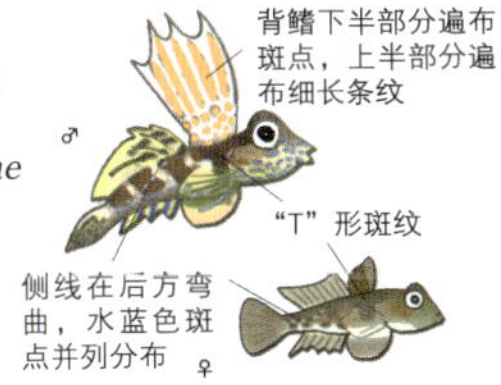

栖息于水深5米左右的浅岩礁的乱石带、岩石上和沙砾底。在八丈岛的繁殖期是4~6月。在繁殖期，雄性之间会争夺领地，所以活动非常活跃。

雄性求爱　八丈岛　水深6m　长4cm

产卵季　八丈岛
水深6m　长4cm和2.5cm

雌性　八丈岛
水深10m　长2.5cm

雄性求爱　八丈岛　水深15m　长8cm

鼠鲔科

毛氏新连鳍鲔

Neosynchiropus moyeri

日本南部的太平洋沿岸，伊豆诸岛，琉球群岛；帕劳群岛，澳大利亚西岸和西北岸。

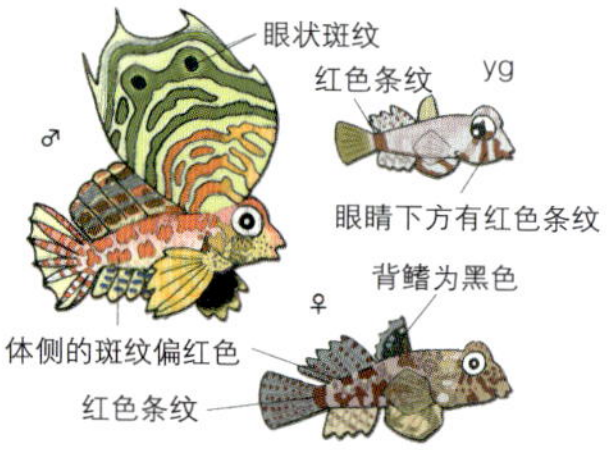

栖息于水深10米左右岩礁及珊瑚礁区域的沙砾底。在八丈岛的繁殖期是7~9月。太阳快落山时，雄性会依次向同一生活区里的多位雌性求爱并产卵。

产卵季　八丈岛
水深15m　长8cm和6cm

雌性　八丈岛
水深12m　长4cm

幼鱼　八丈岛
水深8m　长2.5cm　水谷知世

产卵季　八丈岛　水深16m　长6cm和5cm

鼠鲔科

莫氏新连鳍鲔

Neosynchiropus morrisoni

伊豆诸岛，高知县柏岛，福冈县津屋崎，屋久岛，琉球群岛；济州岛，中国台湾地区，太平洋中部和西部。

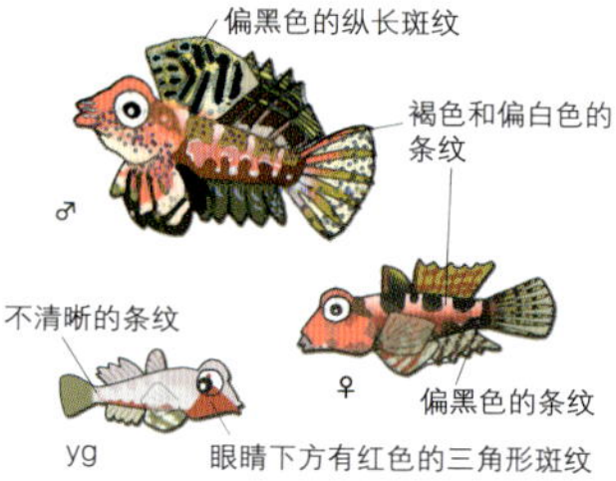

栖息于水深10米左右被岩礁包围的沙砾底、沙砾堆和乱石带。在八丈岛的繁殖期是7~9月。与毛氏新连鳍鲔相比，更喜欢在潮水流通较好区域的岩礁上产卵。

雄性求爱　八丈岛
水深16m　长6cm

雌性　八丈岛
水深12m　长4cm

幼鱼　八丈岛
水深10m　长2cm　水谷知世

鼠鲔科

眼斑新连鳍鲔

Neosynchiropus ocellatus

日本南部的太平洋沿岸，伊豆诸岛，屋久岛，琉球群岛；济州岛，中国台湾地区，越南，东印度~太平洋（澳大利亚西岸以东；夏威夷群岛、复活节岛除外）。

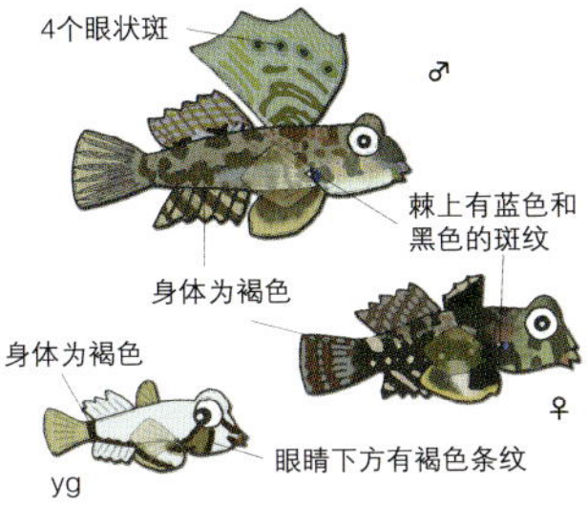

雄性求爱　八丈岛　水深5m　长8cm

产卵季　八丈岛
水深5m　长10cm和7cm

雌性　八丈岛
水深5m　长7cm

雌性　八丈岛
水深4m　长6cm

幼鱼　八丈岛
水深5m　长2cm

栖息于水深5米以内的浅岩礁、乱石带和岩屑堆。在八丈岛的繁殖期是10~11月。与毛氏新连鳍鲔和饭岛氏新连鳍鲔外形相似，但是生活的水域比它们稍浅，可以以此辨别。

虾虎鱼科

鞍带凡塘鳢

Valenciennea wardii

千叶县~爱媛县的太平洋沿岸，伊豆大岛，奄美大岛，琉球群岛；中国，印度~西太平洋（直至新喀里多尼亚，含红海；赤道附近除外）。

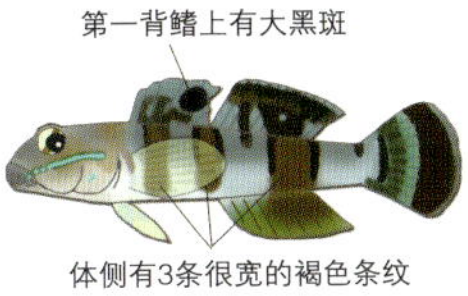

栖息于内湾的岩礁、珊瑚礁区域的沙砾底、沙泥底。将小石块和贝壳堆积起来做成洞穴。

伊豆半岛
水深22m　长12cm
山本敏

八丈岛　水深25m　长8cm

虾虎鱼科

双带凡塘鳢

Valenciennea helsdingenii

日本南部的太平洋沿岸，八丈岛，琉球群岛；中国台湾和香港地区，印度~西太平洋（含红海），马克萨斯群岛。

单独或成对栖息于岩礁周边混着沙砾的沙底、珊瑚礁外缘混着珊瑚砾的沙底。

成年鱼　八丈岛
水深2m　长12cm

虾虎鱼科

长鳍凡塘鳢

Valenciennea longipinnis

八丈岛，静冈县西伊豆，和歌山县，屋久岛，琉球群岛；西太平洋。

单独或成对栖息于河口及内湾的淡水区、混着沙砾的沙泥底。在八丈岛浅内湾的沙泥底偶尔能看到此品种。

幼鱼　八丈岛
水深6m　长3cm

八丈岛　水深26m　长14cm

虾虎鱼科

大鳞凡塘鳢

Valenciennea puellaris

日本南部的太平洋沿岸，八丈岛，小笠原群岛，屋久岛，琉球群岛；中国台湾地区，印度~西太平洋（含红海；波斯湾除外）。

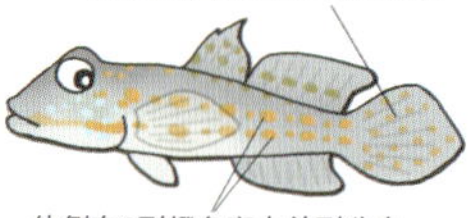

单独或成对栖息于内湾珊瑚礁周边的沙底。幼鱼在日本南部的太平洋沿岸为季节洄游鱼，很少出现。

虾虎鱼科

六斑凡塘鳢

Valenciennea sexguttata

和歌山县串本，屋久岛，琉球群岛；中国台湾地区，印度~西太平洋（含红海；马里亚纳群岛除外）。

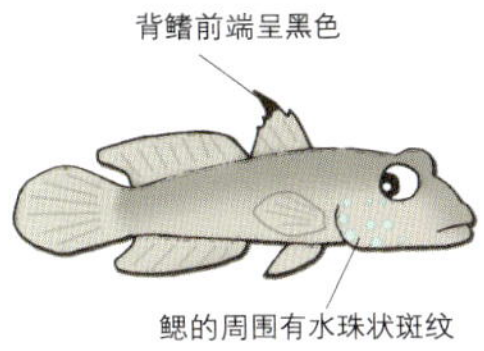

成对栖息于水深10米以内的内湾、混着沙砾的沙底及沙泥底。

宿务岛　水深6m　长16cm

虾虎鱼科

红条凡塘鳢

Valenciennea strigata

日本南部的太平洋沿岸，伊豆诸岛，小笠原群岛，屋久岛，琉球群岛；中国台湾地区，印度~太平洋（直至土阿莫土群岛；红海、波斯湾、夏威夷群岛除外）。

单独或成对栖息于内湾的岩礁及珊瑚礁周边的沙底。幼鱼在日本南部的太平洋沿岸为季节洄游鱼，很少出现。在八丈岛岩礁区域看到的多是头部黄色很浓、接近橙色的品种；在珊瑚礁区域看到的是黄色较浅的品种。

八丈岛
水深12m　长12cm和10cm

虾虎鱼科

横带锯鳞虾虎鱼

Priolepis cincta

日本南部的太平洋沿岸，伊豆诸岛，小笠原群岛，屋久岛，琉球群岛；中国台湾和香港地区，印度~西太平洋（含红海），加罗林群岛，菲尼克斯群岛，萨摩亚群岛。

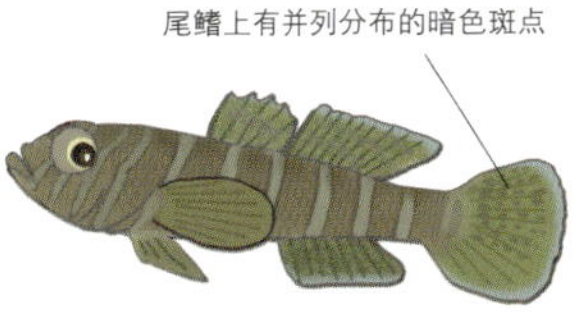

栖息于岩礁、珊瑚礁的岩石缝隙和裂缝中以及珊瑚块下方。平时一般在岩石侧面和洞穴顶部不动，但是有浮游生物过来时，会游过去捕食。

八丈岛　水深8m　长4cm

八丈岛　水深15m　长6cm

虾虎鱼科

明仁锯鳞虾虎鱼

Priolepis akihitoi

千叶县~高知县的太平洋沿岸，伊豆诸岛，小笠原群岛，长崎县香烧，西表岛；澳大利亚，新喀里多尼亚。

栖息于岩礁和珊瑚礁的岩石缝隙、裂缝中以及珊瑚块下方。比同属的横带锯鳞虾虎生活的海域更深。

石垣岛　水深36m　长4cm　多罗尾拓也

虾虎鱼科

深水锯鳞虾虎鱼

Prioleois profunda

石垣岛，西表岛；菲律宾群岛，泰国湾，苏拉威西岛，婆罗洲岛，小苏丹群岛，澳大利亚，新几内亚岛。

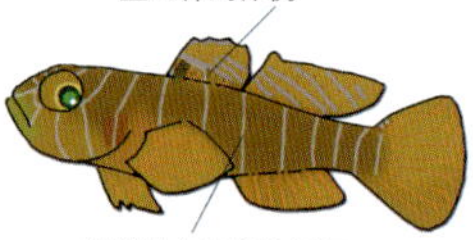

栖息于稍深珊瑚礁外缘的珊瑚块及珊瑚砾下。

吕宋岛　水深6m　长2.5cm

虾虎鱼科

黑肚矶塘鳢

Eviota atriventris

屋久岛，久米岛，西表岛；中国台湾地区，西太平洋，澳大利亚西北部。

数条散布在内湾珊瑚礁周边的沙砾堆及岩石根部的低洼处。

虾虎鱼科

利安矶塘鳢

Eviota toshiyuki

伊豆诸岛，小笠原群岛，和歌山县串本，高知县柏岛，屋久岛，琉球群岛。

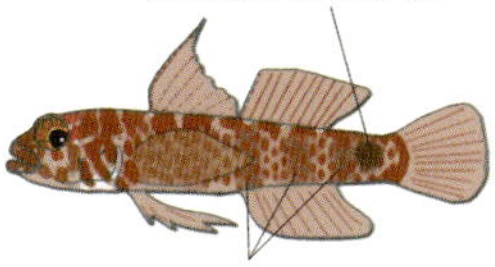

栖息于岩礁、珊瑚礁区域的岩石和珊瑚礁根部、珊瑚砾处。

八丈岛　水深10m　长2.5cm　石野昇太

虾虎鱼科

透休矶塘鳢

Eviota pellucida

八丈岛，石垣岛，马里亚纳群岛，吉尔伯特群岛，加罗林群岛，马绍尔群岛。

栖息于水深15米左右的岩礁区域。常出现在有利安矶塘鳢的珊瑚周边。

八丈岛　水深6m　长2cm　水谷知世

虾虎鱼科

细斑矶塘鳢

Eviota guttata

日本南部的太平洋沿岸，八丈岛，小笠原群岛，琉球群岛；中国台湾地区，西太平洋，加罗林群岛，萨摩亚群岛，西印度洋，红海。

栖息于水深10米左右的岩礁、珊瑚礁的岩石上及珊瑚礁根部周边。

八丈岛　水深8m　长2cm

奄美大岛　水深4m　长2cm　道罗英夫

虾虎鱼科

隐棘矶塘鳢

Eviota nigrispina

奄美大岛，加计吕麻岛，座间味岛，石垣岛，西表岛；民都洛岛。

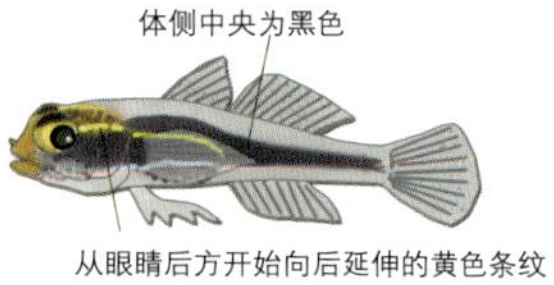

栖息于珊瑚礁外缘浅内湾的块状珊瑚上。

伊豆大岛　水深48m　长3cm　有马启人

虾虎鱼科

今井氏磨塘鳢

Trimma imaii

伊豆大岛。

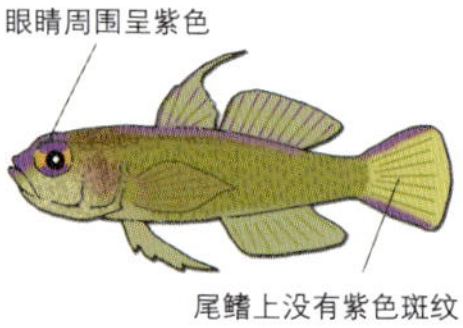

栖息于潮水流通较好区域水深39米以上的岩礁区域。喜欢生活在岩石根部侧面及裂缝处等稍暗的地方。

八丈岛　水深13m　长4cm

虾虎鱼科

冲绳磨塘鳢

Trimma okinawae

日本南部的太平洋沿岸，伊豆诸岛，小笠原群岛，九州西岸，屋久岛，琉球群岛；中国台湾地区，西太平洋，澳大利亚西北岸。

栖息于岩礁根部侧面、岩壁突出处附近、珊瑚礁外缘斜面根部及陡壁侧面等区域。

八丈岛
水深16m　长3.5cm

虾虎鱼科

大眼磨塘鳢

Trimma macrophthalma

日本南部的太平洋沿岸，伊豆诸岛，琉球群岛；印度~太平洋。

八丈岛　水深15m　长3cm

栖息于岩礁根部的侧面、岩壁突出处附近、珊瑚礁外缘斜面根部及陡壁侧面等区域。

虾虎鱼科

橘点磨塘鳢

Trimma annosum

八丈岛，静冈县浮岛，屋久岛，奄美大岛，西表岛；中国台湾地区，印度，太平洋。

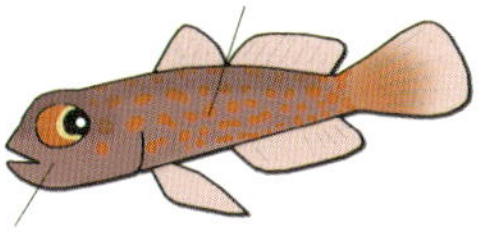

八丈岛　水深5m　长4cm

独居于水深10米以内内湾的岩礁、岩石侧面较暗的地方。

虾虎鱼科

诺氏磨塘鳢

Trimma nomurai

冲绳岛，水纳岛，久米岛，伊江岛，西表岛；新喀里多尼亚。

柏岛　水深45m　长3cm　松野靖子

独居于潮水流通较好区域水深35~50米的珊瑚礁区域多石子的斜面或乱石上。稀有物种。

石垣岛　水深25m　长2cm　多罗尾拓也

虾虎鱼科

红小斑磨塘鳢

Trimma halonevum

高知县柏岛，冲绳岛，久米岛，伊江岛，石垣岛，西表岛；西太平洋。

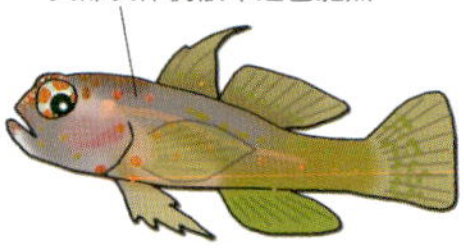

栖息于珊瑚礁外缘、水深20米左右混着沙子的乱石带及岩石的斜面上。

宿务岛　水深20m　长4cm　松下满俊

虾虎鱼科

黄纹磨塘鳢

Trimma fasciatum

久米岛；帕劳，塞班岛，宿务岛。

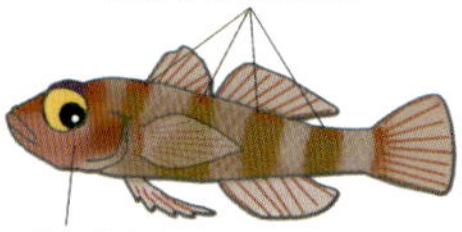

栖息于珊瑚礁外缘的陡壁处。此品种生活的环境中几乎没有其他的鱼类。为极稀有物种。

八丈岛　水深18m　长3.5cm

虾虎鱼科

红磨塘鳢

Trimma caesiura

八丈岛，静冈县富户，和歌山县串本，屋久岛，琉球群岛；西太平洋。

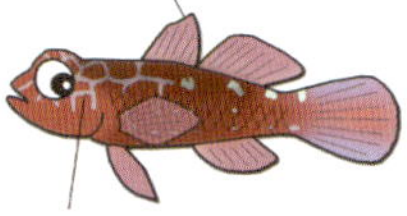

栖息于岩礁及珊瑚礁斜面、岩石根部侧面及下方、陡壁侧面的裂缝处。

虾虎鱼科

丝背磨塘鳢

Trimma naudei

屋久岛，琉球群岛；中国大陆及台湾地区，印度~西太平洋。

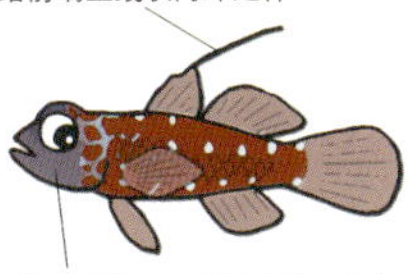

栖息于珊瑚礁的斜面、岩石根部侧面及下方、陡壁侧面及裂缝处。一般吸附在水底，定期浮上来捕食浮游类生物。

吕宋岛　水深15m　长3cm

虾虎鱼科

纵带矶塘鳢

Trimma grammistes

日本南部的太平洋沿岸，伊豆诸岛，新潟县~长崎县的日本海和东海沿岸，屋久岛；济州岛，中国台湾地区。

栖息于岩礁根部及岩壁突出处的侧面。此品种在磨塘鳢中是唯一适应温带水域的品种。

八丈岛　水深16m　长3cm

虾虎鱼科

久藤氏磨塘鳢

Trimma kudoi

伊豆大岛，静冈县富户，和歌山县田边湾，高知县柏岛，鹿儿岛县锦江湾，冲绳岛。

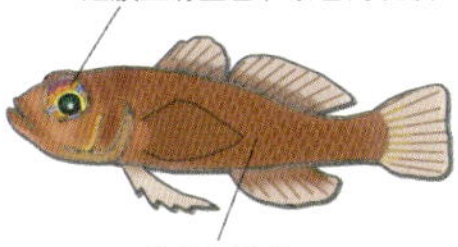

栖息于岩礁、珊瑚礁稍深岩礁的裂缝中。常见于稍暗的地方。警惕性很高，一旦觉察到危险，马上就会躲到岩石的裂缝中。

柏岛　水深23m　长3cm　西村欣也

柏岛　水深57m　长3cm　茑木伸明

虾虎鱼科

松井磨塘鳢

Trimma matsunoi

柏岛。

栖息于稍深的岩礁根部侧面的岩壁上及低洼处、沙底的岩石堆里。这是2014年才开始有记载的新品种，在特定区域才能看到。

八丈岛　水深40m　长3cm

虾虎鱼科

透明磨塘鳢

Trimma anaima

静冈县伊豆半岛，和歌山县串本，八丈岛，屋久岛，琉球群岛；西太平洋。

栖息于稍深的岩礁及珊瑚礁外缘斜面的根部及陡壁侧面。

八丈岛　水深5m　长2.5cm

虾虎鱼科

雅典磨塘鳢

Trimma maiandros

八丈岛，屋久岛，宝岛，琉球群岛；西太平洋，加罗林群岛，马绍尔群岛，萨摩亚群岛。

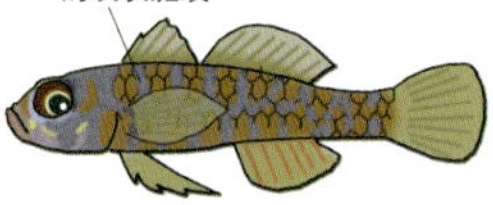

栖息于水深6~25米的珊瑚礁岩石上或珊瑚周边。在八丈岛，偶尔能在岩壁突出处的根部下方的稍暗处见到它们。

虾虎鱼科

本氏磨塘鳢

Trimma benjamini

西表岛；西太平洋，加罗林群岛，马绍尔群岛。

宿务岛　水深15m　长3cm　宫地淳子

栖息于水深15米左右的珊瑚礁的岩石及珊瑚周边。因眼睛周围一圈的环状白条纹看起来像戴了一副眼镜，因此日本名为“眼睛虾虎鱼”。

虾虎鱼科

底斑磨塘鳢

Trimma caudomaculatum

八丈岛，和歌山县串本，高知县柏岛，屋久岛，琉球群岛；中国台湾地区。

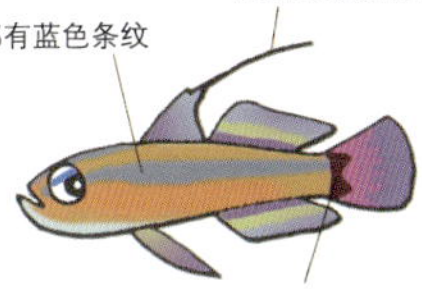

八丈岛　水深15m　长3cm

栖息于珊瑚礁外缘的斜面、岩礁根部的侧面、岩壁突出处附近、陡壁侧面。常用腹部朝向洞穴的顶部。

虾虎鱼科

金黄磨塘鳢

Trimma flavatrum

琉球群岛；西太平洋，萨摩亚群岛。

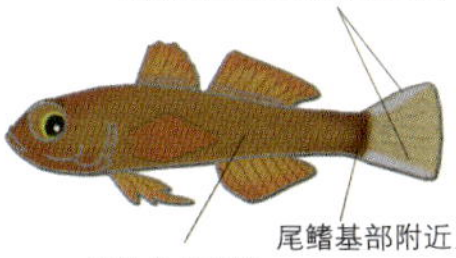

石垣岛
水深7m　长2.5cm
惣道敬子

群居于珊瑚礁的大洞穴中、岩壁突出处的根部侧面暗处及裂缝中。多数时间悬浮着一动不动。

伊豆大岛　水深56m　长3cm　有马启人

虾虎鱼科

尾斑磨塘鳢

Trimma caudipunctatum

伊豆大岛，静冈县富户，高知县柏岛，冲绳岛，久米岛；帕劳群岛。

栖息于潮水流通较好区域的岩礁及珊瑚礁外缘水深40米以上的水域。喜欢在岩壁突出处的侧面及裂缝中等稍暗的地方活动。与同种的今井氏磨塘鳢生活环境相似，但此品种生活的水域更偏南。

八丈岛　水深15m　长3cm

虾虎鱼科

泰勒氏磨塘鳢

Trimma taylori

静冈县大濑崎，和歌山县，八丈岛，琉球群岛；印度~太平洋中部。

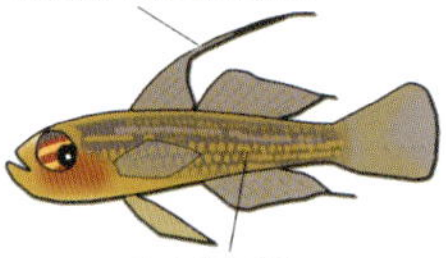

栖息于潮水流通较好区域的岩礁根部及珊瑚礁外缘陡壁侧面的暗处，在洞穴和裂缝的入口附近会聚集很多泰勒氏磨塘鳢。

宿务岛　水深20m　长3cm　渡边美雪

虾虎鱼科

橘黄磨塘鳢

Trimma milta

高知县柏岛，屋久岛，琉球群岛；西太平洋，社会群岛，澳大利亚西北岸。

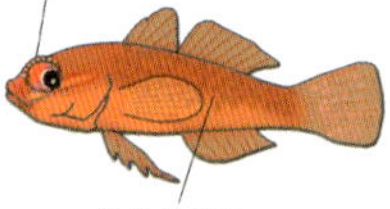

栖息于岩礁及珊瑚礁的外缘和根部侧面的裂缝中及低洼处、岩壁突出处附近。

虾虎鱼科

斑鳍纺锤虾虎鱼

Fusigobius signipinnis

屋久岛，琉球群岛；西太平洋。

栖息于珊瑚礁的岩屑堆、沙堆、混着珊瑚砾的沙底。两边的鳍像纺锤一样，因得此名。

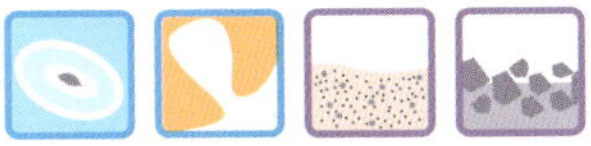

西表岛
水深6m　长3cm
水谷知世

虾虎鱼科

蛇首高鳍虾虎鱼

Pterogobius elapoides

北海道东南岸~长崎县的日本海和东海沿岸，日本本州的太平洋沿岸；朝鲜半岛。

成群在内湾的浅岩礁处浮游。温带种。生活在太平洋沿岸的品种身上有6条条纹，生活在日本沿海的品种身上有7条条纹。

伊豆半岛
水深3m　长10cm
道罗英夫

虾虎鱼科

白带高鳍虾虎鱼

Pterogobius zonoleucus

青森县~鹿儿岛县的日本海和东海沿岸，日本南部的太平洋沿岸；朝鲜半岛。

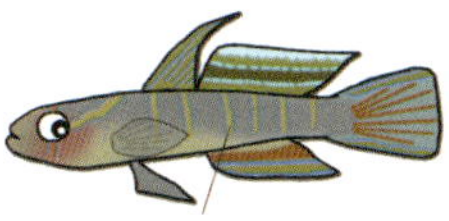

成群在海浪汹涌的浅岩礁的海藻层浮游。温带种。

青海岛　水深7m　长7cm　和泉裕二

吕宋岛　水深10m　长10cm

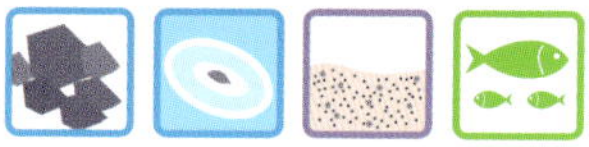

虾虎鱼科

斜带钝塘鳢

Amblyeleotris diagonalis

日本南部的太平洋沿岸，屋久岛，琉球群岛；印度~西太平洋。

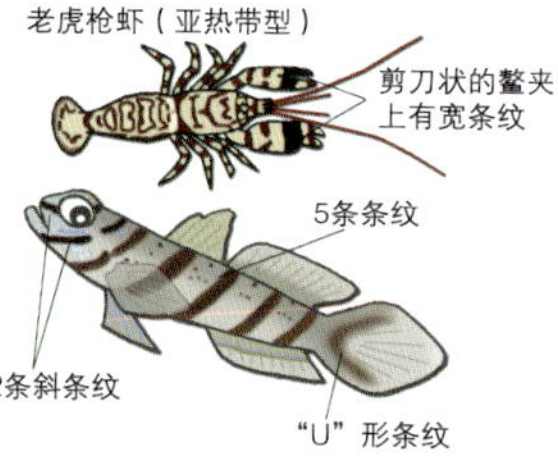

栖息于内湾及珊瑚礁斜面、混着沙砾的沙底和沙泥底。与枪虾共生。老虎枪虾分为温带型、亚热带型、热带型3种，此品种多与亚热带型及热带型共生。

吕宋岛
水深25m　长18cm
水谷知世

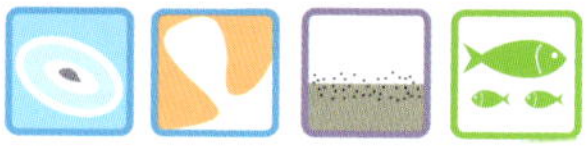

虾虎鱼科

福氏钝塘鳢

Amblyeleotris fontanesii

和歌山县串本，屋久岛，琉球群岛；中国台湾地区，西太平洋的热带海域。

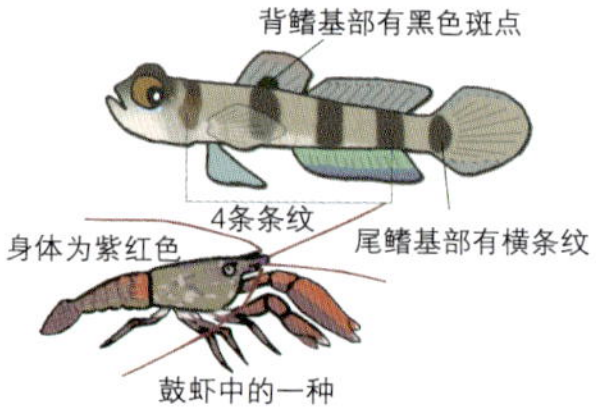

独居于内湾水深15~35米的沙泥底。在虾虎鱼科中属于体型较大的品种。与鼓虾中的一种共生。

吕宋岛　水深15m　长12cm

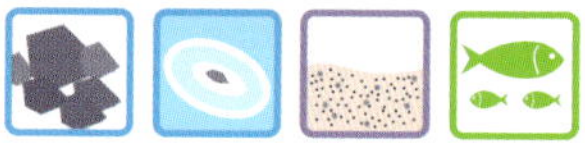

虾虎鱼科

点纹钝塘鳢

Amblyeleotris guttata

日本南部的太平洋沿岸，伊豆大岛，屋久岛，琉球群岛；中国台湾地区，西太平洋。

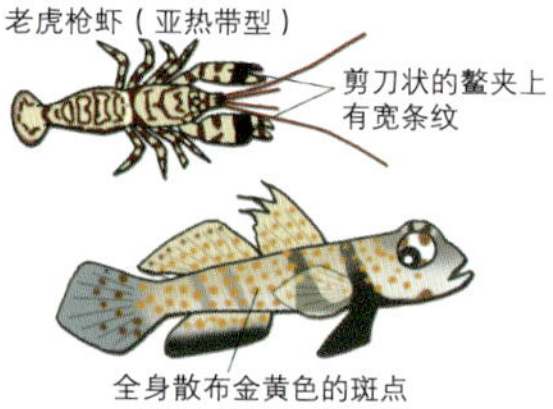

栖息于珊瑚礁斜面混着沙砾的沙底、陡壁下的沙底。与枪虾共生。老虎枪虾分为温带型、亚热带型、热带型3种，此品种多与亚热带型及热带型共生。

虾虎鱼科

日本钝塘鳢

Amblyeleotris japonica

日本南部的太平洋沿岸，伊豆诸岛，岛根县隐岐，长崎县东海沿岸，屋久岛。

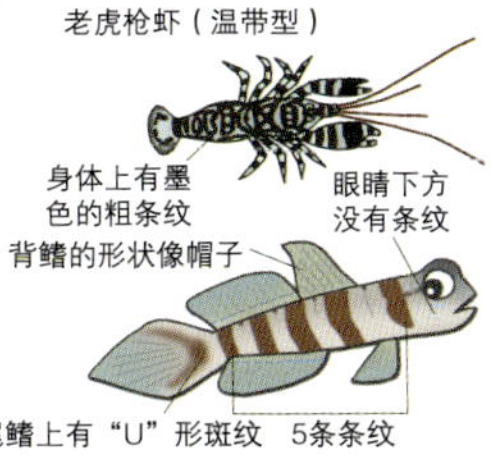

八丈岛　水深15m　长15cm

栖息于内湾、岩礁区域混着沙砾的沙底、沙泥底。主要与老虎枪虾共生，也有的与红纹枪虾共生。老虎枪虾分为温带型、亚热带型、热带型3种，此品种多与温带型共生。在八丈岛，多与亚热带型共生。

伊豆半岛
水深12m　长8cm　猪股裕之

虾虎鱼科

琉球钝塘鳢

Amblyeleotris masuii

奄美大岛，加计吕麻岛，冲绳岛，石垣岛，西表岛。

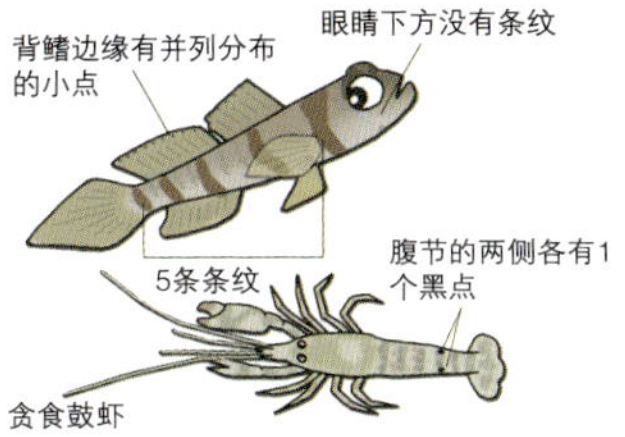

西表岛
水深15m　长8cm
水谷知世

栖息于水深35~55米、珊瑚礁斜面的沙泥底和混着沙砾的沙底。与贪食鼓虾共生，在一些环境下也会与鼓虾中的一种共生。

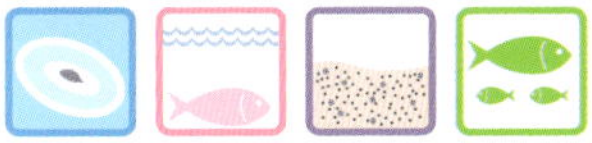

虾虎鱼科

小笠原钝塘鳢

Amblyeleotris ogasawarensis

伊豆诸岛，小笠原群岛，高知县，屋久岛，琉球群岛；西太平洋。

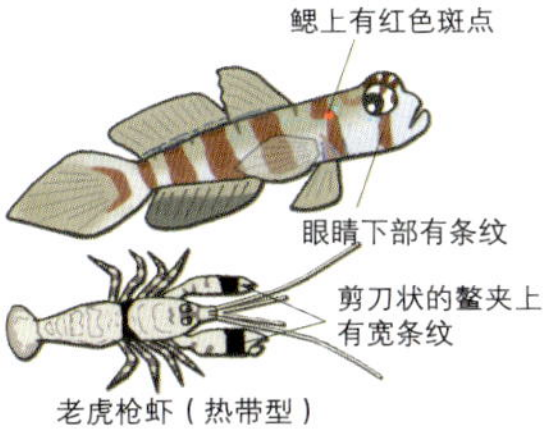

屋久岛　水深12m　长5cm　原崎森

栖息于20~35米、珊瑚礁区域混着沙砾的沙底。与老虎枪虾共生。老虎枪虾分为温带型、亚热带型、热带型3种，此品种多与亚热带型及热带型共生。

吕宋岛　水深15m　长12cm

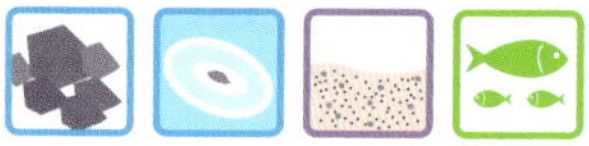

虾虎鱼科

圆眶钝塘鳢

Amblyeleotris periophthalma

日本南部的太平洋沿岸，伊豆大岛，屋久岛，琉球群岛；中国台湾地区，印度~西太平洋。

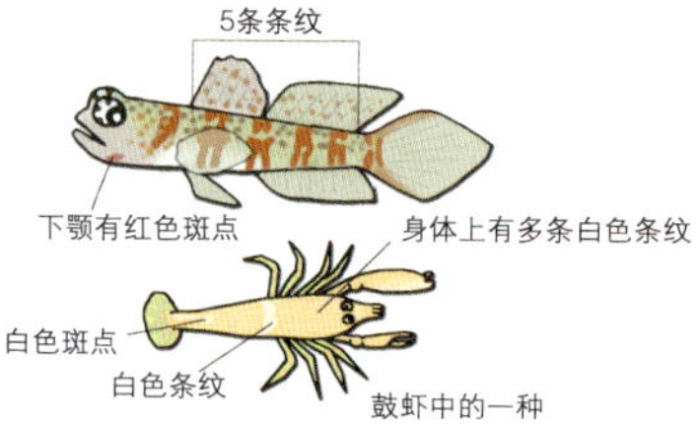

栖息于内湾珊瑚礁周边的沙底及珊瑚礁斜面混着沙砾的沙底。主要与鼓虾共生，在有些地方也与其他的虾类共生。

八丈岛　水深25m　长12cm

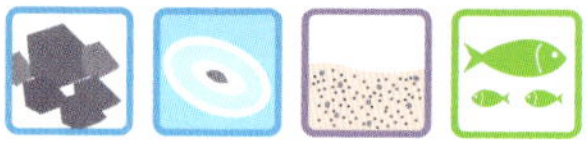

虾虎鱼科

威氏钝塘鳢

Amblyeleotris wheeleri

日本南部的太平洋沿岸，伊豆诸岛，小笠原群岛，屋久岛，琉球群岛；中国台湾地区，印度~西太平洋。

栖息于岩礁周边的沙底、珊瑚礁外缘的沙底。主要与鼓虾共生，有时也与老虎枪虾共生。在八丈岛的威氏钝塘鳢全都是与鼓虾共生的。

帕劳　水深10m　长15cm

虾虎鱼科

史氏钝塘鳢

Amblyeleotris steinitzi

八丈岛，屋久岛，琉球群岛；中国台湾地区，印度~西太平洋。

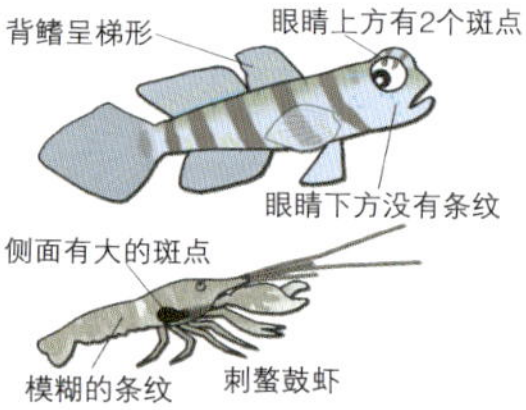

栖息于内湾的珊瑚礁周边及珊瑚礁斜面的沙底。与鼓虾共生，环境不同，与之共生的虾类也不同。

虾虎鱼科

兰道氏钝塘鳢

Amblyeleotris randalli

琉球群岛；中国台湾地区，西太平洋。

栖息于珊瑚礁外缘陡壁的根部侧面暗处以及混着沙砾的沙堆。主要与鼓虾及一些还未被命名的虾类共生，在不同的区域和环境中，也会与其他的虾类共生。

吕宋岛　水深25m　长15cm

虾虎鱼科

亚诺钝塘鳢

Amblyeleotris yanoi

伊豆诸岛，高知县以南的太平洋沿岸，琉球群岛；菲律宾群岛，印度尼西亚，帕劳群岛，马绍尔群岛，斐济群岛。

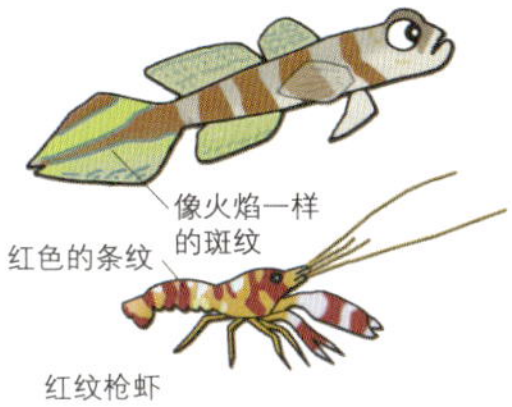

栖息于水深25~35米的珊瑚礁区域混着沙砾的沙底。主要与红纹枪虾共生。

八丈岛　水深12m　长12cm

虾虎鱼科

黑头钝塘鳢

Amblyeleotris melanocephala

高知县，琉球群岛；印度尼西亚，菲律宾。

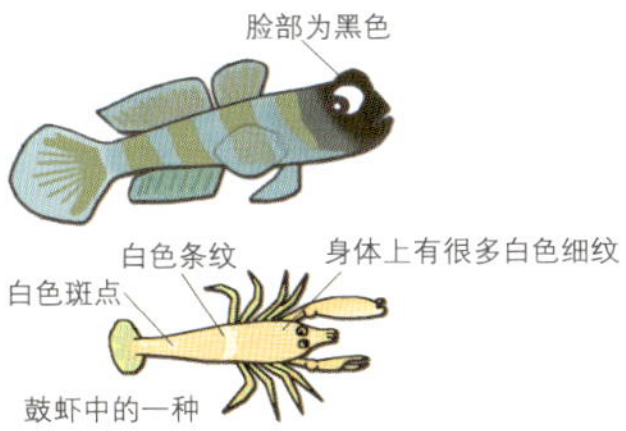

栖息于水深20~50米的内湾混着沙砾的沙底和沙泥底。主要与鼓虾共生，有时也与红纹枪虾共生。

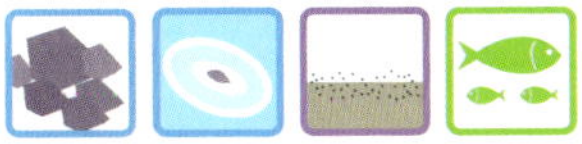

柏岛
水深35m　长10cm
西村直树

西表岛　水深5m　长6cm　水谷知世

虾虎鱼科

华丽钝虾虎鱼

Amblygobius decussatus

八重山群岛；印度~西太平洋。

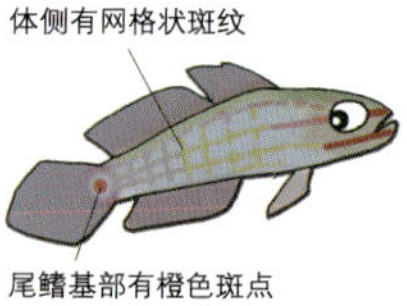

独居或成对栖息于内湾珊瑚礁周边混着沙砾的沙泥底。

八丈岛　水深7m　长6cm

虾虎鱼科

钝塘鳢属的一种

Amblygobius sp.

八丈岛，和歌山县，屋久岛，口永良部岛，琉球群岛；中国台湾地区，西太平洋。

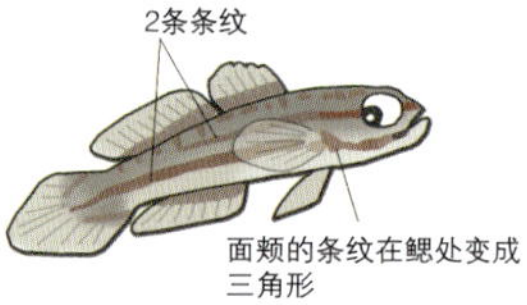

独居或成对栖息于河川口及内湾的珊瑚礁周边混着沙砾的沙泥底。

八丈岛　水深8m　长4cm

虾虎鱼科

海氏钝虾虎鱼

Amblygobius hectori

八丈岛，和歌山县，琉球群岛；中国台湾地区，印度~西太平洋（含红海）。

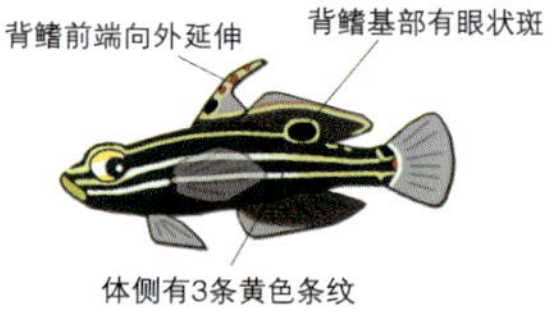

栖息于内湾的珊瑚礁根部周边、岩屑堆等地。单独浮游。在八丈岛只有左侧照片唯一一个记录。可能是偶然漂过来的。

虾虎鱼科

尾斑钝虾虎鱼

Amblygobius phalaena

日本南部的太平洋沿岸，八丈岛，屋久岛，琉球群岛；中国台湾和香港地区，印度~太平洋（红海、夏威夷群岛、复活节岛除外）。

独居或成对栖息于珊瑚礁的浅沙砾底。幼鱼生活在咸淡水域，在日本南部的太平洋沿岸为季节洄游鱼，很少出现。

八丈岛
水深6m　长10cm

虾虎鱼科

蛾钝虾虎鱼

Amblygobius sphynx

西表岛；印度~西太平洋。

独居或成对栖息于内湾的沙泥底。在日本只生活在西表岛，为稀有物种。

吕宋岛　水深10m　长15cm

虾虎鱼科

金黄虾虎

Cryptocentrus cinctus

八重山群岛；印度~西太平洋。

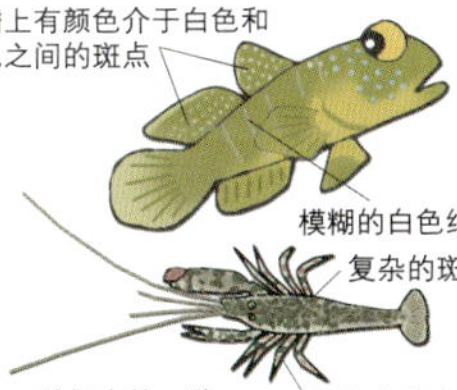

栖息于内湾的浅沙底、沙砾底、沙泥底。与河神雕等栖息于内湾沙底的枪虾共生。

帕劳　水深16m　长6cm

黄化个体　帕劳　水深15m　长7cm

虾虎鱼科

尖牙虾虎鱼

Cryptocentrus sericus

奄美大岛，琉球群岛；中国，安达曼海，澳大利亚。

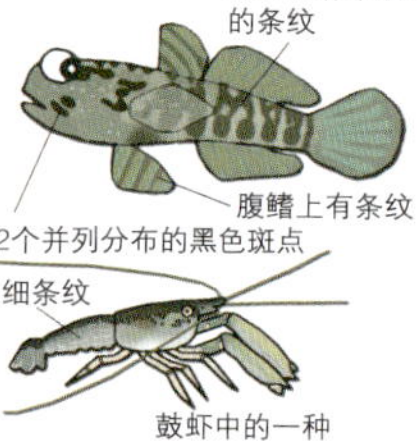

栖息于内湾的珊瑚礁周边混着沙砾的沙底及沙泥底。在水深10~50米的水域活动。主要与贪食鼓虾等栖息于内湾沙底的虾类共生。

帕劳
水深15m　长7cm

吕宋岛　水深25m　长6cm

虾虎鱼科

富山虾虎鱼属的一种

Tomiyamaichthys sp.

伊豆大岛，高知县，屋久岛，琉球群岛；婆罗洲岛，菲律宾群岛。

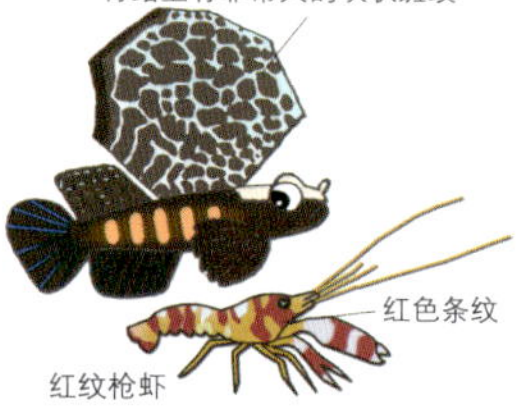

栖息于水深30米以上珊瑚礁斜面的沙砾底。主要与红纹枪虾及老虎枪虾（亚热带型、热带型）共生。

柏岛
水深7m　长10cm
西村直树

虾虎鱼科

黄吻连膜虾虎鱼

Stonogobiops xanthorhinica

日本南部的太平洋沿岸，伊豆诸岛，冲绳县濑底岛；西太平洋。

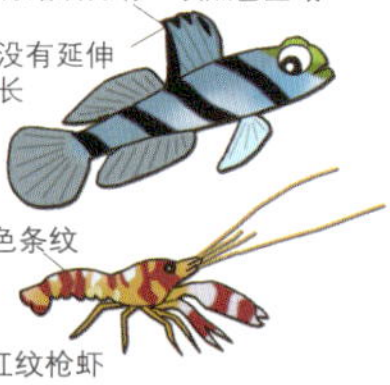

独居或成对栖息于内湾混着沙砾的沙底及沙泥底。主要与红纹枪虾及老虎枪虾共生。

蓝碧岛
水深25m　长4cm　林洋子

虾虎鱼科

丝鳍连膜虾虎鱼

Stonogobiops nematodes

日本南部的太平洋沿岸，三宅岛，琉球群岛；西太平洋。

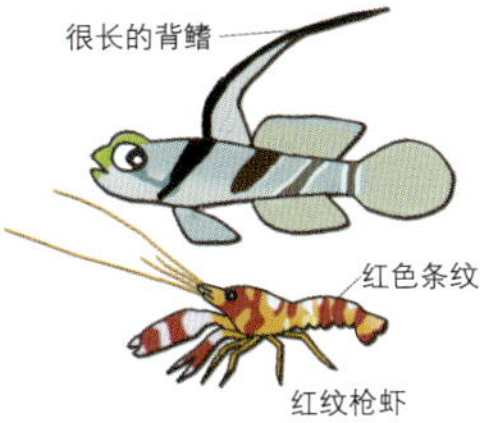

栖息于岩礁及珊瑚礁的斜面、混着沙砾的沙底。主要与红纹枪虾及老虎枪虾共生。

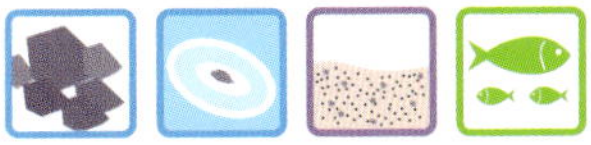

奄美大岛
水深24m　长4cm
仓持佐智子

虾虎鱼科

五带连膜虾虎鱼

Stonogobiops pentafasciata

静冈县富户、大濑崎，高知县柏岛。

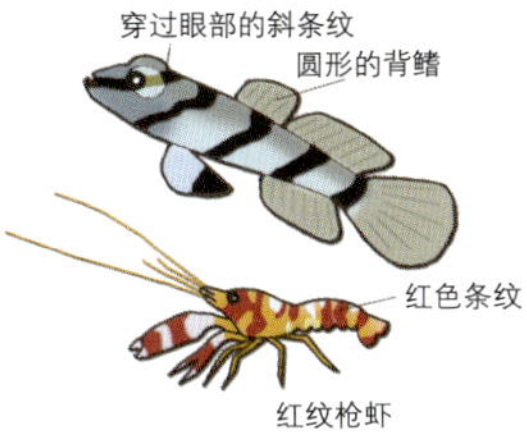

栖息于潮水流通较好区域的沙底。只在日本有。主要与红纹枪虾共生，也有些与老虎枪虾及贪食鼓虾共生。

柏岛　水深27m　长5cm　林洋子

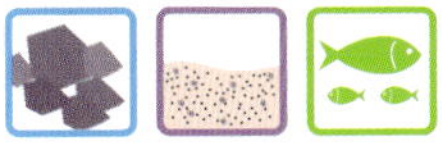

虾虎鱼科

红带连膜虾虎鱼

Stonogobiops yasha

伊豆诸岛，高知县柏岛，琉球群岛；西太平洋。

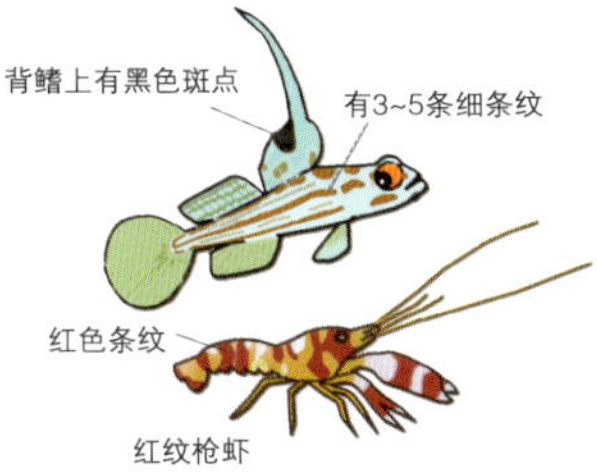

独居或成对栖息于内湾混着沙砾的沙底。主要与红纹枪虾共生，在巢穴上成对悬浮。

奄美大岛
水深15m　长5cm
仓持佐智子

吕宋岛　水深18m　长8cm

虾虎鱼科

背斑梵虾虎鱼

Vanderhorstia ambanoro

静冈县大濑崎，和歌山县串本，屋久岛，琉球群岛；中国台湾地区，印度~西太平洋。

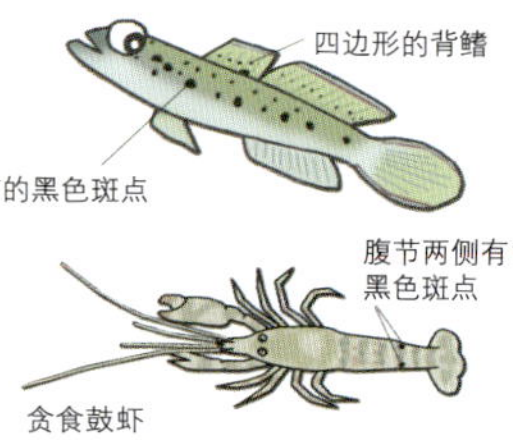

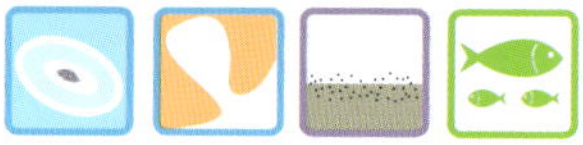

独居或成对栖息于内湾珊瑚礁的沙泥底。与贪食鼓虾、枪虾等喜欢沙泥质环境的虾类共生。

屋久岛　水深12m　长6cm　原崎森

虾虎鱼科

梵虾虎鱼属的一种1

Vanderhorstia sp.1

日本南部的太平洋沿岸，小笠原群岛，屋久岛，琉球群岛。

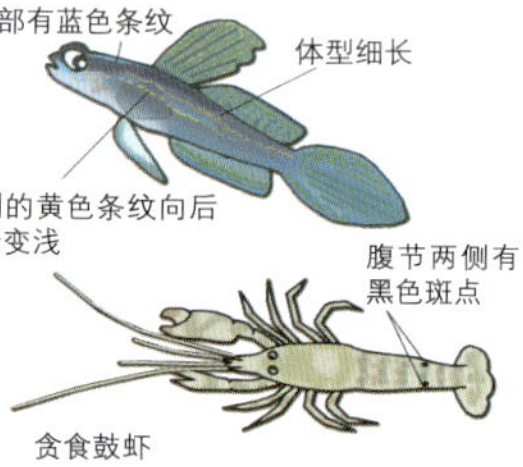

独居或成对栖息于内湾的泥底或沙泥底。与贪食鼓虾等喜欢泥质环境的虾类共生。

八丈岛　水深6m　长5cm　水谷知世

虾虎鱼科

梵虾虎鱼属的一种2

Vanderhorstia sp.2

八丈岛，和歌山县串本，屋久岛，琉球群岛；婆罗洲岛，巴厘岛，塞班岛。

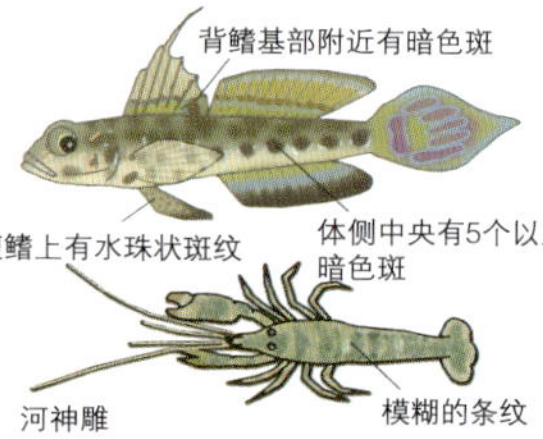

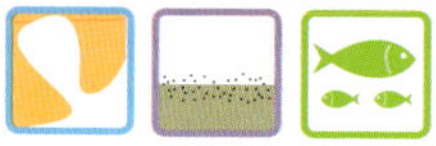

栖息于内湾及河口区域的沙泥底、珊瑚礁区域沙底的藻层。与贪食鼓虾及河神雕共生。在八丈岛常见于湾内水深5米的粉粒质的沙泥底。

虾虎鱼科

木琦氏梵虾虎鱼

Vanderhorstia kizakura

伊豆大岛，高知县柏岛，奄美大岛，冲绳岛，久米岛。

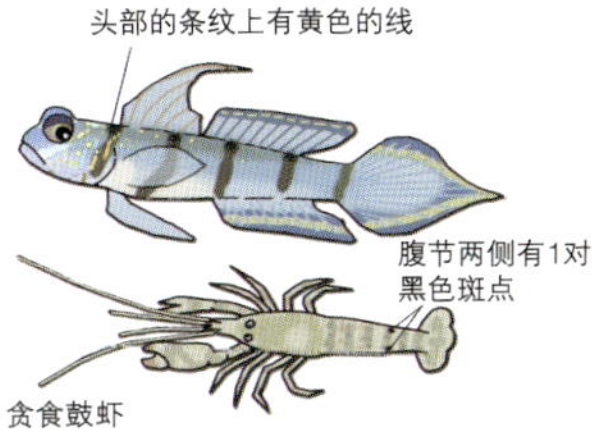

栖息于水深30米以上的岩礁及珊瑚礁的沙底、沙砾底。主要与长指鼓虾共生。

柏岛　水深35m　长7cm　中野诚志

虾虎鱼科

蓝纹梵虾虎鱼

Vanderhorstia cyanolineata

冲绳岛，西表岛；巴厘岛。

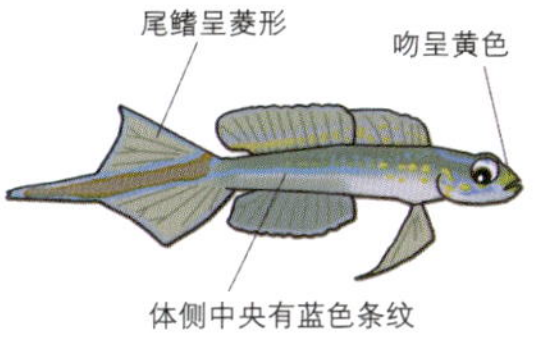

生活在内湾深处稍深的泥底、沙泥底等粉粒质环境中。是否与拥有多个洞穴的虾共生，这一点还有待考证。

冲绳岛　水深36m　长3cm　茑木伸明

虾虎鱼科

富山虾虎鱼

Tomiyamichthys oni

日本南部的太平洋沿岸，伊豆诸岛，小笠原群岛，岛根县隐岐，长崎县东海沿岸，琉球群岛；西太平洋的热带海域。

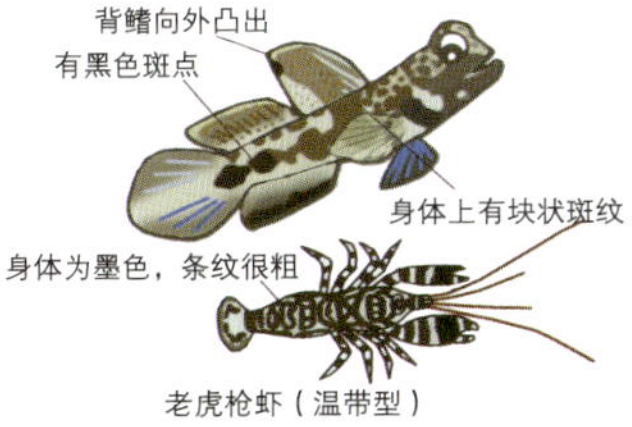

栖息于内湾的沙底、沙砾底和沙泥底。是只在日本生活的品种。主要与老虎枪虾（温带型、亚热带型）共生。

柏岛
水深15m　长12cm
常见真纪子

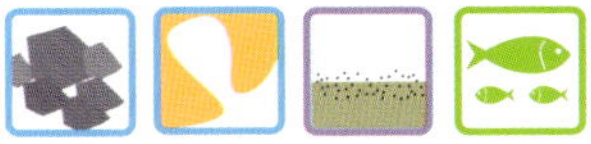

八丈岛　水深15m　长3.5cm

虾虎鱼科

白头虾虎鱼

Lotilia graciliosa

八丈岛，和歌山县串本，屋久岛，琉球群岛；中国台湾地区，西太平洋的热带海域。

栖息于内湾的珊瑚礁及珊瑚礁外缘斜面、被岩石包围的沙堆处。与枪虾共生。如果枪虾从洞穴里出来，白头虾虎鱼就会在它们上方游动。

帕劳　水深2m　长2.5cm

虾虎鱼科

黄体叶虾虎鱼

Gobiodon okinawae

和歌山县以南的日本南部的太平洋沿岸，琉球群岛；印度~太平洋。

独居或群居于内湾的浅珊瑚礁、礁池的枝状珊瑚的缝隙之间。

成年鱼　八丈岛　水深13m　长4cm

虾虎鱼科

五线叶虾虎鱼

Gobiodon quinquestrigatus

日本南部的太平洋沿岸，八丈岛，小笠原群岛，屋久岛，琉球群岛；中国台湾地区，印度~西太平洋。

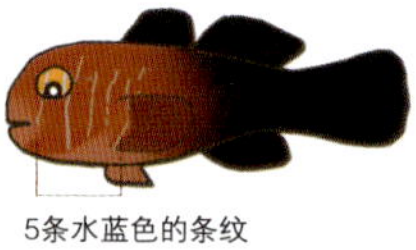

成对栖息于内湾的珊瑚礁和礁池处，以及造礁珊瑚的珊瑚枝之间。

幼鱼　八丈岛
水深15m　长3cm

虾虎鱼科

腋斑叶虾虎鱼

Gobiodon axillaris

小笠原群岛，和歌山县以南的太平洋沿岸，屋久岛，奄美大岛，琉球群岛；塞班岛，斐济群岛，桑特岛。

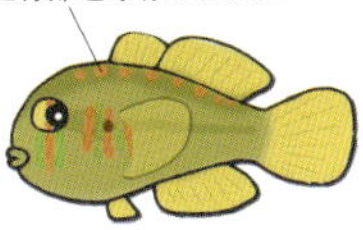

成对栖息于海浪汹涌的岩礁、珊瑚礁处，以及造礁珊瑚的珊瑚枝之间。

八丈岛　水深4m　长3cm

虾虎鱼科

短身裸叶虾虎

Lubricogobius exiguus

日本南部的太平洋沿岸，兵库县日本海沿岸，九州西岸；中国台湾地区北部，宿务岛，马伯尔岛，苏拉威西岛，巴厘岛。

独居或成对栖息于水深15米左右内湾的沙泥底。将藤壶的壳及双壳贝的壳作为自己的洞穴，也有的会把空瓶子和空罐子作为洞穴。

伊豆半岛　水深15m　长2.5cm　仓持英治

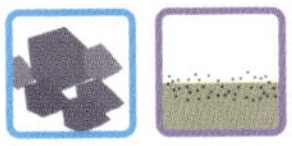

虾虎鱼科

琉球群岛裸叶虾虎鱼

Lubricogobius dinah

冲绳岛，石垣岛；巴布亚新几内亚。

独居或成对栖息于水深35米以上、珊瑚礁外缘陡壁之下的沙砾底。

冲绳本岛　水深18米　长3cm　田崎庸一

八丈岛　水深30m　长3cm

虾虎鱼科

鲍氏腹瓢虾虎鱼

Pleurosicya boldinghi

日本南部的太平洋沿岸，伊豆诸岛，久米岛；新几内亚岛，澳大利亚西岸，索马里，蒙巴萨。

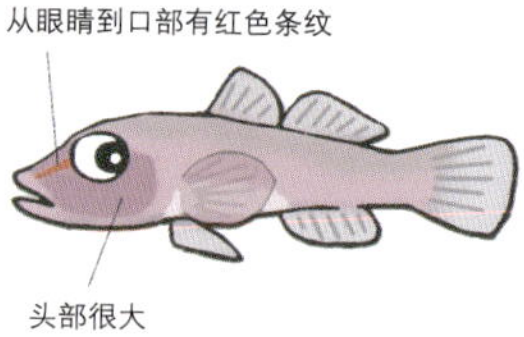

独居或成对栖息于岩礁及珊瑚礁外缘斜面上的海鸡冠珊瑚上。在八丈岛，海鸡冠珊瑚一般生活在水深30米左右的水域，因此，此品种也生活在较深的水域。

八丈岛　水深17m　长3cm

虾虎鱼科

莫桑比克腹瓢虾虎鱼

Pleurosicya mossambica

日本南部的太平洋沿岸，伊豆诸岛，屋久岛，琉球群岛；中国台湾地区，印度~西太平洋（含红海）。

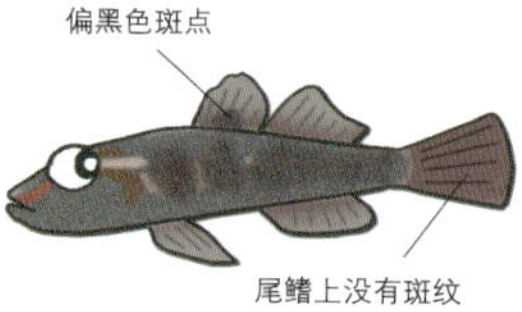

附着在岩礁斜面、岩石根部和珊瑚礁周边的海鸡冠珊瑚、海绵、海藻、珊瑚等生物的上面。

八丈岛　水深15m　长2.5cm

虾虎鱼科

米氏腹瓢虾虎鱼

Pleurosicya micheli

日本南部的太平洋沿岸，八丈岛，屋久岛，琉球群岛；中国台湾地区，西太平洋，夏威夷群岛，塞舌尔群岛。

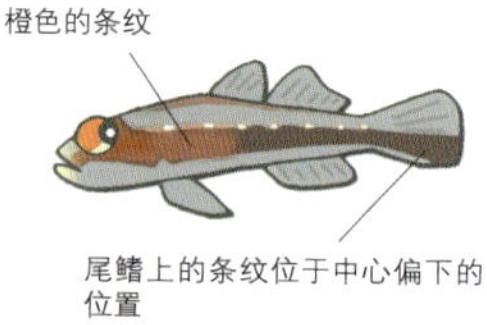

附着在岩礁和珊瑚礁区域的枝状珊瑚上。在八丈岛，常附着在红番砗磲及长砗磲上。

八丈岛
水深12m　长2cm

虾虎鱼科

粗唇腹瓢虾虎鱼

Pleurosicya labiata

八丈岛，和歌山县串本，高知县柏岛，西表岛；菲律宾群岛，印度尼西亚，澳大利亚，斯里兰卡。

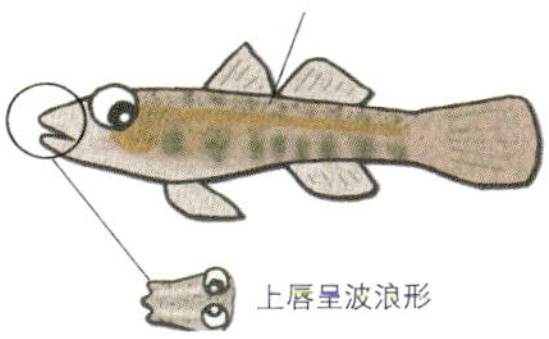

栖息于如中国南海海绵这样的壶状海绵上。常见于岩礁及珊瑚礁外缘的斜面上。

八丈岛　水深15m　长3cm

海绵

虾虎鱼科

勇氏珊瑚虾虎鱼

Bryaninops yongei

日本南部的太平洋沿岸，八丈岛，屋久岛，琉球群岛；济州岛，中国台湾地区，印度~西太平洋。

独居或成对附着在角珊瑚上，角珊瑚常在潮水流通较好区域的岩礁及珊瑚礁外缘斜面处生长。

八丈岛　水深25m　长2.5cm

日本角珊瑚类

虾虎鱼科

狭鳃珊瑚虾虎鱼

Bryaninops amplus

日本南部的太平洋沿岸，八丈岛，小笠原群岛，屋久岛，琉球群岛；太平洋中部和西部。

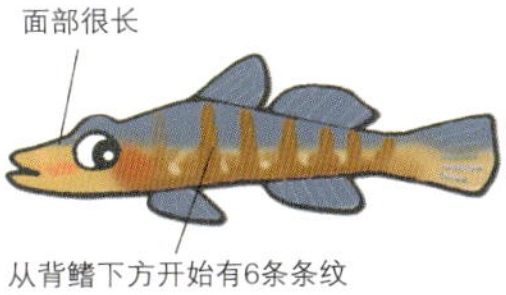

独居或成对附着在海鞭类珊瑚上，这类珊瑚多在潮水流通较好区域的岩礁及珊瑚礁外缘斜面及陡壁处生长。在八丈岛只附着在白芦茎珊瑚上。

八丈岛　水深27m　长4cm

柳珊瑚类

庆良间　水深8m　长2cm　片桐佳江

虾虎鱼科

漂游珊瑚虾虎鱼

Bryaninops natans

屋久岛，琉球群岛；中国台湾地区，印度~太平洋（含红海）。

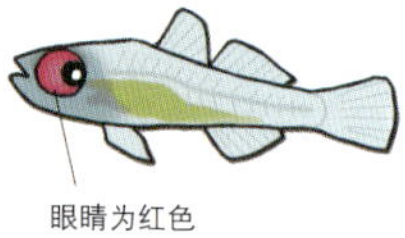

群居于内湾的珊瑚礁及礁池的枝状造礁珊瑚上。一旦觉察到危险，就会躲到珊瑚枝中。

柏岛　水深9m　长2.5cm　村杉畅子

虾虎鱼科

格氏异翼虾虎鱼

Discordipinna griessingeri

和歌山县串本，高知县柏岛，屋久岛，琉球群岛；印度~太平洋（含红海）。

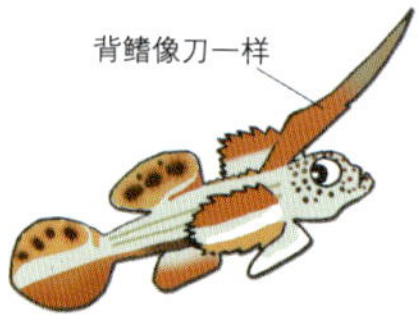

栖息于浅珊瑚礁中死亡的珊瑚片和珊瑚砾堆积的岩屑堆中。白天几乎不出来，太阳落山以后会出来活动。

柏岛　水深40m　长4cm　渡边美雪

虾虎鱼科

细丝异翼虾虎鱼

Discordipinna filamentosa

高知县柏岛，久米岛，冲绳本岛；婆罗洲岛。

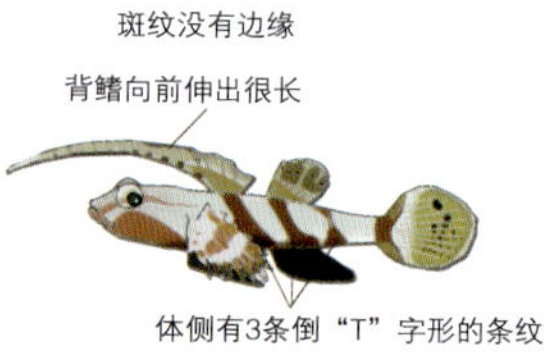

栖息于水深40米以上的岩礁和珊瑚礁外缘的沙底和珊瑚砾处。扇动着大胸鳍缓慢地向前游动。大多数时间都附着在大岩石和珊瑚砾石下一动不动。

虾虎鱼科

美丽虾虎鱼属的一种

Tryssogobius sp.

八重山群岛。

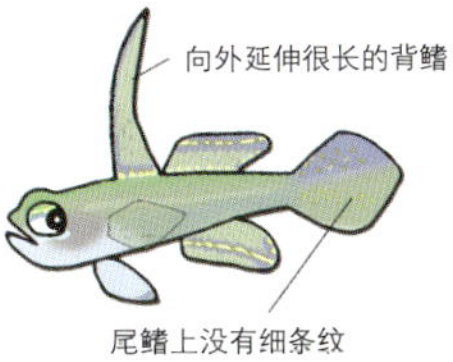

栖息于珊瑚礁斜面的沙砾及混着死亡的珊瑚砾的沙泥底和岩屑堆。是一种生活在水深45~55米水域的深海物种。

西表岛　水深35m　长3.5cm　水谷知世

凹尾塘鳢科

大口线塘鳢

Nemateleotris magnifica

日本南部的太平洋沿岸，伊豆诸岛，小笠原群岛，屋久岛，琉球群岛；中国台湾地区，印度~太平洋（红海除外）。

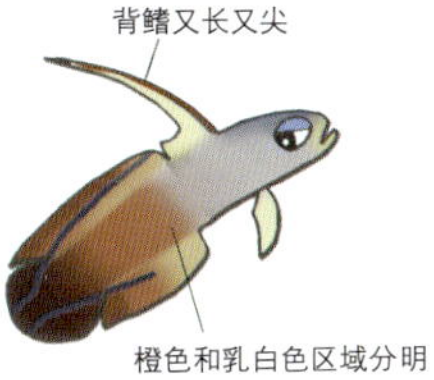

成对栖息于潮水流通较好区域的岩礁斜面、珊瑚礁斜面。越年轻的个体越喜欢群居，在八丈岛常可以看到30条以上的大口浅塘鳢组成的群体。在水底有小洞穴，一旦觉察到危险，立刻就会躲进洞穴中。

八丈岛　水深18m　长6cm

凹尾塘鳢科

华丽线塘鳢

Nemateleotris decora

伊豆诸岛，静冈县富户，高知县柏岛，屋久岛，琉球群岛；中国台湾地区，印度~西太平洋（毛里求斯群岛以东）。

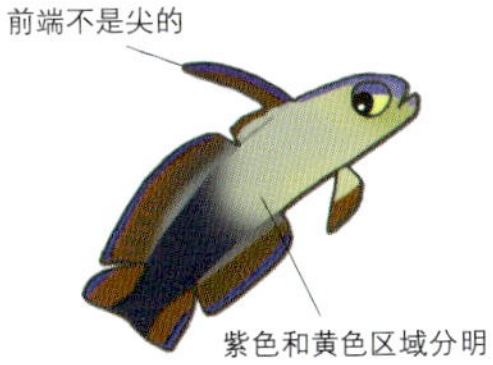

成对栖息于水深40米以上的潮水流通较好区域的岩礁斜面、珊瑚礁外缘斜面和沙砾底处。

八丈岛　水深50m　长6cm

八丈岛　水深55m　长6cm

凹尾塘鳢科

赫氏线塘鳢

Nemateleotris helfrichi

八丈岛，小笠原群岛，高知县柏岛，奄美大岛，八重山群岛；太平洋中部和西部（直至土阿莫土群岛；夏威夷群岛除外）。

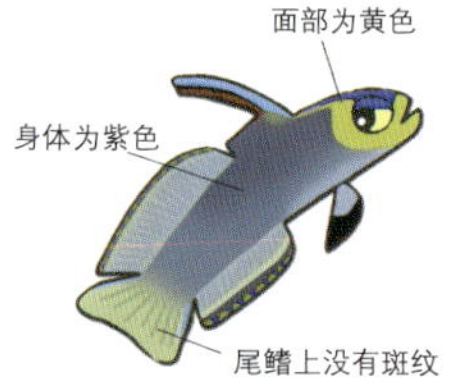

成对栖息于水深40米以上的珊瑚礁外缘的斜面和沙砾底。有小洞穴，一般悬浮在洞穴周围，一旦觉察到危险，马上就会躲进去。在日本多栖息于小笠原群岛，在其他区域很少见。

成年鱼　八丈岛　水深10m　长8cm

凹尾塘鳢科

黑尾鳍塘鳢

Ptereleotris evides

日本南部的太平洋沿岸，八丈岛，小笠原群岛，屋久岛，琉球群岛；中国台湾地区，印度~西太平洋（含红海，直至奥斯特拉尔岛；夏威夷群岛除外）。

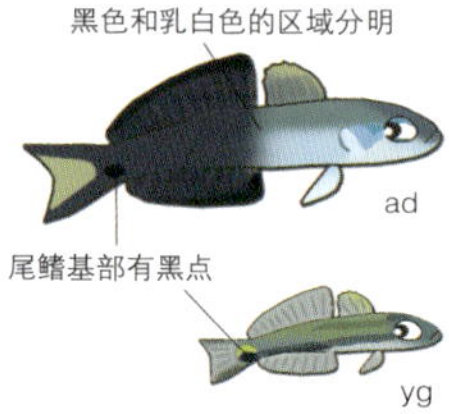

成对栖息于潮水流通较好区域的岩礁斜面和沙砾底、珊瑚礁外缘上。幼鱼喜欢大规模群居。在日本南部的太平洋沿岸，有很多随海水游过来的幼鱼，幼鱼属于季节洄游鱼。

幼鱼　八丈岛　水深8m　长3cm

吕宋岛　水深40m　长12cm

凹尾塘鳢科

纵带鳍塘鳢

Ptereleotris grammica

伊豆大岛，静冈县富户，高知县柏岛，屋久岛，琉球群岛；菲律宾群岛，印度尼西亚，新几内亚岛，新不列颠岛。

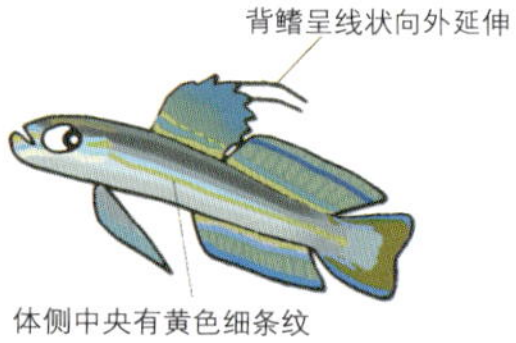

成对栖息于水深40米以上的潮水流通较好区域的岩礁斜面、珊瑚礁斜面、沙砾底及沙底。

凹尾塘鳢科

丝尾鳍塘鳢

Ptereleotris hanae

日本南部的太平洋沿岸，伊豆诸岛，富山湾，九州西岸和西北岸，屋久岛，朝鲜半岛，萨摩亚群岛。

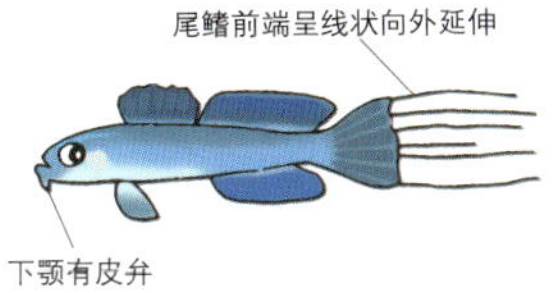

成对栖息于浅岩礁、靠近珊瑚礁的沙砾底或沙泥底。与线塘鳢和短脊鼓虾共生在洞穴中。与线塘鳢一样，为鼓虾放哨。温带种。

伊豆大岛　水深25m　长15cm　林洋子

凹尾塘鳢科

细鳞凹尾塘鳢

Ptereleotris microlepis

日本南部的太平洋沿岸，伊豆诸岛，屋久岛，琉球群岛；中国台湾地区，印度~西太平洋（含红海，直至土阿莫土群岛；夏威夷群岛除外）。

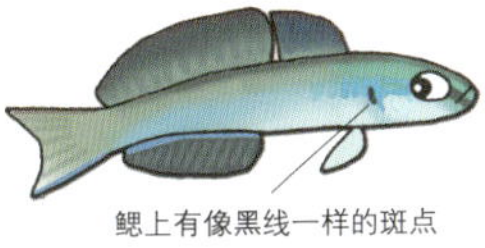

成对栖息于内湾的浅珊瑚礁、混着珊瑚砾的沙砾底、沙泥底等。越年轻的个体越喜欢群居，与黑尾鳍塘鳢和青虾虎的幼鱼一起活动。

八丈岛　水深5m　长7cm

凹尾塘鳢科

尾斑凹尾塘鳢

Ptereleotris heteroptera

日本南部的太平洋沿岸，伊豆诸岛，小笠原群岛，屋久岛，琉球群岛；济州岛，中国台湾地区，印度~西太平洋（含红海和夏威夷群岛，直至马克萨斯群岛）。

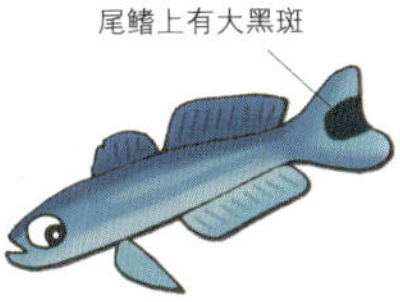

成对栖息或群居于岩礁斜面、珊瑚礁斜面、沙砾底。幼鱼在日本南部的太平洋沿岸为季节洄游鱼。

八丈岛　水深25m　长3cm

成年鱼　八丈岛　水深6m　长6cm

凹尾塘鳢科

斑马鳍塘鳢

Ptereleotris zebra

日本南部的太平洋沿岸，八丈岛，小笠原群岛，琉球群岛；中国台湾地区，印度~太平洋（含红海，直至马克萨斯群岛；夏威夷群岛除外）。

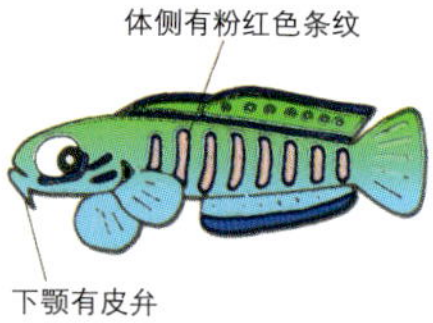

成对栖息于潮水流通较好区域的浅岩礁外缘上。幼鱼群居，在日本南部的太平洋沿岸为季节洄游鱼。

幼鱼　八丈岛
水深5m　长2.5cm

幼鱼　奄美大岛　水深5m　长3cm　田崎庸一

白鲳科

弯鳍燕鱼

Platax pinnatus

房总半岛，琉球群岛；朝鲜半岛南岸，中国台湾地区，东印度~西太平洋的热带海域。

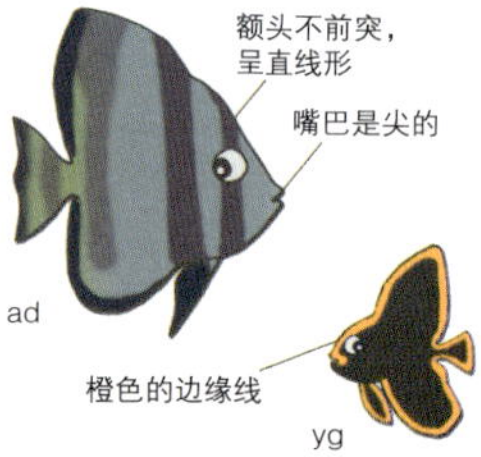

独居或群居于珊瑚礁的外缘斜面处。幼鱼独居于内湾及礁池的较浅区域。幼鱼全身为黑色，有橙色的边缘线，很像有毒的扁虫和海牛。

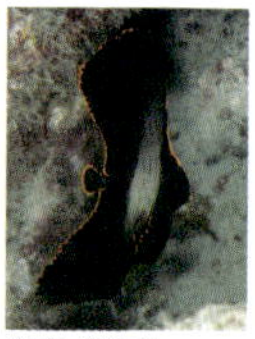

幼鱼 宿务岛
水深5m　长10cm　余吾涉

八丈岛　水深15m　长30cm

白鲳科

尖翅燕鱼

Platax teira

北海道以南的各地沿岸，伊豆诸岛，小笠原群岛，屋久岛，琉球群岛；朝鲜半岛南岸，中国大陆及台湾地区，印度~西太平洋（直至新几内亚东部）。

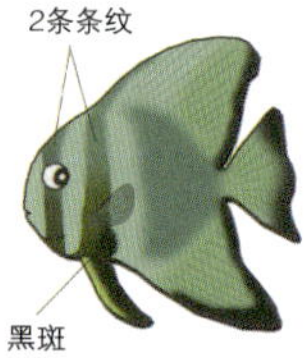

几十条或几百条群居于岩礁及珊瑚礁的中间层。青年鱼多群居于岩石根部附近。

青年鱼　八丈岛
水深5m　长25cm

篮子鱼科

单斑篮子鱼

Siganus unimaculatus

小笠原群岛，琉球群岛；中国台湾地区，菲律宾群岛，澳大利亚西北岸。

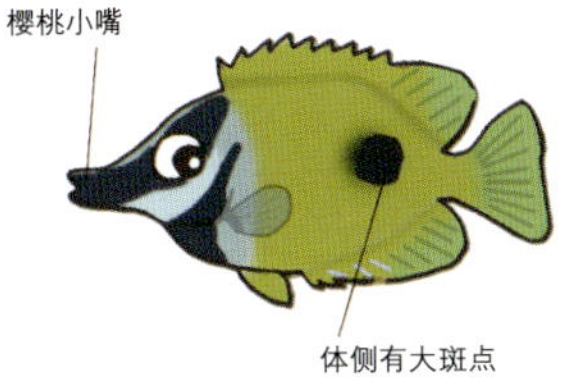

成对在珊瑚礁的外缘斜面及珊瑚礁上游泳。有时嘴里会冷不丁地喷出泡泡。

宿务岛　水深7m　长21cm

篮子鱼科

褐篮子鱼

Siganus fuscescens

青森县~九州的日本海、东海和太平洋沿岸，伊豆诸岛，小笠原群岛，琉球群岛；朝鲜半岛，中国大陆及台湾地区，东印度~西太平洋（马里亚纳群岛除外）。

栖息于沿岸的岩礁区域。幼鱼大规模群居在浅水域。幼鱼喜欢吃海藻，长大之后会吃甲壳类、多毛类动物，杂食。背鳍有毒。

八丈岛　水深18m　长35cm

篮子鱼科

蓝带篮子鱼

Siganus virgatus

口永良部岛，琉球群岛；中国台湾地区，越南，泰国湾，东印度~西太平洋（直至新几内亚岛东端，马里亚纳群岛除外）。

栖息于内湾的珊瑚礁处。平时多成对行动，有时也集体行动。主要以藻类为食。

吕宋岛　水深12m　长20cm

成年鱼　八丈岛　水深7m　长16cm

镰鱼科

角镰鱼

Zanclus cornutus

青森县以南的太平洋沿岸，山口县~鹿儿岛县的日本海和东海沿岸，伊豆诸岛，小笠原群岛，琉球群岛；济州岛，中国大陆及台湾地区，印度~泛太平洋。

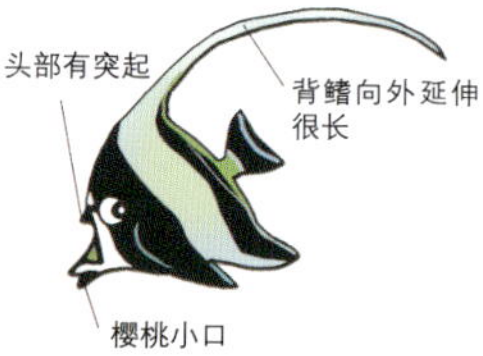

栖息于浅岩礁、礁池、内湾、珊瑚礁及珊瑚礁外缘处。与马夫鱼外形相似，区别在于此品种尾鳍为黑色。在八丈岛，平时多单独或小群体行动，到了冬季能看到几百条鱼一起行动。

幼鱼　八丈岛　水深8m　长5cm

巴荣纳岩　水深18m　长40cm

刺尾鱼科

球吻鼻鱼

Naso tonganus

硫磺岛，和歌山县白浜，琉球群岛；中国台湾地区，印度~西太平洋，密克罗尼西亚，萨摩亚群岛。

栖息于岩礁、珊瑚礁区域。小规模群居于珊瑚礁外缘潮水流通较好区域的中层。在日本为稀有物种。

巴荣纳岩　水深18m　长45cm

刺尾鱼科

洛氏鼻鱼

Naso lopezi

千叶县~和歌山县的太平洋沿岸，小笠原群岛，新潟县寺泊，屋久岛，琉球群岛；中国台湾地区，安达曼海，西太平洋。

栖息于岩礁、珊瑚礁区域。群居于珊瑚礁外缘潮水流通较好区域的中层。喜欢栖息在稍深的水域。

刺尾鱼科

青唇栉齿刺尾鱼

Ctenochaetus cyanocheilus

小笠原群岛；澳大利亚西岸，西太平洋，马绍尔群岛，菲尼克斯群岛，萨摩亚群岛。

在日本只生活在小笠原群岛，幼鱼为黄色，稀有物种。

幼鱼　八丈岛
水深10m　长3cm

小笠原　水深20m　长20cm　小林修一

刺尾鱼科

夏威夷群岛栉齿刺尾鱼

Ctenochaetus hawaiiensis

小笠原群岛，奄美大岛，八重山群岛；关岛，太平洋中部（复活节岛除外）。

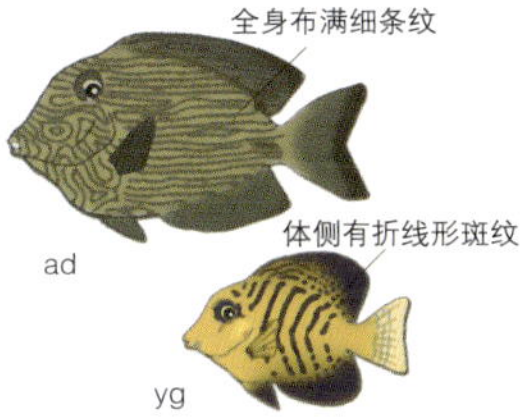

在日本只生活在小笠原群岛，幼鱼身体像迷宫一样，稀有物种。

小笠原　水深25m　长7cm　南俊夫

刺尾鱼科

横带刺尾鱼

Acanthurus triostegus

新潟县，日本南部的太平洋沿岸，八丈岛，小笠原群岛，琉球群岛；中国台湾地区，印度~泛太平洋（含红海），南非西岸。

栖息于内湾、浅珊瑚礁、珊瑚礁外缘的斜面处。幼鱼在日本南部的太平洋沿岸为季节洄游鱼。常与其他种类的幼鱼混泳。

幼鱼　八丈岛
水深1m　长2cm

成年鱼　八丈岛　水深2m　长6cm

成年鱼　八丈岛　水深15m　长25cm

刺尾鱼科

暗色刺尾鱼

Acanthurus mata

日本南部的太平洋沿岸，八丈岛，小笠原群岛，琉球群岛；中国台湾地区，印度~太平洋（夏威夷群岛、皮特凯恩岛以东除外）。

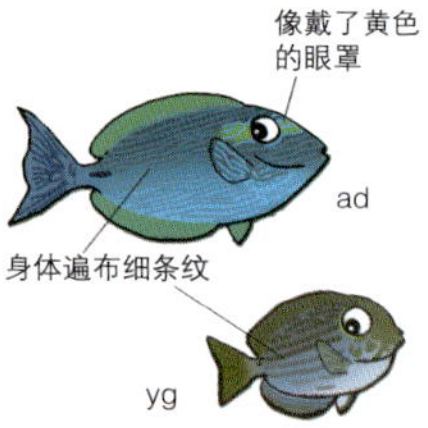

成群在潮水流通较好区域的岩礁根部或侧面、珊瑚礁外缘的斜面及陡壁的中层游动。幼鱼独居于内湾的浅水域。在日本南部的太平洋沿岸为不过冬的季节洄游鱼。

幼鱼　吕宋岛
水深3m　长3cm　水谷知世

八丈岛　水深16m　长15cm

刺尾鱼科

黄尾刺尾鱼

Acanthurus thompsoni

八丈岛，小笠原群岛，和歌山县，高知县，琉球群岛；中国台湾地区，南海，印度~太平洋（复活节岛除外）。

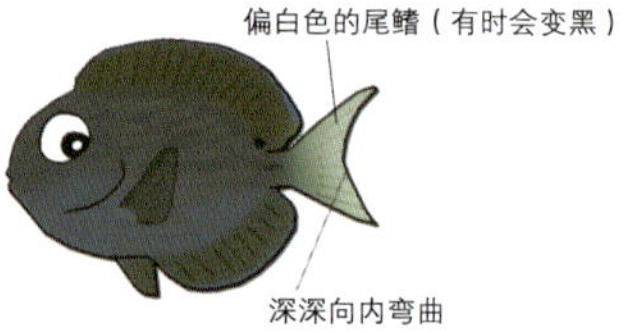

成群在潮水流通较好区域的珊瑚礁外缘及陡壁中层游动。在八丈岛，它们常在潮水流通较好区域的岩石根部外缘中层与金拟花鮨及黄斑光鳃雀鲷一起活动。

八丈岛　水深6m　长22cm

刺尾鱼科

白斑刺尾鱼

Acanthurus leucopareius

日本南部的太平洋沿岸，八丈岛，小笠原群岛，屋久岛，琉球群岛；中国台湾地区，太平洋中部和西部的热带海域。

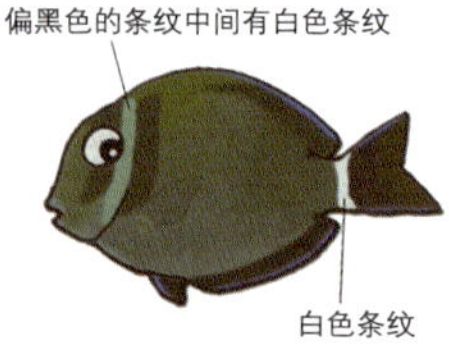

单独或成群在珊瑚礁海浪汹涌的较浅水域游动。

刺尾鱼科

斑点刺尾鱼

Acanthurus guttatus

和歌山县，琉球群岛；中国台湾地区，塞舌尔岛以东的印度洋~太平洋（复活节岛除外）。

群居于珊瑚礁海浪汹涌的较浅水域。身体上散布白点，看起来像水里的气泡，这样不易被敌人发现，从而保护自己。

塞班岛　水深2m　长15cm

刺尾鱼科

双斑刺尾鱼

Acanthurus nigrofuscus

日本南部的太平洋沿岸，伊豆诸岛，小笠原群岛，屋久岛，琉球群岛；中国台湾和香港地区，印度~太平洋（复活节岛除外）。

群居于浅岩礁、珊瑚礁周边的斜面、礁池等处。幼鱼在日本南部的太平洋沿岸为季节洄游鱼，栖息在较浅水域。

幼鱼　八丈岛
水深6m　长4cm

成年鱼　八丈岛　水深7m　长15cm

刺尾鱼科

纵带刺尾鱼

Acanthurus lineatus

日本南部的太平洋沿岸，八丈岛，小笠原群岛，九州西北岸，屋久岛，琉球群岛；中国台湾地区，印度~太平洋（红海、皮特凯恩群岛除外）。

独居或成群栖息于珊瑚礁外缘、海浪汹涌的较浅处。幼鱼多单独栖息于内湾的浅珊瑚礁及潮水洼地、潮间带。

八丈岛　水深6m　长7cm

成年鱼　帕劳　水深10m　长20cm

刺尾鱼科

黑鳃刺尾鱼

Acanthurus pyroferus

日本南部的太平洋沿岸，八丈岛，小笠原群岛，屋久岛，琉球群岛；中国台湾地区，东印度~太平洋（基林群岛以东；夏威夷群岛、皮特凯恩群岛以东除外）。

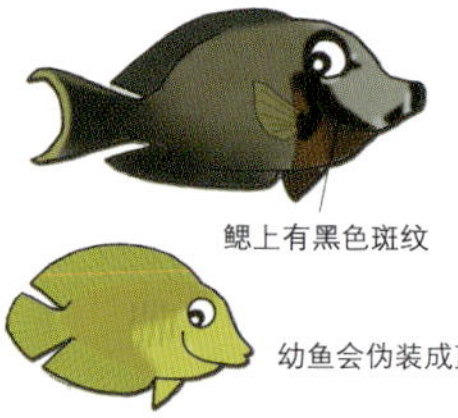

栖息于水深15米左右、潮水流通较好区域的岩礁及珊瑚礁周边的斜面上。为了伪装成福氏刺尻鱼，幼鱼游动很快。体色与黄刺尻鱼、海氏刺尻鱼及福氏刺尻鱼相似。

类似海氏刺尻鱼　八丈岛
水深15m　长4cm

福氏刺尻鱼　八丈岛
水深15m　长5cm

八丈岛
水深10m　长4cm

青年鱼　八丈岛　水深5m　长15cm

刺尾鱼科

栉齿刺尾鱼

Ctenochaetus striatus

日本南部的太平洋沿岸，八丈岛，小笠原群岛，屋久岛，琉球群岛；中国台湾地区，印度~太平洋（夏威夷群岛、马克萨斯群岛、复活节群岛除外）。

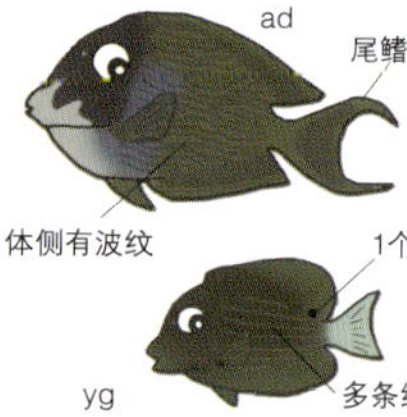

独居或群居于浅珊瑚礁及珊瑚礁的外缘斜面处。幼鱼在日本南部的太平洋沿岸为不过冬的季节洄游鱼。

成年鱼　帕劳
水深5m　长20cm

幼鱼　八丈岛
水深7m　长4cm

幼鱼　八丈岛
水深6m　长4cm

刺尾鱼科

日本刺尾鱼

Acanthurus japonicus

八丈岛，小笠原群岛，琉球群岛；中国台湾地区，菲律宾群岛，帕劳群岛，苏拉威西岛。

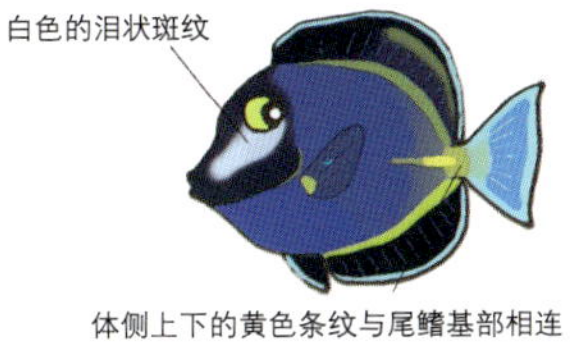

独居或群居于浅珊瑚礁周边的斜面及礁池等处。眼睛下方有白色的泪状斑纹，有时在一定的环境下也会消失。

八丈岛　水深12m　长10cm

刺尾鱼科

白面刺尾鱼

Acanthurus nigricans

和歌山县串本，高知县柏岛，八丈岛，小笠原群岛，琉球群岛；中国台湾地区，印度~泛太平洋（查戈斯群岛、基林群岛以东；拉帕岛除外）。

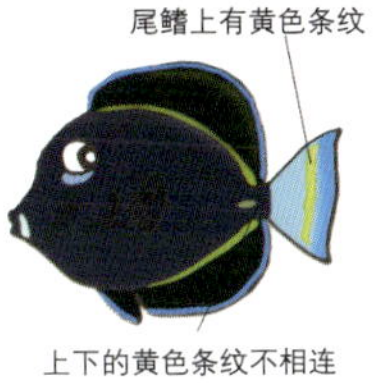

独居或群居于浅珊瑚礁处。外形与日本刺尾鱼相似，区别在于身体两侧的黄条纹是否相连。

八丈岛　水深5m　长10cm

刺尾鱼科

橙斑刺尾鱼

Acanthurus olivaceus

日本南部的太平洋沿岸，八丈岛，小笠原群岛，九州北岸，屋久岛，琉球群岛；中国台湾和香港地区，东印度~太平洋（安达曼海、基林群岛以东；复活节岛除外）。

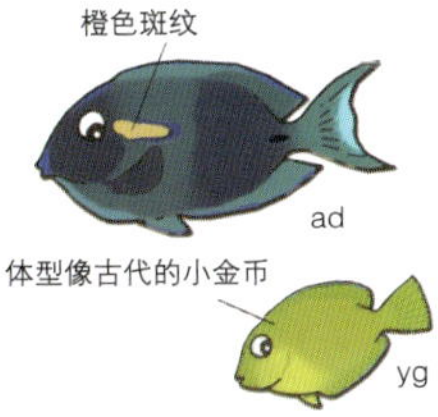

独居或群居于浅珊瑚礁处。幼鱼常伪装成警惕性很高的海氏刺尻鱼以保护自己，在日本南部的太平洋沿岸为季节洄游鱼。

幼鱼　八丈岛
水深8m　长3cm

成年鱼　八丈岛　水深12m　长25cm

成年鱼　八丈岛　水深18m　长30cm

刺尾鱼科

额带刺尾鱼

Acanthurus dussumieri

茨城县以南的太平洋沿岸，八丈岛，小笠原群岛，新潟县柿崎，九州北岸和西北岸，琉球群岛；济州岛，中国台湾和香港地区，印度~西太平洋，约翰斯顿岛，夏威夷群岛，莱恩群岛。

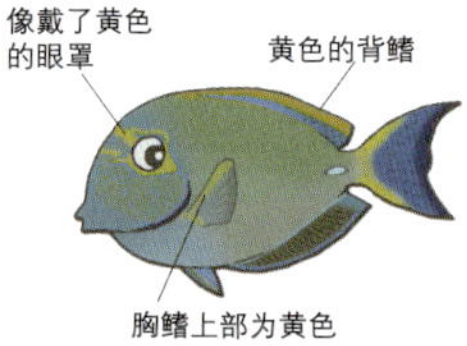

独居或群居于水深15米左右的岩礁区域、珊瑚礁外缘斜面和珊瑚礁处。幼鱼常独居于内湾的较浅处。在日本南部的太平洋沿岸为季节洄游鱼。

青年鱼　八丈岛
水深12m　长13cm

成年鱼　吕宋岛　水深5m　长8cm　水谷知世

刺尾鱼科

双斑栉齿刺尾鱼

Ctenochaetus binotatus

日本南部的太平洋沿岸，八丈岛，小笠原群岛，屋久岛，琉球群岛；中国台湾和香港地区，印度~太平洋（红海、夏威夷群岛、马克萨斯群岛、皮特凯恩群岛以东除外）。

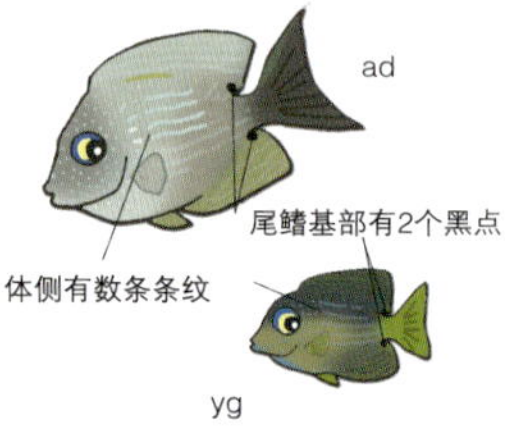

栖息于潮水流通较好区域的珊瑚礁外缘斜面及珊瑚礁处。幼鱼在日本南部的太平洋沿岸为不过冬的季节洄游鱼。

幼鱼　八丈岛
水深10m　长3cm

八丈岛　水深14m　长4cm

刺尾鱼科

副刺尾鱼

Paracanthurus hepatus

日本南部的太平洋沿岸，八丈岛，小笠原群岛，屋久岛，琉球群岛；中国台湾地区，印度~西太平洋，密克罗尼西亚，萨摩亚群岛，莱恩群岛，夏威夷群岛。

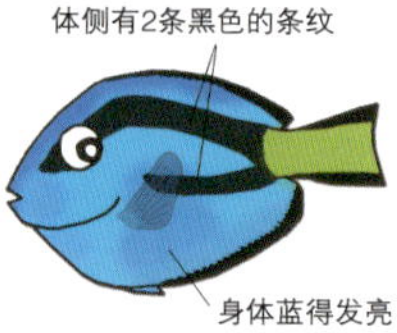

群居于浅珊瑚礁的枝状珊瑚周边。幼鱼对珊瑚的依赖性很强，一旦觉察到危险，马上就会躲进珊瑚丛中。

刺尾鱼科

横带高鳍刺尾鲷

Zebrasoma velifer

日本南部的太平洋沿岸，八丈岛，小笠原群岛，九州北岸，屋久岛，琉球群岛；中国台湾和香港地区，太平洋中部和西部。

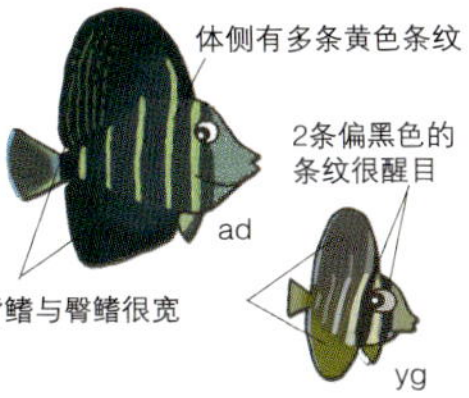

成对栖息于浅珊瑚礁及礁池处。幼鱼独居于内湾浅珊瑚礁的枝状珊瑚之间。

幼鱼　八丈岛
水深5m　长3.5cm

成年鱼　八丈岛　水深35m　长8cm

刺尾鱼科

小高鳍刺尾鱼

Zebrasoma scopas

日本南部的太平洋沿岸，八丈岛，小笠原群岛，屋久岛，琉球群岛；中国台湾地区，印度~太平洋（红海、夏威夷群岛、约翰斯顿岛、威克岛、马克萨斯群岛除外）。

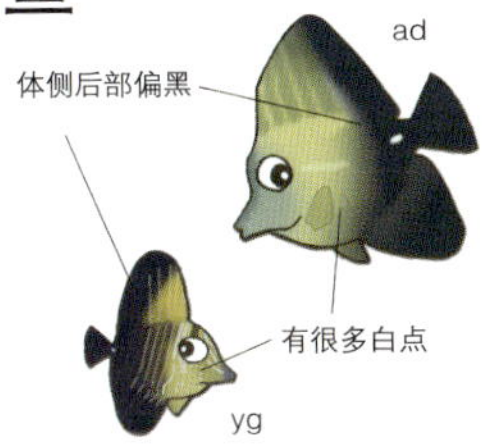

独居或成群栖息于浅珊瑚礁处。幼鱼独居于内湾很浅水域的枝状珊瑚的缝隙之间。

幼鱼　八丈岛
水深16m　长3cm

成年鱼　屋久岛　水深6m　长7cm　原崎森

刺尾鱼科

黄高鳍刺尾鱼

Zebrasoma flavescens

日本南部的太平洋沿岸，小笠原群岛，琉球群岛；中国台湾和香港地区，太平洋中部。

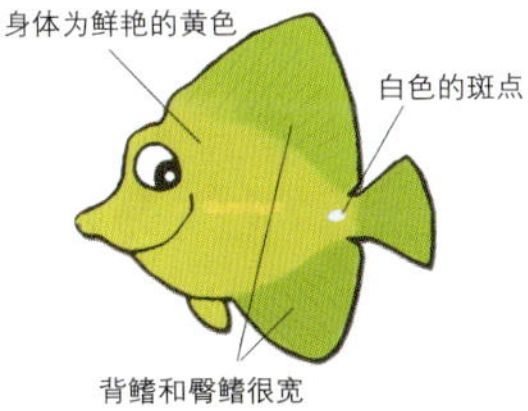

独居或成群栖息于珊瑚礁外缘的斜面、珊瑚礁和礁池区域。幼鱼栖息于内湾浅珊瑚礁的造礁珊瑚之间。

塞班岛　水深15m　长8cm

成年鱼　八丈岛　水深10m　长30cm

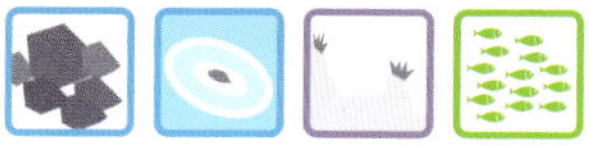

刺尾鱼科

三棘多板盾尾鱼

Prionurus scalprur

日本本州各地沿岸，伊豆诸岛，小笠原群岛，屋久岛，琉球群岛；朝鲜半岛南岸，中国台湾和香港地区。

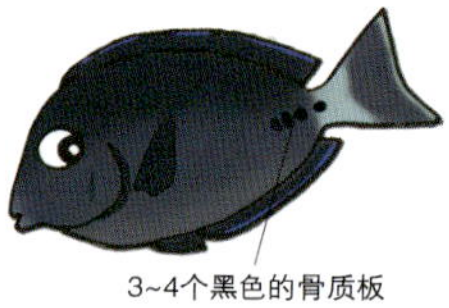

温带种，在日本南部的各地都可以见到。几十上百条群居于水深5~10米的浅岩礁水域。幼鱼独居于浅水域的乱石带及岩石的缝隙之间。

幼鱼　八丈岛
水深7m　长2.5cm

成年鱼　八丈岛　水深21m　长35cm

刺尾鱼科

六棘鼻鱼

Naso hexacanthus

日本南部的太平洋沿岸，伊豆诸岛，小笠原群岛，屋久岛，琉球群岛；中国台湾地区，印度~太平洋。

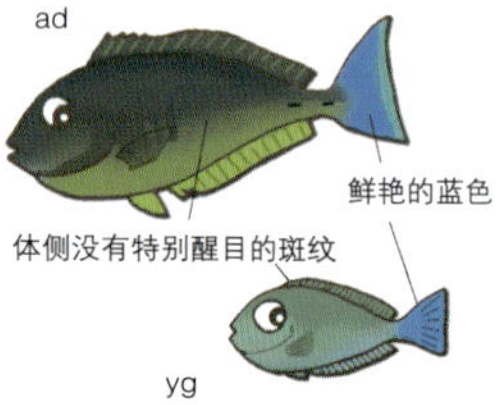

大规模群居于稍深的岩礁及珊瑚礁的外缘斜面、陡壁中层。

成年鱼　八丈岛
水深8m　长35cm

幼鱼　八丈岛
水深25m　长2.5cm

成年鱼　八丈岛　水深35m　长30cm

刺尾鱼科

斑鼻鱼

Naso maculatus

日本南部的太平洋沿岸，伊豆诸岛，小笠原群岛，屋久岛，琉球群岛；中国台湾地区，夏威夷群岛，澳大利亚东岸，新喀里多尼亚。

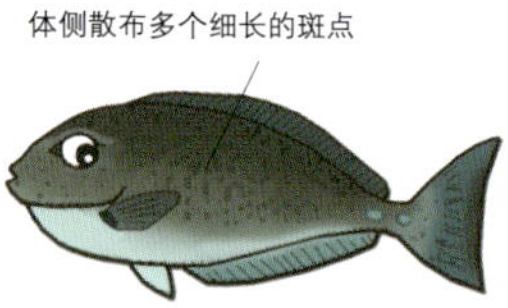

大规模群居于潮水流通较好区域的岩礁及珊瑚礁外缘斜面、陡壁中层。在八丈岛，一到冷水团来临的季节，能在20~40米的水域看到成群的斑鼻鱼。

刺尾鱼科

丝尾鼻鱼

Naso vlamingii

日本南部的太平洋沿岸，八丈岛，小笠原群岛，新潟县佐渡，琉球群岛；中国台湾地区，印度~太平洋（红海、夏威夷群岛、复活节岛除外）。

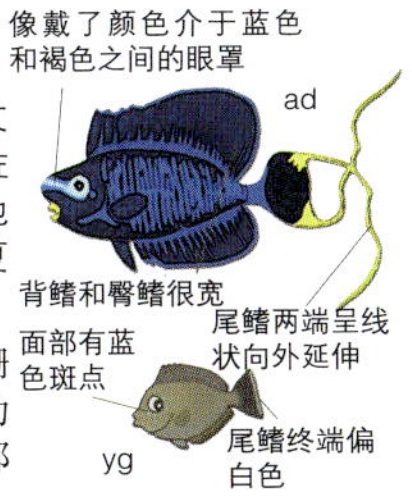

群居于潮水流通较好区域的珊瑚礁外缘斜面及陡壁中层。幼鱼独居于浅内湾，在日本南部的太平洋沿岸为季节洄游鱼。

青年鱼　八丈岛
水深6m　长15cm

幼鱼　八丈岛
水深6m　长6cm

成年鱼　帕劳　水深8m　长32cm

刺尾鱼科

粗棘鼻鱼

Naso brachycentron

相模湾，屋久岛，琉球群岛；中国台湾地区，印度~太平洋（红海、密克罗尼西亚、夏威夷群岛、复活节岛除外）。

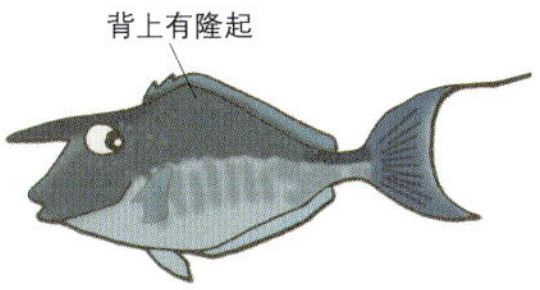

群居于潮水流通较好区域珊瑚礁外缘的陡壁处。

帕劳　水深8m　长40cm

刺尾鱼科

短吻鼻鱼

Naso brevirostris

青森县日本海沿岸，富山湾，日本南部的太平洋沿岸，伊豆诸岛，小笠原群岛，屋久岛，琉球群岛；济州岛，中国大陆及台湾地区，印度~太平洋。

群居于潮水流通较好区域的浅岩礁中层及珊瑚礁周边的斜面、礁池等地。幼鱼在日本南部、太平洋沿岸各地内湾的岩礁及藻层均可见，为不过冬的季节洄游鱼。

八丈岛　水深8m　长30cm

成年鱼　巴荣纳岩
水深10m　长60cm

刺尾鱼科

突角鼻鱼

Naso annulatus

日本南部的太平洋沿岸，八丈岛，小笠原群岛，屋久岛，琉球群岛；中国台湾地区，印度~太平洋（复活节岛除外）。

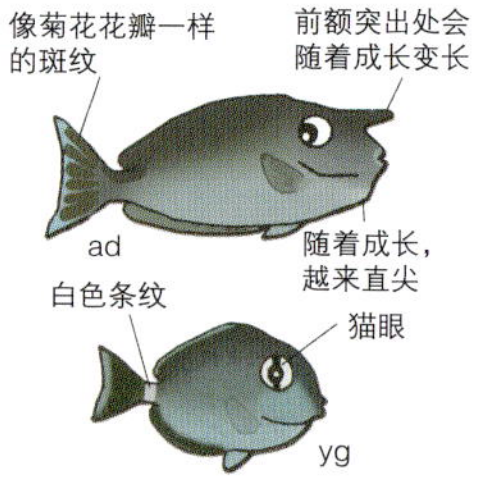

成年鱼栖息于珊瑚礁的外缘斜面处或陡壁中层。幼鱼和青年鱼生活在内湾较浅处，在日本南部的太平洋沿岸为季节洄游鱼，每年都会出现。

幼鱼　八丈岛
水深5m　长4cm

成年鱼　八丈岛
水深13m　长30cm

刺尾鱼科

长吻鼻鱼

Naso unicornis

青森县以南的各地沿岸，伊豆诸岛，小笠原群岛，屋久岛，琉球群岛；朝鲜半岛南岸，中国大陆及台湾地区，印度~太平洋。

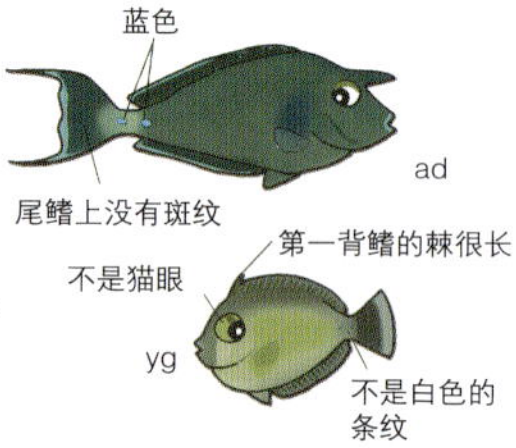

群居于内湾的浅岩礁、珊瑚礁、礁池等地。比较适合生活在温带水域，故在日本南部的太平洋沿岸能看到成年鱼。幼鱼单独栖息在内湾、藻层及河流的咸淡水域。

青年鱼　八丈岛
水深10m　长15cm

幼鱼　八丈岛
水深8m　长4cm

八丈岛　水深7m　长25cm

刺尾鱼科

黑背鼻鱼

Naso lituratus

日本南部的太平洋沿岸，伊豆诸岛，小笠原群岛，屋久岛，琉球群岛；济州岛，中国台湾地区，印度~太平洋（毛里求斯群岛以东；复活节岛除外）。

成对或成群栖息于潮水流通较好区域的浅珊瑚礁处。幼鱼独居于内湾较浅处，在日本南部的太平洋沿岸为季节洄游鱼。

幼鱼　八丈岛
水深14m　长6cm

刺尾鱼科

小鼻鱼

Naso minor

伊豆诸岛，骏河湾，八重山群岛；中国台湾地区，印度~西太平洋。

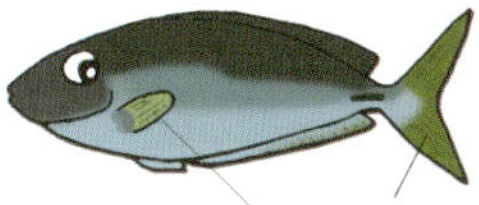

栖息于潮水流通较好区域的珊瑚礁外缘斜面的中层。在八丈岛，到了冷水团来临的季节，能看到它们在水深20米左右水域的中层成群游动。

八丈岛　水深25m　长28cm

金梭鱼科

巴拉金梭鱼

Sphyraena barracuda

日本南部的太平洋沿岸，八丈岛，小笠原群岛，若狭湾，九州西北岸，屋久岛，琉球群岛；中国台湾和香港地区，印度~太平洋（阿拉伯海除外），西太平洋，热带西非的东大西洋沿岸。

此品种还有一个名字，叫大鳞魣，与潜水员很亲近。独居或成群栖息于珊瑚礁外缘潮水流通较好区域的中层。幼鱼生活在红树林、河口海域及湾内的浅滩。

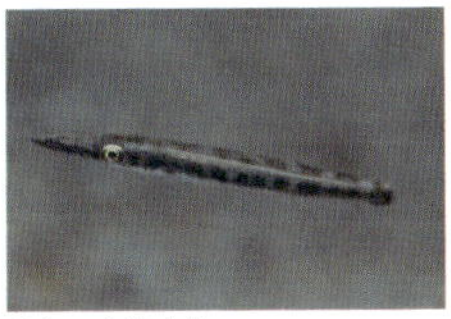

幼鱼　奄美大岛
水深1m　长1.5cm　常见真纪子

八丈岛　水深10m　长1cm　村中保野加

金梭鱼科

油魣

Sphyraena pinguis

鄂霍次克海沿岸除外的北海道~九州的日本海、东海和太平洋沿岸，八丈岛，屋久岛，奄美大岛，冲绳岛；朝鲜半岛，中国，印度~西太平洋（直到新几内亚岛和澳大利亚东岸），彼得大帝湾。

栖息于除珊瑚礁之外的浅岩礁水域。在八丈岛，经常与栖息于浅内湾的中国台湾地区金梭鱼一起活动。

八丈岛　水深8m　长40cm

八丈岛　水深9m　长40cm

金梭鱼科

胆振金梭鱼

Sphyraena iburiensis

八丈岛，相模湾西部，和歌山县串本，高知县以布利，爱媛县深浦，竹富岛；红海。

栖息于面向外洋的沿岸岩礁处。在八丈岛，经常与栖息于浅内湾的中国台湾地区金梭鱼一起活动。

八丈岛　水深10m　长50cm

金梭鱼科

黄尾金梭鱼

Sphyraena obtusata

八丈岛，相模湾~九州太平洋沿岸，琉球群岛；中国台湾和香港地区，北部湾，印度~西太平洋。

栖息于珊瑚礁及岩礁沿岸的较浅水域。在八丈岛大规模群居于内湾的浅水域。

帕劳　水深10m　长30cm　齐藤尚美

金梭鱼科

大眼金梭鱼

Sphyraena forsteri

山口县日本海沿岸，小笠原群岛，相模湾以南的太平洋沿岸，屋久岛，冲绳岛；中国台湾地区，印度~太平洋（夏威夷群岛除外）。

栖息于内湾及珊瑚礁的较浅区域。常大规模群居。在日本的琉球群岛很常见。

金梭鱼科

尖鳍金梭鱼

Sphyraena helleri

山口县日本海沿岸，八丈岛，小笠原群岛，相模湾~高知县的太平洋沿岸，种子岛，琉球群岛；中国香港地区，太平洋中部和西部（含夏威夷群岛与复活节岛）。

栖息于内湾及珊瑚礁的较浅区域。经常排着纵长的长队在水中游动。

粟国岛　水深10m　长40cm　松下满俊

鲭科

裸狐鲣

Gymnosarda unicolor

日本南部的太平洋沿岸，佐渡岛，九州西北岸，伊豆诸岛，小笠原群岛，屋久岛，琉球群岛；印度~西太平洋的热带、亚热带海域。

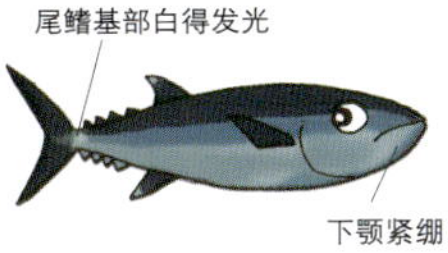

几条或几十条群居，在岩礁及珊瑚礁沿岸游动。

八丈岛　水深6m　长30cm

八丈岛　水深20m　长1cm

鲭科

双线鲅

Grammatorcynus bilineatus

高知县以布利，琉球群岛；印度~西太平洋的热带、亚热带海域。

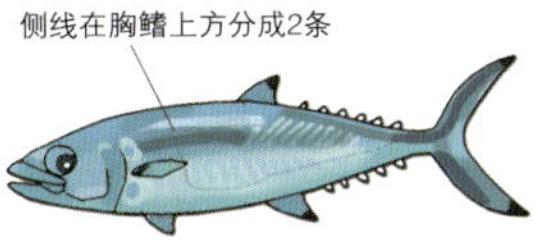

栖息于沿岸表层。侧面在胸鳍上方分成两条，因此得名。

宿务岛　水深5m　长35cm

八丈岛　水深20m　长30cm

鲭科

巴鲣

Euthynnus affinis

兵库县~长崎县的日本海和东海沿岸，日本南部的太平洋沿岸，八丈岛，小笠原群岛，屋久岛，琉球群岛；朝鲜半岛南岸，印度~太平洋的温带至热带海域。

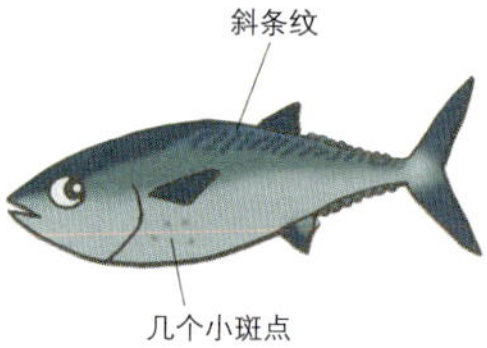

在八丈岛水温较高的春夏两季，它们在沿岸区域会比鲣鱼游动得更加活跃。潜水时常能看到它们。

八丈岛　水深3m　长1.2cm　市山惠

鲭科

黄鳍金枪鱼

Thunnus albacares

日本近海（在日本为稀有物种）；朝鲜半岛南岸，温带~热带海域。

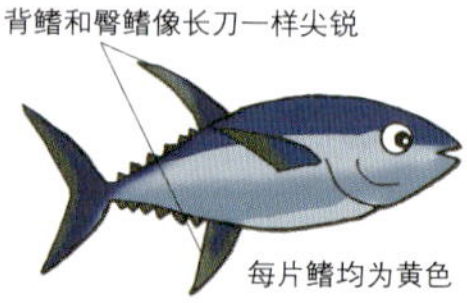

在海洋表面来回游动，所以潜水时很难看到它们。在八丈岛的夏秋时节，能在潮水流通较好区域的岩礁表层看到它们。

宿务岛　水深10m　长20cm

鲭科

羽鳃鲐

Rastrelliger kanagurta

屋久岛，琉球群岛；中国，印度~西太平洋。

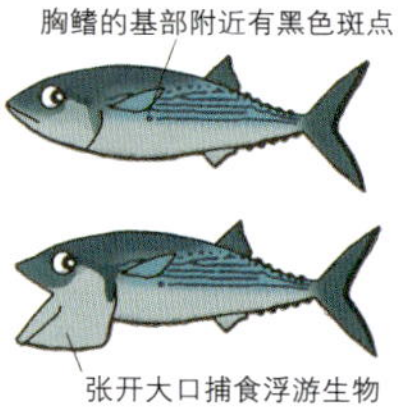

成群在海洋表层游动。看到在水中漂着的浮游生物后，会张开大口把它们同海水一起吸入口中，捕食的方式很特别。

牙鲆科

牙鲆

Paralichthys olivaceus

北海道~九州，伊豆诸岛，屋久岛；朝鲜半岛，中国，日本海北部，渤海，黄海，东海北部。

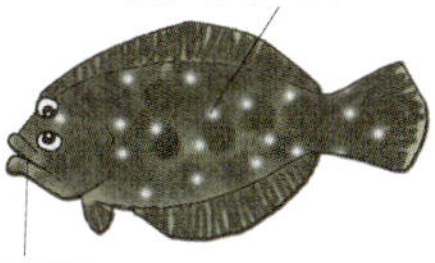

成年鱼栖息于沿岸水深200米以内的沙底。到了繁殖期，会上升到水深50米左右的水域产卵。此品种为温带种，琉球群岛没有。

八丈岛　水深5m　长45cm

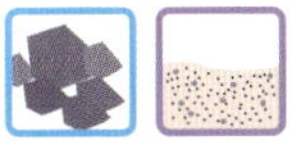

鲆科

凹吻鲆

Bothus mancus

八丈岛，和歌山县，宫崎县，屋久岛，琉球群岛；中国台湾地区，印度~太平洋的热带和亚热带海域。

栖息于浅岩礁附近的沙底及珊瑚礁周边的沙底。一动不动的时候会完全融入背景，很难被发现，游动起来时，胸鳍像帆一样立起来朝前行进。

八丈岛　水深12m　长30cm

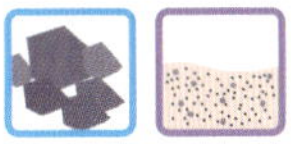

冠鲽科

三斑沙鲽

Samariscus triocellatus

八丈岛，琉球群岛；中国台湾地区，印度~太平洋。

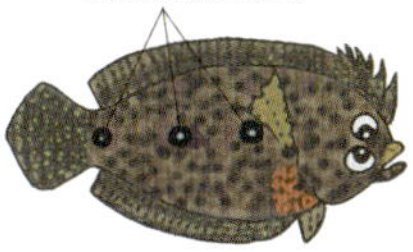

栖息于岩礁及珊瑚礁周边的根部下方或内部的小沙砾堆。游泳方式很独特，游动时胸鳍会立起来。

八丈岛
水深15m　长8cm

八丈岛　水深15m　长8cm

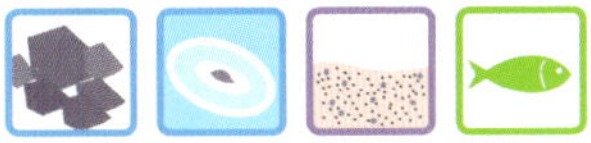

越南芽庄　水深8m　长20cm　小林岳志

冠鲽科

冠鲽科

Samaris cristatus

日本南部的太平洋沿岸，东海；中国台湾地区，印度尼西亚，澳大利亚，新喀里多尼亚，印度洋。

在日本栖息于水深100米左右的沙底，在其他地方多栖息于较浅的沙底。如果受到惊吓，它就会伸出10~15根长的软棘，可能是为了恐吓对方，也可能是为了模仿某种生物。

八丈岛　水深6m　长12cm

鳎科

眼斑豹鳎

Pardachirus pavoninus

日本南部的太平洋沿岸，屋久岛，奄美大岛；中国台湾地区，东印度~西太平洋，萨摩亚群岛，托克劳群岛。

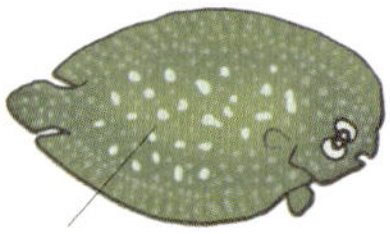

栖息于内湾珊瑚礁的沙底。背鳍、臀鳍、腹鳍根部有小毒腺孔，一旦被袭击，就会喷出毒素自保。

八丈岛　水深15m　长10cm

鳎科

栉鳞鳎属的一种

Aseraggodes sp.

日本南部的太平洋沿岸，八丈岛，山口县日本海沿岸，屋久岛，冲绳岛。

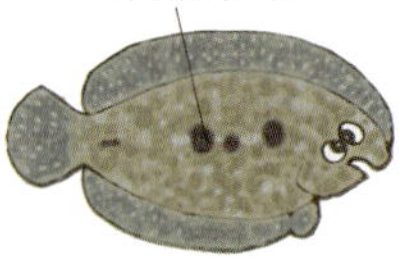

栖息于被浅岩礁包围的沙堆、相互交错的岩石根部周边的沙底。生活在日本南部珊瑚礁区域的少女舌鳎与本品种相似，但本品种只生活在日本南部沿岸。

鳎科

异吻长鼻鳎

Soleichthys heterorhinos

山口县日本海沿岸，屋久岛，琉球群岛；中国台湾地区，印度~西太平洋。

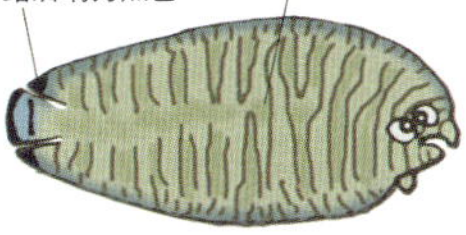

八丈岛　水深7m　长13cm

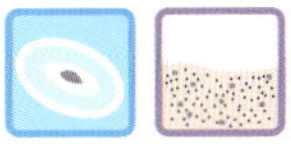

栖息于被珊瑚礁包围的、混着珊瑚砾及乱石的浅沙地及潮水洼地。

八丈岛
水深7m　长13cm

三刺鲀科

双棘三刺鲀

Triacanthus biaculeatus

北海道南部~九州的太平洋沿岸，新潟县~九州的日本海和东海沿岸，屋久岛，冲绳；朝鲜半岛，中国大陆及台湾地区，印度~西太平洋（波斯湾~菲律宾群岛、新几内亚岛南岸和澳大利亚东北岸）。

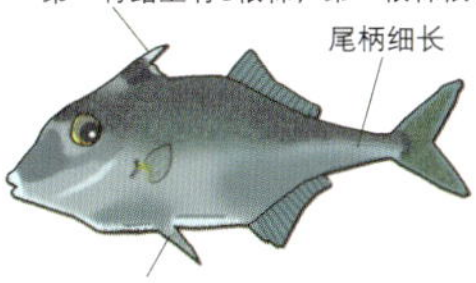

串本　水深1.5m　长20cm　参木正之

栖息于沿岸的较浅处。幼鱼生活在咸淡水域及大叶藻层。

鳞鲀科

花斑拟鳞鲀

Balistoides conspicillum

岩手县，茨城县以南的太平洋沿岸，八丈岛，小笠原群岛，新潟县~长崎县的日本海沿岸，屋久岛，琉球群岛；济州岛，中国台湾地区，印度~西太平洋（红海及北印度洋除外），斐济，萨摩亚群岛。

在海底产卵的雌性　八丈岛　水深16m　长30cm

独居或成对栖息于珊瑚礁周边。警惕性很高，一旦觉察到危险，马上躲到岩石根部的缝隙之中。幼鱼独居于水深15米左右的珊瑚礁根部斜面处，在日本南部的太平洋沿岸为季节洄游鱼，很少能看到。

幼鱼　八丈岛
水深21m　长2cm

成年鱼　塞班岛　水深8m　长40cm

鳞鲀科

绿拟鳞鲀

Balistoides viridescens

日本南部的太平洋沿岸，八丈岛，小笠原群岛，屋久岛，琉球群岛；中国台湾地区，印度~太平洋（波斯湾、阿曼及夏威夷群岛除外）。

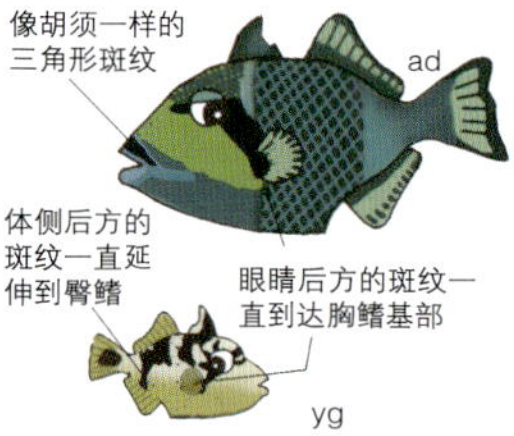

在珊瑚礁周边单独游动。到了繁殖期，它们会到珊瑚之间的沙堆上产卵，并守护卵一直到孵化完毕。正在守护成卵的父母很有攻击性，连潜水员都会咬，所以很危险。幼鱼独居于内湾较浅处，在日本南部的太平洋沿岸为季节洄游鱼。

幼鱼　八丈岛
水深3m　长3cm

成年鱼　屋久岛　水深12m　长30cm　原崎森

鳞鲀科

黄边副鳞鲀

Pseudobalistes flavimarginatus

北海道，青森县，日本南部的太平洋沿岸，山口县日本海沿岸，屋久岛，琉球群岛；济州岛，中国台湾地区，印度~太平洋（夏威夷群岛及复活节岛除外）。

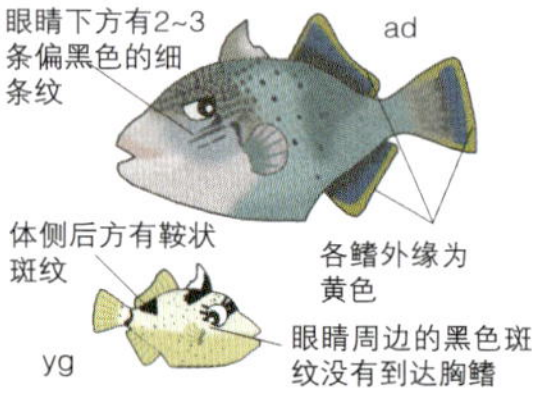

栖息于沙地多的珊瑚礁区域。主要以海胆、蟹类、沙蚕、贝类为食，会用嘴巴将沙子吹开寻找沙蚕。幼鱼在日本南部的太平洋沿岸为季节洄游鱼，但是极为少见。

幼鱼　爱媛县宇和岛
水深5m　长4cm　胡摩之野大介

成年鱼　塞班岛　水深15m　长30cm

鳞鲀科

黑拟板机鲀

Pseudobalistes fuscus

日本南部的太平洋沿岸，小笠原群岛，兵库县日本海沿岸，男女群岛，屋久岛，琉球群岛；中国台湾地区，印度~太平洋（夏威夷群岛及复活节岛除外）。

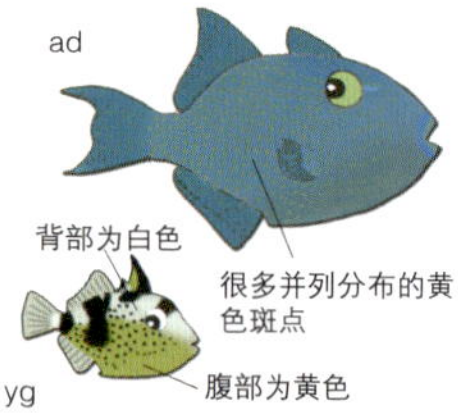

栖息于多沙地的珊瑚礁区域。幼鱼独居于浅内湾处，在日本南部的太平洋沿岸为季节洄游鱼。

幼鱼　爱媛县宇和岛
水深10m　长3.5cm　平田智法

鳞鲀科

宽尾鳞鲀

Abalistes stellatus

日本南部的太平洋沿岸，琉球群岛；韩国，中国大陆及台湾地区，印度~西太平洋。

独居或成群栖息于沙泥底。

吕宋岛　水深25m　长8cm

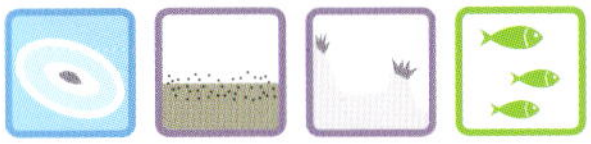

鳞鲀科

波纹钩鳞鲀

Balistapus undulatus

和歌山县以南的太平洋沿岸，福冈县，屋久岛，琉球群岛；中国台湾地区，印度~西太平洋（夏威夷群岛及复活节岛除外）。

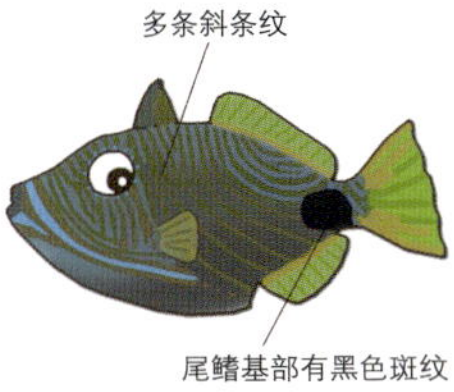

在珊瑚礁的珊瑚和岩石根部的缝隙里游动。警惕性极高，一旦靠近，它们马上就会躲进珊瑚或岩石根部的缝隙里。幼鱼基本躲在珊瑚或岩石根部的缝隙中，不会出去。

幼鱼　八丈岛
水深10m　长3cm

成年鱼　塞班岛　水深6m　长14cm

鳞鲀科

黑边角鳞鲀

Melichthys vidua

北海道以南的太平洋沿岸，八丈岛，小笠原群岛，屋久岛，琉球群岛；中国台湾地区，印度~太平洋。

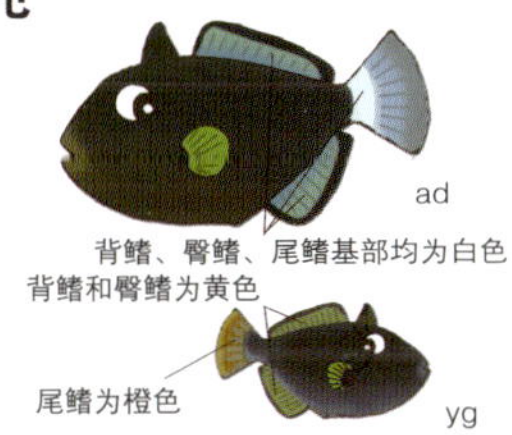

独居栖息于岩礁及珊瑚礁处。警惕性很高，一旦靠近，它们马上就会躲进珊瑚的缝隙之中。它们会将坚硬的背鳍和腹鳍立起来，以防被敌方从缝隙里拖拽出来。

幼鱼　八丈岛
水深12m　长5cm

成年鱼　八丈岛　水深15m　长21cm

成年鱼　八丈岛　水深5m　长18cm

鳞鲀科

红牙鳞鲀

Odonus niger

三浦半岛，伊豆半岛，高知县，伊豆诸岛，小笠原群岛琉球群岛；中国台湾地区，印度~太平洋（夏威夷群岛和复活节岛除外）。

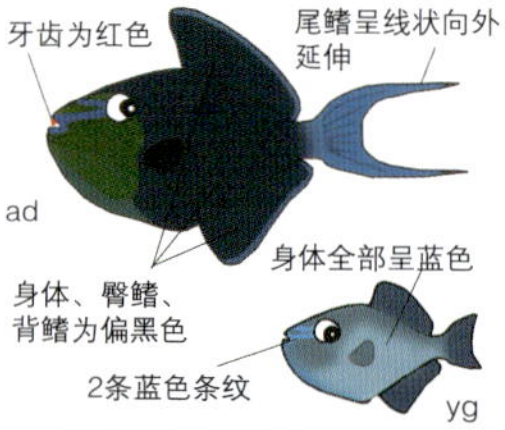

数十条至数百条群居于潮水流通较好区域的珊瑚礁外缘、陡壁中层等地。照片中的小鱼就是独居于水深30米左右、散布在沙地上的岩石根部的幼鱼。

幼鱼　八丈岛
水深28m　长2cm

帕劳　水深5m　长20cm

鳞鲀科

叉斑锉鳞鲀

Rhinecanthus aculeatus

伊豆诸岛，小笠原群岛，屋久岛，琉球群岛；济州岛，中国台湾地区，印度~太平洋，南非西岸。

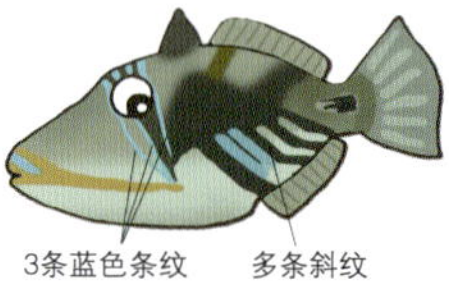

独居于珊瑚礁周边的浅沙底。幼鱼在日本南部的太平洋沿岸为季节洄游鱼，很少能看到。

八丈岛　水深4m　长12cm

鳞鲀科

斜带吻棘鲀

Rhinecanthus rectangulus

日本南部的太平洋沿岸，伊豆诸岛，小笠原群岛，屋久岛，琉球群岛；中国台湾地区，印度~太平洋（复活节岛除外）。

栖息于浅岩礁及珊瑚礁外缘。幼鱼在日本南部的太平洋沿岸为季节洄游鱼，很少能看到。

鳞鲀科

囊多棘鳞鲀

Sufflamen bursa

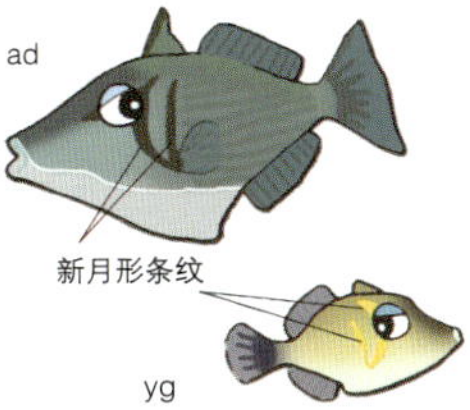

日本南部的太平洋沿岸，伊豆诸岛，小笠原群岛，屋久岛，琉球群岛；中国台湾地区，印度~太平洋的热带海域（阿拉伯海除外）。

独居或成群栖息于岩礁及珊瑚礁区域沙堆多的地方。在八丈岛的繁殖期为夏季。在沙堆上产卵，守护卵直至孵化。虽然水温不同，孵化时间也不同，但一般情况下，从出生到完全孵化大概只需要半天。

幼鱼　八丈岛
水深8m　长3cm

成年鱼　八丈岛　水深15m　长18cm

鳞鲀科

金鳍鼓气鳞鲀

Sufflamen chrysopterum

日本南部的太平洋沿岸，伊豆诸岛，小笠原群岛，山口县萩，琉球群岛；中国台湾和香港地区，印度~西太平洋（红海除外），萨摩亚群岛。

栖息于岩礁及珊瑚礁区域沙堆多的地方。幼鱼常见于浅内湾区域。警惕性高，一旦靠近，它们就会躲进岩石根部。幼鱼在日本南部的太平洋沿岸为季节洄游鱼。

幼鱼　八丈岛
水深5m　长3cm

成年鱼　八丈岛　水深8m　长18cm

鳞鲀科

缰纹多棘鳞鲀

Sufflamen fraenatum

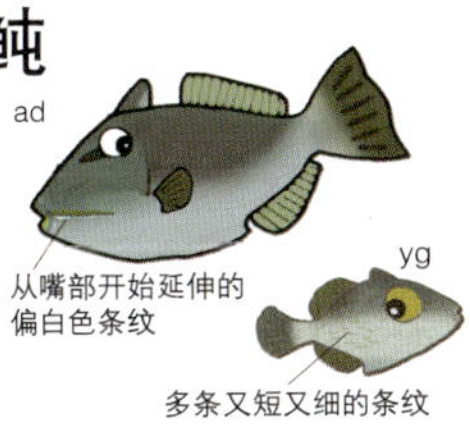

日本南部的太平洋沿岸，伊豆诸岛，小笠原群岛，山口县日本海沿岸，屋久岛，琉球群岛；济州岛，中国台湾和香港地区，印度~太平洋（复活节岛除外）。

独居于岩礁及珊瑚礁周边。在八丈岛的繁殖期为夏季。将卵产在岩石表面的沙子堆积处，守护它们直到孵化。

在水底产卵并守护它们的雌性
八丈岛　水深18m　长21cm

幼鱼　八丈岛
水深30m　长2.5cm

面颊有黄色条纹的雄性　八丈岛
水深15m　长21cm

雄性　八丈岛　水深25m　长20cm

鳞鲀科

黄纹鳞鲀

Xanthichthys auromarginatus

八丈岛，福冈县，冲绳岛；中国台湾地区，印度~太平洋。

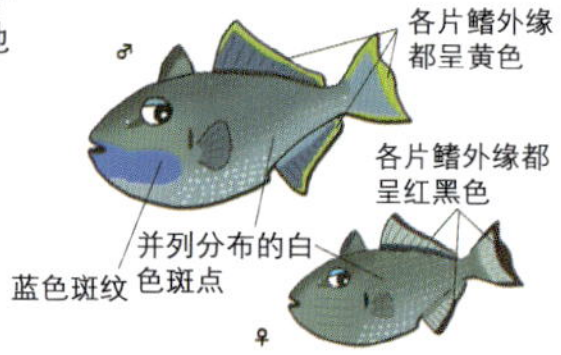

一条雄性鱼与数条雌性鱼群居于潮水流通较好区域的岩礁及珊瑚礁外缘的中层。一旦觉察到危险，立刻就会躲到岩石根部的缝隙之中。

雌性　八丈岛
水深25m　长18cm

雄性　八丈岛　水深25m　长20cm

鳞鲀科

门图黄鳞鲀

Xanthichthys mento

茨城县~骏河湾的太平洋沿岸，八丈岛，小笠原群岛；泛太平洋。

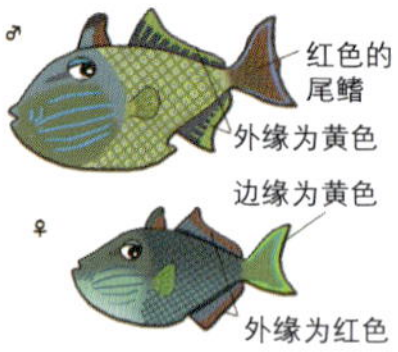

群居于潮水流通较好区域的岩礁斜面中层。雄性和雌性的身体颜色不同。在八丈岛的繁殖期节为夏季。将卵产在潮水流通较好区域的岩礁之间的沙堆处，雌性守护它们直至孵化。雄性会守护用来孵卵的领地，以防被外敌入侵。在八丈岛和小笠原群岛以外的区域为稀有物种。

雌性　八丈岛
水深28m　长20cm

青年鱼　八丈岛
水深15m　长10cm

成年鱼　八丈岛
水深45m　长20cm

鳞鲀科

线斑黄鳞鲀

Xanthichthys lineopunctatus

八丈岛，静冈县富户，奄美大岛，冲绳岛；中国台湾地区，南海南部，澳大利亚西北岸，南非。

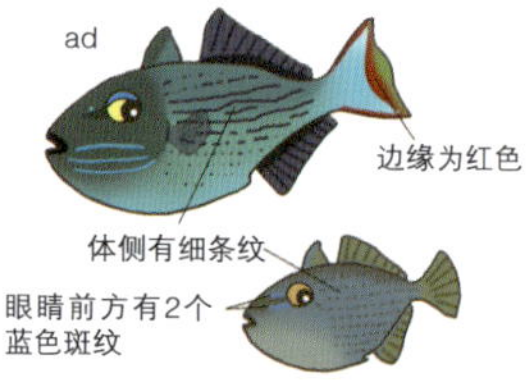

群居于水深40米以上、岩礁及珊瑚礁外缘的斜面及沙砾底的中层。照片中的幼鱼单独栖息于块状岩石的根部周边。稀有物种。

幼鱼　八丈岛
水深32m　长2.5cm

鳞鲀科

黑带黄鳞鲀

Xanthichthys caeruleolineatus

八丈岛，小笠原群岛，伊江岛；印度~太平洋。

栖息于水深50米以上、岩礁及珊瑚礁的外缘斜面处。在八丈岛，一到冷水团来临的季节，就能经常在水深35米左右的潮水流通较好区域的岩礁斜面看到成群的黑带黄鳞鲀。

八丈岛
水深30m　长23cm

鳞鲀科

疣鳞鲀

Canthidermis maculata

北海道~长崎县的日本海沿岸，青森县以南的太平洋沿岸，伊豆诸岛，小笠原群岛，屋久岛，奄美大岛，冲绳岛；朝鲜半岛，中国大陆及台湾地区，全世界的暖海域。

多附着在流藻等浮游生物上生活，若流藻没有漂到沿岸，就很难看到它们。它们喜欢将身体横过来装成浮游生物，而且身体出现的白色斑点看起来就像水中的气泡。

八丈岛　水面　长3cm

革鲀科

丝背细鳞鲀

Stephanolepis cirrhifer

青森县~九州的日本海和太平洋沿岸，伊豆诸岛；朝鲜半岛，中国大陆及台湾地区，菲律宾群岛北端。

分布较广，但在日本南部沿岸生活的多为温带种。单独居或成对栖息于混着小石子的浅沙底。幼鱼栖息于海藻多的浅岩礁区域，也有的附着在流藻上生活。

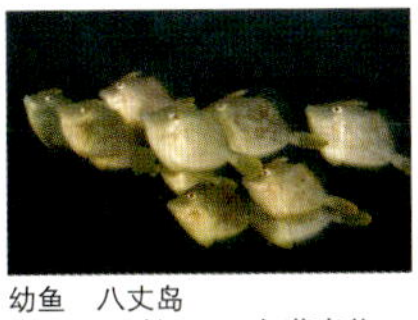

幼鱼　八丈岛
水深5m　长5cm　加藤春花

成年鱼　八丈岛　水深14m　长18cm

成年鱼　八丈岛　水深5m　长40cm

革鲀科

单角革鲀

Aluterus monoceros

北海道以南的各地沿岸；温带~热带海域。

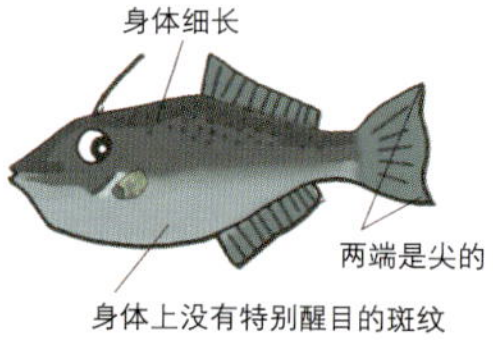

栖息于沿岸较浅处至200米以内的水域。在八丈岛，到了冷水团来临的季节，能看到很多单角革鲀的鱼群。

幼鱼　八丈岛
水面　长4cm

成年鱼　八丈岛　水深6m　长45cm

革鲀科

拟态革鲀

Aluterus scriptus

北海道以南的太平洋沿岸，新潟县~长崎的日本海和东海沿岸，八丈岛，小笠原群岛，琉球群岛；朝鲜半岛南岸，中国大陆及台湾地区，温带~热带海域。

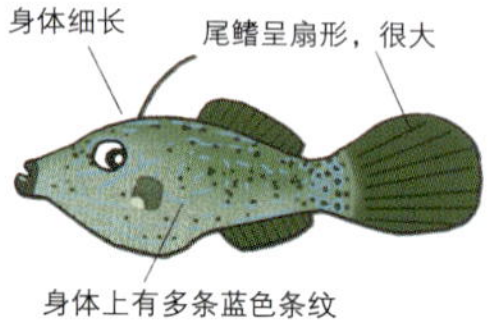

在潮水流通较好区域的岩礁及珊瑚礁斜面的中层单独游动。幼鱼附着在流藻上生活。

幼鱼　八丈岛
水面　长2.5cm

成年鱼　八丈岛　水深16m　长4cm

革鲀科

绿短革鲀

Brachaluteres ulvarum

茨城县以南的太平洋沿岸，八丈岛，屋久岛，山口县~福冈县的日本海沿岸。

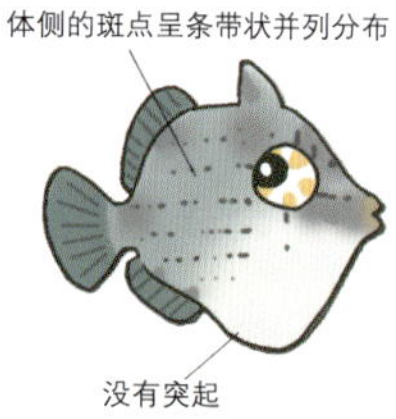

独居于浅岩礁及内湾的海藻、大叶藻层。用口衔着柳珊瑚及海藻，以防被海水冲走。

幼鱼　八丈岛
水深10m　长2cm

革鲀科

斑拟单角鲀

Pseudomonacanthus macrurus

冲绳岛，菲律宾群岛，新加坡，马来西亚，印度尼西亚，新几内亚岛，澳大利亚北岸，印度洋。

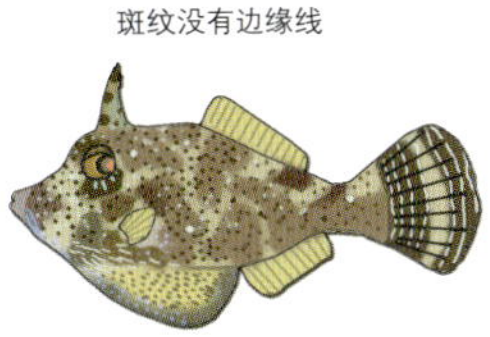

栖息于浅海的藻层及珊瑚礁区域。在日本为稀有物种。

宿务岛　水深15m　长15cm　加藤孝章

革鲀科

棘尾前孔鲀

Cantherhines dumerilii

北海道、新潟县~岛根县的日本海沿岸，茨城县以南的太平洋沿岸，八丈岛，屋久岛，琉球群岛；济州岛，中国台湾地区，印度~太平洋（含红海）。

成对栖息于潮水流通较好区域的岩礁及珊瑚礁外缘。幼鱼附着在流藻上生活。

八丈岛　水深10m　长23cm

革鲀科

细斑前孔鲀

Cantherhines pardalis

茨城县以南的太平洋沿岸，八丈岛，小笠原群岛，屋久岛，琉球群岛；韩国，中国台湾和香港地区，印度~西太平洋（含红海），马克萨斯群岛。

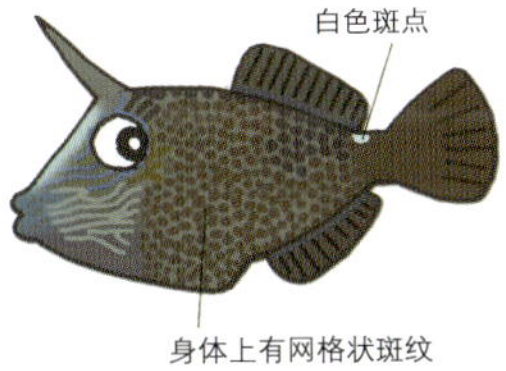

在潮水流通较好区域的珊瑚礁外缘及珊瑚缝隙之间来回游动。警惕性很高，一旦靠近，马上就会躲到珊瑚之下。

八丈岛　水深12m　长12cm

八丈岛　水深15m　长15cm

革鲀科

额斑前孔鲀

Cantherhines fronticinctus

日本南部的太平洋沿岸，八丈岛，琉球群岛；济州岛，中国台湾和香港地区，印度~西太平洋。

在潮水流通较好区域的珊瑚礁外缘、珊瑚之间来回游动。警惕性很高，一旦靠近，马上就会躲到珊瑚下面。

八丈岛　水深6m　长5cm

革鲀科

尖吻鲀

Oxymonacanthus longirostris

八丈岛，小笠原群岛，高知县，爱媛县，琉球群岛；中国台湾地区，印度~西太平洋，萨摩亚群岛。

对珊瑚的依赖性很强，常成对在珊瑚枝之间游动。以珊瑚虫为食。

成年鱼　八丈岛　水深15m　长7cm

革鲀科

锯尾副革鲀

Paraluteres prionurus

日本南部的太平洋沿岸，八丈岛，小笠原群岛，屋久岛，琉球群岛；济州岛，中国台湾地区，印度~西太平洋（含红海），密克罗尼西亚，马绍尔群岛。

栖息于浅珊瑚礁处。颜色与斑纹都与有毒的横带扁背鲀十分相似。与之不同的是，锯尾副革鲀有革鲀科特有的背鳍。背鳍分为第一背鳍和第二背鳍。第二背鳍和臀鳍都又长又宽。依据这一区别，即便是在水中，也能很容易区分这两种鱼。

幼鱼　八丈岛
水深16m　长2cm

革鲀科

长方副单角鲀

Paramonacanthus oblongus

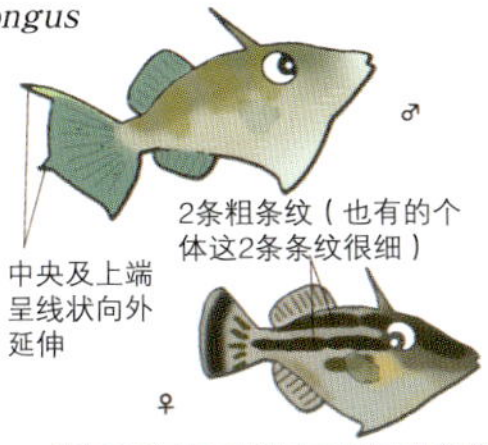

岩手县，日本南部的太平洋沿岸，青森县~九州的日本海和东海沿岸，屋久岛，琉球群岛；朝鲜半岛南岸，中国大陆及台湾地区，印度洋东部~西太平洋的热带海域。

群居于沿岸的浅沙泥底，也有的独居于其周边的岩礁区域。雄性鼻梁周围的边缘向外突起，尾鳍呈线状向外延伸。而雌性的鼻梁是向内凹陷的，因此很容易分辨雌雄。

幼鱼　八丈岛
水深10m　长4cm

成年鱼　八丈岛　水深8m　长12cm

革鲀科

前角鲀

Pervagor janthinosoma

日本南部的太平洋沿岸，八丈岛，小笠原群岛，屋久岛，琉球群岛；中国台湾地区，印度~西太平洋，密克罗尼西亚，萨摩亚群岛。

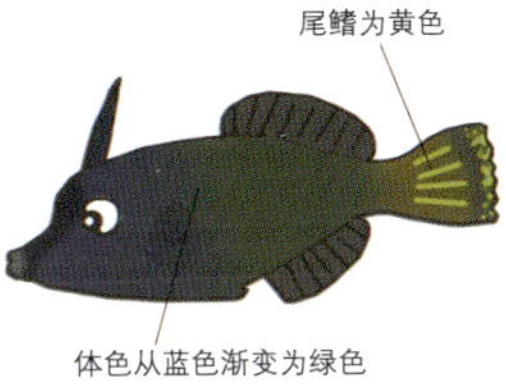

栖息于潮水流通较好区域的珊瑚礁外缘的珊瑚之间及其根部的裂缝和洞穴中。警惕性很高，一旦靠近，很快就会躲起来。

八丈岛　水深18m　长6cm

革鲀科

黑前角鲀

Pervagor melanocephalus

八丈岛，小笠原群岛，屋久岛，奄美大岛，琉球群岛；西太平洋，密克罗尼西亚，萨摩亚群岛。

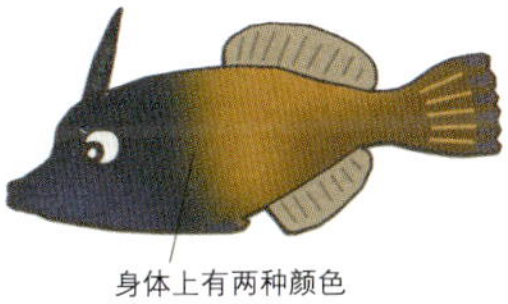

独居于珊瑚礁的缝隙之间。警惕性很高，一般在游动时，也会隐藏身体。

吕宋岛　水深12m　长7cm

吕宋岛 水深15m 长15cm

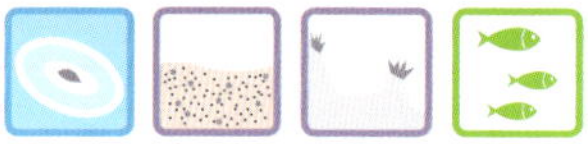

革鲀科

前棘假革鲀

Pseudalutarius nasicornis

八丈岛，静冈县，爱媛县，琉球群岛；韩国，印度洋~西太平洋，密克罗尼西亚。

成对栖息于潮水流通较好区域的沙底、沙泥底和沙砾底的中间层。幼鱼附着在浅内湾的系留绳、海藻等水面的浮游物上生活。

八丈岛 水深18m 长4cm

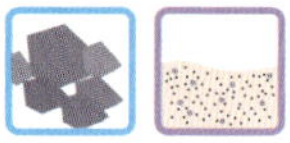

革鲀科

粗皮鲀

Rudarius ercodes

北海道~九州的太平洋沿岸，青森县~九州的日本海和东海沿岸；朝鲜半岛，中国。

栖息于沿岸的浅岩礁及沙地处。在日本南部多生活在温带。繁殖期为6~10月，将卵产在大叶藻等海藻上，再守护它们直到孵化。孵化期很短，为1~3天。

八丈岛 水深40m 长25cm

革鲀科

拟短角单棘鲀

Thamnaconus modestoides

日本南部的太平洋沿岸，兵库县~九州的日本海沿岸，八丈岛，小笠原群岛；中国台湾和香港地区，印度~西太平洋，马达加斯加，南非东南岸。

栖息于潮水流通较好区域的岩礁斜面的深处。稀有物种。在八丈岛，一到冷水团来临的季节，它们会上升到潜水能看到的区域。

革鲀科

短角单棘鲀

Thamnaconus modestus

北海道以南的各地沿岸，八丈岛，屋久岛；朝鲜半岛，中国大陆及台湾地区，马来西亚。

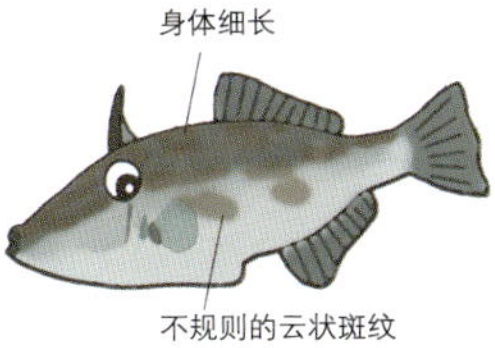

在日本南沿岸很常见，为温带种。比革鲀生活的海域更深。

八丈岛　水深18m　长23cm

革鲀科

棘皮单棘鲀

Chaetodermis penicilligera

日本南部的太平洋沿岸，八丈岛，屋久岛，新潟县~长崎县的日本海和东海沿岸，屋久岛；韩国，中国台湾地区，中国，东印度洋~西太平洋的热带海域。

栖息于浅岩礁区域及沙泥底。稀有物种。

八丈岛　水深1m　长10cm

箱鲀科

米点箱鲀

Ostracion meleagris

日本南部的太平洋沿岸，伊豆诸岛，小笠原群岛，屋久岛，琉球群岛；中国台湾地区，印度~泛太平洋。

独居于浅珊瑚礁区域。幼鱼在日本南部的太平洋沿岸为季节洄游鱼，但是很少能见到。

幼鱼　八丈岛
水深8m　长4cm

成年鱼　八丈岛　水深6m　长15cm

雄性　八丈岛　水深8m　长18cm

箱鲀科

无斑箱鲀

Ostracion immaculatum

北海道~九州的太平洋沿岸，青森县~九州的日本海和东海沿岸，伊豆诸岛，小笠原群岛，屋久岛；朝鲜半岛，中国香港地区。

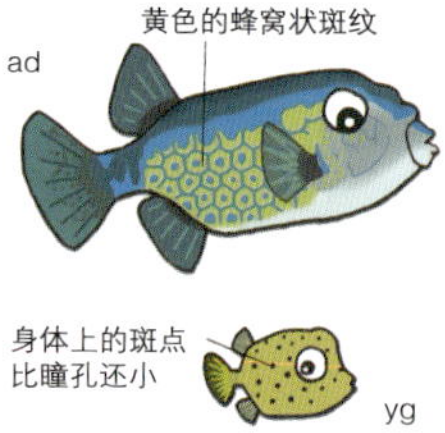

在浅岩礁处很常见。温带种，琉球群岛没有此品种。幼鱼与粒突箱鲀很像，所以经常有人把它们弄混。区别在于，当体长达到5厘米以上时，无斑箱鲀的身体会变成澄澈的绿色，而粒突箱鲀会保持幼时鲜艳的黄色。

雌性　八丈岛
水深10m　长16cm

青年鱼　八丈岛
水深12m　长4cm

幼鱼　八丈岛
水深5m　长2.5cm

雄性　屋久岛　水深10m　长10cm　原崎森

箱鲀科

粒突箱鲀

Ostracion cubicum

茨城县以南的太平洋沿岸，伊豆诸岛，小笠原群岛，屋久岛，琉球群岛；济州岛，中国大陆及台湾地区，印度~太平洋（直至夏威夷群岛和土阿莫土群岛）。

独居于浅珊瑚礁处，是很常见的品种。幼鱼在日本南部的太平洋沿岸为季节洄游鱼，可以经常看到，但是成年鱼很稀有。

雌性　屋久岛
水深10m　长8cm　原崎森

青年鱼　屋久岛
水深8m　长5cm

幼鱼　屋久岛
水深14m　长2.5cm

箱鲀科

角箱鲀

Lactoria cornuta

青森县~种子岛的太平洋沿岸，新潟县~长崎县的日本海沿岸，八丈岛，屋久岛，琉球群岛；朝鲜半岛南岸，中国，印度~太平洋（直至马克萨斯群岛；夏威夷群岛除外）。

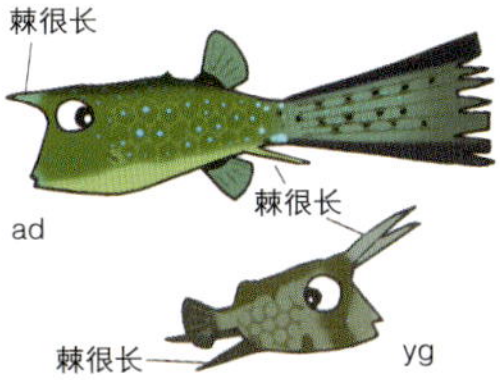

栖息于内湾珊瑚礁周边的浅沙底。幼鱼在日本南部的太平洋沿岸为季节洄游鱼，偶尔能看到。

幼鱼　八丈岛
水深3m　长4cm

成年鱼　高知县大月町
水深1m　长30cm
平田智法

箱鲀科

棘背角箱鲀

Lactoria diaphana

青森县~种子岛的太平洋沿岸，新潟县~长崎县的日本海沿岸，八丈岛，小笠原群岛，屋久岛，琉球群岛；中国大陆及台湾地区，印度~泛太平洋。

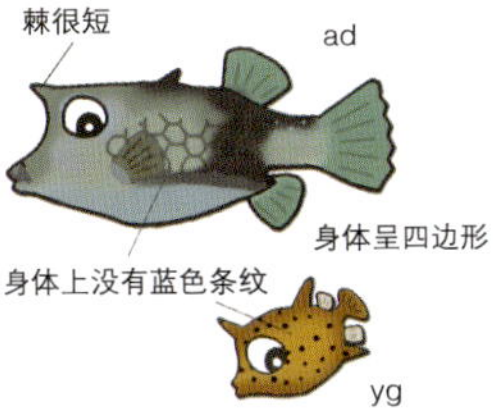

广泛栖息于温带至热带海域，适应浅岩礁及珊瑚礁等多种环境。在太阳快落山时，它们会成对上升到近水面处，在上升过程中，雌性会零星产出卵子，雄性会对着产出的卵射精。卵为浮性卵。

幼鱼　八丈岛
水深5m　长2cm

成年鱼　八丈岛　水深4m　长18cm和17cm

箱鲀科

福氏角箱鲀

Lactoria fornasini

日本南部的太平洋沿岸，伊豆诸岛，小笠原群岛，九州西岸，屋久岛，琉球群岛；济州岛，中国台湾地区，东印度洋~中部太平洋，南非东南岸。

比起珊瑚礁区域，福氏角箱鲀更喜欢栖息于岩礁处。在水深30米以内的水域很常见。皮肤上的黏液有毒，在身体脆弱的时候会分泌黏液。

八丈岛　水深15m　长4cm

八丈岛　水深18m　长60cm

四齿鲀科

青斑叉鼻鲀

Arothron caeruleopunctatus

千叶县铫子，八丈岛，相模湾，五岛列岛，冲绳群岛，与那国岛；马绍尔群岛，苏门答腊岛~新几内亚岛，珊瑚岛，斯米兰群岛，马尔代夫群岛，留尼汪岛。

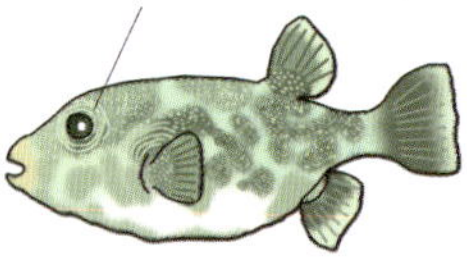

栖息于岩礁、珊瑚礁区域。体型很大，体长将近1米。单独行动。

成年鱼　八丈岛　水深7m　长23cm

四齿鲀科

纹腹叉鼻鲀

Arothron hispidus

青森县和茨城县以南的太平洋沿岸，八丈岛，小笠原群岛，九州西北岸，屋久岛，琉球群岛；济州岛，中国大陆及台湾地区，印度~泛太平洋。

独居于水深10米左右的珊瑚礁处。在日本南部的太平洋沿岸为季节洄游鱼，也有个体会在这里一直长到成年。

幼鱼　八丈岛
水深1m　长2.5cm　水谷知世

石垣岛　水深4m　长30cm　惣道敬子

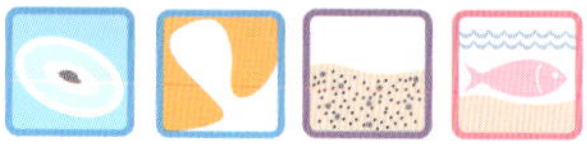

四齿鲀科

菲律宾叉鼻鲀

Arothron manilensis

琉球群岛；中国台湾和香港地区，西太平洋，夏威夷群岛。

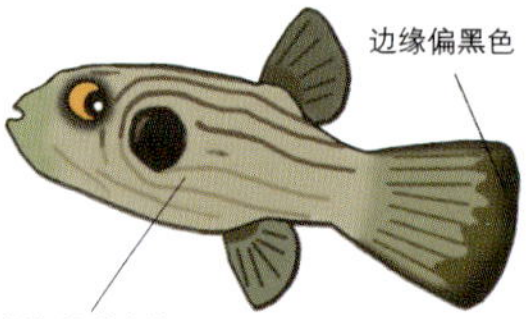

独居于浅内湾珊瑚礁的沙底及沙泥底、大叶藻层等处。在日本南部的太平洋沿岸为季节洄游鱼，很少出现。

四齿鲀科

白点叉鼻鲀

Arothron meleagris

八丈岛，小笠原群岛，和歌山县，琉球群岛；中国台湾地区，印度~泛太平洋。

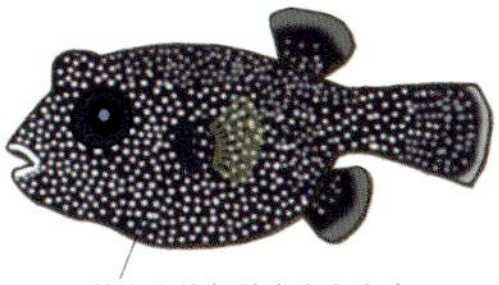

在珊瑚礁周边单独行动。有的个体呈黄色。

八丈岛　水深8m　长25cm

四齿鲀科

黑斑叉鼻鲀

Arothron nigropunctatus

神奈川县三浦半岛，八丈岛，小笠原群岛，福冈县津屋崎，屋久岛，琉球群岛；济州岛，中国台湾地区，印度~泛太平洋。

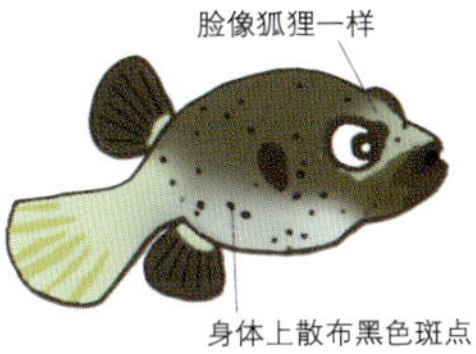

独居于水深15米左右的珊瑚礁区域。大多数个体都呈黑色，身上散布黑色斑点，也有的个体呈黄色。

八丈岛　水深10m　长21cm

四齿鲀科

星点多纪鲀

Takifugu niphobles

北海道西南岸~九州的日本海和东海，青森县~九州的西南岸，八丈岛，冲绳群岛；萨哈林阿尼瓦湾，朝鲜半岛，中国大陆及台湾地区。

栖息于内湾的岩礁区域、沙砾底和藻层。到了初夏新月和满月的涨潮期，它们会集体到沙滩上产卵。在八丈岛湾内的浅水区域，也能经常看到星点多纪鲀成群产卵的场景。

八丈岛
水深3m　长12cm
石野昇太

八丈岛　水深21m　长30cm

四齿鲀科

黄带窄额鲀

Torquigener brevipinnis

八丈岛，相模湾~土佐湾的太平洋沿岸，东海；中国台湾地区，大巽他岛和小巽他列岛南岸，新喀里多尼亚。

栖息于岩礁、珊瑚礁区域水深40米以内的地方。在八丈岛，到了冷水团来临的季节，能在水深20米左右的沙地看到它们，但是很少见。

成年鱼　八丈岛　水深12m　长45cm

四齿鲀科

星斑叉鼻鲀

Arothron stellatus

新潟县~九州的日本海和东海沿岸，茨城县以南的太平洋沿岸，八丈岛，小笠原群岛，琉球群岛；朝鲜半岛南岸，中国大陆及台湾地区，印度~太平洋（含红海；夏威夷群岛除外）。

独居于珊瑚礁周边。体型很大。幼鱼在日本南部的太平洋沿岸为季节洄游鱼，大多在浅内湾的沙底和沙泥底的低洼处一动不动。

幼鱼　八丈岛
水深3m　长2.5cm

雄性　八丈岛　水深2m　长8cm

四齿鲀科

安汶扁背鲀

Canthigaster amboinensis

伊豆诸岛，琉球群岛；中国台湾地区，印度~泛太平洋。

独居或成对栖息于水深5米以内、海浪汹涌的岩礁或珊瑚礁区域。

幼鱼　八丈岛
水深1m　长5cm

四齿鲀科

皱纹圆鲀

Sphoeroides pachygaster

津轻海峡~九州的日本海沿岸，津轻海峡~九州的太平洋沿岸，琉球群岛；彼得大帝湾，朝鲜半岛，中国大陆及台湾地区，温带~热带海域。

栖息于沿岸的岩礁区域，直到水深480米左右的水域都有此品种。在八丈岛，到了冷水团来临的季节，它们会上升到较浅的水域。为极稀有物种。

八丈岛　水深15m　长30cm　水谷知世

四齿鲀科

白斑尖鼻鲀

Canthigaster janthinoptera

神奈川县三崎，八丈岛，小笠原群岛，屋久岛，琉球群岛；中国台湾地区，印度~太平洋。

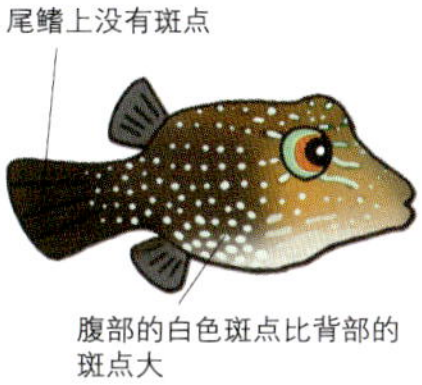

栖息于水深30米以内的珊瑚礁外缘。在日本南部的太平洋沿岸为季节洄游鱼，但很少能看到。

八丈岛　水深8m　长4cm

四齿鲀科

点线扁背鲀

Canthigaster bennetti

八丈岛，和歌山县，高知县，琉球群岛；中国台湾和香港地区，印度~太平洋。

独居于珊瑚礁周边的浅沙底和岩屑堆。

八丈岛　水深7m　长6cm

吕宋岛　水深10m　长6cm

四齿鲀科

扁背尖鼻鲀

Canthigaster compressa

骏河湾，小笠原群岛，西表岛；中国台湾地区，西太平洋。

独居于内湾的浅珊瑚礁周边的沙底及沙泥底。

八丈岛　水深35m　长6cm

四齿鲀科

亮丽扁背鲀

Canthigaster epilampra

八丈岛，小笠原群岛，琉球群岛；中国台湾地区，太平洋中部和西部。

独居于潮水流通较好区域珊瑚礁外缘的斜面或陡壁下水深30米的区域。

成年鱼　八丈岛　水深6m　长10cm

四齿鲀科

三带尖鼻鲀

Canthigaster axiologa

日本南部的太平洋沿岸，伊豆诸岛，小笠原群岛，屋久岛，琉球群岛；中国台湾地区，西太平洋的热带海域。

独居或成对栖息于水深10~20米的岩礁及珊瑚礁外缘区域。

婚姻色　八丈岛
水深8m　长10cm

四齿鲀科

横带扁背鲀

Canthigaster valentini

日本南部的太平洋沿岸，伊豆诸岛，小笠原群岛，屋久岛，琉球群岛；中国台湾地区，印度~太平洋。

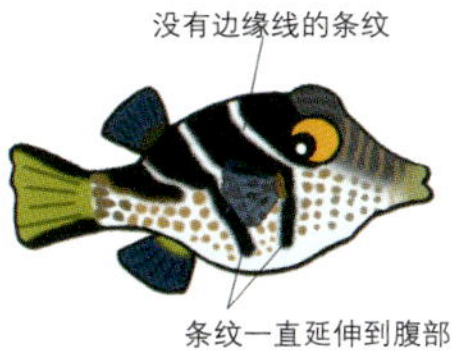

独居或成对栖息于珊瑚礁处。锯尾单角鲀会伪装成有毒的横带扁背鲀。

八丈岛　水深8m　长4cm

四齿鲀科

索氏尖鼻鲀

Canthigaster solandri

小笠原群岛，琉球群岛；中国台湾地区，印度~太平洋（红海除外）。

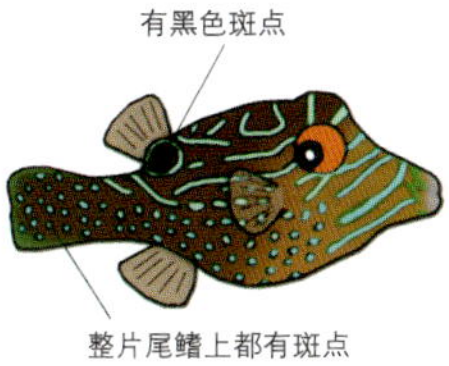

独居或群居于水深20米以内、浅珊瑚礁周边的沙底及岩屑堆、乱石带等地。

巴厘岛　水深15m　长6cm

四齿鲀科

水纹尖鼻鲀

Canthigaster rivulata

北海道臼尻，福岛县~九州的太平洋沿岸，伊豆诸岛，小笠原群岛，九州北岸、西岸，屋久岛，琉球群岛；朝鲜半岛南岸，中国大陆及台湾地区，印度~西太平洋。

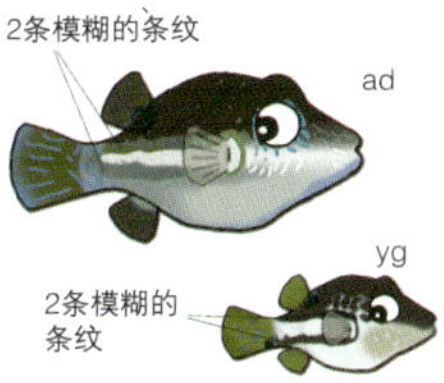

独居或成群栖息于水深15米左右的岩礁处。如果误食此品种，就会中毒。

雄性　八丈岛
水深14m　长8cm

幼鱼　八丈岛
水深12m　长4cm

婚姻色　八丈岛　水深14m　长10cm

斯米兰群岛　水深10m　长15cm　齐藤尚美

刺鲀科

大斑刺鲀

Diodon liturosus

青森县平馆，富山湾，小笠原群岛，和歌山县，琉球群岛；中国台湾地区，印度~太平洋的热带至温带海域（夏威夷群岛除外）。

栖息于岩礁及珊瑚礁处。比同属的六斑二齿鲀生活的水域更偏南，常见于珊瑚礁处。

八丈岛　水深6m　长35cm

刺鲀科

网纹短刺鲀

Chilomycterus reticulatus

北海道~九州的各地沿岸，伊豆诸岛，小笠原群岛，屋久岛，琉球群岛；朝鲜半岛南岸，中国台湾地区，热带~温带海域。

独居于浅岩礁及珊瑚礁的根部阴暗处和裂缝中，以及岩架下方。在八丈岛有很多网纹短刺鲀，在岩石根部的侧面、拱形岩石下方、岩石阴暗处很常见。无毒，在八丈岛为食用鱼。

八丈岛　水深18m　长45cm

刺鲀科

密斑刺鲀

Diodon hystrix

津轻海峡以南的日本海沿岸，日本南部的太平洋沿岸，八丈岛，小笠原群岛，屋久岛，琉球群岛；中国台湾地区，热带~温带海域。

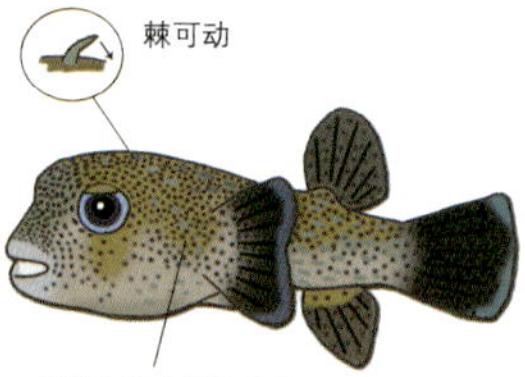

独居于浅岩礁及珊瑚礁根部阴暗处和裂缝中，以及岩壁下方。体型较大，体长在90厘米以上。无毒。

刺鲀科

眶棘圆短刺鲀

Cyclichthys orbicularis

佐渡岛~山口县的日本海沿岸，伊豆半岛~高知县的太平洋沿岸，伊豆半岛，纪伊半岛，高知县，冲绳岛；中国，印度~西太平洋的热带至温带海域。

栖息于水深40米以内的岩礁、珊瑚礁区域。在日本为稀有物种。

宿务岛　水深8m　长15cm

刺鲀科

六斑二齿鲀

Diodon holocanthus

北海道以南的各地沿岸，屋久岛，琉球群岛；朝鲜半岛南岸，中国大陆及台湾地区，热带~温带海域。

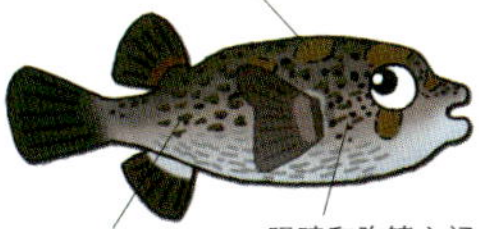

独居或成群栖息于浅岩礁及珊瑚礁根部的阴暗处和裂缝中，以及岩壁下方。当它们被食肉鱼袭击时，会将身体膨胀起来，立起棘以保护自己。在八丈岛，它们常聚集在岩石根部侧面、岩壁突出处及拱形岩石下方。

躲在流藻中的幼鱼　八丈岛　水面　长2.5cm

成年鱼　八丈岛　水深10m　长20cm

翻车鲀科

翻车鲀属的一种

Mola sp.

日本各地沿岸；太平洋北部，中国台湾地区，丹麦，英国，塔斯曼海。

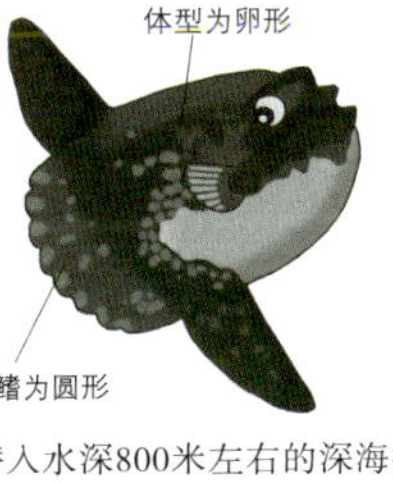

在外洋表层浮游，潜入水深800米左右的深海捕食虾和乌贼，但具体的生活习性不是非常清楚。每次大约可以产下三亿个卵，在脊椎动物中，是一次性产卵数量最多的物种。现在在日本周边生活的此品种，属于两个不同的遗传因子集团，所以也有专家指出这可能是两个不同的品种。

大濑崎　水深20m　长2cm　中野诚志

英文学名索引

中文学名索引

J

K

L

M

N

●参考文献

中坊彻次，2013年《日本产鱼类检索》第三版，东海大学出版会
峰水亮，2013年《栖息于珊瑚礁处的虾手册》，文一综合出版
木村浩之、出羽慎一、吉田和彦、松浦启一，2013年《硫磺岛与竹岛的鱼类》，鹿儿岛大学综合研究博物馆，国立科学博物馆
木村浩之、松浦启一，2014年《与论岛的鱼类》，鹿儿岛大学综合研究博物馆，国立科学博物馆
桧山义夫、安田富士郎，1975年《日本产鱼类大图鉴》第二版，讲谈社
桧山义夫、安田富士郎，1971年《日本沿岸鱼类的生态》初版，讲谈社
益田一、R.Allen，1987年《SEA FISHES OF THE WORLD 世界的海水鱼》初版，山溪谷社
中坊彻次，2000年《日本产鱼类检索：所有种类鉴定》第二版，东海大学出版会
冈村收、尼冈邦夫，2005年《日本的海水鱼》第三版，山溪谷社
铃木寿之、涉川浩一、矢野维几，2004年《决定版日本的虾虎鱼》初版，平凡社
吉野雄辅，2008年《山溪障碍图鉴13日本的海水鱼》初版，山溪谷社
高木基裕、平田智法、平田siori、中田亲，2010年《爱媛爱南图鉴》初版，爱南町
Hiroyuki Motomura・Keiichi Matsuura、2010年『Fishes of Yaku-shima island』Nationai Museum of Nature and Science
Gerald R Allen、1991年『Damselfishes of the World』MERGUS Publ.,Melle.
Robert F. Myers、1999年『Micronesian reef fishes 3rd revised and expanded』Coral Graphics,Guam
Gerald R Allen・Roger Steene・Paul Humann・Ned Deloach、2003年『Reef Fish Identification-Tropical pacific』New World Publications,Inc
Rudie H Kuiter、2004年『Basslets hamlets and their relatives』TMC Publ.,Chorleywood,UK
Rudie H Kuiter、2002年『Fairy and rainbow wrasses and their relatives』TMC Publ.,Chorleywood,UK
Rudie H Kuiter、2000年『Seahorses,Pipefishes and their relativer』TMC Publ.,Chorleywood,UK
Rudie H Kuiter、2002 Butterflyfishes Bannerfishes and their relatives TMC Publ.,Chorleywood,UK
Rudie H Kuiter・Helmut Debelius、2001年『Surgeonfishes Rabbitfishes』TMC Publ.,Chorleywood,UK
Helmut Debelius・Hiroyuki Tanaka・Rudie H Kuiter、2003年『Angelfishes』TMC Publ.,Chorleywood,UK
Gerald R Allen・Roger Steene・Mark Allen、1998年『Angelfishes & Butterflyfishes』Odyssey Publishing/Tropical Reef Research

●参考网站

日本鱼类协会 http://www.fish-isj.jp/
鱼类照片数据库http://research.kahaku.go.jp/zoology/photoDB/
FishBase http://www.fishbase.org/search.php/
Academy Reasearch
http://research.calacademy.org/redirect?url=http://researcharchive.calacademy.org/research/Ichthyology/catalog/fishcatmain.asp

●作者简介

加藤昌一

生于横浜，狮子座，25年前开始在八丈岛生活。1992年成立Regulusdiving工作室。鱼类观察领域的先驱人物。常年致力于拍摄、收集海洋生物照片，现拥有庞大的水下生物图库。目前活跃在导游行业一线，同时也是一名备受瞩目的摄影家。出版作品有《虾、蟹观察手册》《海蛞蝓：海洋精灵》，为出版社及杂志社提供了大量的水下照片，也曾多次举办摄影展。擅长绘画，本书中的插画就充分体现了其出色的绘画功底。他不仅喜欢水中生物，对陆地生物也很感兴趣，尤其对爬虫类动物偏爱有加。

后记

截至2014年，在日本发现的鱼类已逾4000种，而且这个数字每天都在更新。其中许多种类是通过业余潜水员拍摄的照片发现的。这些潜水员对生物分类学做出的贡献不容小觑。

我是一名导游，由于工作的关系，每天都会在海里潜水，也因此拍摄了许多鱼类的照片，其中有很多是在我的家乡——伊豆诸岛的八丈岛拍摄的。虽然这是一座方圆52平方千米的小岛，但在黑潮的影响下，这里的岩礁区域栖息着许多亚热带的鱼类。有时在这里甚至能看到栖息于小笠原群岛的鱼类。由于八丈岛得天独厚的自然环境，本书中大多数的鱼类都能在这里拍到。这对于在八丈岛生活了数十年之久的我来说，是非常值得庆幸的事情。

此书是2011年发行的《海水鱼》的修订版，在前书200多种鱼类的基础上增加了近800种，总数达1000种。为了便于读者区分，此书沿用了前书每种鱼类都配有插图及解说文字的介绍方式。此外，在介绍每种鱼类时，我都会在书中说明，我是在哪里看到它的，它的繁殖期是什么时候，它的生活习性是怎样的，这样各位读者在自己潜水寻找这些鱼类时，就会方便很多。希望此书能给各位的研究尽一点绵薄之力。

在本书出版之际，我要感谢曾在分类方面给予我全方位建议的濑能宏老师、木村浩之老师；在旗鳚科部分给过我建议的村濑敦宣老师；在三鳍鳚科部分给过我建议的目黑昌利老师、田代乡国老师；在糯鳗科部分给过我建议的日比野友亮老师；为我提供关于共生虾虎鱼资料的金原广幸老师。

另外，向给我提供照片的诸位友人表示衷心的感谢。他们是：赤松悦子、有马启人、市山惠、石田根吉、和泉裕二、猪股裕之、榎本正子、大沼久志、小野均、小野笃司、片桐佳江、片野猛、神村诚一、川原晃、加藤孝章、木村昭信、国广哲司、菅野隆行、仓持英治、仓持佐智子、小林裕、小林岳志、小林修一、胡摩之野大介、齐藤尚美、铃木壮一郎、铃木崇弘、铃木绫野、惣道敬子、田崎庸一、谷口胜政、多罗尾拓也、茑木伸明、铁多加志、津波古健、常见真纪子、道罗英夫、中野诚志、中村宏治、永野健司、仲谷顺五、名仓盾、西村欣也、西村直树、桥本猛、林洋子、原崎森、原多加志、平田智法、星野修、参木正之、松下满俊、松野靖子、南俊夫、宫地淳子、村杉畅子、山梨秀已、山梨深雪、山本敏、山本章弘、横川智章、余吾涉、吉野雄辅、渡边美雪、若山牧雄，以及我的次女加藤春花，我的助手水谷知世、村中保诺卡、石野升太。

最后，感谢给我出版机会的诚文堂新光社，以及对本书的编纂付出巨大心血的员工们！

图书在版编目（CIP）数据

海水鱼大图鉴 / (日) 加藤昌一著 ; 王晗译. -- 北京 : 中国友谊出版公司, 2018.11

ISBN 978-7-5057-4557-5

Ⅰ. ①海… Ⅱ. ①加… ②王… Ⅲ. ①海水养殖—鱼类养殖—图集 Ⅳ. ①S965.3-64

中国版本图书馆CIP数据核字(2018)第266691号

著作权合同登记号　图字：01-2018-8735

书名　海水鱼大图鉴
作者　〔日〕加藤昌一
译者　王　晗
出版　中国友谊出版公司
发行　中国友谊出版公司
经销　新华书店
印刷　北京利丰雅高长城印刷有限公司
规格　710×1000毫米　16开
24印张　410千字
版次　2019年4月第1版
印次　2024年2月第6次印刷
书号　ISBN 978-7-5057-4557-5
定价　158.00元
地址　北京市朝阳区西坝河南里17号楼
邮编　100028
电话　（010）64678009

●眼睛非常大，喜欢较暗环境的鱼

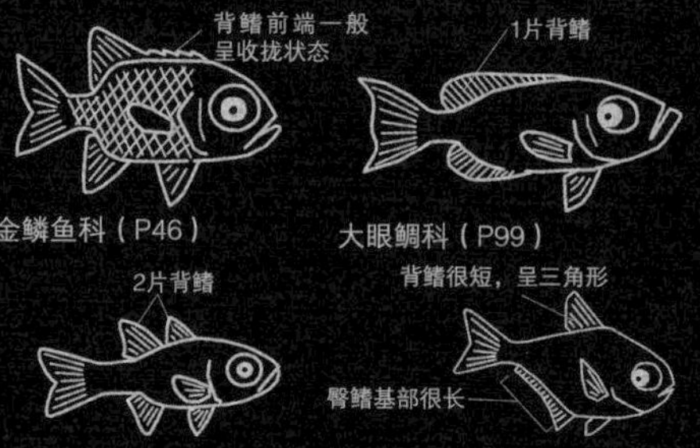

金鳞鱼科（P46）　大眼鲷科（P99）

天竺鲷科（P100）　拟金眼鲷科（P141）

●嘴巴很大的鱼

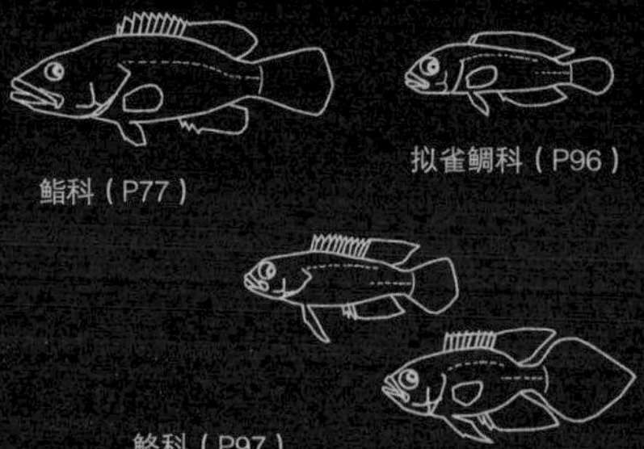

鮨科（P77）　拟雀鲷科（P96）

鮗科（P97）

●身体呈细长的椭圆形，在海洋中层或海底游动的鱼

乌尾鮗科（P126）　金线鱼科（P132）

舵鱼科（P201）

●背鳍很长的鱼

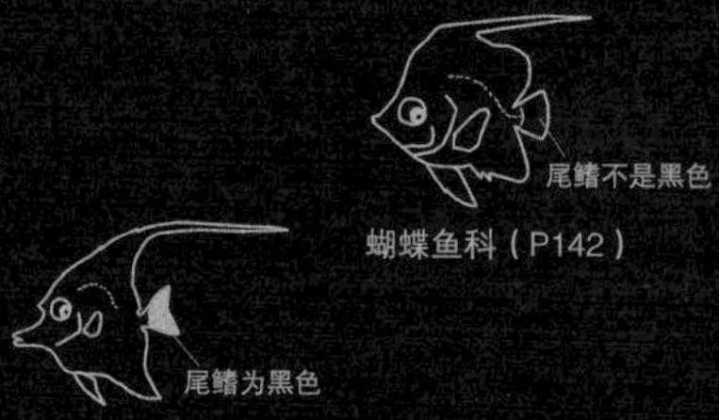

蝴蝶鱼科（P142）

镰鱼科（P334）

●尾鳍很大的鱼

愈齿鲷科（P96）

鮨科（P77）

●体型像鲷鱼的鱼

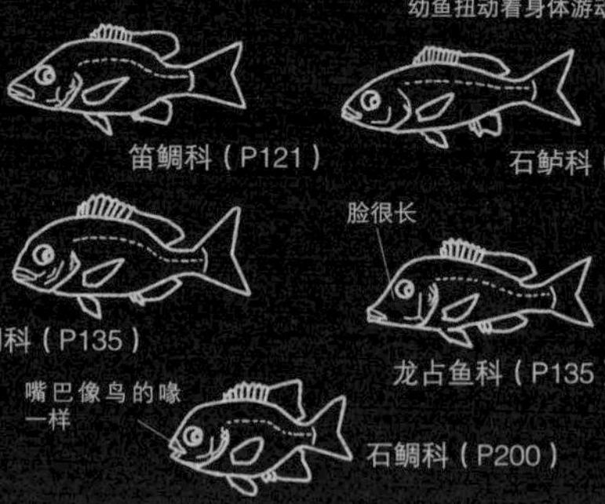

笛鲷科（P121）　石鲈科（P128）

鲷科（P135）　龙占鱼科（P135）

石鲷科（P200）

●身体呈圆形，颜色丰富的鱼

盖刺鱼科（P158）　五棘鲷科（P170）

蝴蝶鱼科（P142）　白鲳科（P332）

细刺鱼科（P203）

●胸鳍下部的软棘很长，腹鳍的位置比胸鳍基部还要靠后很多的鱼

鎓科（P170）

唇指鎓科（P174）